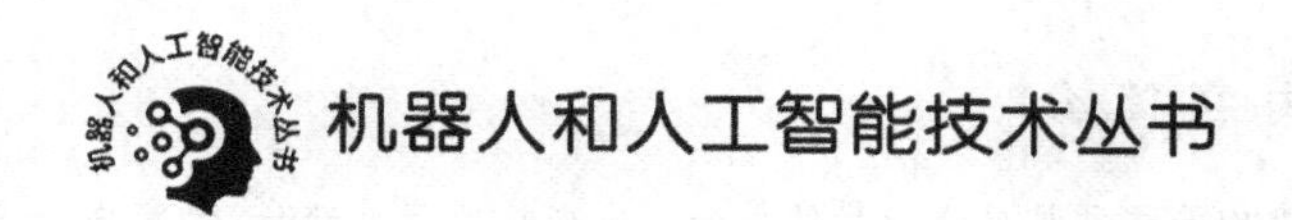

机器人机构的运动学分析与尺度综合

张 英 李 剑 李学刚 魏世民 编著

北京邮电大学出版社
www.buptpress.com

内 容 简 介

本书共分为11章，内容主要涉及平面连杆机构的运动学分析与尺度综合。本书包括三大部分：研究内容涉及的数学基础、平面基本运动链即巴氏桁架的位置分析以及平面连杆机构的尺度综合。针对平面基本运动链的位置分析问题，本书介绍了传统的复数—矢量求解法以及最新的基于共形几何代数的代数求解方法；针对平面连杆机构的三类尺度综合问题（刚体导引综合、轨迹生成综合和函数生成综合），本书介绍了传统的精确点尺度综合代数求解方法以及最新的基于傅里叶级数的多点连杆机构尺度综合代数求解方法。本书各章均通过数值实例来说明介绍的建模和代数求解方法的正确性和有效性。本书不仅介绍了传统研究方法，还介绍了课题组的最新研究成果，目的是希望能帮助从事相关研究的人员快速建立一个较全面的知识体系。

本书可供从事机械设计、机器人机构学研究的工程技术人员和研究人员以及大专院校相关专业的教师和学生参考阅读。

图书在版编目(CIP)数据

机器人机构的运动学分析与尺度综合 / 张英等编著.
北京 ：北京邮电大学出版社，2024. -- ISBN 978-7
-5635-7329-5

Ⅰ. TP24

中国国家版本馆 CIP 数据核字第 2024QB6202 号

策划编辑：姚顺　刘纳新　　**责任编辑**：满志文　　**责任校对**：张会良　　**封面设计**：七星博纳

出版发行：北京邮电大学出版社
社　　址：北京市海淀区西土城路 10 号
邮政编码：100876
发 行 部：电话：010-62282185　传真：010-62283578
E-mail：publish@bupt.edu.cn
经　　销：各地新华书店
印　　刷：河北虎彩印刷有限公司
开　　本：787 mm×1 092 mm　1/16
印　　张：17.25
字　　数：424 千字
版　　次：2024 年 8 月第 1 版
印　　次：2024 年 8 月第 1 次印刷

ISBN 978-7-5635-7329-5　　　　定　价：69.00 元

前言

机构学是一门十分古老的科学，机器人学的兴起，给传统机构学带来了新的活力，机器人机构学已逐渐演变成为机构学领域一个重要的分支。20 世纪中叶以来，由于计算机技术和计算数学的发展，美国著名机构学者弗洛丹斯坦教授提出了基于计算机的计算运动学理论与方法，开创了现代计算运动学。现代计算运动学主要包括了机器人机构运动学的建模和求解两方面研究内容。

根据《中国制造 2025》行动纲领，机器人领域将作为大力推动的重点领域之一。近几年绝大部分出版的机器人机构学方面的书籍多是针对空间连杆机构，如串联工业操作手或者并联工业操作手等，但是平面连杆机构实际上仍然应用广泛，比如现代工程机械装备(如正反铲挖掘机、液压装载机、多功能道路清障车、重型锻造操作机和工业机器人等)的核心运动机构大多被设计为平面多环连杆机构。因此，平面连杆机构的运动学分析和尺度综合研究仍然势在必行。

一方面，现有专著或教材中介绍平面连杆机构的运动学分析方法多是基于复数—矢量的建模方法，针对复杂的平面多环连杆机构，求解通常使用数值求解方法。本书除了介绍传统的基于复数—矢量的建模方法，还将介绍本课题组最新研究成果，即基于共形几何代数(Conformal Geometric Algebra, CGA)的建模方法，基于 CGA 的方法具有几何直观性，并且减少了约束方程个数，降低求解复杂度。

另一方面，现有专著或教材关于平面连杆机构的尺度综合问题多是基于传统的矢量环法、平面位移矩阵法、图谱法或者优化法等，上述提及的每种方法均有一定的局限性。本书除了介绍传统的精确点尺度综合，即代数法建模外，还将介绍本课题组最新研究成果，即基于傅里叶级数的平面连杆机构尺度综合建模，基于傅里叶级数的方法具有代数法的优点，同时克服了精确点代数法的受机构未知量个数限制，无法实现多点位生成综合的不足。

本书针对上述两类问题，统一采用代数求解方法。代数求解法虽然过程较为复杂，有一定的难度，但是可以解出全部解，而且不需要初始值。另外，代数求解法可以提供机构的几何特征和运动特性，并且单变量的一元高次方程对于运动学的其他方面，如工作空间分析、奇异位置分析等都有很大的理论价值。针对平面连杆机构的运动学分析问题，可通过单独使用 Sylvester 结式法、Sylvester 结式和 Dixon 结式结合的方法、单独使用 Dixon 结式法等进行求解；针对平面连杆机构的运动尺度综合问题，可使用 Sylvester 结式法或 Gröbner 基和 Sylvester 结式相结合的方法等进行求解。

因此，本书将重点介绍平面连杆机构运动学分析与综合的建模和代数求解方法。本书围绕机器人机构运动学分析与综合的建模和代数求解问题，主要分为三部分。第一部分是平面连杆运动学分析与综合的数学基础，包括第 2 章，主要介绍 CGA 相关理论，傅里叶级数相关理论，基于 CGA 的平面四杆运动链几何建模，平面四杆机构运动输出的傅里叶级数描述和平面四杆机构设计参数与傅里叶系数间关系以及非线性方程组的结式消元法、分组分次逆字典序 Gröbner 基法等；第二部分是平面基本运动链即巴氏桁架的位置分析，包括第 3～5 章，这三章分别基于传统复数—矢量法和 CGA 法对 5 杆、7 杆和 9 杆巴氏桁架的位置分析问题进行建模，并使用 Sylvester 结式消元法或 Sylvester 与 Dixon 结式结合的方法或单独使用 Dixon 结式的方法对其进行代数求解；第三部分是平面连杆机构的运动尺度综合问题，包含第 6～11 章，第 6～8 章分别介绍了平面连杆机构的精确点刚体导引综合、轨迹生成综合以及函数生成综合问题的建模和代数求解，第 9～11 章介绍了基于傅里叶级数的平面四杆机构函数生成综合、轨迹生成综合和刚体导引综合问题的建模和代数求解。

本书第 1 章由张英、李学刚、李剑撰写；第 2 章由张英、李学刚撰写；第 3 章由张英、李剑撰写；第 4 章和第 5 章由张英撰写；第 6 章、第 7 章和第 8 章由张英、李剑撰写；第 9 章、第 10 章和第 11 章由张英、李学刚撰写。全书由魏世民规划，张英统稿。

本书是在北京邮电大学机械工程专业研究生专业必修课(机构分析与综合)授课讲义以及作者及其课题组多年研究成果的基础上编写而成。书中部分内容于 2000—2023 年间已在课堂中先后讲授过 20 余次，分别由张英副教授及博士生导师廖启征教授和魏世民教授讲授。本书的部分研究成果来源于国家自然基金项目(项目编号：51605036、51375059)的资助和支持。

本书的出版得到了北京邮电大学出版社的大力支持，在此表示诚挚的谢意。由于作者水平有限，书中难免有不足之处，殷切地欢迎广大读者和专家批评指正。

张　英

于北京邮电大学

目　录

第1章
绪　论

机构学在广义上又称机构与机器科学(Mechanism and Machine Science),是机械设计及理论二级学科的重要研究分支,在机械工程一级学科中占有基础研究地位。18世纪下半叶,第一次工业革命促进了机械学科的迅速发展,机构学在原来的机械力学基础上发展成为一门独立的学科,通过对机构的结构学、运动学和动力学的研究形成了机构学独立的体系和研究内容,对18—19世纪纺织机械、蒸汽机、内燃机的发明及结构的完善,以及机械化和工业化的实现起了极大的推动作用。

机构学研究的最高任务就是揭示自然和人造机械的机构组成原理,发明新机构,研究基于特定功能的机构分析与设计理论,为现代机械与机器人的设计、创新和发明提供系统的基础理论和有效方法。因此,机构学的研究对提高机械产品的自主设计和创新有着十分重要的意义[1]。

机构是用来进行运动、力和能量传递或转换的机械装置。机构是机器和机器人的基本组成。机构和机器人都是由一系列构件通过运动副连接而成。如果运动副均为低副,这样的机构将其称为连杆机构。由于连杆机构采用低副连接,其元素之间为面接触,传动时单位接触面积所受压力较小,磨损亦相应减少;构成这些运动副的元素(如圆柱面、平面等)加工比较简便,易得到较高的制造精度;低副元素的接触是依靠本身的几何约束来保证的,不需要附加诸如弹簧等零件;连杆机构还能起增力或扩大行程的作用,若接长连杆,则能控制较远距离的某些动作。又由于连杆机构种类繁多、变化多端,能满足各种运动要求,此外,还由于连杆机构是其他机构的理论结构原型,是机构结构理论的主要研究对象,因此,连杆机构的研究方兴未艾。同时工业机械手、并联多环机构也是低副机构,与连杆机构息息相关,更推动了连杆机构的发展。

连杆机构分为平面连杆机构与空间连杆机构。本书的研究对象主要是平面连杆机构。作者们通过《机器人机构运动学》一书对空间连杆机构的相关理论进行了阐释。

机构学研究的基本问题大致可分为两大类,即机构分析与机构综合。机构分析着重机构结构学、运动学及动力学特性的研究,揭示机构结构组成、运动学和动力学规律及其相互联系,用于现有机械系统的性能分析与改进,但更重要的是为机构综合提供理论依据。机构综合即根据预期的运动特性和动力特性设计机构类型及运动简图。机构综合着重于创新性构思、发明、设计新机构的理论和方法的研究。

机构分析包括自由度分析、运动学分析和动力学分析。本书主要研究机构的运动学分析。机器人机构的运动学分析包括位置分析、速度分析和加速度分析三部分，其中位置分析最为基础也最为重要。在位置分析的基础上，不仅便于进行速度、加速度分析，也有利于机构的受力分析、误差分析、工作空间分析、动力分析和机构综合等，为机器人的控制提供基础。因此，研究机器人机构的位置分析具有重要的理论意义和实用价值。目前对于平面和空间机构分析，已经取得了显著的进展，形成了多种系统的分析理论。

机构综合包括数综合、型综合和尺度综合，数综合和型综合又称为类型综合。机构型综合是研究为了产生某种运动应当选用什么类型的机构以及该类机构应当由多少构件及哪些类型的运动副组成，因此称为机构的选型设计。目前，关于机构构型综合理论及方法，目前主要有以下 4 种，分别为基于旋量系理论的综合约束方法、基于位移子群的机构综合方法、基于李群理论的机构综合方法以及基于方位特征集(POC)的机构综合方法等。代表学者国际上有美国加州大学的 Tsai[2]，加拿大的 Gosselin 与孔宪文[3]，法国的 Hervé[4] 等著名学者，国内有燕山大学的黄真、赵铁石与李秦川[5]，北京交通大学的方跃法[6-7]、金陵石化公司的杨廷力[8]、上海交通大学的高峰[9]、清华大学的汪劲松与刘辛军[10]、北京航空航天大学的于靖军[11] 等。

机构数综合是一种机构枚举学，它研究由一定数量的构件和一定类型的运动副，能组成一定自由度运动链可能有多少种。例如，完全由转动副组成的自由度为零的基本杆组，2 杆杆组的基本结构型式只有 1 种；4 杆杆组的基本结构型式有 2 种；6 杆杆组的基本结构型式为 10 种；8 杆杆组的基本结构型式有 173 种等。关于数综合方面，哥伦比亚大学的弗洛西斯坦(Freudenstein)[12] 和加州大学的 Tsai[13] 以及中国台湾学者颜鸿森[14] 等运用图论和组合理论来研究机构的数综合。代表性的方法还有穷举法、叠加法、胚图综合法和 Mckay.type 算法。近 20 年来，大陆学者丁华锋教授[15] 采用运动链环路代数理论通过刚性子链自动判别，自动同构判别和自动综合算法等系统进行了平面机构拓扑结构的数字化设计，并建立了多种平面机构的构型图谱库。

机构的尺度综合是按照给定的运动要求或动力要求并按照已选定的机构类型决定机构简图的尺寸，它分为运动学综合和动力学综合。传统的连杆机构尺度综合通常是指运动学综合，根据所要实现的从动件的不同运动规律，一般将机构尺度综合分为三个基本问题：

(1) 刚体导引机构综合。该综合要求连杆机构能够导引某刚体按照规定次序精确地经过若干个给定的位置，其中，既包括对连杆轨迹的要求，也包括对刚体转角的要求。

(2) 函数生成机构综合。该综合要求连杆机构的输入和输出构件间的位移满足预先给定的函数关系，即对于给定的输出函数，综合出能够实现该函数的一个连杆机构。

(3) 轨迹生成机构综合。该综合要求连杆机构中连杆上某点沿给定的轨迹运动。该问题有两类不同的设计任务：一类只要求通过少量的给定轨迹点，但任何两点之间的轨迹并无严格要求，这类轨迹生成问题称为精确点轨迹生成问题；另一类则要求匹配整个轨迹或通过大量轨迹点，此类轨迹生成问题通常称为连续轨迹生成问题。

本书主要研究连杆机构的尺度综合。连杆机构综合的理论研究始于 18 世纪末、19 世纪初，但直到 19 世纪 80 年代才陆续出现了连杆机构综合方面较成熟的文献。其中，最具代表性的是德国学者布尔梅斯特(Burmester)等学者建立起的平面机构运动几何学的经典理论，为平面连杆机构的运动综合奠定了坚实基础。此后,比较有代表性的有 Kemp 提出的各种精确实现轨迹的平面连杆机构综合方法、切比雪夫(Chebychev)提出的应用代数法解决机构的近似设计问题以及 Freudenstein 及其学生提出的连杆机构设计解析综合法,开辟了以计算机、数学为工具进行机构运动学综合的道路。然而由于当时计算方法及计算手段的限制,进一步的理论研究无法展开。在计算机软硬件高速发展的今天,研究条件基本成熟,重新对机构综合理论进行研究,特别是对连杆机构轨迹综合进行研究,对于完善和发展机构综合方法具有重要的理论意义。相对于机构分析,尽管前人在机构综合方面做了大量的研究工作,并取得了丰富的成果,但是,仍然有许多问题没有得到很好的解决。目前机构综合的研究理论和设计方法还显得相对薄弱,没有形成系统。

1.1 平面连杆机构位置分析的现状

连杆机构运动学分析的方法很多,根据分析方法的原理可分为三类:约束法、基本杆组法和数值法。这三类方法的基本思想是建立不同的方程进行求解,而对于比较复杂的连杆机构,一般都需要求解非线性方程组。本书主要介绍基于共形几何代数的基本杆组法。

根据机构的组成原理可知,任何机构都可以看作是由机架及原动件加上自由度为零的从动件部分组成,其中,从动件部分一般可以分解为若干个自由度为零的运动链,即阿苏尔组(Assur Group,以苏联机械学家 Assur 命名)。Assur 组可以从 Assur 运动链(Assur Kinematic Chain)中拆去任何一个构件得到,这个 Assur 运动链被称为巴氏桁架(Baranov Truss,以俄国机构学者 Baronov 命名),基本桁架(Basic Truss)或基本运动链(Basic Kinematic Chain)。同样,把 Assur 组的各外副连接到一个附加的杆件上,就得到一个巴氏桁架。在巴氏桁架中,拆去不同的构件,可以得到不同的 Assur 组,所以从同一巴氏桁架中可以得到一个或者若干个构件数目少 1 的 Assur 组。

Assur 组和巴氏桁架都是机械系统的基本结构单元,它们之间存在着内在的联系。目前,国际机构学界普遍认为:由 2 杆 3 副构成的 Assur 杆组有且只有 1 种;由 4 杆 6 副构成的 Assur 杆组有且只有 2 种;由 6 杆 9 副构成的 Assur 杆组有且只有 10 种;由 8 杆 12 副构成的 Assur 杆组有且只有 173 种。其中 2 杆 Assur 杆组和 4 杆 Assur 杆组是由 Grübler 和 Burmester 于 19 世纪发现。1939 年,Dobrovolsky[16] 首次得到全部的 10 种 6 杆 Assur 杆组。1952 年,Baranov[17] 提出巴氏桁架结构,综合得到 3 个 7 杆和 26 杆巴氏桁架结构,并根据巴氏桁架与 Assur 杆组的对应关系首次综合得到 161 个 8 杆 Assur 杆组。但是,Baranov 遗漏了 2 个 9 杆巴氏桁架,这 2 个 9 杆巴氏桁架随后被 Manolescu[18] 于 1971 年发现。在此基础上,Tartakovsky[19] 于 1983 年综合得到全部 173 种 8 杆 Assur 杆组。1988 年,杨廷力和姚玉峰[20] 根据基本运动链的回路数目及其拓扑图,进行了 1～4 回路单铰基本运动链的结构综合,得到了 33 种类型。Tuttle[21] 在 1996 年综合出 11 杆和 13 杆巴氏桁架的结构类型数目。Peisach[22] 分别于 2007 年和 2008 年综合得到 173 个 8 杆 Assur 杆组,5442 个 10 杆 Assur 杆组和 251 638 个 12 杆 Assur 杆组。黄鹏和丁华锋[24,25] 分别在 2019 年和 2020 年先后给出了 11 杆和 13 杆巴氏桁架的结构类型数以及对应的 10 杆和 12 杆 Assur 组的结构类型数目。就上述文献的研究成果来看,9 杆以内巴氏桁架或 8 杆以内的 Assur 杆组的构型数目是确定的,对于构件数更多的巴氏桁架或 Assur 杆组,只有较少文献声称综合得到,但是他们的综合结果却互相矛盾。目前,文献[21]和文献[24,25]综合出的 11 杆巴氏桁架的结构类型数目一致,13 杆巴氏桁架的结构类型数目有出入,有待进一步验证。因此,本书研究的对象限于 9 杆以内的巴氏桁架。由于同一个巴氏桁架对应的 Assur 组其位置分析的结果是一致的,因此,在平面机构运动分析和创新设计中,可以将巴氏桁架作为一个独立的结构单元,对其运动进行分析。

巴氏桁架结构的数目以及相应的 Assur 组数目与构件数、回路数和运动链耦合度 κ 之间的关系具体如表 1.1 所示。耦合度 κ 反映了运动链回路之间耦合的程度,即运动链复杂的程度。

表 1.1　巴氏桁架数目以及相应的 Assur 组数目与构件数、回路数和运动链耦合度之间的关系

巴氏桁架构件数	回路数目	巴氏桁架数目	运动链耦合度 κ		Assur 杆组数目
			1	2	
3	1	1	1	0	1
5	2	1	1	0	2
7	3	3	3	0	10
9	4	28	24	4	173
11	5	562	?	?	5 438
13	6	20 452	?	?	251 811

由表 1.1 可知,3 杆巴氏桁架只有一种,按照杨廷力[20]的分类编号,No.1 为 3 杆巴氏桁架,如图 1.1 所示。众所周知,3 杆巴氏桁架是最简单的巴氏桁架,只有 1 个回路,对应有两种装配型式。拆掉任意一根杆后对应的 Assur 组结构也只有一种。

由表 1.1 可知,5 杆巴氏桁架也只有一种结构形式,按照杨廷力[20]的分类编号,No.2 为5 杆巴氏桁架,如图 1.2 所示。任意拆掉一根杆后对应的 Assur 组结构有两种:①拆去杆 CF(或杆 AD,或杆 BE),相应的 Assur 杆组外副为 C 和 F(或 A 和 D,或 B 和 E),结构如图 1.3(a)所示;②拆去杆 ABC(或杆 DEF),相应的 Assur 杆组外副为 A、B 和 C(或 D、E 和 F),结构如图 1.3(b)所示。注:本书统一用黑色圆点表示外转动副,空心圆点表示内转动副。

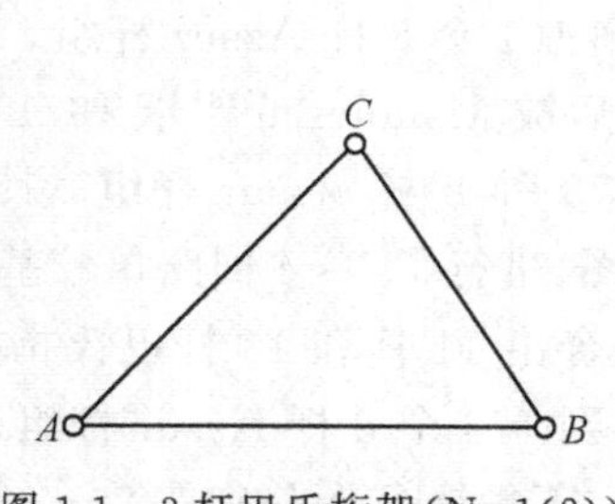

图 1.1　3 杆巴氏桁架(No.1(2))

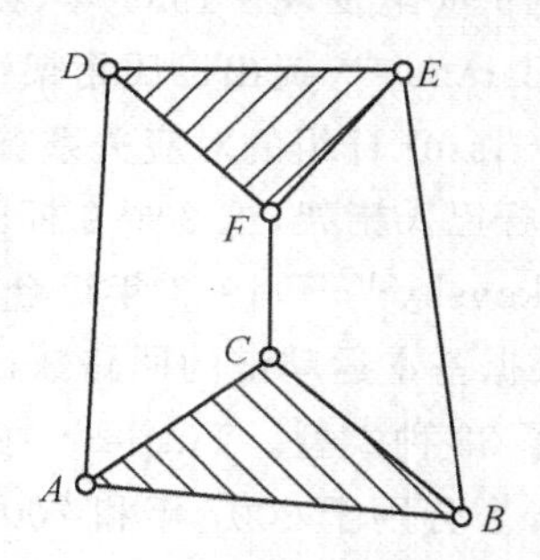

图 1.2　5 杆巴氏桁架(No.2(6))

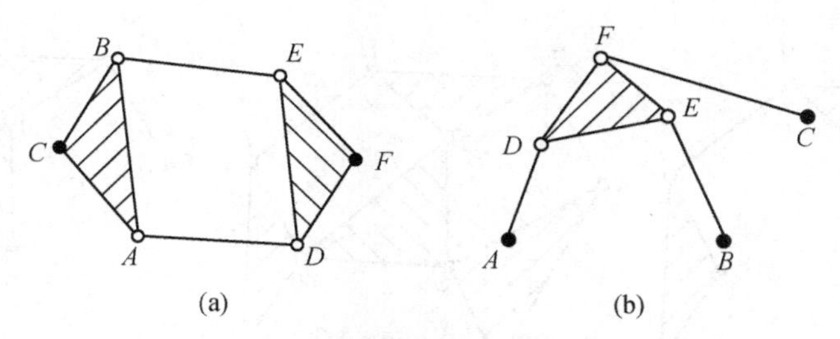

图 1.3 5杆巴氏桁架对应的 Assur 杆组

由表 1.1 可知,7 杆巴氏桁架有 3 种结构型式,按照杨廷力[20]的分类编号,第 3～5 种为 7 杆巴氏桁架,如图 1.4 所示。No.3 巴氏桁架包含 3 根 2 副杆,4 根 3 副杆,且 1 根 3 副杆和其他 3 根 3 副杆直接相连接;No.4 巴氏桁架包含 3 根 2 副杆和 4 根串联连接的 3 副杆;No.5 巴氏桁架包含 4 根 2 副杆,2 根 3 副杆和 1 根 4 副杆。这里以 No.5 巴氏桁架为例,任意拆掉一根杆后对应的 Assur 组结构有 3 种:①拆去杆 $ABCD$,相应的 Assur 杆组外副为 A、B、C 和 D,如图 1.5(a)所示;②拆去杆 BF(或杆 AE,或杆 CH,或杆 DI),相应的 Assur 杆组外副为 B 和 F(或 A 和 E,或 C 和 H,或 D 和 I),如图 1.5(b)所示;③拆去杆 EFG(或杆 GHI),相应的 Assur 杆组外副为 E、F 和 G(或 G、H 和 I),如图 1.5(c)所示。No.3 巴氏桁架对应的 3 种 Assur 杆组结构如图 1.6 所示。No.4 巴氏桁架对应的 4 种 Assur 组结构图如图 1.7 所示。

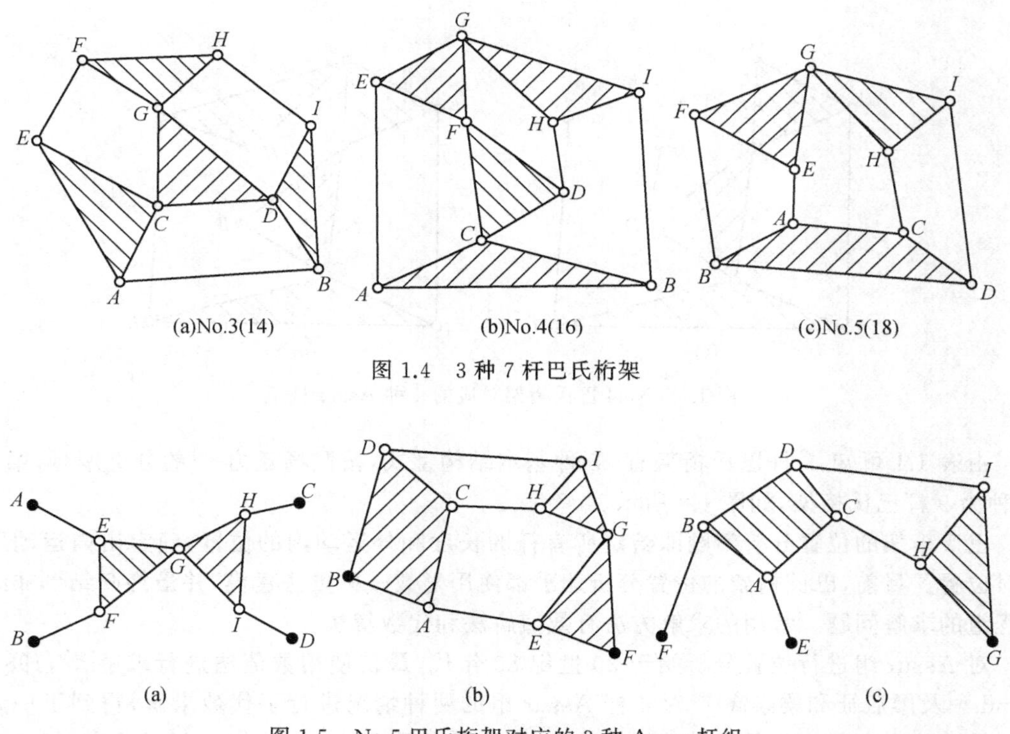

图 1.4 3 种 7 杆巴氏桁架

图 1.5 No.5 巴氏桁架对应的 3 种 Assur 杆组

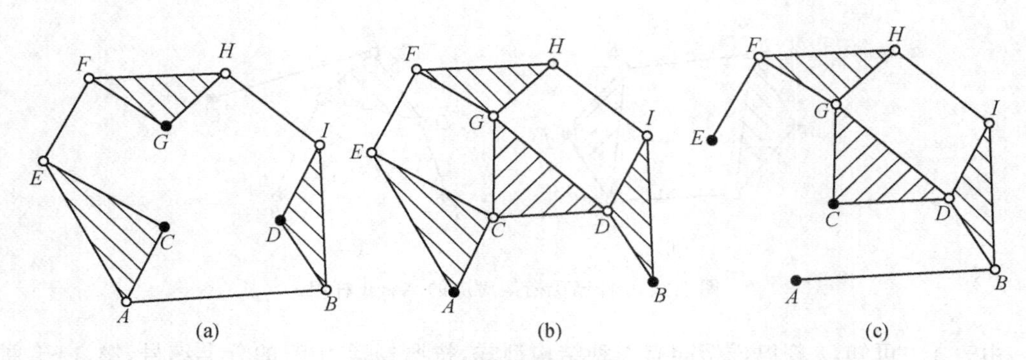

图 1.6　No.3 巴氏桁架对应的 3 种 Assur 杆组

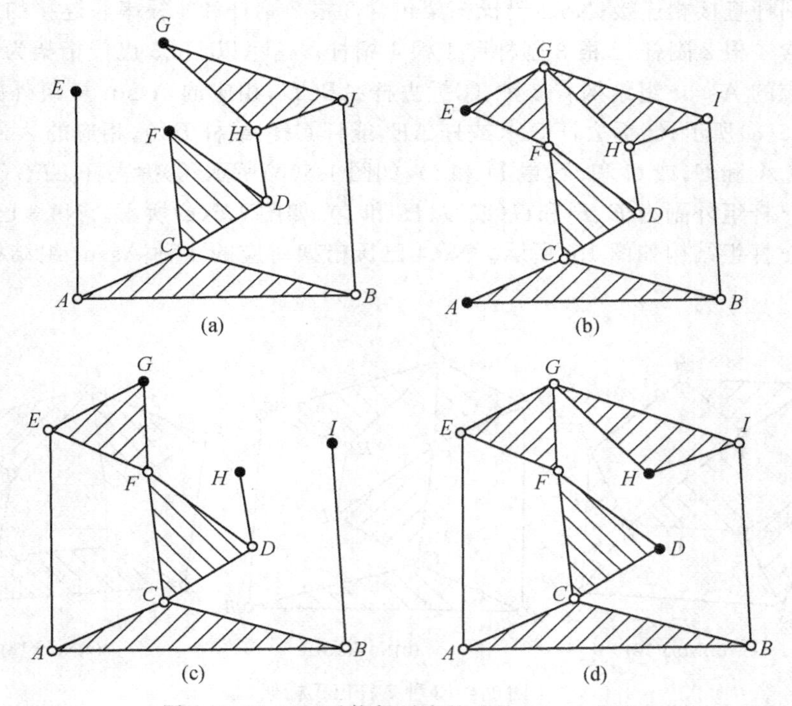

图 1.7　No.4 巴氏桁架对应的 4 种 Assur 杆组

由表 1.1 可知，9 杆巴氏桁架有 28 种基本结构型式，按照杨廷力[20]的分类编号，第 6～33 种为 9 杆巴氏桁架，如图 1.8 所示。

巴氏桁架的位置分析问题即给定所有杆的长度和外运动副的位置，确定出内运动副的相对位置。目前，巴氏桁架的位置分析几乎都使用复数—矢量法建模，并最终归结到非线性方程组的求解问题。常用的求解方法有数值解法和代数解法。

对 Assur 组进行位置分析始于 20 世纪 80 年代，最初使用数值法进行求解[26]，1987 年 Liand[27]及廖启征和梁崇高[28]对 4 杆 Assur 组的两种情况进行了代数求解，得到了一元六次的输入输出方程。此后相当长的时间内，机构学者尽管对 Assur 组进行了研究，但是始终没有突破性进展，直到 1994—1997 年，Carli Innocenti[29-31]使用代数法相继求解了 3 种 7 杆

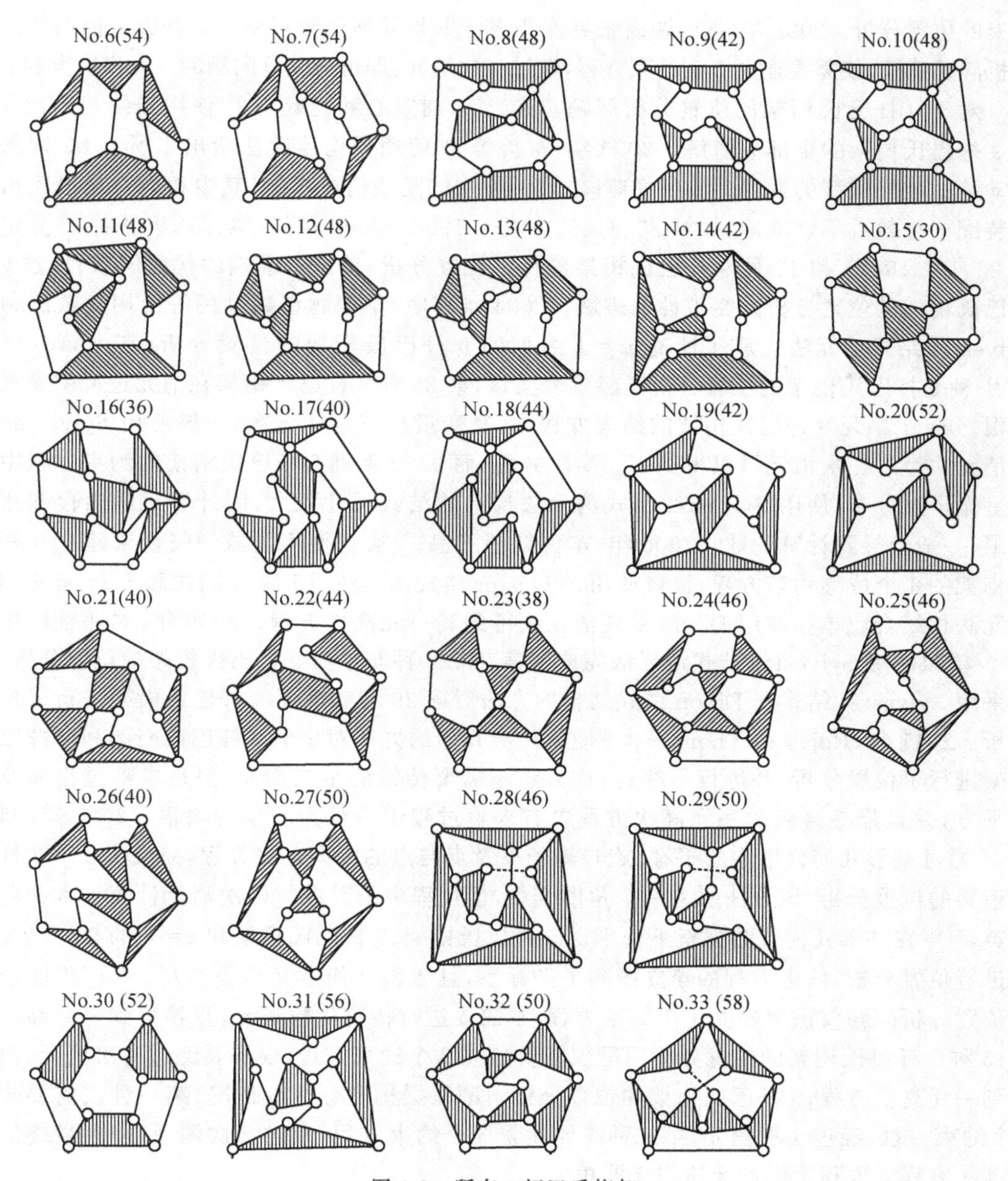

图 1.8 所有 9 杆巴氏桁架

巴氏桁架的位置分析问题。7 杆巴氏桁架有 3 种结构型式，每种都有 3 个回路，分别最多有 14、16 和 18 种装配构型。1997 年，本课题组韩林[32]采用复数—矢量法建模，使用 Sylvester 结式消元法求解复数方程，解决了所有的 6 杆 9 副 Assur 组或者 7 杆巴氏桁架的位置分析问题。1999 年，Nielsen 和 Roth[33]使用 Dixon 结式消元法解决了平面双蝴蝶机构的位置分析。Wampler[35]使用 Dixon 结式消元法解决了 6 杆 Stephenson 机构。2001 年 Wampler[35]使用 Dixon 结式消元法对文献[33]的双蝴蝶机构重新进行位置分析并使用特征值和特征向量法完成了求解工作。2006 年，本课题组王品等[36]用吴消元法代数求解，完成了一种 7 杆巴氏桁架的位置分析。2022 年，本课题组张英等[37]基于共形几何代数对所有 7 杆巴氏桁架的位置分析问题建模，仅需要建立 2 个约束方程，经过一次消元，即可得到该问题的一元高次方程。

对于 9 杆巴氏桁架的位置分析问题，1994 年，刘安心和杨廷力[38]使用连续法给出了 2 种 9 杆巴氏桁架的全部数值解。2000 年，杭鲁滨[39]使用同伦连续法给出了所有 33 种基本运动链的装配构型的数目。其中文献[38,39]使用的是数值法求解，其中相当数量巴氏桁架的装配构型数目不够准确，如第 25、31、32 种等。1998—2000 年间，本课题组韩林[32]分别对第 22、19、15、18 和 12 种 9 杆巴氏桁架进行了位置分析，给出了准确的代数解数目，这对 9 杆巴氏桁架的位置分析是突破性的进展。2004 年年底，本课题组魏世民等使用复数法结合 Sylvester 结式消元法完成了所有 $\kappa=1$ 系列的 9 杆巴氏桁架的位置分析，其中第 6[40]和 16[41]种 9 杆巴氏桁架的位置分析已经发表文章，第 25 种 9 杆巴氏桁架在消元过程中发现了增根。$\kappa=1$ 系列 9 杆巴氏桁架的约束方程中，其变量呈三角化分布，一般使用 Sylvester 结式消元法经过三次消元可以得到一元高次方程，而 $\kappa=2$ 系列 9 杆巴氏桁架的约束方程中变量呈循环型分布，使用 Sylvester 结式消元法构造的结式尺寸太大，因计算机的内存和速度有限，一般会导致计算失败。2006 年，本课题组王品[36]通过使用复数—矢量法建立 9 杆巴氏桁架的 4 个位移约束方程，接着使用 Sylvester 结式消元法或 Dixon 结式和 Sylvester 结式消元法相结合或单独使用 Dixon 结式消元法得到其一元高次方程。2009 年，本课题组庄育锋[42]单独使用 Sylvester 结式消元法完成了第 26、28 种非平面 9 杆巴氏桁架的位置分析，之后采用 Sylvester 结式和 Dixon 结式结合的方法对第 29 种非平面 9 杆巴氏桁架进行了位置分析。2011 年，Rojas 和 Thomas[43-44]使用距离几何的方法对全部 7 杆巴氏桁架和 9 杆巴氏桁架进行了位置分析，并进行了综述，该方法不需要传统的结式消元，但是求解过程涉及多次平方，并且最终得到的一元高次方程含有求解过程中分母为 0 项的增根。2021 年，刘东裕[45]通过共形几何代数中的平移、旋转算子以及点与点的距离建立方程，完成了 3 种 7 杆巴氏桁架的位置分析，该方法引入一个角度变量，但过程中仍需进行两次消元计算。本课题组邵英奇[46]在共形几何代数框架下分别对 5 杆巴氏桁架、7 杆巴氏桁架和 $\kappa=1$ 的 9 杆巴氏桁架进行位置分析，约束方程的建立脱离了坐标系，且方程几何意义形象直观。5 杆巴氏桁架的位置分析问题仅需要建立 1 个约束方程，不需要进行传统代数消元，直接得到一元高次方程；3 种 7 杆巴氏桁架的位置分析问题仅需要建立 2 个约束方程，仅需要经过一次消元，便可得到一元高次方程；9 杆巴氏桁架的位置分析问题根据构型分两种情况，第一种仅需要建立 2 个约束方程，经过 1 次消元，第二种需要建立 3 个约束方程，经过 2 次消元，得到最终的一元高次方程。方程求解均无增根无漏根。

本书将分别对基于经典的复数—矢量建模方法和基于共形几何代数的建模方法求解巴氏桁架的位置分析问题进行介绍。

1.2 平面连杆机构尺度综合的现状

机构尺度综合问题一直以来都是机构学界研究的热点，对于这一问题的研究已历经一个多世纪，研究者们相继建立了多种机构尺度综合方法。根据机构尺度综合实现途径的不同可以将尺度综合方法分成两种:直接综合方法和间接综合方法。前者采用的是"期望目标→机构→目标匹配"的思路,即首先根据期望轨迹(函数或位置)离散点,依据运动学原理采用图解法、代数法或优化方法直接求出对应机构方案,然后再检验其生成轨迹(函数或位置)与期望轨迹(函数或位置)的偏差是否符合设计要求;后者则采用"期望目标→目标匹配→机构"的思路,即先从预先建立的轨迹(函数或位置)图谱库中搜索匹配轨迹(函数或位置),然后再提取出对应机构类型及构件尺寸。这里将介绍这两种尺度综合方法的研究进展情况。

1.2.1 几何图解法

几何图解法是根据运动学原理,通过几何作图直接求解得到机构综合结果,属于直接综合方法的一种。1876—1877年,德国学者Burmester发表了关于机构综合方面的研究成果,并于1888年发表汇总性著作《运动学教程》。Burmester通过研究刚体的3个、4个及5个有限相离位置和无限接近位置的运动几何学,提出了机构综合几何图解法中最重要的两条曲线:圆点曲线和圆心曲线,统称Burmester曲线,从而奠定了机构综合几何图解法的理论基础。Euler、Ball、Hartmann等学者相继丰富和发展了Burmester的理论[47],形成了几何图解法的完整体系。随着计算机技术的发展,近几十年来,韩建友及其博士研究生杨通、尹来容和钱卫香等[48]把运动几何的作图过程用数学公式来描述,通过编写程序用计算机来完成几何作图工作,建立了基于解域的图解综合方法,进一步丰富和发展几何图解法。王德伦等人[49]将微分几何学引入机构分析,推导出了机构运动的瞬心线和瞬轴面表达式,把机构综合问题转化为了曲线自适应问题,建立了从平面、球面到空间机构综合的自适应方法。文献[50,51]借助计算机绘图软件,采用几何图解法研究了给定位置的球面4杆机构、空间连杆机构、单环空间6R机构的函数综合、轨迹综合和刚体导引综合问题。

应用运动几何学和微分几何学建立起来的几何图解法具有概念清晰、直观性强的优点,从理论和方法上推动了机构尺度综合的发展和进步,但也存在以下不足:

(1) 采用精确点求解时,实现的点数受到了严格的限制,对于高阶综合时,点数就更少。

(2) 进行高阶综合需要严格地给定相应的低阶运动参数。

(3) 综合过程中,存在顺序及分支问题,且由于作图误差大,综合效率较低。

1.2.2 代数法

代数法是利用函数逼近论、复数、矩阵等数学手段进行连杆机构综合的一种方法,最早由俄罗斯学者切比雪夫提出,并以函数逼近论为基础建立的。用代数法进行机构尺度综合的总体思路为:建立方程、求解方程和方案优选。因此,准确地建立和有效地求解综合设计方程是代数法研究的关键问题。目前综合设计方程建立的方法,主要有以下三类。

(1) 函数逼近法:该方法根据逼近函数(连杆机构实际发生函数)与被逼近函数(给定目标函数)间的偏差建立综合设计方程,通过求解偏差表达式得到机构设计参数。根据求解机构参数所依据的偏差条件不同,可进一步分为插值逼近法、平方逼近法和最佳逼近法。插值逼近法是按照逼近函数与给定函数在逼近区间内有限点相等的条件来计算机构参数。文献[52,53]建立了著名的 Freudenstein 方程,分析了平面四杆机构主动杆和从动杆的函数关系,通过插值逼近法完成了 5 精确点的函数综合。平方逼近法是按照逼近函数与给定函数在逼近区间内均方偏差最小的条件来计算机构参数。文献[54]利用平方逼近法对平面四杆机构函数和轨迹综合问题进行了研究。最佳逼近法是按照逼近函数与给定函数在逼近区间内最大极限偏差最小的条件来计算机构参数。文献[55]通过构造最佳一致逼近函数,建立了一种直接利用运动综合方程实现函数最佳逼近的机构综合方法。

(2) 复数—矢量法:该方法首先通过复数—矢量表达式描述连杆机构的相对位置信息,然后将这些表达式与综合目标结合起来,建立含有机构设计变量的非线性方程组,最后通过求解方程组得到机构设计参数。Freudenstein[56]最早提出了利用复数—矢量法建立综合方程,进行连杆机构尺度综合的代数方法。文献[57]应用复数—矢量方法建立综合方程,研究了平面四杆机构 2 位置、3 位置、4 位置的轨迹综合问题。文献[58]建立了标准形式的二杆组封闭矢量方程,对平面四杆机构 3 位置和 4 位置尺度综合问题进行了研究。文献[59]应用复数—矢量方法建立综合方程,研究了平面四杆机构刚体导引和函数综合问题。文献[60]建立了左右二杆组封闭矢量方程,对齿轮五杆机构 9 位置轨迹综合问题进行了研究。文献[61]提出一种可以完成 Watt Ⅱ型、Stephenson Ⅱ型和 Stephenson Ⅲ型等不同类型平面六杆机构函数综合的代数方法。

(3) 位移矩阵法:该方法是通过平面位移矩阵描述机构运动,以各铰链点的位置坐标或角位移为设计参数,以构件上点的运动约束作为几何条件,建立综合设计方程。位移矩阵法具有简洁明了、适用性强的优点,适合计算机编程,是目前运用代数法进行机构尺度综合的经典建模方法。1955 年,Denavit 和 Hartenberg[62]提出了利用矩阵建立综合方程进行连杆机构综合的方法。在此基础上,Suh 等[63]建立了连杆机构尺度综合的位移矩阵方法。文献[59]应用位移矩阵法建立综合方程,研究了平面四杆机构刚体导引和函数综合问题。

对于综合设计方程的求解,目前文献中建立的方法,归结起来大致可分为以下两类。

(1) 代数求解法:该方法是借助符号运算对综合设计方程组进行消元,将非线性方程组转化为含有已知量和单个未知变量的一元高次方程,求解得到单个变量后,再对应求出消去的其他变量。常用的代数求解方法有结式消元法,如 Sylvester 结式消元法和 Dixon 结式消元法,吴消元法和 Gröbner 基消元法。

(2) 数值迭代法:该方法是在建立机构综合设计方程基础上,给定方程组中未知变量的初值,利用优化法进行迭代,最终得到一组收敛于综合方程的数值解。常用的数值求解方法有牛顿迭代法、混沌理论、区间牛顿迭代法和同伦连续法等。

代数法具有求解精度高,计算速度快,可重复性强等优点,但其也存在一定的不足:

(1) 代数法以回路约束或位移矩阵(杆、副约束)为基础建立综合设计方程,受机构未知量个数的限制,所能实现的精确点数受到严格的限制,这在很大程度上限制了代数法的应用。

(2) 随着精确点数目的增多,代数法要求解的约束方程数目会增加,高阶非线性方程组的求解难度会不断增大。

(3) 没有解决综合过程中的顺序和分支问题。

1.2.3 优化法

优化法采用了与前两种方法不同的求解思路。它不需要求解方程组,而是以最小偏差为目标,通过优化法求解;而且其优化模型中的目标函数既可采用基于有限轨迹点位置信息的轨迹偏差计算公式,用于求解精确点轨迹综合问题,也可以采用基于轨迹分析方法所得参量定义的轨迹偏差计算公式,用于求解连续轨迹综合问题。因为它仅利用轨迹形状特征参量来衡量轨迹总体偏差,所以可获得较大的设计空间。优化法克服了代数法受精确点数目限制的不足,可实现机构多点位的近似运动综合。利用优化法进行连杆机构综合的核心问题是:优化综合模型的建立与全局最优解的确定。围绕这些关键问题,研究者进行了深入研究,相继建立起了多种机构综合的优化方法。

目标函数是建立优化综合模型的关键,围绕这一问题,研究者们建立了多种目标函数,包括以对应点间距离最小为优化目标的结构误差函数、以曲线整体形状接近为优化目标的形状误差函数以及以实现目标运动过程中能量消耗最小为优化目标的能量误差函数。

(1) 结构误差目标函数:1966年,Han[64]以所要实现运动与机构生成运动对应点间结构误差最小为优化目标,建立了最早用于连杆机构优化综合的数学模型。文献[65]引入横向和纵向误差的概念,建立了一种改进结构误差目标函数,使得优化综合结果更为接近目标曲线。文献[66]以相同横坐标处期望轨迹与生成曲线纵坐标间结构误差最小作为目标函数,提出了一种用于非计时轨迹综合的优化模型。文献[67]根据平面四杆机构的结构特点,引入机架方向结构误差的概念,以实现目标轨迹过程中机构机架方向结构误差最小为目标,建立轨迹综合优化模型,不需要确定目标轨迹与生成曲线间的对应比较点,减少了优化变量,提高了综合效率。文献[68-70]提出了圆逼近函数的概念,将机构综合问题转化为圆逼近问题,并以机构在实现各目标运动过程中,连架杆上各点处的圆逼近误差最小为目标函数,建立了优化设计变量更为简洁的平面四杆机构尺度综合方法。文献[71-73]引入从动杆杆长结构误差的概念,并基于该结构误差建立了优化模型,使用与机构分析相同的解析函数方法完成了机构综合。

(2) 形状误差目标函数:使用结构误差作为目标函数进行轨迹综合时,需要同时比较曲线的形状、尺寸、方向和位置等参数,这在一定程度上增加迭代时间,降低了优化效率。为了弥补这一不足,研究者们提出利用特征参数描述连杆曲线形状,建立了基于形状误差的优化综合模型。文献[74,75]利用谐波特征参数描述连杆机构的运动输出,以期望运动与生成运动谐波特征参数间误差最小作为求优目标,建立了一种可将设计变量进行解耦的优化综合模型,并利用该方法对平面四杆机构封闭、开放轨迹生成和刚体导引综合问题进行了研究。文献[76]利用循环角偏差向量描述连杆曲线,消除了平移、旋转和缩放对曲线形状的影响,克服使用谐波特征参数无法准确描述含有尖点曲线的不足,并基于该向量建立了连杆机构轨迹综合优化模型。文献[77]通过弧长方程表示连杆曲线的曲率,将连杆曲线转化为以弧长为自变量、曲率为因变量的自然方程,并以期望轨迹与生成曲线对应点处曲率和坐标转角误差最小为目标函数,建立了一种连杆机构轨迹综合优化模型。文献[78]利用曲率的傅里叶系数描述连杆曲线的相似性,提出了一种基于连杆曲线曲率谐波特征参数的优化综合模型。

(3) 能量误差目标函数:文献[79]提出了一种基于有限元方法的误差函数,并以该函数为优化目标,建立了平面连杆机构轨迹综合的优化模型。文献[80,81]利用矩形块表示连杆机构的各个杆件,以矩形块间弹簧刚度、方向和尺寸为设计变量,建立了基于弹簧连接矩形块的平面四杆机构尺度综合优化模型。文献[82,83]以期望运动与机构实际输出运动间的结构误差作为约束条件,以机构输入和输出功的比值为目标函数,建立了一种可同时对平面连杆机构的类型和尺度进行综合的拓扑优化方法。

对于最优解的确定,研究者们建立了多种优化综合求解算法,归纳起来,可大致分为以下三类。

(1) 常规优化算法:这类优化算法是在完善的数学理论基础上,形成的优化求解方法,具有收敛速度快、可靠性强的优点,在早期机构优化综合中被广泛应用,主要包括罚函数法、高斯约束法、序列二次规划法、梯度法等。文献[84-86]分别应用罚函数法、高斯约束法和基于序列二次规划法对平面四杆机构函数和轨迹综合问题进行了研究。文献[87-88]分别应用梯度法和广义简约梯度法求解了平面连杆机构轨迹和函数综合问题。文献[89]建立了基于精确梯度法的平面连杆机构尺度综合优化方法。

(2) 智能优化算法:智能优化算法是一种启发式优化算法,包括遗传算法、差分算法、蚁群算法、粒子群算法、磷虾群算法、模拟退火算法等。这类算法适用范围广,鲁棒性强,是求解复杂系统优化问题的有效方法。文献[90-91]通过改进优化策略、完善目标函数等措施提高了遗传算法的计算速度和求解精度,建立了基于遗传算法平面连杆机构尺度综合优化方法。文献[92-94]建立了基于差分进化算法的平面连杆机构轨迹综合优化方法,对平面四杆和六杆机构轨迹综合问题进行了研究。文献[95]通过改进蚁群算法的信息素和搜索技术,建立了一种用于连杆机构优化综合的改进蚁群算法。文献[96]建立了一种用于连杆机构轨迹综合的自适应粒子群优化算法。文献[97]利用改进的磷虾群优化算法,求解了平面四杆机构轨迹综合问题,得到了更加精确的综合结果。文献[98]建立基于细菌觅食算法的连杆机构尺度综合优化方法。文献[99]提出了一种基于模拟退火算法的平面连杆机构轨迹综合方法。

(3) 混合优化算法:这类优化算法是通过将已有常规算法或智能算法按照一定规则进行融合,构成新的优化算法,使其在保留原有算法优点的同时克服不足,从而提高优化性能和求解效率。文献[100]在利用遗传算法进行轨迹综合过程中,加入监控设计参数变化的逻辑控制器,有效地提高了优化综合效率。文献[101]首先利用禁忌搜索方法得到一个接近全局最优解的方案,然后再利用梯度法进一步搜索得到全局最优解,建立了一种基于禁忌—梯度搜索的平面连杆机构优化综合方法。文献[102]将梯度法和蚁群算法融合,提出一种可以实现多任务轨迹综合的蚁群梯度优化综合方法。文献[103]利用微分矢量代替遗传算法中的交叉操作,将差分进化算法与遗传算法进行融合,建立了一种新的平面四杆机构轨迹综合优化算法。文献[104]将人工免疫算法和遗传算法结合对函数生成机构进行了优化综合。文献[105]将轨迹生成综合问题看成多峰优化问题,采用免疫网络模型求解该问题,利用免疫网络独特的网络压缩机制和全局搜索能力,经过单次优化就可求得彼此差异较大的若干局部最优解作为初始筛选解,获得较理想的结果。

优化法克服代数法的缺点,实现了当方程数目大于待定变量数目时机构的近似运动综合,但其也存在一定的不足:一是受初值选取、目标函数性能及寻优方法影响,有时无法得到稳定的全局最优解;二是解多样性差,一般只能得到一个最优解,无法满足下游设计环节的多目标要求;三是随着综合目标点的增多,所耗费的迭代时间会显著增加。

1.2.4 图谱法

图谱法属于间接综合方法[105],可分为传统图谱法和数值图谱法两种。

传统图谱法是在分析得到连杆机构运动规律的基础上,将机构的运动轨迹编纂汇集成图谱,综合时通过从预先绘制好的图谱中查找与所要实现轨迹相近的连杆曲线,从而得到机构的设计参数,其更多时候是用于轨迹综合。利用图谱法完成机构综合的研究工作很早就已开展,早期研究者是利用试验方法编制的机构运动轨迹图谱,随着计算机技术的进步,人们将连杆机构运动原理与计算机绘图技术相结合,通过编制程序利用计算机完成连杆曲线绘制,建立了机构的电子图谱。文献[106]采用极坐标的形式建立了平面连杆机构曲线图谱。文献[107-108]建立了平面四杆和类四杆五杆机构直线导向机构连杆曲线图谱。文献[109]建立了计算机绘制球面四杆机构性能图谱的方法。文献[110]以向量代数及旋转变换矩阵为工具,建立了 RRSS 空间机构的连杆曲线数学模型,实现了机构连杆曲线图谱的自动生成。

传统图谱法具有方便直观、解的多样性强的优点,便于掌握机构的运动趋势和曲线形状,避免了顺序及分支问题。但也存在着图谱数量有限、精度不高、查找费时费力等不足。因此,随着计算机技术的发展,其逐渐被数值图谱法所取代。

数值图谱法是利用数学理论或图像处理技术提取机构运动输出特征参数,按照输出运动—特征参数—机构尺度的映射关系建立数值图谱库,综合时通过比对特征参数从数值图谱中搜索出与给定目标相匹配的设计方案。数值图谱法所存储的数据不再是简单的连杆曲线坐标,而是机构运动输出的特征参数,其不但可以完成轨迹生成综合,还可以实现函数生成和刚体导引综合。因此,数值图谱法所研究重点不再是传统机构综合所遵循的运动学分析,而是如何用参数准确描述机构输出运动的特征,建立查询速度快、匹配精度高、数据冗余少的电子图谱库。研究者围绕这些问题进行了深入研究,建立多种机构输出运动特征分析和目标匹配搜索方法,并依据这些方法建立了不同的数值图谱。按照特征参数提取原理的不同,这些方法可大致分为三类。

(1) 曲线局部特征法:这类方法是早期建立电子图谱使用的特征提取方法,其将连杆曲线上局部点的位置和曲率信息,以及曲线段凹凸的局部特性作为描述轨迹的特征参数。

(2) 数字图像处理方法:这类方法是将连杆曲线看作图像,运用数字图像处理方法提取连杆曲线特征参数。主要方法有 HOUGH 变换法、不变矩方法和数学形态学法。HOUGH 变换法的基本思想把连杆曲线看作是一幅图像,用其参数平面评价 xoy 平面上几何元素,并提取连杆曲线的特征参数。不变矩方法是将连杆曲线看成内部均匀充满点的图像,通过数学运算得到 7 个二维不变矩,并将其作为连杆曲线特征参数。数学形态学法是将连杆曲线转为二值化图像,利用结构元素对图像进行描述与处理,计算得到连杆曲线的特征形状谱。

(3) 数学变换方法:这类方法是通过某种数学变换将连杆曲线转化为一组能代表其特

征的参数或另外一种曲线。这类方法主要有自相关变换法、连杆转角法、傅里叶变换法和小波分析法。

自相关变换法是通过自相关变换将连杆曲线转化为数值表示的形式，从而减少描述曲线特征的信息量，提高数值图谱库的存储能力，实现计算机的快速检索。文献[111,112]通过对连杆曲线函数进行自相关分析，得到了描述不同连杆曲线特征的统一参数，提出了连杆曲线特征参数提取的自相关变换法，建立了平面四杆机构连杆曲线的数值图谱库。

连杆转角曲线法是根据连杆转角曲线与机构基本尺寸间的关系，建立数据库，通过比对连杆转角曲线确定机构的尺度参数。文献[113-115]利用二自由度辅助机构将目标轨迹转化为连杆转角曲线，建立了机构主从动件转角曲线数据库，对平面四杆机构尺度综合问题进行了研究。文献[116]以连杆转角曲线的不变矩作为特征参数，建立连杆曲线数值图谱，并通过神经网络技术进行曲线模式匹配，建立了一种基于神经网络的连杆机构轨迹综合方法。

傅里叶变换法是通过离散傅里叶变换对连杆机构运动输出进行谐波分析，根据运动输出的谐波特征参数建立数值图谱库。该方法是目前应用最为广泛的一种参数提取方法。文献[117]首次将傅里叶级数理论应用于机构综合，提出了平面四杆机构函数综合的谐波分析方法。文献[118,119]对机构连杆曲线进行谐波分析，建立以傅里叶系数为特征参数的连杆曲线数值图谱库。文献[120,121]建立以连杆转角函数谐波成分为特征参数的数值图谱库，对带预定时标平面四杆轨迹和刚体导引综合问题进行了研究。文献[122]建立了基于谐波理论和快速傅里叶变换的平面五杆机构轨迹综合方法。文献[123,124]在明确用傅里叶级数描述连杆机构运动输出物理意义的基础上，建立了连杆机构尺度综合的谐波特征参数法。文献[125]将谐波特征法推广应用到空间机构，建立了球面和空间连杆机构运动轨迹和输出函数的数值图谱，建立了基于傅里叶级数理论平面和空间连杆机构尺度综合的通用方法。

小波分析法是利用小波分析理论提取连杆曲线特征参数的方法。文献[126]首次将小波分析理论引入到机构综合领域，提出了机构输出函数小波特征参数的概念，建立了利用小波变换进行函数综合的方法。文献[127]建立了小波分析特征参数法的轨迹评价和复演模型。文献[128]提出了连杆曲线的小波特征参数近似描述方法，对平面四杆机构非整周期的轨迹综合问题进行了研究。文献[129]建立了基于小波级数的平面四杆机构刚体导引特征参数提取方法，研究了平面四杆机构非整周期刚体导引综合问题。文献[130]建立了球面四杆机构非整周期轨迹综合的小波特征参数法。

数值图谱法具有解的多样性强、适用范围广，计算复杂程度低和综合速度快的优点，但其在以下方面也存在不足：一是数值图谱不具备通用性，不同结构类型的连杆机构需要建立不同数值图谱库，随着并联机构与机器人技术的发展，连杆机构的类型在不断创新，随着连杆机构的结构参数增多，建立完备数值图谱的难度将不断增大；二是数值图谱法在综合过程中需要利用相似性函数或模糊识别的方法判别曲线特征的相似度，这在一定程度上限制了图谱法的求解精度。

综上所述，从适用范围、解的精度、解的多样性和求解速度等方面比较已有连杆机构综合方法，可以得到如表 1.2 所示结果。

表 1.2 连杆机构尺度综合方法的性能比较

综合方法	适用范围	解的精度	解的多样性	计算速度
几何图解法	精确点综合	低	差	慢
代数法	精确点综合	高	好	快
优化法	精确点和近似运动综合	高	较好(需要新建模)	快
图谱法	精确点和近似运动综合	较高	好	较快

从表 1.2 中比较结果可以发现,代数法在解的精度、解的多样性和求解速度方面具有明显优势,但其适用范围小,无法完成多点位的近似运动综合,这主要是由于现有代数方法一般以回路约束或位移矩阵(杆、副约束法)为基础建立综合设计方程,当综合目标点数(即建立的方程数目)大于机构设计变量时,其所建立的非线性方程组将无法求解。针对这一问题,本书作者李学刚[131]基于傅里叶级数理论,根据连杆机构运动输出的傅里叶系数与机构设计参数间的函数关系,提出一种建立连杆机构综合设计方程的新方法,并以此为基础,建立连杆机构近似运动综合的代数求解方法,扩大了代数法的适用范围,提高了连杆机构近似运动综合解的精度和求解速度。

1.3 本书的主要内容

本书的研究内容包括两方面:平面连杆机构的位置分析与尺度综合。本书主要根据作者及其课题组在这一方面的研究成果总结完成,由于基于共形几何代数的连杆机构运动学分析理论和基于傅里叶级数和代数法结合的连杆机构综合理论研究还在不断地探索中,因此,本书同时也反映了有关研究内容的前沿进展。

本书根据研究内容,主要分为三部分。第一部分是数学基础,第二部分是平面连杆机构的位置分析,第三部分是平面连杆机构的尺度综合。上述三部分一共包括 10 章。第 2 章是本书研究内容的数学基础,第 3 ~ 5 章主要讲述平面基本运动链即巴氏桁架位置分析的研究成果,第 6 ~ 11 章主要讲述连杆机构三类尺度综合的研究成果。上述主要内容的具体安排如下:

第 2 章　数学基础。本章主要介绍共形几何代数(CGA)相关理论介绍,基于 CGA 的平面四杆运动链几何建模,傅里叶级数相关理论介绍,平面四杆机构运动输出的傅里叶级数描述,平面四杆机构设计参数与傅里叶系数间关系以及非线性方程组的结式消元法和矩阵广义特征值方法。后面的研究内容均基于本章介绍的数学基础。

第 3 章　基于复数—矢量法求解巴氏桁架的位置分析。本章主要推导了基于复数—矢量法的 5 杆、7 杆和 9 杆巴氏桁架位置分析的代数求解方法。首先,根据 5 杆、7 杆和 9 杆巴氏桁架包含的矢量回路(分别为 2、3 和 4 回路),建立相应的矢量方程,并将其转换为对应的复指数方程,建立相应的几何约束方程式;再单独使用 Sylvester 结式或 Dixon 结式与 Sylvester 结式结合或单独使用 Dixon 结式对约束方程进行代数消元,得到一元高次方程;最后,通过数值实例验证本章所提方法的有效性和正确性。

第 4 章　基于 CGA 的 5 杆和 7 杆巴氏桁架位置分析。本章主要推导了基于 CGA 的 5 杆和 7 巴氏桁架位置分析的代数求解方法。5 杆巴氏桁架对应有两种四杆 6 副 Assur 组，两种 Assur 组均包含一个平面四杆运动链，基于第 2 章提到的平面四杆运动链直接进行几何建模，得到一元高次方程，该方法不需要进行代数消元直接得到特征方程；7 杆巴氏桁架有 3 种类型，均包含一个平面四杆运动链和一个二副杆件，因此，依据平面四杆运动链的几何建模推导出一个约束方程，依据二副杆杆长约束建立一个距离方程，两个约束方程通过一步结式消元可以得到一元高次方程，该方法仅需要进行一次代数消元，即可得到一元高次方程。最后，通过数值实例验证了本章所提方法的正确性和有效性。

第 5 章　基于 CGA 的 9 杆巴氏桁架位置分析。本章主要推导了基于 CGA 的 9 杆巴氏桁架位置分析的代数求解方法。9 杆巴氏桁架位置分析的建模根据约束方程建立的过程分为两种情况：(1) 9 杆巴氏桁架引入 2 个变量后可以拆解为两个平面四杆运动链；(2) 9 杆巴氏桁架引入 3 个变量后可以拆解为一组平面四杆运动链和两根单独的二副杆。第一种情况可以直接依据平面四杆运动链的几何建模直接推导出两个约束方程，两个方程联立通过一步结式消元即可得到一元高次方程；第二种情况依据平面四杆运动链的几何建模推导出一个约束方程，依据二副杆杆长约束建立两个距离方程，三个方程联立通过两步结式消元可以得到一元高次方程。本章提出的方法相比第 3 章的复数—矢量法，建立的方程个数减少，并且部分机构求解时最终的结式尺寸也较小。最后，通过数值实例验证了本章所提方法的正确性和有效性。

第 6 章　平面四杆机构的精确点刚体导引综合。本章主要分别基于矢量环法和矩阵—约束法对精确点刚体导引四杆机构的综合问题进行代数求解。本章分别建立了三位置、四位置和五位置精确点刚体导引四杆机构的二杆组综合方程式以及用变量替换、逐步消元的代数方法对建立的综合方程式进行代数求解。本章通过两种不同的数学建模方法对该问题进行建模，最终得到的结论是一致的，两种建模方法没有优劣区分。最后，通过数值实例验证了算法的正确性和有效性。

第 7 章　平面四杆机构的精确点轨迹生成综合。本章主要基于矩阵—约束法分别对五精确点计时轨迹生成综合和无计时轨迹生成综合问题进行代数求解。针对五精确点计时轨迹生成综合问题，建立了左侧和右侧二杆组轨迹生成综合方程式并用变量替换、逐步消元的代数方法对建立的综合方程式进行了代数求解；针对五精确点无计时轨迹生成综合问题，根据选定已知参数的不同，分为四类，针对不同的类型建立其综合方程式，并采用了 Gröbner 基和 Sylvester 结式相结合的消元方法对建立的综合方程式进行了代数求解。最后，通过数值实例验证了算法的正确性和有效性。

第 8 章　平面四杆机构的精确点函数生成综合。本章主要基于矢量环法对精确点函数生成综合问题进行代数求解。本章首先介绍了切比雪夫精确点位置配置法；接着分别建立了 3 位置、4 位置和 5 位置精确点函数发生铰链四杆机构的二杆组综合方程式以及用变量替换、逐步消元的代数方法对建立的综合方程式进行代数求解；最后，通过数值实例验证了算法的正确性和有效性。

第 9 章　基于傅里叶级数的平面四杆机构函数生成综合。本章建立了基于傅里叶级数的平面四杆机构函数生成综合的代数求解方法。本章在建立机构输入输出运动方程的基础上，将由傅里叶级数表示的输出转角函数代入机构封闭矢量方程，依据复指数函数的性质，得到机构设计变量与输出转角函数傅里叶系数间的函数关系。根据这一关系，建立了平面四杆机构函数综合设计方程，化简求解方程，推导得到了由目标转角函数傅里叶系数计算机构设计参数的通用公式，建立了基于傅里叶级数的平面四杆机构函数综合代数求解方法。最后，通过综合实例验证了本章所提方法的正确性和有效性。

第10章 基于傅里叶级数的平面四杆机构轨迹生成综合。本章建立了基于傅里叶级数的平面四杆机构轨迹生成综合的代数求解方法。本章通过将平面四杆机构拆分为二杆组，对设计变量进行解耦。依据复矢量方程的性质，分两步，即左半部分第一步和右半部分第二步，建立了以设计变量为未知量和连杆曲线傅里叶系数为已知量的轨迹综合设计方程。利用 Sylvester 消元法化简求解得到了方程解析解，建立了由目标轨迹傅里叶系数计算机构轨迹综合设计参数的通用公式。建立了基于傅里叶级数的平面四杆机构轨迹综合代数求解方法。最后，通过综合实例验证了本章所提方法的正确性和有效性。

第11章 基于傅里叶级数的平面四杆机构刚体导引综合。本章建立了基于傅里叶级数的平面四杆机构刚体导引综合的代数求解方法。本章在建立了函数综合和轨迹综合设计方法的基础上，经过机构反转，把刚体导引综合问题转化为函数综合和轨迹综合问题进行求解。首先，依据刚体导引标线转角函数的傅里叶系数与机构设计变量间的函数关系，建立综合设计方程，得到了由标线转角函数傅里叶系数计算机构基本尺寸的通用公式，建立了带预定时标的平面四杆机构刚体导引综合代数求解方法。其次，利用轨迹综合方法求解机构左侧设计变量，在此基础上，根据分析得到的刚体标线转角傅里叶系数与机构设计变量间的关系建立综合设计方程，求解得到由刚体导引标线转角函数的傅里叶系数计算机构右侧设计变量的通用公式，建立了带预定时标和不带预定时标两类刚体导引综合任务均适用的代数求解方法。最后，通过综合实例验证了本章所提方法的正确性和有效性。

第2章 数学基础

平面连杆机构的位置分析常用的建模方法是复数—矢量法，该方法的理论可参考很多教材和专著，本书不再介绍。本书除了用传统的复数—矢量法对平面基本运动链即巴氏桁架进行位置分析外，主要介绍基于共形几何代数的方法对其进行位置分析。

平面连杆机构的运动尺度综合常用的建模方法是复数—矢量法和位移矩阵法，这两种方法的理论也可参考很多教材和专著，本书不再介绍。本书除了用传统的位移矩阵法对平面连杆机构进行尺度综合外，主要介绍基于傅里叶级数和代数法的连杆尺度综合。

本书主要基于代数法对平面连杆机构的位置分析和综合问题进行建模和求解，因此这两类问题最终都将转化为对非线性方程组的求解。非线性方程组的求解通常可分为两类，一类是数值解法，如数值迭代法和同伦连续法。数值迭代法需要选择合适的初值且往往只能得到一组解，同伦连续法在求解方程组时不需预先给出合适的初值就能使方程组在大范围内收敛，并且能可靠地求出多项式方程组的全部解，因此，通常在机构学运动学相关问题的研究初期应用广泛或者是大型机构运动学问题，如平面四杆机构九点精确点轨迹综合问题的求解，但是其难点在于对构造初始方程组的要求比较高，按照一般方法构造初始方程组可能引起同伦方程组发散解过多，使计算效率显著降低；另一类是代数解法或封闭解法，该类解法使用各种消元方法通过符号运算的方式将非线性方程组中的所有中间变量消去，最后推导出一个只含有输入量(已知量)和输出变量的一元高次方程。求解该方程得到变量的全部根，然后对应此变量求出一系列的中间变量(被消去的变量)。在该过程中，只要保证各个步骤都是同解变换，就能够保证得出全部的解，而且不产生增根。代数求解法虽然过程较为复杂，有一定的难度，但是可以解出全部解，而且不需要初始值。另外，代数解法不仅可以提供机构的几何特征和运动特性，并且单变量的一元高次方程对于运动学的其他方面如工作空间分析、奇异位置分析等都有很大的理论价值。本书采用的是代数解法，主要是 Sylvester 结式消元法、Dixon 结式消元法和 Gröbner 基法。

综上所述，本章主要介绍共形几何代数相关理论介绍，基于共形几何代数的平面四杆运动链几何建模，傅里叶级数相关理论介绍，平面四杆机构运动输出的傅里叶级数描述，平面四杆机构设计参数与傅里叶系数间关系以及非线性方程组的结式消元法、分组分次逆字典序 Gröbner 基法和矩阵广义特征值方法。

2.1 共形几何代数相关理论介绍

1997 年,李洪波博士创立了共形几何代数(Conformal Geometric Algebra,CGA),它是几何代数的一个重要分支。共形几何代数最初称作广义齐次坐标,是一个新的几何表示和计算系统。它是完全不依赖于坐标的经典几何的统一语言,不仅拥有用于几何建模的协变量代数,而且拥有用于几何计算的高级不变量算法。在表示方面,CGA 结合共形模型和几何代数,提供了表示几何体的 Grassmann 结构,表示几何变换的统一旋量作用和表示几何量的括号系统。在计算方面,CGA 拥有新的高级不变量代数,即零括号代数(Null Brackets Algebra, NBA),拥有新的计算思想,即基于括号的表示、消元和展开以得到分解和最短的结果,拥有不变量的展开和化简的高效计算技术。在进行巴氏桁架位置分析的过程中,会用到共形几何代数,因此,这里对共形几何代数的相关理论进行简要介绍,详细理论介绍可参考编者们的另一部专著[132]。

2.1.1 共形空间中的基本概念

CGA 将 n 维欧氏向量空间 $\mathbb{R}^n$ 嵌入到 $n+2$ 维闵氏向量空间 $\mathbb{R}^{n+1,1}$ 中,其包含 $n+2$ 个正交基向量 $\{\boldsymbol{e}_1,\boldsymbol{e}_2,\cdots,\boldsymbol{e}_n,\boldsymbol{e}_+,\boldsymbol{e}_-\}$,满足以下条件:

$$\boldsymbol{e}_i\boldsymbol{e}_j=\begin{cases}1, & i=j\\ \boldsymbol{e}_{ij}=\boldsymbol{e}_i\wedge\boldsymbol{e}_j=-\boldsymbol{e}_j\wedge\boldsymbol{e}_i, & i\neq j\end{cases}\quad(i=1,2,\cdots,n) \tag{2.1}$$

$$\boldsymbol{e}_+^2=1,\quad \boldsymbol{e}_-^2=-1,\quad \boldsymbol{e}_+\cdot\boldsymbol{e}_-=0 \tag{2.2}$$

$$\boldsymbol{e}_i\cdot\boldsymbol{e}_+=\boldsymbol{e}_i\cdot\boldsymbol{e}_-=0\quad(i=1,2,\cdots,n) \tag{2.3}$$

式中,$\{\boldsymbol{e}_1,\boldsymbol{e}_2,\cdots,\boldsymbol{e}_n\}$为 n 维欧氏空间 $\mathbb{R}^n$ 的 n 个正交基,$\{\boldsymbol{e}_+,\boldsymbol{e}_-\}$为闵氏空间 $\mathbb{R}^{1,1}$ 的两个正交基。

引入两个正交 null 向量 $\boldsymbol{e}_0$ 和 $\boldsymbol{e}_\infty$,

$$\boldsymbol{e}_0=\frac{1}{2}(\boldsymbol{e}_- - \boldsymbol{e}_+),\quad \boldsymbol{e}_\infty=\boldsymbol{e}_+ + \boldsymbol{e}_- \tag{2.4}$$

依据式(2.1)~式(2.4)有

$$\boldsymbol{e}_0^2=\boldsymbol{e}_\infty^2=0,\quad \boldsymbol{e}_\infty\cdot\boldsymbol{e}_0=-1 \tag{2.5}$$

式中,$\boldsymbol{e}_0$ 表示 CGA 的原点,$\boldsymbol{e}_\infty$ 是 CGA 的无穷远点。

几何代数最基本的运算是几何积(Geometric Product),此外还有两个重要的运算是内积(Inner Product)和外积(Outer Product),外积主要用于几何体的组成和相交,而内积则用于角度和距离的计算。

1. 外积(Outer Product)

几何代数中,两个向量 $\boldsymbol{a}$ 和 $\boldsymbol{b}$ 的外积定义为 $\boldsymbol{a}\wedge\boldsymbol{b}$。两个向量 $\boldsymbol{a}$ 和 $\boldsymbol{b}$ 的外积表示向量 $\boldsymbol{a}$ 沿着向量 $\boldsymbol{b}$ 扫过的有方向的平行四边形,如图 2.1 所示。

这个有方向的平行四边形 $\boldsymbol{a}\wedge\boldsymbol{b}$ 的方向是沿着向量 $\boldsymbol{a}$ 到向量 $\boldsymbol{b}$ 的方向，如图 2.1 所示为顺时针方向。这个有方向的平行四边形 $\boldsymbol{a}\wedge\boldsymbol{b}$ 的大小为向量 $\boldsymbol{a}$ 沿着向量 $\boldsymbol{b}$ 上扫过的面积，记为

$$|\boldsymbol{a}\wedge\boldsymbol{b}|=|\boldsymbol{a}|\,|\boldsymbol{b}|\sin\theta \tag{2.6}$$

式中，θ 为向量 $\boldsymbol{a}$ 和 $\boldsymbol{b}$ 的夹角，$|\cdot|$ 表示向量的模。

向量的外积表示与叉积的不同体现在它能在任意维数向量空间表示，而叉积则仅在三维欧氏空间中成立。另外，叉积的几何意义表示由两个向量所确定的平面的法线。正是由于叉积的局限性，在几何代数中引入了外积的概念。

两个向量的外积运算具有以下性质：

(1) 反交换律

向量 $\boldsymbol{a}$ 和 $\boldsymbol{b}$ 的外积具有反交换律，即

$$\boldsymbol{a}\wedge\boldsymbol{b}=-\boldsymbol{b}\wedge\boldsymbol{a} \tag{2.7}$$

(2) 数因子分配律

$$\boldsymbol{a}\wedge(\beta\boldsymbol{b})=\beta(\boldsymbol{a}\wedge\boldsymbol{b}) \tag{2.8}$$

(3) 分配律

三个向量 $\boldsymbol{a}$、$\boldsymbol{b}$ 和 $\boldsymbol{c}$ 的外积满足分配律，即

$$\boldsymbol{a}\wedge(\boldsymbol{b}+\boldsymbol{c})=\boldsymbol{a}\wedge\boldsymbol{b}+\boldsymbol{a}\wedge\boldsymbol{c} \tag{2.9}$$

(4) 结合律

三个向量 $\boldsymbol{a}$、$\boldsymbol{b}$ 和 $\boldsymbol{c}$ 的外积也满足结合律，即

$$(\boldsymbol{a}\wedge\boldsymbol{b})\wedge\boldsymbol{c}=\boldsymbol{a}\wedge(\boldsymbol{b}\wedge\boldsymbol{c}) \tag{2.10}$$

两个向量 $\boldsymbol{a}$ 和 $\boldsymbol{b}$ 的外积 $\boldsymbol{a}\wedge\boldsymbol{b}$ 表示的是一个有方向的面，如图 2.1 所示，三个向量 $\boldsymbol{a}$、$\boldsymbol{b}$ 和 $\boldsymbol{c}$ 的外积 $\boldsymbol{a}\wedge\boldsymbol{b}\wedge\boldsymbol{c}$ 表示的是由这三个向量构成的有方向的体，如图 2.2 所示。以此类推，k 个向量 $\boldsymbol{a}_1,\boldsymbol{a}_2,\cdots,\boldsymbol{a}_k$ 的外积 $\boldsymbol{a}_1\wedge\boldsymbol{a}_2\wedge\cdots\wedge\boldsymbol{a}_k$ 表示的是由这 k 个向量构成的有方向的 k 维空间。

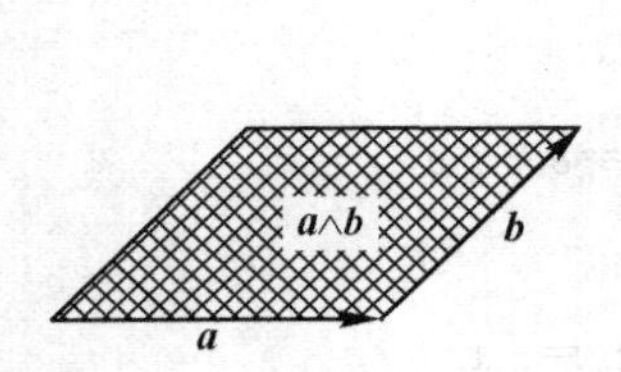

图 2.1　$\boldsymbol{a}\wedge\boldsymbol{b}$ 的几何性质

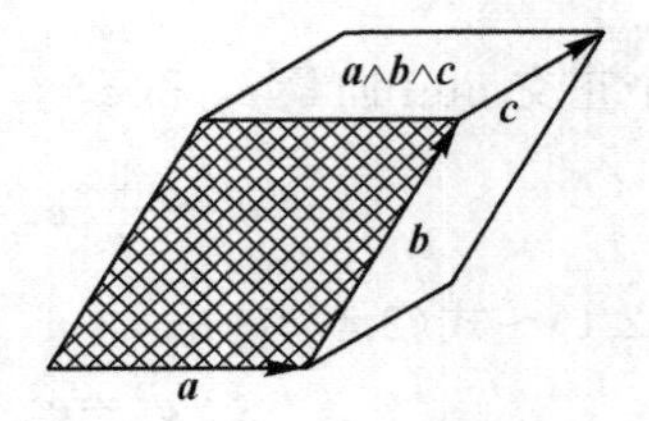

图 2.2　$\boldsymbol{a}\wedge\boldsymbol{b}\wedge\boldsymbol{c}$ 的几何性质

当向量 $\boldsymbol{a}$ 和 $\boldsymbol{b}$ 方向相同时，根据式(2.7)有

$$\boldsymbol{a}\wedge\boldsymbol{b}=0 \tag{2.11}$$

即当向量 $\boldsymbol{a}$ 和 $\boldsymbol{b}$ 线性相关时，其外积为零。以此类推，k 个向量 $\boldsymbol{a}_1,\boldsymbol{a}_2,\cdots,\boldsymbol{a}_k$ 线性相关，当且仅当

$$\boldsymbol{a}_1\wedge\boldsymbol{a}_2\wedge\cdots\wedge\boldsymbol{a}_k=0 \tag{2.12}$$

因此，外积运算可以用来判别向量的线性相关性。

2. 内积(Inner Product)

几何代数另一个重要操作是内积,由“·”表示。几何代数中,两个向量 $\boldsymbol{a}$ 和 $\boldsymbol{b}$ 的内积,记为 $\boldsymbol{a}\cdot\boldsymbol{b}$。两个向量 $\boldsymbol{a}$ 和 $\boldsymbol{b}$ 内积的几何意义为向量 $\boldsymbol{a}$ 在向量 $\boldsymbol{b}$ 上的投影的扩大,且扩大的大小为 $\boldsymbol{b}$ 的模,即

$$\boldsymbol{a}\cdot\boldsymbol{b}=|\boldsymbol{a}||\boldsymbol{b}|\cos\theta \tag{2.13}$$

式中,θ 为向量 $\boldsymbol{a}$ 和 $\boldsymbol{b}$ 的夹角。

若 $\boldsymbol{a}$ 和 $\boldsymbol{b}$ 为相互垂直的两个向量,则有

$$\boldsymbol{a}\cdot\boldsymbol{b}=0 \tag{2.14}$$

两个向量的内积表示与欧氏向量空间定义的点积或标量积是相同的,但是几何代数定义的内积可以作用于任意维数向量空间的几何量。

两个向量的内积具有以下性质:

(1) 交换律

向量 $\boldsymbol{a}$ 和 $\boldsymbol{b}$ 的内积满足交换律,即

$$\boldsymbol{a}\cdot\boldsymbol{b}=\boldsymbol{b}\cdot\boldsymbol{a} \tag{2.15}$$

(2) 分配律

三个向量 $\boldsymbol{a}$、$\boldsymbol{b}$ 和 $\boldsymbol{c}$ 的内积满足分配律,即

$$\boldsymbol{a}\cdot(\boldsymbol{b}+\boldsymbol{c})=\boldsymbol{a}\cdot\boldsymbol{b}+\boldsymbol{a}\cdot\boldsymbol{c} \tag{2.16}$$

3. 几何积(Geometric Product)

几何代数中,两向量 $\boldsymbol{a}$ 和 $\boldsymbol{b}$ 的几何积,记为 $\boldsymbol{ab}$,定义如下:

$$\boldsymbol{ab}=\boldsymbol{a}\cdot\boldsymbol{b}+\boldsymbol{a}\wedge\boldsymbol{b} \tag{2.17}$$

可以看出向量的几何积由对称部分和反对称部分组成,对称部分为内积 $\boldsymbol{a}\cdot\boldsymbol{b}=\boldsymbol{b}\cdot\boldsymbol{a}$,反对称部分为外积 $\boldsymbol{a}\wedge\boldsymbol{b}=-\boldsymbol{b}\wedge\boldsymbol{a}$。而几何积本身既不具有对称性,也不具有反对称性,但它具有可逆性。

式(2.17)可以写成如下的指数表达形式:

$$\boldsymbol{ab}=\boldsymbol{a}\cdot\boldsymbol{b}+\boldsymbol{a}\wedge\boldsymbol{b}=|\boldsymbol{a}||\boldsymbol{b}|(\cos\theta+\boldsymbol{I}\sin\theta)=|\boldsymbol{a}||\boldsymbol{b}|\exp(\boldsymbol{I}\theta) \tag{2.18}$$

式中,$\boldsymbol{I}$ 为由两向量 $\boldsymbol{a}$ 和 $\boldsymbol{b}$ 张成的表示有向面积的单位二向量。

由此,在几何代数中,根据几何积,向量的内积和外积分别表示为

$$\boldsymbol{a}\cdot\boldsymbol{b}=\frac{1}{2}(\boldsymbol{ab}+\boldsymbol{ba}) \tag{2.19}$$

$$\boldsymbol{a}\wedge\boldsymbol{b}=\frac{1}{2}(\boldsymbol{ab}-\boldsymbol{ba}) \tag{2.20}$$

向量的几何积具有以下性质:

$$\boldsymbol{a}(\boldsymbol{b}+\boldsymbol{c})=\boldsymbol{ab}+\boldsymbol{ac}\text{(左分配律)} \tag{2.21}$$

$$(\boldsymbol{b}+\boldsymbol{c})\boldsymbol{a}=\boldsymbol{ba}+\boldsymbol{ca}\text{(右分配律)} \tag{2.22}$$

$$\boldsymbol{a}\lambda=\lambda\boldsymbol{a} \tag{2.23}$$

$$\boldsymbol{a}(\boldsymbol{bc})=(\boldsymbol{ab})\boldsymbol{c}\text{(结合律)} \tag{2.24}$$

$$\boldsymbol{a}^2=\pm|\boldsymbol{a}|^2 \tag{2.25}$$

n 维共形几何代数中，标量是零维子空间，向量是一维子空间。而一个向量与另一个向量的外积得到二元向量(Bivector)，它是二维子空间。三个向量的外积可以构成三元向量(Trivector)，即三维子空间，以此类推，$k(k\leqslant n)$个向量的外积构成 $\boldsymbol{k}$-向量($\boldsymbol{k}$-vector)。其中，n 个线性无关的向量的外积称为伪标量(Pseudoscalar，n-blade)。

具有单元幅值的伪标量称为单元伪标量，记作 $\boldsymbol{I}_n$。本书的研究内容属于三维欧氏空间 $\mathbb{R}^3$ 范畴，将其嵌入闵氏空间 $\mathbb{R}^{1,1}$ 后得到五维共形空间 $\mathbb{R}^{3+1,1}$，其包含 5 个正交基向量$\{\boldsymbol{e}_1, \boldsymbol{e}_2, \boldsymbol{e}_3, \boldsymbol{e}_+, \boldsymbol{e}_-\}$。例如，在 $\mathbb{R}^3$ 中，其单位伪标量定义为 $\boldsymbol{I}_E=\boldsymbol{I}_3=\boldsymbol{e}_1\wedge\boldsymbol{e}_2\wedge\boldsymbol{e}_3$；在 $\mathbb{R}^{3+1,1}$ 中，其单位伪标量记作 $\boldsymbol{I}_C=\boldsymbol{I}_5=\boldsymbol{e}_1\wedge\boldsymbol{e}_2\wedge\boldsymbol{e}_3\wedge\boldsymbol{e}_+\wedge\boldsymbol{e}_-=\boldsymbol{e}_1\wedge\boldsymbol{e}_2\wedge\boldsymbol{e}_3\wedge\boldsymbol{e}_\infty\wedge\boldsymbol{e}_0$。伪标量是阶数最高的外张量。在 n 维共形几何代数 $\mathbb{R}^{n+1,1}$ 中，$n+1$ 个向量的外积为 0。

n 维共形几何代数 $\mathbb{R}^{n+1,1}$ 中，由不同阶数的外张量线性组合而成的元素称为多重向量(Multi-Vector)。记作：

$$\boldsymbol{A}=\langle\boldsymbol{A}\rangle_0+\langle\boldsymbol{A}\rangle_1+\cdots+\langle\boldsymbol{A}\rangle_k+\cdots+\langle\boldsymbol{A}\rangle_n=\sum_{k=0}^{n}\langle\boldsymbol{A}\rangle_k \tag{2.26}$$

式中，$\langle\boldsymbol{A}\rangle_k$ 表示多重向量 $\boldsymbol{A}$ 的第 k 阶向量部分。

一个 r 阶外张量$\langle\boldsymbol{A}\rangle_r\,\boldsymbol{a}_1\wedge\cdots\wedge\boldsymbol{a}_r$ 和一个 s 阶外张量$\langle\boldsymbol{B}\rangle_s\boldsymbol{b}_1\wedge\cdots\wedge\boldsymbol{b}_s$ 的内积定义如下：

$$\langle\boldsymbol{A}\rangle_r\cdot\langle\boldsymbol{B}\rangle_s=\begin{cases}((((\langle\boldsymbol{A}\rangle_r\cdot\boldsymbol{b}_1)\cdot\boldsymbol{b}_2)\cdots\cdot\boldsymbol{b}_{s-1})\cdot\boldsymbol{b}_s & \text{当 } r\geqslant s\\ \boldsymbol{a}_1\cdot(\boldsymbol{a}_2\cdot(\cdots(\boldsymbol{a}_{r-1}\cdot(\boldsymbol{a}_r\cdot\langle\boldsymbol{B}\rangle_s)))) & \text{当 } r<s\end{cases} \tag{2.27}$$

式中：

$$\boldsymbol{b}\cdot\langle\boldsymbol{A}\rangle_r=\sum_{i=1}^{r}(-1)^{i+1}(\boldsymbol{b}\cdot\boldsymbol{a}_i)(\boldsymbol{a}_1\wedge\cdots\wedge\boldsymbol{a}_{i-1}\wedge\boldsymbol{a}_{i+1}\wedge\cdots\wedge\boldsymbol{a}_r),$$

$$\langle\boldsymbol{A}\rangle_r\cdot\boldsymbol{b}=\sum_{i=1}^{r}(-1)^{r-i}(\boldsymbol{a}_i\cdot\boldsymbol{b})(\boldsymbol{a}_1\wedge\cdots\wedge\boldsymbol{a}_{i-1}\wedge\boldsymbol{a}_{i+1}\wedge\cdots\wedge\boldsymbol{a}_r)。$$

当两个外张量$\langle\boldsymbol{A}\rangle_r$ 和$\langle\boldsymbol{B}\rangle_s$ 阶数相等时，即 $r=s$，它们的内积可以通过下面的行列式求得：

$$\begin{aligned}\langle\boldsymbol{A}\rangle_r\cdot\langle\boldsymbol{B}\rangle_s&=(-1)^{r(r-1)/2}(\boldsymbol{a}_r\wedge\cdots\wedge\boldsymbol{a}_2\wedge\boldsymbol{a}_1)\cdot(\boldsymbol{b}_1\wedge\boldsymbol{b}_2\wedge\cdots\wedge\boldsymbol{b}_r)\\&=(-1)^{r(r-1)/2}\det\alpha_{ij}=(-1)^{r(r-1)/2}\det\boldsymbol{a}_i\cdot\boldsymbol{b}_j\end{aligned} \tag{2.28}$$

将其展开得到：

$$\det\alpha_{ij}=\begin{pmatrix}\alpha_{11} & \alpha_{12} & \cdots & \cdots & \alpha_{1r}\\ \alpha_{21} & \alpha_{22} & \cdots & \cdots & \alpha_{2r}\\ \vdots & \vdots & & & \vdots\\ \alpha_{r1} & \alpha_{r2} & \cdots & \cdots & \alpha_{rr}\end{pmatrix}=\begin{pmatrix}\boldsymbol{a}_1\cdot\boldsymbol{b}_1 & \boldsymbol{a}_1\cdot\boldsymbol{b}_2 & \cdots & \cdots & \boldsymbol{a}_1\cdot\boldsymbol{b}_r\\ \boldsymbol{a}_2\cdot\boldsymbol{b}_1 & \boldsymbol{a}_2\cdot\boldsymbol{b}_2 & \cdots & \cdots & \boldsymbol{a}_2\cdot\boldsymbol{b}_r\\ \vdots & \vdots & & & \vdots\\ \boldsymbol{a}_r\cdot\boldsymbol{b}_1 & \boldsymbol{a}_r\cdot\boldsymbol{b}_2 & \cdots & \cdots & \boldsymbol{a}_r\cdot\boldsymbol{b}_r\end{pmatrix} \tag{2.29}$$

4. *k*-blade 的逆(Inverse)

k-blade$\langle\boldsymbol{A}\rangle_k(k\leqslant n)$的逆定义为

$$\langle\boldsymbol{A}\rangle_k^{-1}=\frac{\langle\boldsymbol{A}\rangle_k^{\dagger}}{\|\langle\boldsymbol{A}\rangle_k\|^2},\ \|\langle\boldsymbol{A}\rangle_k\|\neq 0 \tag{2.30}$$

式中，$\langle \boldsymbol{A}\rangle_k^{\dagger}$ 表示 k-blade 的倒置(Reverse)(有时也记为$\langle \widetilde{\boldsymbol{A}}\rangle_k$)。倒置操作是这样一个算子，仅仅将 k-blade 的向量的顺序颠倒一下。例如$\langle \boldsymbol{A}\rangle_k=\bigwedge_{i=1}^{k}\boldsymbol{a}_i$，则

$$\langle \boldsymbol{A}\rangle_k^{\dagger}=\boldsymbol{a}_k\wedge\boldsymbol{a}_{k-1}\wedge\cdots\wedge\boldsymbol{a}_1=(-1)^{k(k-1)/2}\langle \boldsymbol{A}\rangle_k \tag{2.31}$$

根据式(2.31)可知，对任意$\langle \boldsymbol{A}\rangle_k$，有

$$\begin{aligned}\langle \boldsymbol{A}\rangle_k\cdot\langle \boldsymbol{A}\rangle_k^{\dagger}&=(\boldsymbol{a}_1\wedge\boldsymbol{a}_2\wedge\cdots\wedge\boldsymbol{a}_k)\cdot(\boldsymbol{a}_k\wedge\boldsymbol{a}_{k-1}\wedge\cdots\wedge\boldsymbol{a}_1)\\&=\boldsymbol{a}_1\cdot(\boldsymbol{a}_2\cdots(\boldsymbol{a}_k\cdot(\boldsymbol{a}_k\wedge\boldsymbol{a}_{k-1}\wedge\cdots\wedge\boldsymbol{a}_1)))\\&=\det([\boldsymbol{a}_1\wedge\boldsymbol{a}_2\wedge\cdots\wedge\boldsymbol{a}_k])=\|\langle \boldsymbol{A}\rangle_k\|^2\end{aligned} \tag{2.32}$$

$$\langle \boldsymbol{A}\rangle_k\cdot\langle \boldsymbol{A}\rangle_k=(-1)^{k(k-1)/2}\|\langle \boldsymbol{A}\rangle_k\|^2 \tag{2.33}$$

式中，$\|\langle \boldsymbol{A}\rangle_k\|$ 为 k-blade 的模或幅值(Magnitude)。$\det([\boldsymbol{a}_1\wedge\boldsymbol{a}_2\wedge\cdots\wedge\boldsymbol{a}_k])$表示由 k 个向量构成的矩阵的行列式。

将其推广，多重向量 $\boldsymbol{A}$ 的幅值定义如下：

$$\|\boldsymbol{A}\|=\langle \boldsymbol{A}^{\dagger}\boldsymbol{A}\rangle_0^{1/2} \tag{2.34}$$

$$|\boldsymbol{a}_1\boldsymbol{a}_2\cdots\boldsymbol{a}_k|^2=\langle \boldsymbol{A}^{\dagger}\boldsymbol{A}\rangle_0=(\boldsymbol{a}_1\boldsymbol{a}_2\cdots\boldsymbol{a}_k)^{\dagger}(\boldsymbol{a}_1\boldsymbol{a}_2\cdots\boldsymbol{a}_k)=|\boldsymbol{a}_1|^2|\boldsymbol{a}_2|^2\cdots|\boldsymbol{a}_k|^2\geqslant 0 \tag{2.35}$$

如果$\boldsymbol{A}\neq 0$，但$\|\boldsymbol{A}\|^2=0$，即向量 $\boldsymbol{A}$ 不是空向量，但向量 $\boldsymbol{A}$ 的幅值为零，则向量 $\boldsymbol{A}$ 被称为零向量(Null Vector)。从某种程度而言，零向量自身互补。共形几何中的基向量 $\boldsymbol{e}_0$、$\boldsymbol{e}_\infty$ 均为零向量空间。

5. 对偶(Dual)

在 CGA 中，用“$*$”表示对偶。多重向量 $\boldsymbol{M}$ 的对偶定义为

$$\boldsymbol{M}^*=\boldsymbol{M}\boldsymbol{I}_n^{-1} \tag{2.36}$$

式中，$\boldsymbol{I}_n^{-1}$ 表示单位伪标量 $\boldsymbol{I}_n$ 的逆。$\boldsymbol{I}_n^{-1}$ 与 $\boldsymbol{I}_n$ 两者仅相差一个正负号。对于三维欧氏空间，$\boldsymbol{I}_3^{-1}=\boldsymbol{e}_3\wedge\boldsymbol{e}_2\wedge\boldsymbol{e}_1$；对于五维共形几何空间，$\boldsymbol{I}_5^{-1}=-\boldsymbol{e}_-\wedge\boldsymbol{e}_+\wedge\boldsymbol{e}_3\wedge\boldsymbol{e}_2\wedge\boldsymbol{e}_1$。

2.1.2　共形空间中几何体的表示

CGA 除了基本的点、线和面外，圆、球和点对都能作为基本的几何体参与运算。CGA 可以简洁、统一地表示点、线、面、球和点对等基本几何元素并直接进行几何计算。表 2.1 是共形空间中基本几何元素的两种表达方式：内积表达式(标准表示)和外积表达式(对偶表示)。内积表达式表示的几何体是通过基本几何体的相交生成；外积表达式表示的几何体是通过几何体的外积构建。这两种表示方式可以通过对偶算符相互转换。表 2.1 中，$\boldsymbol{p}$ 为三维欧氏空间中点 P 的坐标，ρ 为球的半径，$\boldsymbol{n}$ 为三维欧氏空间中平面的法向矢量，d 为三维欧氏空间中原点到平面的距离，$\underline{\boldsymbol{P}}$、$\underline{\boldsymbol{S}}$、$\underline{\boldsymbol{\Pi}}$、$\underline{\boldsymbol{L}}$、$\underline{\boldsymbol{C}}$ 和$\underline{\boldsymbol{P}}_P$ 分别表示五维共形空间中的点、球、面、直线、圆和点对。

表 2.1　CGA 基本几何元素的表达式

基本几何元素	内积表达式(标准表示)	阶数	外积表达式(对偶表示)	阶数
点	$\underline{\boldsymbol{P}}=\boldsymbol{p}+\frac{\boldsymbol{p}^2\boldsymbol{e}_\infty}{2}+\boldsymbol{e}_0$	1	$\underline{\boldsymbol{P}}^*=\underline{\boldsymbol{S}}_1\wedge\underline{\boldsymbol{S}}_2\wedge\underline{\boldsymbol{S}}_3\wedge\underline{\boldsymbol{S}}_4$	4
球	$\underline{\boldsymbol{S}}=\underline{\boldsymbol{P}}-\frac{\rho^2\boldsymbol{e}_\infty}{2}$	1	$\underline{\boldsymbol{S}}^*=\underline{\boldsymbol{P}}_1\wedge\underline{\boldsymbol{P}}_2\wedge\underline{\boldsymbol{P}}_3\wedge\underline{\boldsymbol{P}}_4$	4

续表

基本几何元素	内积表达式(标准表示)	阶数	外积表达式(对偶表示)	阶数
平面	$\underline{\boldsymbol{\Pi}}=\boldsymbol{n}+de_\infty$	1	$\underline{\boldsymbol{\Pi}}^*=e_\infty\wedge\underline{\boldsymbol{P}}_1\wedge\underline{\boldsymbol{P}}_2\wedge\underline{\boldsymbol{P}}_3$	4
直线	$\underline{\boldsymbol{L}}=\underline{\boldsymbol{\Pi}}_1\wedge\underline{\boldsymbol{\Pi}}_2$	2	$\underline{\boldsymbol{L}}^*=e_\infty\wedge\underline{\boldsymbol{P}}_1\wedge\underline{\boldsymbol{P}}_2$	3
圆	$\underline{\boldsymbol{C}}=\underline{\boldsymbol{S}}_1\wedge\underline{\boldsymbol{S}}_2$	2	$\underline{\boldsymbol{C}}^*=\underline{\boldsymbol{P}}_1\wedge\underline{\boldsymbol{P}}_2\wedge\underline{\boldsymbol{P}}_3$	3
点对	$\underline{\boldsymbol{P}}_P=\underline{\boldsymbol{S}}_1\wedge\underline{\boldsymbol{S}}_2\wedge\underline{\boldsymbol{S}}_3$	3	$\underline{\boldsymbol{P}}_P^*=\underline{\boldsymbol{P}}_1\wedge\underline{\boldsymbol{P}}_2$	2

五维共形几何空间中,球面用球心 $\boldsymbol{p}$ 和半径 ρ 表示如下:

$$\underline{\boldsymbol{S}}=\boldsymbol{p}+\frac{1}{2}(\boldsymbol{p}^2-\rho^2)\boldsymbol{e}_\infty+\boldsymbol{e}_0 \tag{2.37}$$

当半径 ρ 为零时,球面就变成了点。

此时,三维欧氏空间中的点 P 在五维共形几何空间中的表示为

$$\underline{\boldsymbol{P}}=\boldsymbol{p}+\frac{1}{2}\boldsymbol{p}^2\boldsymbol{e}_\infty+\boldsymbol{e}_0 \tag{2.38}$$

接下来,我们就可以通过点与球面的内积来判定该点与球面的关系。它们的内积表示如下:

$$\begin{aligned}\underline{\boldsymbol{X}}\cdot\underline{\boldsymbol{S}}&=\left(\boldsymbol{x}+\frac{1}{2}\boldsymbol{x}^2\boldsymbol{e}_\infty+\boldsymbol{e}_0\right)\cdot\left(\boldsymbol{p}+\frac{1}{2}(\boldsymbol{p}^2-\rho^2)\boldsymbol{e}_\infty+\boldsymbol{e}_0\right)\\&=-\frac{1}{2}(\boldsymbol{x}^2+\boldsymbol{p}^2-\rho^2)+\boldsymbol{x}\cdot\boldsymbol{p}\\&=-\frac{1}{2}((\boldsymbol{x}-\boldsymbol{p})^2-\rho^2)\end{aligned} \tag{2.39}$$

由此,可以得到下面的结论:

$\underline{\boldsymbol{X}}\cdot\underline{\boldsymbol{S}}>0$:点位于球面内;

$\underline{\boldsymbol{X}}\cdot\underline{\boldsymbol{S}}=0$:点位于球面上;

$\underline{\boldsymbol{X}}\cdot\underline{\boldsymbol{S}}<0$:点位于球面外。

此外,通过式(2.39),可知点 P 与自身的内积为零,即 $\underline{\boldsymbol{P}}\cdot\underline{\boldsymbol{P}}=0$。

另外,球面也可以用球面上的 4 个点表示:

$$\underline{\boldsymbol{S}}^*=\underline{\boldsymbol{P}}_1\wedge\underline{\boldsymbol{P}}_2\wedge\underline{\boldsymbol{P}}_3\wedge\underline{\boldsymbol{P}}_4 \tag{2.40}$$

此时,我们可以通过 $\underline{\boldsymbol{X}}\wedge\underline{\boldsymbol{S}}^*=0$ 来判定点在球面上。

注意:判定一个点是否在几何体上,根据几何体的表达形式,有两种表达方法。事实上,这两种表达方法是等价对偶的,即

$$\begin{gathered}\underline{\boldsymbol{X}}\cdot\underline{\boldsymbol{S}}=0\\\Leftrightarrow\underline{\boldsymbol{X}}\wedge\underline{\boldsymbol{S}}^*=0\end{gathered} \tag{2.41}$$

平面 $\underline{\boldsymbol{\Pi}}$ 可以表示为

$$\underline{\boldsymbol{\Pi}}=\boldsymbol{n}+de_\infty \tag{2.42}$$

式中,$\boldsymbol{n}=((\boldsymbol{p}_1-\boldsymbol{p}_2)\wedge(\boldsymbol{p}_1-\boldsymbol{p}_3))\boldsymbol{I}_E$,是平面 $\boldsymbol{\Pi}$ 的法矢量,$d=(\boldsymbol{p}_1\wedge\boldsymbol{p}_2\wedge\boldsymbol{p}_3)\boldsymbol{I}_E$,是原点到平面的距离。同理平面也可以用在它上的 3 个点和一个无穷远点来表示,因为平面相当于半径无穷大的球面。

$$\underline{\boldsymbol{\Pi}}^*=\boldsymbol{e}_\infty\wedge\underline{\boldsymbol{P}}_1\wedge\underline{\boldsymbol{P}}_2\wedge\underline{\boldsymbol{P}}_3=\boldsymbol{e}_\infty\wedge\boldsymbol{p}_1\wedge\boldsymbol{p}_2\wedge\boldsymbol{p}_3+\boldsymbol{E}(\boldsymbol{p}_2-\boldsymbol{p}_1)\wedge(\boldsymbol{p}_3-\boldsymbol{p}_1)\tag{2.43}$$

式中，$\boldsymbol{E}=\boldsymbol{e}_\infty\wedge\boldsymbol{l}_0=\boldsymbol{e}+\boldsymbol{e}_-$。

平面对偶表示 $\underline{\boldsymbol{\Pi}}^*$ 的平方和的几何意义表示以点 P_1、P_2 和 P_3 为顶点的三角形的面积的平方和的负四倍。其表示如下：

$$\begin{aligned}&(\boldsymbol{e}_\infty\wedge\underline{\boldsymbol{P}}_1\wedge\underline{\boldsymbol{P}}_2\wedge\underline{\boldsymbol{P}}_3)^2=(\underline{\boldsymbol{P}}_3\wedge\underline{\boldsymbol{P}}_2\wedge\underline{\boldsymbol{P}}_1\wedge\boldsymbol{e}_\infty)\cdot(\boldsymbol{e}_\infty\wedge\underline{\boldsymbol{P}}_1\wedge\underline{\boldsymbol{P}}_2\wedge\underline{\boldsymbol{P}}_3)\\&=(\underline{\boldsymbol{P}}_1\cdot\underline{\boldsymbol{P}}_2)^2-2(\underline{\boldsymbol{P}}_1\cdot\underline{\boldsymbol{P}}_2)(\underline{\boldsymbol{P}}_1\cdot\underline{\boldsymbol{P}}_3)+(\underline{\boldsymbol{P}}_1\cdot\underline{\boldsymbol{P}}_3)^2-2(\underline{\boldsymbol{P}}_1\cdot\underline{\boldsymbol{P}}_2)(\underline{\boldsymbol{P}}_2\cdot\underline{\boldsymbol{P}}_3)-\\&\quad 2(\underline{\boldsymbol{P}}_1\cdot\underline{\boldsymbol{P}}_3)(\underline{\boldsymbol{P}}_2\cdot\underline{\boldsymbol{P}}_3)+(\underline{\boldsymbol{P}}_2\cdot\underline{\boldsymbol{P}}_3)^2\\&=((\underline{\boldsymbol{P}}_2-\underline{\boldsymbol{P}}_1)\cdot(\underline{\boldsymbol{P}}_3-\underline{\boldsymbol{P}}_1))^2-4(\underline{\boldsymbol{P}}_1\cdot\underline{\boldsymbol{P}}_3)(\underline{\boldsymbol{P}}_2\cdot\underline{\boldsymbol{P}}_3)\\&=((\boldsymbol{p}_2-\boldsymbol{p}_1)\cdot(\boldsymbol{p}_3-\boldsymbol{p}_1))^2-(\boldsymbol{p}_2-\boldsymbol{p}_1)^2\,(\boldsymbol{p}_3-\boldsymbol{p}_1)^2\\&=-4\,(S_{\triangle p_1p_2p_3})^2\end{aligned}$$

式中，$S_{\triangle p_1p_2p_3}$ 表示三角形 $p_1p_2p_3$ 的面积。

圆 $\underline{\boldsymbol{C}}$ 用两个球面的交来表示

$$\underline{\boldsymbol{C}}=\underline{\boldsymbol{S}}_1\wedge\underline{\boldsymbol{S}}_2\tag{2.44}$$

或者是用它上的 3 个点 P_1、P_2 和 P_3 表示

$$\underline{\boldsymbol{C}}^*=\underline{\boldsymbol{P}}_1\wedge\underline{\boldsymbol{P}}_2\wedge\underline{\boldsymbol{P}}_3=c_1+c_2\boldsymbol{e}_\infty+c_3\boldsymbol{e}_0+c_4\boldsymbol{E}\tag{2.45}$$

式中，$c_1=\boldsymbol{p}_1\wedge\boldsymbol{p}_2\wedge\boldsymbol{p}_3$，$c_2=\dfrac{1}{2}(\boldsymbol{p}_3^2(\boldsymbol{p}_1\wedge\boldsymbol{p}_2)-\boldsymbol{p}_2^2(\boldsymbol{p}_1\wedge\boldsymbol{p}_3)+\boldsymbol{p}_1^2(\boldsymbol{p}_2\wedge\boldsymbol{p}_3))$，

$c_3=\boldsymbol{p}_1\wedge\boldsymbol{p}_2+\boldsymbol{p}_2\wedge\boldsymbol{p}_3-\boldsymbol{p}_1\wedge\boldsymbol{p}_3$，$c_4=\dfrac{1}{2}(\boldsymbol{p}_1(\boldsymbol{p}_2^2-\boldsymbol{p}_3^2)+\boldsymbol{p}_2(\boldsymbol{p}_3^2-\boldsymbol{p}_1^2)+\boldsymbol{p}_3(\boldsymbol{p}_1^2-\boldsymbol{p}_2^2))$。

直线 $\underline{\boldsymbol{L}}$ 用两个平面的交表示：

$$\underline{\boldsymbol{L}}=\underline{\boldsymbol{\Pi}}_1\wedge\underline{\boldsymbol{\Pi}}_2\tag{2.46}$$

或者可以用表示方向的二元向量 $\boldsymbol{l}$ 和表示线距的向量 $\boldsymbol{m}$ 表示如下：

$$\underline{\boldsymbol{L}}=\boldsymbol{l}+\boldsymbol{e}_\infty\boldsymbol{m}\tag{2.47}$$

式中，$\boldsymbol{l}=(\boldsymbol{p}_2-\boldsymbol{p}_1)\boldsymbol{I}_E$，$\boldsymbol{m}=(\boldsymbol{p}_1\wedge\boldsymbol{p}_2)\boldsymbol{I}_E$。此种表示与射影几何空间的表示是一致的。

或者用它上的两个点和一个无穷远点表示

$$\underline{\boldsymbol{L}}^*=\boldsymbol{e}_\infty\wedge\underline{\boldsymbol{P}}_1\wedge\underline{\boldsymbol{P}}_2=\boldsymbol{e}_\infty(\boldsymbol{p}_1\wedge\boldsymbol{p}_2)+(\boldsymbol{p}_2-\boldsymbol{p}_1)\boldsymbol{E}\tag{2.48}$$

直线对偶表示$\underline{\boldsymbol{L}}^*$平方和的几何意义表示线段长度的平方和，表示如下：

$$\begin{aligned}(\boldsymbol{e}_\infty\wedge\underline{\boldsymbol{P}}_1\wedge\underline{\boldsymbol{P}}_2)^2&=-(\underline{\boldsymbol{P}}_2\wedge\underline{\boldsymbol{P}}_1\wedge\boldsymbol{e}_\infty)\cdot(\boldsymbol{e}_\infty\wedge\underline{\boldsymbol{P}}_1\wedge\underline{\boldsymbol{P}}_2)=-\underline{\boldsymbol{P}}_2\cdot(\underline{\boldsymbol{P}}_1\cdot(\boldsymbol{e}_\infty\cdot(\boldsymbol{e}_\infty\wedge\underline{\boldsymbol{P}}_1\wedge\underline{\boldsymbol{P}}_2)))\\&=-\underline{\boldsymbol{P}}_2\cdot(\underline{\boldsymbol{P}}_1\cdot(\boldsymbol{e}_\infty\wedge\underline{\boldsymbol{P}}_2-\boldsymbol{e}_\infty\wedge\underline{\boldsymbol{P}}_1))=-\underline{\boldsymbol{P}}_2\cdot(-\underline{\boldsymbol{P}}_2-(\underline{\boldsymbol{P}}_1\cdot\underline{\boldsymbol{P}}_2)\boldsymbol{e}_\infty+\underline{\boldsymbol{P}}_1)\\&=-2(\underline{\boldsymbol{P}}_1\cdot\underline{\boldsymbol{P}}_2)=(\boldsymbol{p}_1-\boldsymbol{p}_2)^2=d_{12}^2\end{aligned}\tag{2.49}$$

使用直线的方向矢量 $\boldsymbol{n}$ 和原点到直线的垂足点 $\boldsymbol{t}$，式(2.48)可以写成如下表达式：

$$\underline{\boldsymbol{L}}^*=\boldsymbol{e}_\infty(\boldsymbol{t}\wedge\boldsymbol{n})+\boldsymbol{n}(\boldsymbol{e}_\infty\wedge\boldsymbol{e}_0)\tag{2.50}$$

式中，$\boldsymbol{t}$ 和 $\boldsymbol{n}$ 是三维欧氏空间的向量表示。事实上，求式(2.50)的对偶表达式，有

$$\begin{aligned}\underline{\boldsymbol{L}}&=(\boldsymbol{e}_\infty(\boldsymbol{t}\wedge\boldsymbol{n})+\boldsymbol{n}\boldsymbol{E})\boldsymbol{I}_C=(\boldsymbol{e}_\infty(\boldsymbol{t}\wedge\boldsymbol{n})+\boldsymbol{n}\boldsymbol{E})\boldsymbol{E}\boldsymbol{I}_E\\&=\boldsymbol{e}_\infty(\boldsymbol{t}\wedge\boldsymbol{n})\boldsymbol{E}\boldsymbol{I}_E+\boldsymbol{n}\boldsymbol{I}_E=(\boldsymbol{t}\wedge\boldsymbol{n})\boldsymbol{e}_\infty\boldsymbol{E}\boldsymbol{I}_E+\boldsymbol{n}\boldsymbol{I}_E\\&=\boldsymbol{e}_\infty(\boldsymbol{t}\wedge\boldsymbol{n})\boldsymbol{I}_E+\boldsymbol{n}\boldsymbol{I}_E=\boldsymbol{e}_\infty(\boldsymbol{t}\cdot\boldsymbol{n}\boldsymbol{I}_E)+\boldsymbol{n}\boldsymbol{I}_E\\&=\boldsymbol{e}_\infty(\boldsymbol{t}\cdot\boldsymbol{l})+\boldsymbol{l}=\boldsymbol{l}+\boldsymbol{e}_\infty\boldsymbol{m}\end{aligned}\tag{2.51}$$

式中，$\boldsymbol{l}=\boldsymbol{n}\boldsymbol{I}_E$，是一个二元向量；$\boldsymbol{m}=\boldsymbol{t}\cdot\boldsymbol{l}$ 是直线对原点的线距。由此可知，式(2.51)与式(2.47)完全对应。

点对$\underline{\boldsymbol{P}}_P$ 用 3 个球面的交表示

$$\underline{\boldsymbol{P}}_P=\underline{\boldsymbol{S}}_1\wedge\underline{\boldsymbol{S}}_2\wedge\underline{\boldsymbol{S}}_3 \tag{2.52}$$

或者用两个点表示

$$\underline{\boldsymbol{P}}_P^*=\underline{\boldsymbol{P}}_1\wedge\underline{\boldsymbol{P}}_2 \tag{2.53}$$

通过下面的推导,我们可以从点对中分离出两个点来。

根据表 2.1,我们可以知道两个点的 CGA 标准表示如下:

$$\underline{\boldsymbol{P}}_1=\boldsymbol{p}_1+\frac{1}{2}\boldsymbol{p}_1^2\boldsymbol{e}_\infty+\boldsymbol{e}_0,\underline{\boldsymbol{P}}_2=\boldsymbol{p}_2+\frac{1}{2}\boldsymbol{p}_2^2\boldsymbol{e}_\infty+\boldsymbol{e}_0$$

而两个点的一般 CGA 表示如下:

$$\underline{\boldsymbol{P}}_1'=\eta_1\left(\boldsymbol{p}_1+\frac{1}{2}\boldsymbol{p}_1^2\boldsymbol{e}_\infty+\boldsymbol{e}_0\right),\quad \underline{\boldsymbol{P}}_2'=\eta_2\left(\boldsymbol{p}_2+\frac{1}{2}\boldsymbol{p}_2^2\boldsymbol{e}_\infty+\boldsymbol{e}_0\right)$$

注:由于在共形几何空间中,几何体的标准表示都是齐次表示,即表达式两边同时乘以一个非零常数,表示的仍然是同一个几何体。因此,非标准表示时,可以在标准表达式的基础上乘以一个非零常数。

根据表 2.1,点对$\underline{\boldsymbol{P}}_P^*$ 的对偶表示形式为

$$\underline{\boldsymbol{P}}_P^*=\underline{\boldsymbol{P}}_1'\wedge\underline{\boldsymbol{P}}_2'=\eta_1\eta_2(\underline{\boldsymbol{P}}_1\wedge\underline{\boldsymbol{P}}_2)=\eta(\underline{\boldsymbol{P}}_1\wedge\underline{\boldsymbol{P}}_2) \tag{2.54}$$

式中,$\eta=\eta_1\eta_2$。

通过式(2.54),我们可以得到如下的表达式:

$$\boldsymbol{e}_\infty\cdot\underline{\boldsymbol{P}}_P^*=\boldsymbol{e}_\infty\cdot(\eta\underline{\boldsymbol{P}}_1\wedge\underline{\boldsymbol{P}}_2)=\eta((\boldsymbol{e}_\infty\cdot\underline{\boldsymbol{P}}_1)\underline{\boldsymbol{P}}_2-(\boldsymbol{e}_\infty\cdot\underline{\boldsymbol{P}}_2)\underline{\boldsymbol{P}}_1)=\eta(\underline{\boldsymbol{P}}_1-\underline{\boldsymbol{P}}_2) \tag{2.55}$$

$$\begin{aligned}(\boldsymbol{e}_\infty\cdot\underline{\boldsymbol{P}}_P^*)\cdot\underline{\boldsymbol{P}}_P^*&=(\boldsymbol{e}_\infty\cdot(\eta\underline{\boldsymbol{P}}_1\wedge\underline{\boldsymbol{P}}_2))\cdot(\eta\underline{\boldsymbol{P}}_1\wedge\underline{\boldsymbol{P}}_2)=\eta^2(\underline{\boldsymbol{P}}_1-\underline{\boldsymbol{P}}_2)\cdot(\underline{\boldsymbol{P}}_1\wedge\underline{\boldsymbol{P}}_2)\\&=\eta^2(-(\underline{\boldsymbol{P}}_1\cdot\underline{\boldsymbol{P}}_2)\underline{\boldsymbol{P}}_1-(\underline{\boldsymbol{P}}_1\cdot\underline{\boldsymbol{P}}_2)\underline{\boldsymbol{P}}_2)=-\eta^2(\underline{\boldsymbol{P}}_1\cdot\underline{\boldsymbol{P}}_2)(\underline{\boldsymbol{P}}_1+\underline{\boldsymbol{P}}_2)\end{aligned} \tag{2.56}$$

$$(\boldsymbol{e}_\infty\cdot\underline{\boldsymbol{P}}_P^*)\cdot(\boldsymbol{e}_\infty\cdot\underline{\boldsymbol{P}}_P^*)=\eta(\underline{\boldsymbol{P}}_1-\underline{\boldsymbol{P}}_2)\cdot\eta(\underline{\boldsymbol{P}}_1-\underline{\boldsymbol{P}}_2)=-2\eta^2(\underline{\boldsymbol{P}}_1\cdot\underline{\boldsymbol{P}}_2) \tag{2.57}$$

根据式(2.55)~式(2.57),得到:

$$\frac{\underline{\boldsymbol{P}}_1+\underline{\boldsymbol{P}}_2}{2}=\frac{(\boldsymbol{e}_\infty\cdot\underline{\boldsymbol{P}}_P^*)\cdot\underline{\boldsymbol{P}}_P^*}{(\boldsymbol{e}_\infty\cdot\underline{\boldsymbol{P}}_P^*)\cdot(\boldsymbol{e}_\infty\cdot\underline{\boldsymbol{P}}_P^*)},\frac{\underline{\boldsymbol{P}}_1-\underline{\boldsymbol{P}}_2}{2}=\frac{\boldsymbol{e}_\infty\cdot\underline{\boldsymbol{P}}_p^*}{2\eta}=\lambda(\boldsymbol{e}_\infty\cdot\underline{\boldsymbol{P}}_p^*) \tag{2.58}$$

式中,$\lambda=\dfrac{1}{\eta}$。

因此,从式(2.58)中可以推导得出点的 CGA 标准表示如下:

$$\{\underline{\boldsymbol{P}}_1,\underline{\boldsymbol{P}}_2\}=\frac{(\boldsymbol{e}_\infty\cdot\underline{\boldsymbol{P}}_P^*)\cdot\underline{\boldsymbol{P}}_P^*}{(\boldsymbol{e}_\infty\cdot\underline{\boldsymbol{P}}_P^*)\cdot(\boldsymbol{e}_\infty\cdot\underline{\boldsymbol{P}}_P^*)}\pm\frac{\lambda}{2}(\boldsymbol{e}_\infty\cdot\underline{\boldsymbol{P}}_P^*) \tag{2.59}$$

根据点的内积$\underline{\boldsymbol{P}}\cdot\underline{\boldsymbol{P}}=0$,可以推导得出:

$$\lambda=\pm\frac{2\sqrt{\underline{\boldsymbol{P}}_P^*\cdot\underline{\boldsymbol{P}}_P^*}}{(\boldsymbol{e}_\infty\cdot\underline{\boldsymbol{P}}_P^*)\cdot(\boldsymbol{e}_\infty\cdot\underline{\boldsymbol{P}}_P^*)} \tag{2.60}$$

由此,可以从点对中分离得出点,表示如下:

$$\{\underline{\boldsymbol{P}}_1,\underline{\boldsymbol{P}}_2\}=\frac{(\boldsymbol{e}_\infty\cdot\underline{\boldsymbol{P}}_P^*)\cdot\underline{\boldsymbol{P}}_P^*}{(\boldsymbol{e}_\infty\cdot\underline{\boldsymbol{P}}_P^*)\cdot(\boldsymbol{e}_\infty\cdot\underline{\boldsymbol{P}}_P^*)}\pm\frac{\sqrt{\underline{\boldsymbol{P}}_P^*\cdot\underline{\boldsymbol{P}}_P^*}}{(\boldsymbol{e}_\infty\cdot\underline{\boldsymbol{P}}_P^*)\cdot(\boldsymbol{e}_\infty\cdot\underline{\boldsymbol{P}}_P^*)}(\boldsymbol{e}_\infty\cdot\underline{\boldsymbol{P}}_P^*) \tag{2.61}$$

根据式(2.30)，有$(\boldsymbol{e}_\infty\cdot\boldsymbol{P}_P^*)^{-1}=\dfrac{(\boldsymbol{e}_\infty\cdot\boldsymbol{P}_P^*)}{(\boldsymbol{e}_\infty\cdot\boldsymbol{P}_P^*)\cdot(\boldsymbol{e}_\infty\cdot\boldsymbol{P}_P^*)}$，将其代入式(2.61)，化简得到

$$\{\underline{\boldsymbol{P}}_1,\underline{\boldsymbol{P}}_2\}=\frac{\pm\sqrt{\boldsymbol{P}_P^*\cdot\boldsymbol{P}_P^*}+\boldsymbol{P}_P^*}{\boldsymbol{e}_\infty\cdot\boldsymbol{P}_P^*}\tag{2.62}$$

通过式(2.61)或式(2.62)分离出的点表示为该点的标准归一化表示。

2.1.3 共形空间中距离和角度的计算

如表 2.1 所示，在 CGA 中，点、平面、球均可用 1-blade 来表示。而两个 1-blade 的内积是标量，所以可以用内积来求解距离。

CGA 中，1-blade 可以统一写成如下形式：

$$\underline{\boldsymbol{P}}=p_1\boldsymbol{e}_1+p_2\boldsymbol{e}_2+p_3\boldsymbol{e}_3+p_4\boldsymbol{e}_\infty+p_5\boldsymbol{e}_0\tag{2.63}$$

1-blade $\underline{\boldsymbol{P}}$ 与 1-blade $\underline{\boldsymbol{S}}$ 的内积计算如下：

$$\begin{aligned}\underline{\boldsymbol{P}}\cdot\underline{\boldsymbol{S}}&=(\boldsymbol{p}+p_4\boldsymbol{e}_\infty+p_5\boldsymbol{e}_0)\cdot(\boldsymbol{s}+s_4\boldsymbol{e}_\infty+s_5\boldsymbol{e}_0)\\&=\boldsymbol{p}\cdot\boldsymbol{s}+s_4\boldsymbol{p}\cdot\boldsymbol{e}_\infty+s_5\boldsymbol{p}\cdot\boldsymbol{e}_0+p_4\boldsymbol{e}_\infty\cdot\boldsymbol{s}+p_4s_4\boldsymbol{e}_\infty^2+\\&\quad p_4s_5\boldsymbol{e}_\infty\cdot\boldsymbol{e}_0+p_5\boldsymbol{e}_0\cdot\boldsymbol{s}+p_5s_4\boldsymbol{e}_0\cdot\boldsymbol{e}_\infty+p_5s_5\boldsymbol{e}_0^2\\&=\boldsymbol{p}\cdot\boldsymbol{s}-p_4s_5-p_5s_4\end{aligned}\tag{2.64}$$

① 若 $\underline{\boldsymbol{P}}$ 与 $\underline{\boldsymbol{S}}$ 均表示点，那么 $\underline{\boldsymbol{P}}\cdot\underline{\boldsymbol{S}}$ 可表示欧氏空间中两点之间的距离；

② 若 $\underline{\boldsymbol{P}}$ 表示点，$\underline{\boldsymbol{S}}$ 表示平面，那么 $\underline{\boldsymbol{P}}\cdot\underline{\boldsymbol{S}}$ 为点到平面之间的距离；

③ 若 $\underline{\boldsymbol{P}}$ 表示点，$\underline{\boldsymbol{S}}$ 表示球，那么 $\underline{\boldsymbol{P}}\cdot\underline{\boldsymbol{S}}$ 可以判断点在球面内、球面上或球面外；

④ 若 $\underline{\boldsymbol{P}}$ 表示平面，$\underline{\boldsymbol{S}}$ 表示球，那么 $\underline{\boldsymbol{P}}\cdot\underline{\boldsymbol{S}}$ 可以判断平面与球的位置关系；

⑤ 若 $\underline{\boldsymbol{P}}$ 与 $\underline{\boldsymbol{S}}$ 均表示球，那么 $\underline{\boldsymbol{P}}\cdot\underline{\boldsymbol{S}}$ 可以判断两球之间的位置关系。

假设 $\underline{\boldsymbol{P}}$ 与 $\underline{\boldsymbol{S}}$ 是两个标准归一化点，有

$$p_4=\boldsymbol{p}^2/2,\quad p_5=1,\quad s_4=\boldsymbol{s}^2/2,\quad s_5=1$$

根据式(2.64)可得两点的内积为

$$\underline{\boldsymbol{P}}\cdot\underline{\boldsymbol{S}}=\boldsymbol{p}\cdot\boldsymbol{s}-\frac{1}{2}\boldsymbol{s}^2-\frac{1}{2}\boldsymbol{p}^2=-\frac{1}{2}(\boldsymbol{s}-\boldsymbol{p})^2\tag{2.65}$$

因此，欧氏空间中两点距离的平方与共形空间内两点内积乘以-2 的结果是相等的，即

$$(\boldsymbol{s}-\boldsymbol{p})^2=-2(\underline{\boldsymbol{P}}\cdot\underline{\boldsymbol{S}})\tag{2.66}$$

假设 $\underline{\boldsymbol{P}}$ 是标准归一化点，$\underline{\boldsymbol{S}}$ 是平面，有

$$p_4=\boldsymbol{p}^2/2,\quad p_5=1,\quad s_4=d,\quad s_5=0$$

根据式(2.64)可得点和平面的内积为

$$\underline{\boldsymbol{P}}\cdot\underline{\boldsymbol{S}}=\boldsymbol{p}\cdot\boldsymbol{n}-d\tag{2.67}$$

可以通过式(2.67)来表达点和平面的几何关系：

① 当 $\underline{\boldsymbol{P}}\cdot\underline{\boldsymbol{S}}>0$ 时，点 $\underline{\boldsymbol{P}}$ 在平面法线的正方向上；

② 当 $\underline{\boldsymbol{P}}\cdot\underline{\boldsymbol{S}}=0$ 时，点 $\underline{\boldsymbol{P}}$ 在平面上；

③ 当 $\underline{\boldsymbol{P}}\cdot\underline{\boldsymbol{S}}<0$ 时，点 $\underline{\boldsymbol{P}}$ 在平面法线的反方向上。

另外，点和球面的内积可以用来判断点和球面的位置关系，对于点 $\underline{\boldsymbol{P}}$ 和球面 $\underline{\boldsymbol{S}}$ 有

$$p_4=\boldsymbol{p}^2/2,\quad p_5=1,\quad s_4=(s_1^2+s_2^2+s_3^2-\rho^2)/2,\quad s_5=1$$

根据式(2.64)可得点和球面的内积为

$$\begin{aligned}\underline{\boldsymbol{P}}\cdot\underline{\boldsymbol{S}}&=\boldsymbol{p}\cdot\boldsymbol{s}-(\boldsymbol{s}^2-\rho^2)/2-\boldsymbol{p}^2/2\\&=(\rho^2-(\boldsymbol{s}^2-2\boldsymbol{p}\cdot\boldsymbol{s}-\boldsymbol{p}^2))/2=(\rho^2-(\boldsymbol{s}-\boldsymbol{p})^2)/2\end{aligned}$$

即

$$2(\underline{\boldsymbol{P}}\cdot\underline{\boldsymbol{S}})=\rho^2-(\boldsymbol{s}-\boldsymbol{p})^2\tag{2.68}$$

因此可以看出，

① 当 $\underline{\boldsymbol{P}}\cdot\underline{\boldsymbol{S}}>0$ 时，点 $\underline{\boldsymbol{P}}$ 在球面内；

② 当 $\underline{\boldsymbol{P}}\cdot\underline{\boldsymbol{S}}=0$ 时，点 $\underline{\boldsymbol{P}}$ 在球面上；

③ 当 $\underline{\boldsymbol{P}}\cdot\underline{\boldsymbol{S}}<0$ 时，点 $\underline{\boldsymbol{P}}$ 在球面外。

假设 $\underline{\boldsymbol{P}}$ 和 $\underline{\boldsymbol{S}}$ 都是球面，有

$$p_4=(p^2-\rho_1^2)/2,\quad p_5=1,\quad s_4=(\boldsymbol{s}^2-\rho_2^2)/2,\quad s_5=1$$

根据式(2.64)可得两个球面的内积为

$$\begin{aligned}\underline{\boldsymbol{P}}\cdot\underline{\boldsymbol{S}}&=\boldsymbol{p}\cdot\boldsymbol{s}-(\boldsymbol{s}^2-\rho_2^2)/2-(\boldsymbol{p}^2-\rho_1^2)/2\\&=(\rho_1^2+\rho_2^2-(\boldsymbol{s}^2-2\boldsymbol{p}\cdot\boldsymbol{s}-\boldsymbol{p}^2))/2=(\rho_1^2+\rho_2^2-(\boldsymbol{s}-\boldsymbol{p})^2)/2\end{aligned}$$

即

$$2(\underline{\boldsymbol{P}}\cdot\underline{\boldsymbol{S}})=\rho_1^2+\rho_2^2-(\boldsymbol{s}-\boldsymbol{p})^2\tag{2.69}$$

两个几何体之间的角度（两条直线或者两个平面）可以用标准化的对偶几何体的内积来表示：

$$\cos\theta=\frac{\boldsymbol{o}_1^*\cdot\boldsymbol{o}_2^*}{\|\boldsymbol{o}_1^*\|\,\|\boldsymbol{o}_2^*\|}\tag{2.70}$$

$$\text{angle}(\boldsymbol{o}_1^*,\boldsymbol{o}_2^*)=\arccos\frac{\boldsymbol{o}_1^*\cdot\boldsymbol{o}_2^*}{\|\boldsymbol{o}_1^*\|\,\|\boldsymbol{o}_2^*\|}\tag{2.71}$$

2.1.4 共形空间中的刚体运动表达

刚体运动是由三维空间的旋转和平移生成的变换。首先介绍三维旋转的旋量表示。

1. 刚体旋转

刚体旋转运算符(Rotor)表示为

$$\boldsymbol{R}=\exp\left(-\frac{\theta}{2}\boldsymbol{l}\right)=\cos\left(\frac{\theta}{2}\right)-\boldsymbol{l}\sin\left(\frac{\theta}{2}\right)\tag{2.72}$$

式中，$\boldsymbol{l}$ 是单位二向量，表示的是转轴的对偶表达；θ 表示旋转角。

点 $\underline{\boldsymbol{X}}$ 的旋转借助以下运算实现

$$\underline{\boldsymbol{X}}'=\boldsymbol{R}\underline{\boldsymbol{X}}\widetilde{\boldsymbol{R}}\tag{2.73}$$

式中，$\widetilde{\boldsymbol{R}}$ 表示 $\boldsymbol{R}$ 的倒置，$\widetilde{\boldsymbol{R}}=\exp\left(\frac{\theta}{2}\boldsymbol{l}\right)$ 或 $\widetilde{\boldsymbol{R}}=\cos\left(\frac{\theta}{2}\right)+\boldsymbol{l}\sin\left(\frac{\theta}{2}\right)$。

式(2.73)对于其他几何体(如线、平面、圆或球)都是适用的,表示如下:

$$\boldsymbol{R}(\underline{\boldsymbol{X}}_1 \wedge \underline{\boldsymbol{X}}_2 \wedge \cdots \wedge \underline{\boldsymbol{X}}_n)\widetilde{\boldsymbol{R}} = (\boldsymbol{R}\underline{\boldsymbol{X}}_1\widetilde{\boldsymbol{R}}) \wedge (\boldsymbol{R}\underline{\boldsymbol{X}}_2\widetilde{\boldsymbol{R}}) \wedge \cdots \wedge (\boldsymbol{R}\underline{\boldsymbol{X}}_n\widetilde{\boldsymbol{R}}) \tag{2.74}$$

2. 刚体平移

刚体平移运算符(Translator)表示为

$$\boldsymbol{T} = \exp\left(\frac{1}{2}\boldsymbol{t}\boldsymbol{e}_\infty\right) = 1 + \frac{1}{2}\boldsymbol{t}\boldsymbol{e}_\infty \tag{2.75}$$

式中,$\boldsymbol{t} = t_1\boldsymbol{e}_1 + t_2\boldsymbol{e}_2 + t_3\boldsymbol{e}_3$ 为向量,代表平移的方向和距离。

点 $\underline{\boldsymbol{X}}$ 的平移借助以下运算实现

$$\boldsymbol{X}' = \boldsymbol{T}\underline{\boldsymbol{X}}\widetilde{\boldsymbol{T}} \tag{2.76}$$

式中,$\widetilde{\boldsymbol{T}}$ 表示 $\boldsymbol{T}$ 的倒置,$\widetilde{\boldsymbol{T}} = \exp\left(-\frac{1}{2}\boldsymbol{t}\boldsymbol{e}_\infty\right)$ 或 $\widetilde{\boldsymbol{T}} = 1 - \frac{1}{2}\boldsymbol{t}\boldsymbol{e}_\infty$。

3. 刚体运动

刚体旋转和平移的复合用几何积表示,刚体运动的运动算子为

$$\boldsymbol{M} = \boldsymbol{T}\boldsymbol{R} \tag{2.77}$$

称为马达算子(Motor),是“Moment”和“Vector”的缩写。

点 $\underline{\boldsymbol{X}}$ 的运动表示为

$$\underline{\boldsymbol{X}}' = \boldsymbol{M}\underline{\boldsymbol{X}}\widetilde{\boldsymbol{M}} \tag{2.78}$$

式中,$\widetilde{\boldsymbol{M}} = \widetilde{\boldsymbol{R}}\widetilde{\boldsymbol{T}}$。该式适用于 CGA 中所有几何元素的运动。

CGA 中的马达算子和马达代数中的马达算子相比,作用于不同几何元素时没有符号的变化,计算更简洁。

4. 刚体的通用旋转表达式

式(2.72)表示的是轴线 $\underline{\boldsymbol{L}}$ 通过原点的旋转表达式,绕轴线不通过原点的旋转表达式为

$$\begin{aligned}
\boldsymbol{M} &= \boldsymbol{T}\boldsymbol{R}\widetilde{\boldsymbol{T}} \\
&= \exp\left(\frac{\boldsymbol{e}_\infty \boldsymbol{t}}{2}\right)\exp\left(-\frac{\theta}{2}\boldsymbol{l}\right)\exp\left(-\frac{\boldsymbol{e}_\infty \boldsymbol{t}}{2}\right) \\
&= \left(1 + \frac{\boldsymbol{e}_\infty \boldsymbol{t}}{2}\right)\exp\left(-\frac{\theta}{2}\boldsymbol{l}\right)\left(1 - \frac{\boldsymbol{e}_\infty \boldsymbol{t}}{2}\right) \\
&= \exp\left(\left(1 + \frac{\boldsymbol{e}_\infty \boldsymbol{t}}{2}\right)\left(-\frac{\theta}{2}\boldsymbol{l}\right)\left(1 - \frac{\boldsymbol{e}_\infty \boldsymbol{t}}{2}\right)\right) \\
&= \exp\left(-\frac{\theta}{2}(\boldsymbol{l} + \boldsymbol{e}_\infty(\boldsymbol{t}\cdot\boldsymbol{l}))\right)
\end{aligned} \tag{2.79}$$

式中,$\boldsymbol{t}$ 表示转轴上点的位置矢量。

5. 刚体的螺旋运动

在 1830 年,Charles 指出,任何一个刚体运动都是一个螺旋运动(Screw Motion)。螺旋

运动指的是以三维空间的一条固定直线为轴的旋转，复合以沿该轴的平移所得到的刚体运动。螺旋运动的无限小运动被认为是一个运动旋量(Twist)，它描述的是刚体的瞬时线速度和角速度。螺旋运动可以通过指定固定轴线 $\boldsymbol{l}$，节距 h 和旋转角 θ 表示。旋量的节距定义为移动量与旋转量的比值，即 $h=\dfrac{d}{\theta}(d,\theta\in\mathbb{R},\theta\neq0)$。当节距 $h\to\infty$ 时，相应的螺旋运动表示的是一个沿着旋量轴向的纯移动。沿着轴线 $\boldsymbol{l}$ 的螺旋运动表示如图 2.3 所示。其表达式如下：

$$
\begin{aligned}
\boldsymbol{M} &= \boldsymbol{T}_{dn}\boldsymbol{T}\boldsymbol{R}\widetilde{\boldsymbol{T}} \\
&=\exp\left(\frac{\boldsymbol{e}_{\infty}d\boldsymbol{n}}{2}\right)\exp\left(-\frac{\theta}{2}(\boldsymbol{l}+\boldsymbol{e}_{\infty}(\boldsymbol{t}\cdot\boldsymbol{l}))\right)=\exp\left(\frac{\boldsymbol{e}_{\infty}d\boldsymbol{n}}{2}-\frac{\theta}{2}(\boldsymbol{l}+\boldsymbol{e}_{\infty}(\boldsymbol{t}\cdot\boldsymbol{l}))\right) \\
&=\exp\left(-\frac{\theta}{2}\left(\boldsymbol{l}+\boldsymbol{e}_{\infty}\left(\boldsymbol{t}\cdot\boldsymbol{l}-\frac{d}{\theta}\right)\right)\right)=\exp\left(-\frac{\theta}{2}(\boldsymbol{l}+\boldsymbol{e}_{\infty}\boldsymbol{m})\right)
\end{aligned}
\tag{2.80}
$$

式中，指数部分的二元向量，$-\dfrac{\theta}{2}(\boldsymbol{l}+\boldsymbol{e}\boldsymbol{m})$，就是运动旋量。向量 $\boldsymbol{m}$ 是三维欧氏空间的向量，它能分解为垂直和平行于直线方向向量 $\boldsymbol{n}=\boldsymbol{l}^{*}$ 的两部分。如果 $\boldsymbol{m}=0$，那么 $\boldsymbol{M}$ 代表的是一个纯转动。如果 $\boldsymbol{m}\perp\boldsymbol{l}^{*}$，那么 $\boldsymbol{M}$ 代表的是一个一般转动。对于 $\boldsymbol{m}$ 不垂直于 $\boldsymbol{l}^{*}$，那么 $\boldsymbol{M}$ 代表的就是螺旋运动。

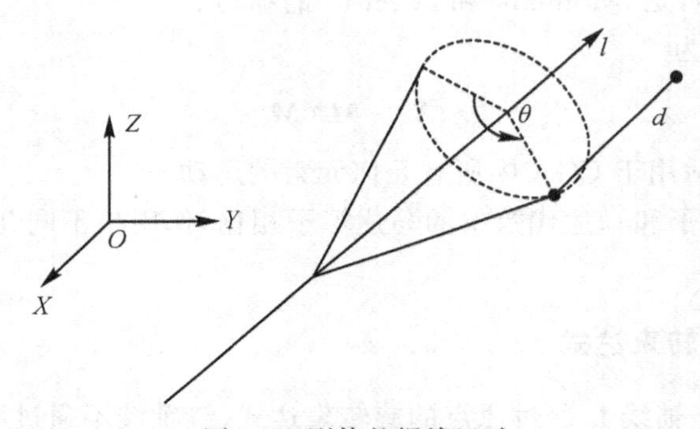

图 2.3　刚体的螺旋运动

2.2　基于 CGA 的平面四杆运动链几何建模

在进行巴氏桁架位置分析时，巴氏桁架中常含有如图 2.4 所示的平面四杆运动链 $ABCDE$。该运动链包含 3 个外副点 A、B、C 和两个内点 D、E。接下来，在共形几何代数框架下，推导出仅含有外副点的脱离坐标系表达式。

2.2.1　外副点 A、B、C 含有未知参数

由图 2.4 可知，点 D 同时在以 A 为球心，l_{AD} 为半径的球 $\boldsymbol{S}_{AD}$，以 C 为球心，l_{CD} 为半径的

球$\underline{\boldsymbol{S}}_{CD}$和点 A、B 和 C 组成的平面$\underline{\boldsymbol{\Pi}}_{ABC}$上。众所周知，两个球和一个平面相交得到一个点对。因此，在 CGA 框架下，根据表 2.1，点对 $\underline{\boldsymbol{D}}_D$ 的内积表达式为

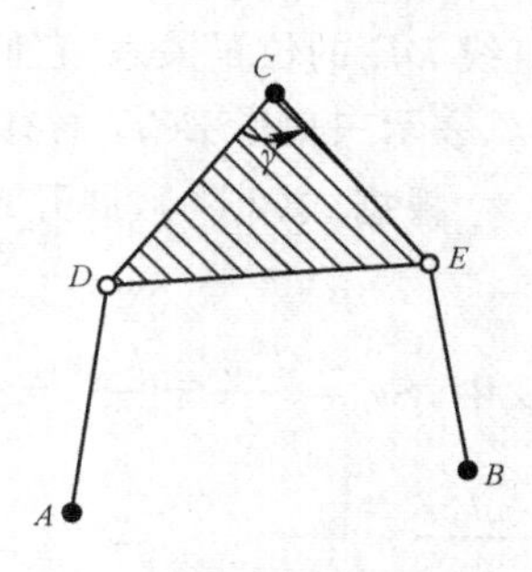

图 2.4 巴氏桁架中常见基本运动链

$$\underline{\boldsymbol{D}}_D=\underline{\boldsymbol{S}}_{AD}\wedge\underline{\boldsymbol{S}}_{CD}\wedge\underline{\boldsymbol{\Pi}}_{ABC} \tag{2.81}$$

由表 2.1 可知，点 $\underline{\boldsymbol{A}}$、点 $\underline{\boldsymbol{C}}$、球 $\underline{\boldsymbol{S}}_{AD}$、球 $\underline{\boldsymbol{S}}_{CD}$ 和面 $\underline{\boldsymbol{\Pi}}_{ABC}$ 的内积表达式为

$$\underline{\boldsymbol{S}}_{AD}=\underline{\boldsymbol{A}}-\frac{1}{2}l_{AD}^2\boldsymbol{e}_\infty \tag{2.82}$$

$$\underline{\boldsymbol{S}}_{CD}=\underline{\boldsymbol{C}}-\frac{1}{2}l_{CD}^2\boldsymbol{e}_\infty \tag{2.83}$$

$$\underline{\boldsymbol{\Pi}}_{ABC}=\boldsymbol{e}_3 \tag{2.84}$$

$$\underline{\boldsymbol{A}}=\boldsymbol{a}+\frac{1}{2}\boldsymbol{a}^2\boldsymbol{e}_\infty+\boldsymbol{e}_0 \tag{2.85}$$

$$\underline{\boldsymbol{C}}=\boldsymbol{c}+\frac{1}{2}\boldsymbol{c}^2\boldsymbol{e}_\infty+\boldsymbol{e}_0 \tag{2.86}$$

根据式(2.36)和式(2.81)，点对$\underline{\boldsymbol{D}}_D$ 的对偶$\underline{\boldsymbol{D}}_D^*$ 表示为

$$\underline{\boldsymbol{D}}_D^*=\underline{\boldsymbol{D}}_D\boldsymbol{I}_C^{-1}=-\underline{\boldsymbol{D}}_D\boldsymbol{I}_C \tag{2.87}$$

在共形空间中，根据式(2.87)和式(2.61)，可推导出点 D 的 CGA 标准表示形式为

$$\underline{\boldsymbol{D}}=\frac{\boldsymbol{T}_{D,2}}{B_D}\pm\frac{\sqrt{A_D}}{B_D}\boldsymbol{T}_{D,1} \tag{2.88}$$

式中，$\boldsymbol{T}_{D,1}=\boldsymbol{e}_\infty\cdot\underline{\boldsymbol{D}}_D^*$，$\boldsymbol{T}_{D,2}=\boldsymbol{T}_{D,1}\cdot\underline{\boldsymbol{D}}_D^*$，$A_D=\underline{\boldsymbol{D}}_D^*\cdot\underline{\boldsymbol{D}}_D^*=\frac{1}{4}(-(l_{CD}^2+l_{AD}^2-l_{AC}^2)^2+4l_{CD}^2l_{AD}^2)$ 和 $B_D=(\boldsymbol{e}_\infty\cdot\underline{\boldsymbol{D}}_D^*)\cdot(\boldsymbol{e}_\infty\cdot\underline{\boldsymbol{D}}_D^*)=l_{AC}^2$，$\pm\frac{1}{2}\sqrt{A_D}$ 表示三角形 ACD 的有向面积，B_D 表示点 A 和 C 点之间的距离平方。

接下来，基于$\triangle ECD$ 和$\triangle BCD$ 的有向面积来推导约束方程。根据式(2.28)，得到

$$\begin{aligned}
&\boldsymbol{S}_{\triangle ECD}\cdot\boldsymbol{S}_{\triangle BCD}\\
&=(-(\boldsymbol{e}_\infty\wedge\underline{\boldsymbol{E}}\wedge\underline{\boldsymbol{C}}\wedge\underline{\boldsymbol{D}})\boldsymbol{I}_C)\cdot(-(\boldsymbol{e}_\infty\wedge\underline{\boldsymbol{B}}\wedge\underline{\boldsymbol{C}}\wedge\underline{\boldsymbol{D}})\boldsymbol{I}_C)\\
&=-(\boldsymbol{e}_\infty\wedge\underline{\boldsymbol{E}}\wedge\underline{\boldsymbol{C}}\wedge\underline{\boldsymbol{D}})\cdot(\underline{\boldsymbol{D}}\wedge\underline{\boldsymbol{C}}\wedge\underline{\boldsymbol{B}}\wedge\boldsymbol{e}_\infty)\\
&=-\begin{vmatrix}
\boldsymbol{e}_\infty\cdot\boldsymbol{e}_\infty & \boldsymbol{e}_\infty\cdot\underline{\boldsymbol{B}} & \boldsymbol{e}_\infty\cdot\underline{\boldsymbol{C}} & \boldsymbol{e}_\infty\cdot\underline{\boldsymbol{D}}\\
\underline{\boldsymbol{E}}\cdot\boldsymbol{e}_\infty & \underline{\boldsymbol{E}}\cdot\underline{\boldsymbol{B}} & \underline{\boldsymbol{E}}\cdot\underline{\boldsymbol{C}} & \underline{\boldsymbol{E}}\cdot\underline{\boldsymbol{D}}\\
\underline{\boldsymbol{C}}\cdot\boldsymbol{e}_\infty & \underline{\boldsymbol{C}}\cdot\underline{\boldsymbol{B}} & \underline{\boldsymbol{C}}\cdot\underline{\boldsymbol{C}} & \underline{\boldsymbol{C}}\cdot\underline{\boldsymbol{D}}\\
\underline{\boldsymbol{D}}\cdot\boldsymbol{e}_\infty & \underline{\boldsymbol{D}}\cdot\underline{\boldsymbol{B}} & \underline{\boldsymbol{D}}\cdot\underline{\boldsymbol{C}} & \underline{\boldsymbol{D}}\cdot\underline{\boldsymbol{D}}
\end{vmatrix}\\
&=-\begin{vmatrix}
0 & -1 & -1 & -1\\
-1 & \underline{\boldsymbol{E}}\cdot\underline{\boldsymbol{B}} & \underline{\boldsymbol{E}}\cdot\underline{\boldsymbol{C}} & \underline{\boldsymbol{E}}\cdot\underline{\boldsymbol{D}}\\
-1 & \underline{\boldsymbol{C}}\cdot\underline{\boldsymbol{B}} & 0 & \underline{\boldsymbol{C}}\cdot\underline{\boldsymbol{D}}\\
-1 & \underline{\boldsymbol{D}}\cdot\underline{\boldsymbol{B}} & \underline{\boldsymbol{D}}\cdot\underline{\boldsymbol{C}} & 0
\end{vmatrix}
\end{aligned} \tag{2.89}$$

式中，$\boldsymbol{S}_{\triangle ECD}=-(\boldsymbol{e}_\infty\wedge\underline{\boldsymbol{E}}\wedge\underline{\boldsymbol{C}}\wedge\underline{\boldsymbol{D}})\boldsymbol{I}_C$，表示三角形 ECD 的有向面积；$\boldsymbol{S}_{\triangle ECD}$ 也可表示为 $\boldsymbol{S}_{\triangle ECD}=S_{\triangle ECD}\boldsymbol{e}_3=l_{CD}l_{CE}\sin\gamma\boldsymbol{e}_3$，其中，$S_{\triangle ECD}=l_{CD}l_{CE}\sin\gamma$，$S_{\triangle ECD}$ 和 γ 是有方向性的，即，根据点C 和

直线 DE 的位置关系，它们可正可负。同理，$\boldsymbol{S}_{\triangle BCD}=-(\boldsymbol{e}_\infty\wedge\underline{\boldsymbol{B}}\wedge\underline{\boldsymbol{C}}\wedge\underline{\boldsymbol{D}})\boldsymbol{I}_C=\underline{\boldsymbol{D}}\cdot(\boldsymbol{e}_\infty\wedge\underline{\boldsymbol{B}}\wedge\underline{\boldsymbol{C}})\boldsymbol{I}_C$，表示三角形 BCD 的有向面积。

根据式(2.66)，展开式(2.89)得到：

$$\boldsymbol{S}_{\triangle ECD}\cdot\boldsymbol{S}_{\triangle BCD}=-(\underline{\boldsymbol{D}}\cdot\underline{\boldsymbol{B}})S_D+C_D \tag{2.90}$$

式中，$S_D=\dfrac{l_{CD}^2}{2}+\dfrac{l_{CE}^2}{2}-\dfrac{l_{DE}^2}{2}$，$C_D=\left(\dfrac{l_{DE}^2}{2}-\dfrac{l_{CD}^2}{2}+\dfrac{l_{CE}^2}{2}\right)(\underline{\boldsymbol{B}}\cdot\underline{\boldsymbol{C}})+\dfrac{l_{DE}^2l_{CD}^2}{4}-\dfrac{l_{CD}^4}{4}-\dfrac{l_{CD}^2l_{BE}^2}{2}+\dfrac{l_{CD}^2l_{CE}^2}{4}$。

根据式(2.90)，通过移项和合并项，得到

$$\underline{\boldsymbol{D}}\cdot\boldsymbol{N}_D=C_D \tag{2.91}$$

式中，

$$\boldsymbol{N}_D=-S_{\triangle ECD}\cdot(\boldsymbol{e}_\infty\wedge\underline{\boldsymbol{B}}\wedge\underline{\boldsymbol{C}})\boldsymbol{I}_C+S_D\underline{\boldsymbol{B}} \tag{2.92}$$

把式(2.88)代入式(2.91)，并进行移项、平方和化简，得到式(2.93)：

$$E_D-A_DD_D-2C_DF_D+B_DC_D^2=0 \tag{2.93}$$

式中：

$$D_D=\boldsymbol{N}_D\cdot\boldsymbol{N}_D=l_{BC}^2S_{\triangle ECD}^2 \tag{2.94}$$

$$E_D=(\boldsymbol{D}_D^*\wedge\boldsymbol{N}_D)\cdot(\boldsymbol{D}_D^*\wedge\boldsymbol{N}_D) \tag{2.95}$$

$$F_D=\boldsymbol{T}_{D,2}\cdot\boldsymbol{N}_D \tag{2.96}$$

并且，D_D、E_D 和 F_D 均是标量。

若 A、B、C 为含有未知参数的外副点，式(2.93)就是一个含有 A、B、C 三点的约束方程。从上述的推导过程可看出，式(2.93)的推导是与坐标系无关的纯几何语言运算，脱离了坐标系。这是基于 CGA 进行几何建模的优势之一。

2.2.2 外副点 $\boldsymbol{A}$、$\boldsymbol{B}$、$\boldsymbol{C}$ 位置已知

根据式(2.88)和式(2.91)，可以确定式(2.88)中的正负号。将式(2.88)代入式(2.91)得到

$$\left(\frac{\boldsymbol{T}_{D,2}}{B_D}\pm\frac{\sqrt{A_D}}{B_D}\boldsymbol{T}_{D,1}\right)\cdot\boldsymbol{N}_D=C_D \tag{2.97}$$

根据式(2.97)，可以得到式(2.88)中正负号的取值 s_D 为

$$s_D=\frac{C_D-\dfrac{\boldsymbol{T}_{D,2}}{B_D}\cdot\boldsymbol{N}_D}{\dfrac{\sqrt{A_D}}{B_D}\boldsymbol{T}_{D,1}\cdot\boldsymbol{N}_D} \tag{2.98}$$

因此，点 D 的 CGA 标准表示 $\underline{\boldsymbol{D}}$ 如下

$$\underline{\boldsymbol{D}}=\frac{\boldsymbol{T}_{D,2}}{B_D}+s_D\frac{\sqrt{A_D}}{B_D}\boldsymbol{T}_{D,1} \tag{2.99}$$

点 E 可由球 $\underline{\boldsymbol{S}}_{CE}$、球 $\underline{\boldsymbol{S}}_{DE}$、球 $\underline{\boldsymbol{S}}_{BE}$ 和面 $\underline{\boldsymbol{\Pi}}_{ABC}$ 相交求得，其 CGA 标准表示形式为

$$\begin{cases}\underline{\boldsymbol{E}'}=-(\underline{\boldsymbol{S}}_{CE}\wedge\underline{\boldsymbol{S}}_{DE}\wedge\underline{\boldsymbol{S}}_{BE}\wedge\underline{\boldsymbol{\Pi}}_{ABC})\boldsymbol{I}_C\\ \underline{\boldsymbol{E}}=-\underline{\boldsymbol{E}'}/(\boldsymbol{e}_\infty\cdot\underline{\boldsymbol{E}'})\end{cases}\tag{2.100}$$

式中，$\underline{\boldsymbol{S}}_{CE}=\underline{\boldsymbol{C}}-\frac{1}{2}l_{CE}^2\boldsymbol{e}_\infty$，为以 $\underline{\boldsymbol{C}}$ 为球心，l_{CE} 为半径的球；$\underline{\boldsymbol{S}}_{DE}=\underline{\boldsymbol{D}}-\frac{1}{2}l_{DE}^2\boldsymbol{e}_\infty$，为以 $\underline{\boldsymbol{D}}$ 为球心，l_{DE} 为半径的球；$\underline{\boldsymbol{S}}_{BE}=\underline{\boldsymbol{B}}-\frac{1}{2}l_{BE}^2\boldsymbol{e}_\infty$，为以 $\underline{\boldsymbol{B}}$ 为球心，l_{BE} 为半径的球。

由此，根据式(2.99)和式(2.100)可求得点 D 和 E 点坐标。

基于 CGA 进行巴氏桁架的位置分析时，2.2 节的内容经常被用到。

2.3　傅里叶级数相关理论简介

傅里叶级数是研究周期现象的重要数学工具，最早由法国数学家傅里叶所提出。傅里叶级数应用的核心思想是在一定条件下一个复杂的周期函数，可以表示为一组简谐函数的叠加。傅里叶级数有两种表示方法，一种是三角级数表示法，这一方法便于人们对傅里叶级数概念的理解；另一种是指数级数表示法，这种方法便于数学计算。两种表示方法可以通过欧拉公式进行转换，在连杆机构的运动分析和综合中指数级数表示法经常会被用到，因此，这里对周期性复函数的指数形式的傅里叶级数展开进行简要介绍[133]。

2.3.1　周期性复函数的傅里叶级数表示

设 $ff(t)$ 为一个周期性复函数，在满足一定条件下，其傅里叶级数展开的复指数形式为

$$ff(t)=x(t)+\mathrm{i}y(t)=\sum_{n=-\infty}^{+\infty}c_n\mathrm{e}^{\mathrm{i}n\omega_0 t}\tag{2.101}$$

式中，$\mathrm{i}=\sqrt{-1}$，c_n 称为函数 $ff(t)$ 的傅里叶系数，其是一个复矢量，且有

$$c_n=\frac{1}{T}\int_0^T ff(t)\mathrm{e}^{-\mathrm{i}n\omega_0 t}\mathrm{d}t\quad(n=0,\pm1,\pm2,\cdots)\tag{2.102}$$

对于式(2.102)，当 $n=0$ 时，c_0 为常数；当 $n=\pm1$ 时，c_{-1} 和 c_1 中都含有基波频率 ω_0，称为基波分量或一次谐波分量；当 $n=\pm2$ 时，c_{-2} 和 c_2 也是周期的，其频率是基波频率的两倍，称为二次谐波分量；以此类推，当 $n=\pm N$ 时的分量称为第 N 次谐波分量。

2.3.2　周期性复函数傅里叶系数的确定

由式(2.102)可知，周期性复函数傅里叶系数可通过对函数进行傅里叶变换得到，但在实际应用过程中直接对连续函数 $ff(t)$ 进行积分往往十分困难，更多的时候需要通过数值积分方法求得傅里叶系数 c_n，这就需要用到离散傅里叶变换(Discrete Fourier Transform，DFT)。离散傅里叶变换并不是泛指对任意离散信号取傅里叶积分或傅里叶级数，而是为适

应计算机实现傅里叶变换而定义的专用名词。对连续函数或信号进行离散傅里叶变换计算,需要首先对函数或信号进行采样,得到离散化数据后,就可以方便地得到对应的傅里叶变换离散值。

根据离散傅里叶变换的意义[123],在一个周期 T 内对连续函数 $ff(t)$ 进行离散化,假设均匀取 M 个采样点,则采样周期为 $\Delta T = T/M$(或 $\Delta = 2\pi/M$),则有

$$c_n = \frac{1}{T}\int_0^T ff(t)\mathrm{e}^{\mathrm{i}n\omega_0 t}\,\mathrm{d}t = \frac{1}{M}\sum_{m=0}^{M-1} ff_m \mathrm{e}^{-\mathrm{i}nm\Delta}$$

进一步分解可得

$$X_n + \mathrm{i}Y_n = \frac{1}{M}\sum_{m=0}^{M-1}(x_m + \mathrm{i}y_m)(\cos(nm\Delta) - \mathrm{i}\sin(nm\Delta)) \tag{2.103}$$

$$X_n = \frac{1}{M}\sum_{m=0}^{M-1}(x_m\cos(nm\Delta) + y_m\sin(nm\Delta)) \tag{2.104}$$

$$Y_n = \frac{1}{M}\sum_{m=0}^{M-1}(y_m\cos(nm\Delta) - x_m\sin(nm\Delta)) \tag{2.105}$$

式中,$m=0,\pm1,\pm2,\pm3,\cdots,\pm(M-1)$;$n=0,\pm1,\pm2,\pm3,\cdots,\pm(M-1)$。

根据式(2.103)~式(2.105),可方便地计算得到周期性复函数的傅里叶系数。但需要注意的是当采样点 M 增大时,使用该方法计算函数的傅里叶系数工作量会迅速增大。因为离散傅里叶变换的计算实际是大量的复数乘法和加法运算,计算全部的傅里叶系数需要完成 M^2 次乘法运算和 $M(M-1)$ 次加法运算。这些运算即便是使用计算机完成,也会耗费大量的机时和存储空间。因此,离散傅里叶变换虽然在理论上为离散信号进行傅里叶分析提供了工具,但由于计算时间原因,在实际中很难真正实现。

为了解决这一问题,1965 年,美国学者 Cooley 和 Tukey 提出了计算离散傅里叶变换的快速算法[133],这一算法的基本原理和计算公式与离散傅里叶变换相同,但其通过把原始的 M 点序列,依次分解成一系列的短序列,将长序列的复数乘加运算变成短序列复数乘加运算,有效简化了在计算机中进行离散傅里叶变换的过程,将计算速度提高了 $M/\log_2 M$ 倍,为真正实现对离散信号进行傅里叶分析提供了有力工具。依据快速傅里叶变换的基本原理,利用计算机语言编写程序可以方便完成对函数或信号的傅里叶变换,随着计算机技术的发展,大量数学计算软件的出现,完成这一工作变得更加方便,应用 MATLAB 等数学软件中的相应命令就可完成这些工作。

2.4 平面四杆机构运动输出的傅里叶级数描述

平面连杆机构的运动输出主要是指机构连杆上某点的运动轨迹和机构运动构件的角度,有效描述连杆机构的运动输出并分析其特性与规律是机构分析的主要内容,也是对机构进行尺度综合的前提和基础。由于连杆机构的运动输出曲线多为复杂的高次函数,通常情况下描述连杆机构运动输出的方法,是在计算得到运动周期内曲柄不同位置所对应连杆点

的轨迹坐标或运动构件的角度值后，将所得坐标或角度连接起来得到机构的连杆曲线或输出角度曲线[123]。这一方法虽然能够清晰地描述连杆机构的运动输出，但其不便于研究连杆曲线的性质和机构的运动规律。

对于复杂函数，数学中常用的分析方法是先将其表示为简单函数的组合，简化后再进行研究，幂级数和傅里叶级数是其中两种常用的简单函数。对于连杆机构运动输出问题，机构学研究者也尝试利用这一方法对其进行了研究，建立了由傅里叶级数描述连杆曲线等机构运动输出的分析方法，取得了较好的效果，并建立了基于傅里叶级数的连杆机构尺度综合的图谱法和优化法。本书在总结前人研究成果的基础上，以平面四杆机构为对象，进一步研究了用傅里叶级数描述连杆机构运动输出的相关问题，分析了机构各运动输出(轨迹和角度)傅里叶系数间的关系，得到机构设计变量与运动输出谐波参数间的函数关系，为建立基于傅里叶级数的连杆机构尺度综合代数求解方法奠定了基础。

2.4.1 平面四杆机构轨迹输出的傅里叶级数表示

应用连杆机构运动分析方法，可以得到曲柄在不同位置所对应的连杆点轨迹坐标，这些点的坐标是关于时间 t 的函数，当连杆曲线为封闭轨迹时，其所对应的函数就是周期性函数。在复平面内平面连杆机构的轨迹可以表示为一组点的集合表示。因此，可以通过复矢量方法描述这些点在二维复平面的位置。

如图 2.5 所示为平面四杆机构轨迹生成图，图中 O 为坐标原点，OA 长度为 r，与 x 轴的夹角为 μ，机构中各构件的长度分别为 a、b、c、d，φ、ψ 分别为机构的输入杆、输出杆转角，φ_0 为机构输入杆初始位置转角，β 为机架 AD 与水平位置夹角，P 点为连杆 BC 平面上轨迹生成点。点 P 的位置是以机构输入杆 AB 转角 φ 为变量的函数，记作 $F(\varphi)$，并有

$$F(\varphi)=x(\varphi)+\mathrm{i}y(\varphi) \tag{2.106}$$

式中，$x(\varphi)$ 为 $F(\varphi)$ 在实轴上的投影，$y(\varphi)$ 为 $F(\varphi)$ 在虚轴上的投影。当输入杆以 ω 速度匀速转动时，φ 是以时间 t 为变量的函数，即 $\varphi=\omega t$，则 $F(\varphi)$ 可以表示为以时间 t 为变量的复函数，即有

$$F(t)=x(t)+\mathrm{i}y(t) \tag{2.107}$$

当输入杆 AB 为曲柄时，平面连杆机构的连杆曲线为封闭曲线，其轨迹函数为周期函数，即有

$$F(T+t)=F(t) \tag{2.108}$$

式中，T 为机构曲柄的运动周期，由周期性复函数的相关理论可知，该函数可以通过傅里叶级数表示，其傅里叶级数展开的复指数形式为

$$F(t)=x(t)+\mathrm{i}y(t)=\sum_{n=-\infty}^{+\infty}c_n\mathrm{e}^{\mathrm{i}n\omega t}=\sum_{n=-\infty}^{+\infty}c_n\mathrm{e}^{\mathrm{i}n\varphi} \tag{2.109}$$

式中，c_n 为机构连杆曲线傅里叶级数展开的傅里叶系数，且有

$$c_n=\frac{1}{2\pi}\int_0^{2\pi}(x(t)+\mathrm{i}y(t))\mathrm{e}^{-\mathrm{i}n\omega t}\,\mathrm{d}t \tag{2.110}$$

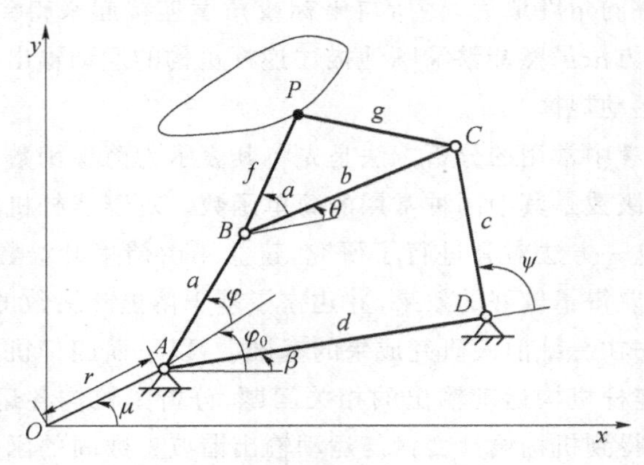

图 2.5　平面四杆机构轨迹生成图

由于平面四杆机构连杆曲线多为复杂函数曲线，通过解析法求解 c_n 困难较大，更多的时候需要通过数值方法求得的 c_n，根据离散傅里叶变换原理，可得到 c_n 的离散数值解表达式：

$$c_n = \frac{1}{M}\sum_{m=0}^{M-1}(x_m + \mathrm{i}y_m)\left(\cos\left(nm\frac{2\pi}{M}\right) - \mathrm{i}\sin\left(nm\frac{2\pi}{M}\right)\right) \tag{2.111}$$

式中，$m=0,\pm1,\pm2,\pm3,\cdots,\pm(M-1)$；$n=0,\pm1,\pm2,\pm3,\cdots,\pm(M-1)$；$M$ 为连杆曲线轨迹点的个数。由傅里叶级数相关理论可知，在已知连杆曲线离散点坐标的情况下，通过离散傅里叶变换，可以方便得到连杆曲线的傅里叶系数。

由式(2.109)可知，平面机构的连杆曲线可以表示为以输入转角为变量的傅里叶级数之和，可将其作为平面机构连杆曲线近似数学表达式。利用这一公式，在已知连杆曲线傅里叶系数条件下，可方便地得到对应的连杆曲线坐标。理论上，这个数学表达式应取无穷多项，由文献[123]研究结论可知，如果 $F(t)$ 的导数满足分段连续条件，则其傅里叶级数收敛于 $F(t)$。由此可知，随着 n 的绝对值的增加，c_n 模的值会迅速减小。因此，在实际应用中，取有限几项低次谐波项就可以得到满足设计要求的近似精度。

【例 2.1】　如图 2.6 所示目标轨迹为连杆机构在 $r=10$，$a=30$，$b=105$，$c=80$，$d=110$，$f=102$，$\mu=0.1745$，$\varphi_0=2.0944$，$\beta=1.7453$，$\alpha=0.8727$ 时生成的连杆曲线。取 64 个采样点，利用傅里叶级数对连杆曲线进行拟合，如图 2.6 所示(a)～(d)分别是从 0 次谐波到 3 次谐波累积叠加的拟合图。

从图 2.6 中可以发现，0 次谐波时连杆曲线的表达式只包含 c_0 项，其拟合的轨迹为一个固定点。这表明在谐波成分中 c_0 代表了连杆曲线形心在所取坐标系的位置，与连杆曲线的形状无关。在此基础上，随着谐波次数的增加，拟合轨迹逐步逼近目标曲线，当累积叠加到 3 次谐波时，如图 2.6 中(d)所示，拟合轨迹与目标曲线已十分接近。此时，目标采样点与拟合采样点间误差 $E(E=(x_d-x_g)^2+(y_d-y_g)^2)$ 已由 1 次谐波拟合时的 652.0208 减小为 1.6177。因此，通常情况下利用傅里叶级数拟合连杆曲线时，取 3 次谐波就可满足设计精度要求。

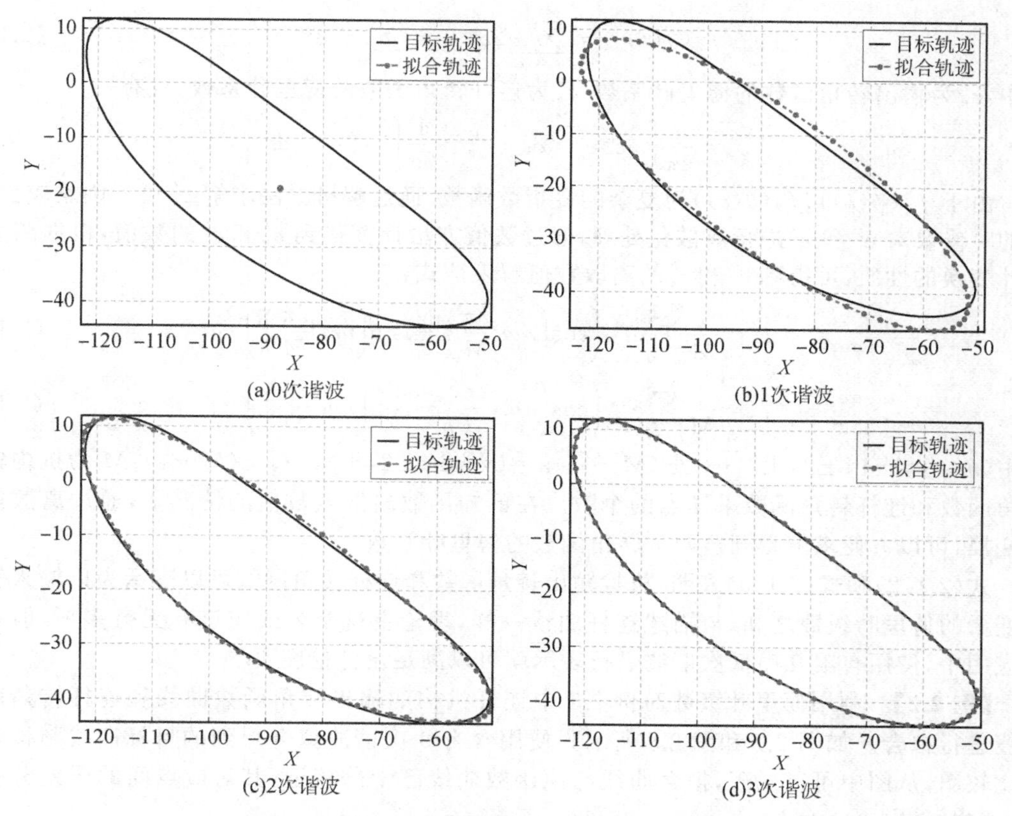

图 2.6 傅里叶级数拟合平面四杆机构连杆曲线图

2.4.2 平面四杆机构角度输出的傅里叶级数表示

平面四杆机构的角度输出是指在机构运动过程中连杆或输出杆的旋转角度。如图 2.5 所示，当输入杆 AB 转动时，输出杆 CD 和连杆 BC 会对应产生旋转运动，其旋转角度是以输入杆 AB 转角 φ 为变量的函数，与轨迹输出相同，当输入杆 AB 为曲柄且以 ω 速度匀速转动时，这些函数是以时间 t 为变量周期函数，且有

$$\psi(T+t)=\psi(t) \quad \theta(T+t)=\theta(t)$$

式中，T 为机构曲柄的运动周期，为便于利用复矢量法对连杆机构进行分析综合，对连杆机构的角度输出函数进行如下定义：

$$f_1(\psi(t))=\mathrm{e}^{\mathrm{i}\psi(t)} \quad f_2(\theta(t))=\mathrm{e}^{\mathrm{i}\theta(t)}$$

$f_1(\psi(t))$、$f_2(\theta(t))$是以时间 t 为变量的周期性复函数，将 $f_1(\psi(t))$定义为机构输出转角函数；$f_2(\theta(t))$定义为机构连杆转角函数。由傅里叶级数理论可知，这两个函数可以通过傅里叶级数进行表示，其傅里叶级数展开的复指数形式为

$$f_1(\psi(t))=\sum_{n=-\infty}^{+\infty} c'_n \mathrm{e}^{\mathrm{i}n\omega t}=\sum_{n=-\infty}^{+\infty} c'_n \mathrm{e}^{\mathrm{i}n\varphi} \tag{2.112}$$

$$f_2(\theta(t)) = \sum_{n=-\infty}^{+\infty} c''_n \mathrm{e}^{in\omega t} = \sum_{n=-\infty}^{+\infty} c''_n \mathrm{e}^{in\varphi} \tag{2.113}$$

式中，c'_n为输出转角函数的傅里叶系数，c''_n为连杆转角函数的傅里叶系数，且有

$$c'_n = \frac{1}{2\pi}\int_0^{2\pi} \mathrm{e}^{i\psi}\mathrm{e}^{-in\omega t}\mathrm{d}t \quad c''_n = \frac{1}{2\pi}\int_0^{2\pi} \mathrm{e}^{i\theta}\mathrm{e}^{-in\omega t}\mathrm{d}t$$

由于 $f_1(\psi(t))$、$f_2(\theta(t))$为复杂的复指数函数，通过解析方法求解 c'_n和c''_n困难较大，更多的时候要对 $\mathrm{e}^{i\psi}$和 $\mathrm{e}^{i\theta}$进行离散化处理，通过数值方法计算得到 c'_n和c''_n的数值，根据离散傅里叶变换的性质，可得到c'_n和c''_n的离散数值解表达式：

$$c'_n = \frac{1}{M}\sum_{m=0}^{M-1} \mathrm{e}^{i\psi_m}\left(\cos\left(nm\frac{2\pi}{M}\right) - i\sin\left(nm\frac{2\pi}{M}\right)\right) \tag{2.114}$$

$$c''_n = \frac{1}{M}\sum_{m=0}^{M-1} \mathrm{e}^{i\theta_m}\left(\cos\left(nm\frac{2\pi}{M}\right) - i\sin\left(nm\frac{2\pi}{M}\right)\right) \tag{2.115}$$

式中，$m=0,\pm1,\pm2,\pm3,\cdots,\pm(M-1)$；$n=0,\pm1,\pm2,\pm3,\cdots,\pm(M-1)$；$M$为机构输出转角函数和连杆转角函数采样点的个数。在已知函数离散点数值的情况下，通过离散傅里叶变换，可以方便求解得到这两个转角函数的傅里叶系数。

式(2.112)和式(2.113)表明，机构输出转角函数和连杆转角函数可以表示为以输入转角为变量的傅里叶级数之和，与描述连杆曲线一样，理论上这个公式应该有无穷多项，但在实际应用中，使用有限几项低次谐波进行表示就可以满足设计精度要求。

【例 2.2】 利用傅里叶级数对例 2.1 中连杆机构的输出转角函数曲线和连杆转角函数曲线进行拟合。如图 2.7 和图 2.8 所示为使用含有 3 次谐波拟合得到的目标曲线与拟合曲线比较图，从图中可以发现，拟合曲线与原函数曲线已十分接近，其对应点间的误差分别为 0.000 265 和 0.000 154。

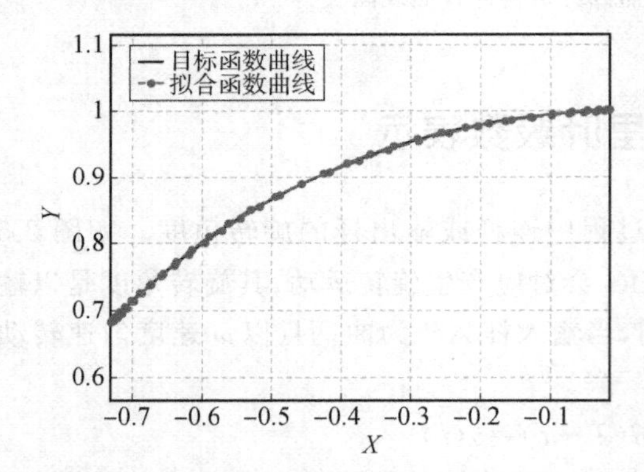

图 2.7 傅里叶级数拟合平面四杆机构输出转角函数图

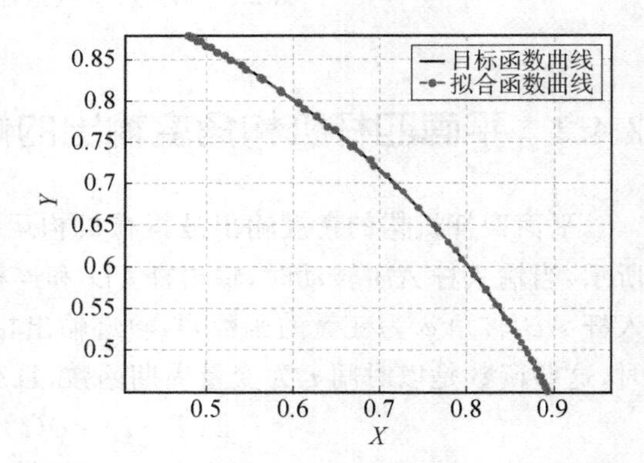

图 2.8 傅里叶级数拟合平面四杆机构连杆转角函数图

2.5 平面四杆机构设计参数与傅里叶系数间关系

由前面的分析可知，平面四杆机构输出轨迹 $\boldsymbol{r}_P$ 为一条二维平面曲线，如图 2.5 所示，应

用复矢量方法分析可得

$$\boldsymbol{r}_P = r\mathrm{e}^{\mathrm{i}\mu} + a\mathrm{e}^{\mathrm{i}(\varphi+\varphi_0)} + f\mathrm{e}^{\mathrm{i}(\alpha+\theta+\beta)} \tag{2.116}$$

将式(2.116)中连杆曲线和连杆转角函数表示为傅里叶级数可得

$$\boldsymbol{r}_P = \sum_{n=-\infty}^{+\infty} c_n \mathrm{e}^{\mathrm{i}n\varphi} \tag{2.117}$$

$$\mathrm{e}^{\mathrm{i}\theta} = \sum_{n=-\infty}^{+\infty} c''_n \mathrm{e}^{\mathrm{i}n\varphi} \tag{2.118}$$

将式(2.117)、式(2.118)代入式(2.116)整理可得

$$\sum_{n=-\infty}^{+\infty} c_n \mathrm{e}^{\mathrm{i}n\varphi} = (r\mathrm{e}^{\mathrm{i}\mu} + c''_0 f\mathrm{e}^{\mathrm{i}(\alpha+\beta)}) + (a\mathrm{e}^{\mathrm{i}\varphi_0} + c''_1 f\mathrm{e}^{\mathrm{i}(\alpha+\beta)})\mathrm{e}^{\mathrm{i}\varphi} + \sum_{n\neq 0,1} c''_n f\mathrm{e}^{\mathrm{i}(\alpha+\beta)}\mathrm{e}^{\mathrm{i}n\varphi} \tag{2.119}$$

比较式(2.119)方程左右两侧整理可得

$$c''_0 = \frac{c_0 - r\mathrm{e}^{\mathrm{i}\mu}}{f}\mathrm{e}^{-\mathrm{i}(\alpha+\beta)} \tag{2.120}$$

$$c''_1 = \frac{c_1 - a\mathrm{e}^{\mathrm{i}\varphi_0}}{f}\mathrm{e}^{-\mathrm{i}(\alpha+\beta)} \tag{2.121}$$

$$c''_n = \frac{c_n}{f}\mathrm{e}^{-\mathrm{i}(\alpha+\beta)};\quad n\neq 0,1 \tag{2.122}$$

根据式(2.19)、式(2.10)、式(2.21)可进一步分析得到机构的尺寸和角度参数与傅里叶系数间的函数关系。由式(2.122)可知：

$$c''_{-1} = \frac{c_{-1}}{f}\mathrm{e}^{-\mathrm{i}(\alpha+\beta)} \tag{2.123}$$

化简(2.123)可得

$$\mathrm{e}^{-\mathrm{i}(\alpha+\beta)} = \frac{fc''_{-1}}{c_{-1}} \tag{2.124}$$

将式(2.124)代入式(2.120)化简可得

$$c''_{-1}c_0 - c_{-1}c''_0 = c''_{-1}r\mathrm{e}^{\mathrm{i}\mu} \tag{2.125}$$

将式(2.125)取共轭可得

$$\bar{c}''_{-1}\bar{c}_0 - \bar{c}_{-1}\bar{c}''_0 = \bar{c}''_{-1}r\mathrm{e}^{-\mathrm{i}\mu} \tag{2.126}$$

式中，"$\bar{\ }$"表示复数的共轭，将式(2.125)与式(2.126)相乘，化简可得

$$r = \sqrt{\frac{(c''_{-1}c_0 - c_{-1}c''_0)(\bar{c}''_{-1}\bar{c}_0 - \bar{c}_{-1}\bar{c}''_0)}{c''_{-1}\bar{c}''_{-1}}} \tag{2.127}$$

同理，将式(2.124)代入式(2.121)化简可得

$$c''_{-1}c_1 - c_{-1}c''_1 = c''_{-1}a\mathrm{e}^{\mathrm{i}\varphi_0} \tag{2.128}$$

取式(2.128)的共轭可得

$$\bar{c}''_{-1}\bar{c}_1 - \bar{c}_{-1}\bar{c}''_1 = \bar{c}''_{-1}a\mathrm{e}^{-\mathrm{i}\varphi_0} \tag{2.129}$$

将式(2.128)与式(2.129)相乘，化简可得

$$a = \sqrt{\frac{(c''_{-1}c_1 - c_{-1}c''_1)(\bar{c}''_{-1}\bar{c}_1 - \bar{c}_{-1}\bar{c}''_1)}{c''_{-1}\bar{c}''_{-1}}} \tag{2.130}$$

同理，取式(2.123)的共轭并与原方程相乘，化简可得

$$f=\sqrt{\frac{c_{-1}\bar{c}_{-1}}{c''_{-1}\bar{c}''_{-1}}} \tag{2.131}$$

在得到尺寸参数与傅里叶系数函数关系基础上，可进一步求解角度参数与傅里叶系数间的关系。根据式(2.125)求解可得到角度 μ 的表达式：

$$\mu=-\mathrm{i}\ln\frac{c''_{-1}c_0-c_{-1}c''_0}{c''_{-1}r} \tag{2.132}$$

同理，由式(2.128)求解可得到角度 φ_0 的表达式：

$$\varphi_0=-\mathrm{i}\ln\frac{c''_{-1}c_1-c_{-1}c''_1}{ac''_{-1}} \tag{2.133}$$

由式(2.124)求解可得 $\alpha+\beta$ 的表达式：

$$\alpha+\beta=-\mathrm{i}\ln\frac{c_{-1}}{fc''_{-1}} \tag{2.134}$$

2.6 结式消元法

结式概念是 20 世纪初由 Burside 和 Panton 首先提出的，源于对多项式消元方法的研究。基于结式的消去理论是构造性代数中经典消去理论之一，并在现代计算机代数与几何中有广泛应用。结式消元法的原理是：从给定的方程组构造出具有足够多个方程的导出方程组，然后把这个导出方程组看作为诸未知元各不同幂积的线性方程组，从而利用已得到充分发展的、丰富的“线性方法”来研究原来的非线性方程组。所谓的结式，就是一个多项式，它由原多项式系统的系数所构成，它等于零的充分必要条件是原多项式系统存在公共零点。

本章主要介绍 Sylvester 结式和 Dixon 结式的构造方法，并介绍用矩阵广义特征值方法展开结式并求解。最简单的结式是线性代数中的行列式，通过系数矩阵的行列式可以判别一个线性方程组是否有解。

2.6.1 经典 Sylvester 结式(单变元)

经典的 Sylvester 结式消元法是对单变元的两个多项式系统进行消元。它的构造方法如下：

给定任一数域 K，对于 $K[x]$中次数分别为 $m,n(m\geqslant n>0)$的两个多项式：

$$\begin{cases}f(x)=a_mx^m+a_{m-1}x^{m-1}+\cdots+a_0\\ g(x)=b_nx^n+b_{n-1}x^{n-1}+\cdots+b_0\end{cases} \tag{2.135}$$

分别将 $f(x)$和 $g(x)$乘以单项式$(x^{n-1},\cdots,x,1)$和$(x^{m-1},\cdots,x,1)$，可以得到如下一个多项式系统

$$x^{n-1}f(x)=a_m x^{m+n-1}+a_{m-1}x^{m+n-2}+\cdots+a_0 x^{n-1}$$
$$\vdots$$
$$xf(x)=a_m x^{m+1}+a_{m-1}x^m+\cdots+a_0 x$$
$$f(x)=a_m x^m+a_{m-1}x^{m-1}+\cdots+a_0$$
$$x^{m-1}g(x)=b_n x^{m+l-1}+b_{n-1}x^{m+l-2}+\cdots+b_0 x^{m-1}$$
$$\vdots$$
$$xg(x)=b_n x^{n+1}+b_{n-1}x^n+\cdots+b_0 x$$
$$g(x)=b_n x^n+b_{n-1}x^{n-1}+\cdots+b_0$$

这个系统写成矩阵形式为

$$\begin{pmatrix} x^{n-1}f(x) \\ \vdots \\ xf(x) \\ f(x) \\ x^{m-1}g(x) \\ \vdots \\ xg(x) \\ g(x) \end{pmatrix}=\begin{pmatrix} a_m & a_{m-1} & \cdots & a_1 & a_0 & & \\ & \ddots & \ddots & \cdots & \ddots & \ddots & \\ & & a_m & a_{m-1} & \cdots & a_1 & a_0 \\ & & & a_m & a_{m-1} & \cdots & a_1 a_0 \\ b_n & b_{n-1} & \cdots & b_1 & b_0 & & \\ & \ddots & \ddots & \cdots & \ddots & \ddots & \\ & & b_n & b_{n-1} & \cdots & b_1 & b_0 \\ & & & b_n & b_{n-1} & \cdots & b_1 b_0 \end{pmatrix}\begin{pmatrix} x^{m+n-1} \\ x^{m+n-2} \\ x^{m+n-3} \\ \vdots \\ x^3 \\ x^2 \\ x \\ 1 \end{pmatrix}=\begin{pmatrix} 0 \\ 0 \\ 0 \\ 0 \\ \vdots \\ 0 \\ 0 \\ 0 \end{pmatrix} \tag{2.136}$$

其 $m+n$ 阶的系数方阵表示如下：

$$\mathrm{Syl}(f,g,x)=\begin{pmatrix} a_m & a_{m-1} & \cdots & a_0 & & & \\ & a_m & a_{m-1} & \cdots & a_0 & & \\ & & \ddots & \ddots & \cdots & \ddots & \\ & & & a_m & a_{m-1} & \cdots & a_0 \\ b_n & b_{n-1} & \cdots & b_0 & & & \\ & b_n & b_{n-1} & \cdots & b_0 & & \\ & & \ddots & \ddots & \cdots & \ddots & \\ & & & b_n & b_{n-1} & \cdots & b_0 \end{pmatrix} \begin{matrix} \left.\right\} n\text{ 行} \\ \left.\right\} m\text{ 行} \end{matrix} \tag{2.137}$$

其中空白处的元素都为 0(对后面遇到的类似情形,不再加以说明)。

定义 2.1 称该方阵 $\mathrm{Syl}(f,g,x)$ 为 $f(x)$ 和 $g(x)$ 关于 x 的 Sylvester 结式矩阵。称 Sylvester 矩阵 $\mathrm{Syl}(f,g,x)$ 的行列式为 $f(x)$ 和 $g(x)$ 关于 x 的 Sylvester 结式,记作 $|\mathrm{Syl}(f,g,x)|$ 或 $\mathrm{res}(f,g,x)$。

关于 $f(x)$ 和 $g(x)$ 的 Sylvester 结式 $|\mathrm{Syl}(f,g,x)|$ 有一个著名的定理：

定理 2.1 存在两个次数分别满足 $\deg(p(x),x)<n$, $\deg(q(x),x)<m$ 的多项式 $p(x),q(x)\in K[x]$,使得

$$p(x)f(x)+q(x)g(x)=|\mathrm{Syl}(f,g,x)|$$

证明:无妨假设 $|\mathrm{Syl}(f,g,x)|\neq 0$,否则结论显然。记 $f(x)$ 和 $g(x)$ 的 Sylvester 结式矩阵为 $\boldsymbol{S}$,则根据式(2.136)有

$$
S\begin{pmatrix} x^{m+n-1} \\ x^{m+n-2} \\ x^{m+n-3} \\ \vdots \\ x^3 \\ x^2 \\ x \\ 1 \end{pmatrix} = \begin{pmatrix} x^{n-1}f(x) \\ \vdots \\ xf(x) \\ f(x) \\ x^{m-1}g(x) \\ \vdots \\ xg(x) \\ g(x) \end{pmatrix}
$$

将上式看作以 $x^{m+n-1}, x^{m+n-2}, \cdots, x, 1$ 为变元的线性方程组，并用 Cramer 法则对最后一个变元 $x^0=1$ 求解得

$$
\det(\boldsymbol{S}) = \det\begin{pmatrix} a_m & a_{m-1} & \cdots & a_1 & a_0 & & & x^{n-1}f(x) \\ & a_m & a_{m-1} & \cdots & a_1 & a_0 & & x^{n-2}f(x) \\ & & \ddots & \ddots & \cdots & \ddots & \ddots & \vdots \\ & & & a_m & a_{m-1} & \cdots & a_1 & f(x) \\ b_n & b_{n-1} & \cdots & b_1 & b_0 & & & x^{m-1}g(x) \\ & b_n & b_{n-1} & \cdots & b_1 & b_0 & & x^{m-2}g(x) \\ & & \ddots & \ddots & \cdots & \ddots & \ddots & \vdots \\ & & & b_n & b_{n-1} & \cdots & b_1 & g(x) \end{pmatrix} \tag{2.138}
$$

将右端的行列式按最后一列展开，再把含有 $f(x)$ 和 $g(x)$ 的项合并，并注意其中 x 的次数即可。

定理 2.2 设 $f(x)$ 和 $g(x)$ 如式(2.135)所示，则 $|\mathrm{Syl}(f,g,x)|=0$ 当且仅当 $f(x)$ 和 $g(x)$ 关于 x 有公共零点，或者 $a_m=b_n=0$。即只要 a_m 或 b_n 中有一个不为 0，$|\mathrm{Syl}(f,g,x)|=0$ 就是 $f(x)$ 和 $g(x)$ 关于 x 有公共零点的充要条件。

通常可利用 Sylvester 结式来讨论两个多项式的公共零点，以便最终将其归结为一元高次多项式方程的求根问题。

对于两个多项式 $f(x,y)$ 和 $g(x,y)$，将其写成关于变量 x 的形式：

$$
f(x,y) \equiv a_m(y)x^m + a_{m-1}(y)x^{m-1} + \cdots + a_1(y)x + a_0(y) = 0
$$

$$
g(x,y) \equiv b_n(y)x^n + b_{n-1}(y)x^{n-1} + \cdots + b_1(y)x + b_0(y) = 0
$$

式中，变量 y 称为压缩变量。将 $a_i(y)$、$b_j(y)$ 看成是 $f(x,y)$ 和 $g(x,y)$ 中 x^i 和 x^j 的系数，可求出 $f(x,y)$ 和 $g(x,y)$ 的结式 $|\mathrm{Syl}(f,g,x)|$，显然 $|\mathrm{Syl}(f,g,x)|$ 是关于 y 的多项式。因此，求解含两个变量的两个方程公共根的问题，就转换为求解一元高次方程的问题，这种消元方法就是经典的 Sylvester 结式消元法，通常简称结式消元法。

2.6.2 Bézout 结式的 Cayley 构造

接下来给出 A.Cayley 构造 Bézout 结式的方法。

考虑两个一元多项式 $f(x)$、$g(x) \in K[x]$，其关于 x 的次数分别为 m 和 n，这里假定 $m \geqslant n > 0$。设 α 是异于未定元，则行列式

$$\Delta(x,\alpha)=\begin{vmatrix} f(x) & g(x) \\ f(\alpha) & g(\alpha) \end{vmatrix}=\sum_{i=0}^{m}(f(x)b_i-g(x)a_i)\alpha^i$$

是关于变元 x 和 α 的多项式,并且当 $x=\alpha$ 时 $\Delta(x,\alpha)=0$,这意味着 $x-\alpha$ 是 $\Delta(x,\alpha)$ 的因子。这样,多项式

$$\delta(x,\alpha)=\frac{\Delta(x,\alpha)}{x-\alpha}=\sum_{u=0}^{m-1}\sum_{v=0}^{m-1}B_{u,v}x^u\alpha^v \tag{2.139}$$

就是一个关于变元 α 的 $m-1$ 次多项式,并且关于 x 和 α 是对称的。可以把多项式 $\delta(x,\alpha)$ 写为

$$\delta(x,\alpha)=B_0(x)+B_1(x)\alpha+\cdots+B_{m-1}(x)\alpha^{m-1}$$

式中,$B_i(x)$ 是关于变元 x 的多项式且次数小于或等于 $m-1$。

上述多项式可表示成如下的矩阵形式:

$$\delta(x,\alpha)=(1\cdots x^{m-1})\mathrm{Bez}(f,g)\begin{pmatrix}1\\ \vdots \\ \alpha^{m-1}\end{pmatrix} \tag{2.140}$$

由于对 $f(x)$ 和 $g(x)$ 的任意公共零点 x_0,无论 α 取值如何,$\delta(x_0,\alpha)=0$ 都成立,所以在 $x=x_0$ 处,多项式 $\delta(x,\alpha)$ 关于变元 α 的各阶幂积的系数都等于 0,即

$$\{B_0(x_0)=0,\cdots,B_{m-1}(x_0)=0\}$$

一般地,多项式的任一公共零点必然是多项式方程组

$$\{B_0(x)=0,\cdots,B_{m-1}(x)=0\} \tag{2.141}$$

的解。我们把这个方程组看作是 x 的各不同幂积 $x^{m-1},x^{m-2},\cdots,x,x^0=1$ 的齐次线性方程组(m 个方程 m 个变元)。如有解则必然是非零解(因 $x^0=1$),故其系数矩阵 $\mathrm{Bez}(f,g)$ 的行列式为 0 时,式(2.141)中的方程有公共解。系数矩阵 $\mathrm{Bez}(f,g)$ 是一个 m 阶方阵,称为 Bézout 矩阵。该 m 阶方阵的行列式为 $f(x)$ 和 $g(x)$ 关于的 Bézout-Cayley 结式,记作 $|\mathrm{Bez}(f,g)|$。它与上节中定义的 Sylvester 结式在 $m=n$ 时恒相同,而在 $m>n$ 时相差一个多余因子 $(a_m)^{m-n}$。

从上面的讨论可知,$f(x)$ 和 $g(x)$ 的每个公共零点都是方程组(2.141)的解。因此,$|\mathrm{Bez}(f,g)|=0$ 是 $f(x)$ 和 $g(x)$ 有公共零点的一个必要条件。

注意:Sylvester 结式矩阵的非零元素仅是两个多项式方程组的系数,而 Bézout-Cayley 结式矩阵的元素则要复杂得多,它们是由这些系数构成的表达式。于是,如何快速构造 Bézout-Cayley 结式矩阵就是一个需要研究的问题。详细步骤可参考文献[132]。

2.6.3 Dixon 结式的构造

1908 年,Dixon 将 Cayley 构造 Bézout 结式的方法推广到 3 个二元多项式的情形。3 个多项式是关于变元 x 和 y 的双次数为 (m,n) 的多项式,$f(x,y)=\sum_{i=0}^{m}\sum_{j=0}^{n}a_{i,j}x^iy^j$,$g(x,y)=\sum_{i=0}^{m}\sum_{j=0}^{n}b_{i,j}x^iy^j$ 和 $h(x,y)=\sum_{i=0}^{m}\sum_{j=0}^{n}c_{i,j}x^iy^j$。这里,双次数是指多项式 $f(x,y)$,$g(x,y)$,

$h(x,y)\in K[x]$关于x和y的全次数为$m+n$，但关于x的次数仅为m，关于y的次数仅为n。让我们来考虑这一情形。显而易见，行列式

$$\Delta(x,y,\alpha,\beta)=\begin{vmatrix} f(x,y) & g(x,y) & h(x,y) \\ f(\alpha,y) & g(\alpha,y) & h(\alpha,y) \\ f(\alpha,\beta) & g(\alpha,\beta) & h(\alpha,\beta) \end{vmatrix}$$

在用x替换α或y替换β之后为零。因此，$(x-\alpha)(y-\beta)\mid\Delta$。所以有多项式

$$\delta(x,y,\alpha,\beta)=\frac{\Delta(x,y,\alpha,\beta)}{(x-\alpha)(y-\beta)} \tag{2.142}$$

设

$$\begin{aligned} f(x,y) &= a_m(y)x^m+\cdots+a_1(y)x+a_0(y) \\ &= \bar{a}_n(x)y^n+\cdots+\bar{a}_1(x)y+\bar{a}_0(x) \end{aligned} \tag{2.143}$$

则

$$f(x,y)-f(\alpha,y)=(x-\alpha)\sum_{1\leqslant i\leqslant m}a_i(y)\sigma_{i-1}(x,\alpha) \tag{2.144}$$

$$f(\alpha,y)-f(\alpha,\beta)=(y-\beta)\sum_{1\leqslant j\leqslant n}\bar{a}_j(\alpha)\sigma_{j-1}(y,\beta) \tag{2.145}$$

式中，$\sigma_k(x,\alpha)$是关于x、α的初等k次齐式。

由此得

$$\begin{aligned} \delta(x,y,\alpha,\beta) &= \begin{vmatrix} \sum\limits_{1\leqslant i\leqslant m}a_i(y)\sigma_{i-1}(x,\alpha) & \sum\limits_{1\leqslant i\leqslant m}b_i(y)\sigma_{i-1}(x,\alpha) & \sum\limits_{1\leqslant i\leqslant m}c_i(y)\sigma_{i-1}(x,\alpha) \\ \sum\limits_{1\leqslant j\leqslant n}\bar{a}_j(\alpha)\sigma_{j-1}(y,\beta) & \sum\limits_{1\leqslant j\leqslant n}\bar{b}_j(\alpha)\sigma_{j-1}(y,\beta) & \sum\limits_{1\leqslant j\leqslant n}\bar{c}_j(\alpha)\sigma_{j-1}(y,\beta) \\ f(\alpha,\beta) & g(\alpha,\beta) & h(\alpha,\beta) \end{vmatrix} \\ &= \begin{vmatrix} f(x,y) & g(x,y) & h(x,y) \\ \sum\limits_{1\leqslant i\leqslant m}a_i(y)\sigma_{i-1}(x,\alpha) & \sum\limits_{1\leqslant i\leqslant m}b_i(y)\sigma_{i-1}(x,\alpha) & \sum\limits_{1\leqslant i\leqslant m}c_i(y)\sigma_{i-1}(x,\alpha) \\ \sum\limits_{1\leqslant j\leqslant n}\bar{a}_j(\alpha)\sigma_{j-1}(y,\beta) & \sum\limits_{1\leqslant j\leqslant n}\bar{b}_j(\alpha)\sigma_{j-1}(y,\beta) & \sum\limits_{1\leqslant j\leqslant n}\bar{c}_j(\alpha)\sigma_{j-1}(y,\beta) \end{vmatrix} \end{aligned} \tag{2.146}$$

从上一个行列式看出，$\deg(\delta,x)\leqslant m-1$，$\deg(\delta,y)\leqslant 2n-1$；从下面的行列式看出$\deg(\delta,\alpha)\leqslant 2m-1$，$\deg(\delta,\beta)\leqslant n-1$。

因此，多项式$\delta(x,y,\alpha,\beta)$可写为

$$\delta(x,y,\alpha,\beta)=\frac{\Delta(x,y,\alpha,\beta)}{(x-\alpha)(y-\beta)}=\sum_{u=0}^{2m-1}\sum_{v=0}^{n-1}\sum_{i=0}^{m-1}\sum_{j=0}^{2n-1}d_{i,j,u,v}x^iy^j\alpha^u\beta^v$$

由于对任意$(\bar{x},\bar{y})\in\mathrm{Zero}(\{f,g,h\})$，无论$\alpha$和$\beta$取值如何，$\delta(\bar{x},\bar{y},\alpha,\beta)=0$都成立，因而系数$D_{ij}=\mathrm{coef}(\delta,\alpha^i\beta^j)(0\leqslant i\leqslant 2m-1,0\leqslant j\leqslant n-1)$关于$x$和$y$的公共零点构成的集合包含原多项式组的零点集$\mathrm{Zero}(\{f,g,h\})$。

定义 2.2 每个多项式D_{ij}称为$\{f,g,h\}$关于$\{x,y\}$对应于$\{i,j\}$的 Dixon 导出多项式。由导出多项式的全体构成的集合$\{D_{ij}\mid 0\leqslant i\leqslant 2m-1,0\leqslant j\leqslant n-1\}$称为$\{f,g,h\}$关于$\{x,y\}$的 Dixon 导出多项式组。

将

$$D_{ij}(x,y)=0 \quad (0\leqslant i\leqslant 2m-1,0\leqslant j\leqslant n-1)$$

视为 $2mn$ 项

$$x^i y^j \quad (0\leqslant i\leqslant m-1,0\leqslant j\leqslant 2n-1)$$

的 $2mn$ 个齐次线性方程。写成矩阵形式,我们有

$$\delta(x,y,\alpha,\beta)=\begin{pmatrix} D_{2m-1,n-1} \\ \vdots \\ D_{n-1} \\ \vdots \\ D_{2m-1} \\ \vdots \\ 1 \end{pmatrix}^{\mathrm{T}} \begin{pmatrix} \alpha^{2m-1}\beta^{n-1} \\ \vdots \\ \beta^{n-1} \\ \vdots \\ \alpha^{2m-1} \\ \vdots \\ 1 \end{pmatrix} =(x^{m-1}y^{2n-1},\cdots,y^{2n-1},\cdots,x^{m-1},\cdots,1)\boldsymbol{D}\begin{pmatrix} \alpha^{2m-1}\beta^{n-1} \\ \vdots \\ \beta^{n-1} \\ \vdots \\ \alpha^{2m-1} \\ \vdots \\ 1 \end{pmatrix} \tag{2.147}$$

式中,$\boldsymbol{D}$ 为 Dixon 导出多项式组 D_{ij} 关于幂积 $x^{m-1}y^{2n-1},\cdots,y^{2n-1},\cdots,x^{m-1},\cdots,1$ 的系数矩阵。矩阵 $\boldsymbol{D}$ 及其行列式 $|\boldsymbol{D}|$ 分别称为 $f(x,y)$、$g(x,y)$ 和 $h(x,y)$ 关于 x 和 y 的 Dixon 矩阵和 Dixon 结式。可见,Dixon 结式等于零给出了原方程组有公共零点的一个必要条件。即:原方程组的解一定可以在 Dixon 结式的解中找到,而 Dixon 结式的解不一定是原方程的解。

按照二元 Dixon 结式的构造方法,可以对任意 $n+1$ 个 n 变元的多项式 $f_1,\cdots,f_{n+1}\in K[x]$ 构造相应的 Dixon 矩阵 $\boldsymbol{D}$,设 $\alpha_1,\alpha_2,\cdots,\alpha_n$ 是 n 个新变元,则

$$\Delta(x_1,\cdots,x_n,\alpha_1,\cdots,\alpha_n)=\begin{vmatrix} f_1(x_1,x_2,\cdots,x_n) & \cdots & f_{n+1}(x_1,x_2,\cdots,x_n) \\ f_1(\alpha_1,x_2,\cdots,x_n) & \cdots & f_{n+1}(\alpha_1,x_2,\cdots,x_n) \\ f_1(\alpha_1,\alpha_2,\cdots,x_n) & \cdots & f_{n+1}(\alpha_1,\alpha_2,\cdots,x_n) \\ \vdots & & \vdots \\ f_1(\alpha_1,\alpha_2,\cdots,\alpha_n) & \cdots & f_{n+1}(\alpha_1,\alpha_2,\cdots,\alpha_n) \end{vmatrix} \tag{2.148}$$

$$\delta(x_1,\cdots,x_n,\alpha_1,\cdots,\alpha_n)=\frac{\Delta(x_1,\cdots,x_n,\alpha_1,\cdots,\alpha_n)}{(\alpha_1-x_1)\cdots(\alpha_n-x_n)} \tag{2.149}$$

然后用同样的方法把式(2.149)展开,令各 α_i 幂积的系数为 0,就可以构造出一系列的关于各 x_i 的方程,取其系数矩阵,就是 Dixon 结式矩阵 $\boldsymbol{D}$。这时,$\boldsymbol{D}$ 不一定是方阵。当 Dixon 矩阵 $\boldsymbol{D}$ 是方阵时,称其行列式为 $\{f_1,\cdots,f_{n+1}\}$ 关于 $x_1,\cdots,x_n$ 的 Dixon 结式。实际上多变量的 Dixon 结式在很多情况下是不好用的,主要是它常常恒等于零,即 $\det(\boldsymbol{D})=0$,结果什么也得不到。导致 Dixon 结式为 0 的原因主要有两方面,一方面是多余因子的存在,另一方面是 Dixon 结式退化。对于多项式组 $\{f_1,\cdots,f_{n+1}\}$ 来说,若它是一般的、全符号系数的,则它的 Dixon 结式既不会产生多余因子,也不会有退化情形。而在实际当中,两种情形都会发生。针对多余因子这个问题,国际上出现了切角法、支撑点法、露点法、变量缩放法及观察法等,遗憾的是它们只能处理某一特殊类型系统,而杨路等人的"聚筛法"是一种"后验法",它通过 WR 相对分解去掉最后结果中的多余因子。赵世忠等[134]指出 Dixon 结式的多余因子最少由三大部分组成(各部分的多余因子有可能为常数项):Dixon 导出多余因子,

Dixon 矩阵的多余因子以及最后导出多项式回代产生的多余因子。关于 Dixon 结式的退化问题可以参考文献[132]。

2.7 分组分次逆字典序 Gröbner 基消元法

Gröbner 基消元法是 1965 年 Buchberger[135,136] 在其博士论文中提出的一种建立非线性多项式系统标准基的理论和方法，并在多项式代数领域得到了较广泛的应用。Gröbner 基法从理论上系统而完整地给出了求解多项式方程的一般解法。后经 Kalkbrener、N. Takayama、J.Moses 等人和他本人的进一步完善，使该方法成为用于求解非线性多项式方程组全部解的有效方法。Gröbner 基法在机构学中也有着广泛的应用。

该方法的主要思想是在给定的多项式系统所构成的多项式环内，通过对变量的排序，求其首项的 $S-$多项式并进行约化，将一个非线性代数方程组化简为一个与原系统完全等价的标准基，该标准基通常比原方程组简单，通过求解标准基可以得到与原方程组相同的解。对于多元多项式，可以人为地给多元多项式排一个序，如 $x_1< x_2< x_3<\cdots< x_n$。排序的目的是为了按照某种约定来表示多项式，以便于多项式之间的运算。单项式中，常用的排序有字典序、分次字典序和分次逆字典序。这三种项序的详细介绍可参考文献[132]。通过计算发现，这三种项序都较难满足构造结式的要求，因此本课题组在分次逆字典序的基础上，派生了分组分次逆字典序。

分组分次逆字典序(Group Graded Reverse Lexicographic Ordering($\leqslant_{\text{ggrevlex}}$))是通过提高某变元的方幂数，从而提高含该变元所在单项式的总方幂数，是多项式的一种新的表现形式。它将多项式中各单项式分为两组，即含有该变元的单项式和不含有该变元的单项式。一般含有该变元单项式因总方幂数高排在不含有该变元单项式的前面，两组单项式内部按照分次逆字典序排序。

在多项式 $f(x_1,x_2,\cdots,x_n)$ 中，选择 p 个变量 $x_{k_1},\cdots,x_{k_p}$ 作为第一组变量集合，其中 $1\leqslant k_1<\cdots<k_p<n,0<p<n$。剩下 $q=n-p$ 个变量 $x_{j_1},\cdots,x_{j_q}$ 作为第二组变量集合。此时多项式 f 可表示为 $f(x_1,x_2,\cdots,x_n)=\sum_{\alpha_s\in \boldsymbol{S}}a_{\alpha_s}x^{\alpha_s}$，其中 $\boldsymbol{S}\subset\mathbb{N}^n,\boldsymbol{\alpha}_s=(\alpha_{k_1},\alpha_{k_2},\cdots,\alpha_{k_p},\alpha_{j_1},\alpha_{j_2},\cdots,\alpha_{j_q})\in\boldsymbol{S}$。

分组分次逆字典序的算法如下：

第一步：令 $\boldsymbol{S}_1$ 和 $\boldsymbol{S}_2$ 为 $\boldsymbol{S}$ 的子集。$\forall\alpha_s\in\boldsymbol{S}$，只要 $\sum_{j=1}^{p}\alpha_{k_j}\neq 0$，则 $\alpha_s\in\boldsymbol{S}_1$；否则 $\alpha_s\in\boldsymbol{S}_2$。显然 $\boldsymbol{S}=\boldsymbol{S}_1\cup\boldsymbol{S}_2,\boldsymbol{S}_1\cap\boldsymbol{S}_2=\varnothing$。此时得到两组单项式集合，即包含了第一组 p 个变元的集合 $\boldsymbol{S}_1$ 和包含了剩余 q 个变元的集合 $\boldsymbol{S}_2$。

第二步：

(1)对任意的 $\boldsymbol{\alpha}_{s_2}=({}^{s_2}\alpha_{k_1},{}^{s_2}\alpha_{k_2},\cdots,{}^{s_2}\alpha_{k_p},{}^{s_2}\alpha_{j_1},{}^{s_2}\alpha_{j_2},\cdots,{}^{s_2}\alpha_{j_q})\in\boldsymbol{S}_2$，计算相应的单项式 $a_{\alpha_{s2}}x^{\alpha_{s2}}$ 的总方幂数 $\sum\alpha_{s_2}$，最终可以得到集合 $\boldsymbol{S}_2$ 中最大的单项式总方幂数 $(\sum\alpha_{s_2})_{\max}$。

(2)对任意的 $\boldsymbol{\alpha}_{s_1}=({}^{s_1}\alpha_{k_1},{}^{s_1}\alpha_{k_2},\cdots,{}^{s_1}\alpha_{k_p},{}^{s_1}\alpha_{j_1},{}^{s_1}\alpha_{j_2},\cdots,{}^{s_1}\alpha_{j_q})\in\boldsymbol{S}_1$，选择变量 x_{k_j}，求其最小方幂数 $c(c\in\mathbb{N})$使得 $(\sum\alpha_{s_1})_{\min}\geqslant(\sum\alpha_{s_2})_{\max}$，即令 $x_{k_j}=y_{k_j}^{c}$，则 $f=\sum_{\alpha_s\in S}a_{\alpha_s}x^{\alpha_s}=$

$\sum a_{\alpha}x^{\beta}y^{\gamma}$，其中 $\boldsymbol{\beta}=({}^{s_1}\alpha_{j_1},{}^{s_1}\alpha_{j_2},\cdots,{}^{s_1}\alpha_{j_q})$，$\boldsymbol{\gamma}=(c\times{}^{s_1}\alpha_{k_1},c\times{}^{s_1}\alpha_{k_2},\cdots,c\times{}^{s_1}\alpha_{k_p})$，最终得到一个新的 n 元组集合 $\boldsymbol{\alpha}_{s_1}=(c\times{}^{s_1}\alpha_{k_1},c\times{}^{s_1}\alpha_{k2},\cdots,c\times{}^{s_1}\alpha_{k_p},{}^{s_1}\alpha_{j_1},{}^{s_1}\alpha_{j_2},\cdots,{}^{s_1}\alpha_{j_q})\in\boldsymbol{S}_1$，然后计算单项式 $a_{\alpha}x^{\beta}y^{\gamma}$ 的总方幂数 $\sum\alpha_{s_1}$。

第三步：按照上述步骤将单项式集合分为两组，两组集合内部项序按分次逆字典序进行。

例如：对一组单项式 $x_1x_2x_3^3x_5$，$x_2^4x_3x_4^2$，$x_2^4x_3^2x_4x_5$，$x_1x_2x_3^3x_4^2$。假定 $x_1>x_2>x_3>x_4>x_5$，按分次逆字典序有 $x_2^4x_3^2x_4x_5>_{\text{grevlex}}x_2^4x_3x_4^2>_{\text{grevlex}}x_1x_2x_3^3x_4^2>_{\text{grevlex}}x_1x_2x_3^3x_5$；若改变变元 x_1 和 x_5 的方幂数，即把 x_1 替换为 y_1^5，x_5 替换为 y_5^4，则按照分组分次逆字典序有 $y_1^5x_2x_3^3y_5^4>_{\text{ggrevlex}}y_1^5x_2x_3^3x_4^2>_{\text{ggrevlex}}x_2^4x_3^2x_4y_5^4>_{\text{ggrevlex}}x_2^4x_3x_4^2$。

采用分组分次逆字典序的目的就是提高该变元在多项式中的权重，使消元过程中含有该变元的单项式优先被降幂次甚至消去。关于 Gröbner 基消元法的详细介绍可以参考文献[132]。

2.8 矩阵广义特征值方法

由于结式矩阵的阶可能非常大，特别是变元较多的情形，所以结式矩阵行列式的符号展开就成为求解多项式方程组的一个瓶颈。这个过程不仅效率不高，而且数值计算非常不稳定。幸运的是，可以将计算结式矩阵行列式问题转化为广义特征值问题，使用矩阵广义特征值方法找到结式矩阵行列式的根。

2.8.1 广义特征值问题

假定矩阵 $\boldsymbol{A}$ 和 $\boldsymbol{B}$ 都是 n 阶矩阵，它们的广义特征值和特征向量定义如下：

$$\boldsymbol{Ax}=\lambda\boldsymbol{Bx} \tag{2.150}$$

式中，λ 为 $\boldsymbol{A}$ 相对于 $\boldsymbol{B}$ 的广义特征值，$\boldsymbol{x}\neq\boldsymbol{0}$ 是相应的广义特征向量。广义特征值是广义特征方程 $|\boldsymbol{A}-\lambda\boldsymbol{B}|=0$ 的根。当 $\boldsymbol{B}=\boldsymbol{E}_n$（单位矩阵）时，广义特征值问题退化为标准特征值问题。当矩阵 $\boldsymbol{B}$ 是非奇异矩阵，且其条件数足够小，那么通过在式(2.150)两边乘以 $\boldsymbol{B}^{-1}$，这个问题可转化为

$$\boldsymbol{B}^{-1}\boldsymbol{Ax}=\lambda\boldsymbol{x} \tag{2.151}$$

即，转化为求解矩阵 $\boldsymbol{B}^{-1}\boldsymbol{A}$ 的特征值问题。

但是，如果矩阵 $\boldsymbol{B}$ 的条件数非常大时，我们就需要使用矩阵 **QR** 分解三角化矩阵 $\boldsymbol{A}$ 和 $\boldsymbol{B}$，然后再计算特征值。

对于一个 $m\times m$ 的结式矩阵 $\boldsymbol{C}$，其每个元素是压缩变量 x_n 的多项式。假定 d 是结式矩阵中所有元素的最高阶数。为了方便，令 $\lambda=x_n$，那么，结式矩阵 $\boldsymbol{C}$ 可以被写成如下的矩阵多项式：

$$\boldsymbol{C}(\lambda)=\boldsymbol{C}_d\lambda^d+\boldsymbol{C}_{d-1}\lambda^{d-1}+\cdots+\boldsymbol{C}_1\lambda+\boldsymbol{C}_0$$

式中，$\boldsymbol{C}_0,\boldsymbol{C}_1,\boldsymbol{C}_2,\cdots,\boldsymbol{C}_d$ 是 $m\times m$ 的数值矩阵。当 $\boldsymbol{C}_d$ 为单位阵时，相应的矩阵多项式称作是首一的。

2.8.2 使用矩阵广义特征值方法计算结式行列式的根

首先考虑 $\boldsymbol{C}_d$ 为可逆阵的情形。令

$$\bar{\boldsymbol{C}}(\lambda)=\boldsymbol{C}_d^{-1}\boldsymbol{C}(\lambda),\quad \bar{\boldsymbol{C}}_i=\boldsymbol{C}_d^{-1}\boldsymbol{C}_i,\quad 0<i\leqslant d$$

则 $\bar{\boldsymbol{C}}(\lambda)$ 是首一多项式，这个多项式作为一个方阵，其行列式是如下方阵的特征多项式：

$$\boldsymbol{A}=\begin{pmatrix} \boldsymbol{0}_m & \boldsymbol{E}_m & \boldsymbol{0}_m & \cdots & \boldsymbol{0}_m \\ \boldsymbol{0}_m & \boldsymbol{0}_m & \boldsymbol{E}_m & \cdots & \boldsymbol{0}_m \\ \vdots & \vdots & \vdots & & \vdots \\ \boldsymbol{0}_m & \boldsymbol{0}_m & \boldsymbol{0}_m & \cdots & \boldsymbol{E}_m \\ -\bar{\boldsymbol{C}}_0 & -\bar{\boldsymbol{C}}_1 & -\bar{\boldsymbol{C}}_2 & \cdots & -\bar{\boldsymbol{C}}_{d-1} \end{pmatrix} \tag{2.152}$$

式中，$\boldsymbol{0}_m$ 和 $\boldsymbol{E}_m$ 分别为零矩阵和单位阵。我们把这个方阵称之为矩阵多项式 $\bar{\boldsymbol{C}}(\lambda)$ 的块友阵。换句话说，矩阵多项式的行列式恰好是其块友阵的特征多项式。

当 $\boldsymbol{C}_d$ 是奇异阵时，考虑矩阵多项式

$$\boldsymbol{A}(\lambda)=\boldsymbol{A}_1\lambda-\boldsymbol{A}_2$$

式中：

$$\boldsymbol{A}_1=\begin{pmatrix} \boldsymbol{E}_m & \boldsymbol{0}_m & \boldsymbol{0}_m & \cdots & \boldsymbol{0}_m \\ \boldsymbol{0}_m & \boldsymbol{E}_m & \boldsymbol{0}_m & \cdots & \boldsymbol{0}_m \\ \vdots & \vdots & \vdots & & \vdots \\ \boldsymbol{0}_m & \boldsymbol{0}_m & \boldsymbol{0}_m & \boldsymbol{E}_m & \boldsymbol{0}_m \\ \boldsymbol{0}_m & \boldsymbol{0}_m & \boldsymbol{0}_m & \boldsymbol{0}_m & \boldsymbol{C}_d \end{pmatrix},\quad \boldsymbol{A}_2=\begin{pmatrix} \boldsymbol{0}_m & \boldsymbol{E}_m & \boldsymbol{0}_m & \cdots & \boldsymbol{0}_m \\ \boldsymbol{0}_m & \boldsymbol{0}_m & \boldsymbol{E}_m & \cdots & \boldsymbol{0}_m \\ \vdots & \vdots & \vdots & & \vdots \\ \boldsymbol{0}_m & \boldsymbol{0}_m & \boldsymbol{0}_m & \cdots & \boldsymbol{E}_m \\ -\boldsymbol{C}_0 & -\boldsymbol{C}_1 & -\boldsymbol{C}_2 & \cdots & -\boldsymbol{C}_{d-1} \end{pmatrix}$$

可以证明

$$\det(\boldsymbol{A}(\lambda))=\det(\boldsymbol{C}(\lambda))$$

多项式 $\det(\boldsymbol{C}(\lambda))$ 的根称为矩阵对 $(\boldsymbol{A}_1,\boldsymbol{A}_2)$ 的特征值。当 $\boldsymbol{A}_1$ 为单位阵时，矩阵对 $(\boldsymbol{A}_1,\boldsymbol{A}_2)$ 的特征值就是 $\boldsymbol{A}_2$ 的特征值。这样我们就把多项式 $\det(\boldsymbol{C}(\lambda))$ 求根问题化成为求矩阵对 $(\boldsymbol{A}_1,\boldsymbol{A}_2)$ 的特征值问题，即线性代数理论中所谓矩阵广义特征值问题。

当 $\boldsymbol{C}_d$ 奇异而 $\boldsymbol{C}_0$ 非奇异时，通常的做法是作变换 $\lambda=\beta^{-1}$，从而把问题归结为 $\boldsymbol{C}_d$ 非奇异的情形。该理论的详细证明可参考相关文献。

第3章

基于复数—矢量法求解巴氏桁架的位置分析

为了叙述方便，本章仍采用杨廷力在文献[20]中根据基本运动链回路数目及其拓扑图分出的编号，第1种为3杆巴氏桁架，第2种为5杆巴氏桁架，第3～5种为7杆巴氏桁架，第6～33种为9杆巴氏桁架，其中第6～29种巴氏桁架的耦合度$\kappa=1$，第30～33种巴氏桁架的耦合度$\kappa=2$。3杆、5杆和7杆巴氏桁架以及$\kappa=1$系列的9杆巴氏桁架位置正解一般可以使用Sylvester结式消元法完成，但是第25种9杆巴氏桁架单独使用Sylvester结式消元法会产生增根，必须进行特殊处理。$\kappa=2$系列的9杆巴氏桁架的位置分析无法单独使用Sylvester结式消元法进行代数求解，需要使用Dixon结式和Sylvester结式结合或者单独使用Dixon结式进行代数求解。3杆巴氏桁架的位置分析简单，本章节不予分析。本章基于复数—矢量法分别对5杆巴氏桁架、第5种7杆巴氏桁架、第25、30和33种9杆巴氏桁架的位置分析问题分别进行建模和代数求解。

3.1 5杆巴氏桁架的位置分析

3.1.1 数学模型

众所周知，5杆巴氏桁架的构型只有一种，如图1.2所示。但与其对应的4杆Assur(Assur)组，构型有两种，如图3.1所示。本节对两种4杆6副Assur组的位置分析进行建模和代数求解。

4杆6副Assur组的构型如图3.1所示，包含2个3副杆件ABC和DEF和3个2副杆件。该Assur组的位置分析问题为已知所有杆件长度$l_1, l_2, \cdots, l_6$和副点的位置，要求计算θ_1和θ_2以及内副点的位置。

(1) Ⅰ型4杆6副Assur杆组

根据图3.1(a)所示的2个回路$BCFEB$和$ACFDA$，可以得到2个矢量方程：

$$\begin{aligned} \boldsymbol{l}_{BE} &= \boldsymbol{l}_{BC} + \boldsymbol{l}_{CF} + \boldsymbol{l}_{FE} \\ \boldsymbol{l}_{AD} &= \boldsymbol{l}_{AC} + \boldsymbol{l}_{CF} + \boldsymbol{l}_{FD} \end{aligned} \tag{3.1}$$

式中，$\boldsymbol{l}_{BC}=b-c$表示由点B指向点C的向量，其他类似。

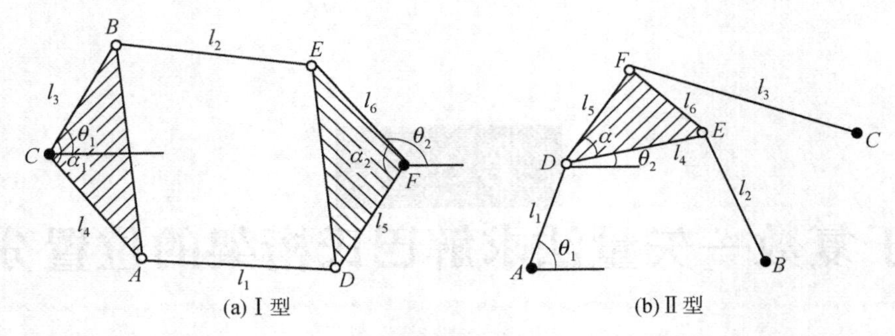

(a) Ⅰ型　　(b) Ⅱ型

图 3.1　5 杆巴氏桁架对应的 4 杆 Assur 杆组

将式(3.1)写成如下复指数的表达式

$$\boldsymbol{l}_{BE}=\boldsymbol{l}_{CF}-l_3\mathrm{e}^{\mathrm{i}\theta_1}+l_6\mathrm{e}^{\mathrm{i}\theta_2} \tag{3.2}$$

$$\boldsymbol{l}_{AD}=\boldsymbol{l}_{CF}-l_4\mathrm{e}^{\mathrm{i}\theta_1}\mathrm{e}^{-\mathrm{i}\alpha_1}+l_5\mathrm{e}^{\mathrm{i}\theta_2}\mathrm{e}^{\mathrm{i}\alpha_2} \tag{3.3}$$

由于 B、E 两点距离的平方等于复数 $\boldsymbol{l}_{BE}$ 乘上其共轭复数 $\overline{\boldsymbol{l}_{BE}}$，则由式(3.2)得到：

$$l_2^2=(\boldsymbol{l}_{CF}-l_3\mathrm{e}^{\mathrm{i}\theta_1}+l_6\mathrm{e}^{\mathrm{i}\theta_2})\times(\overline{\boldsymbol{l}_{CF}}-l_3\mathrm{e}^{-\mathrm{i}\theta_1}+l_6\mathrm{e}^{-\mathrm{i}\theta_2}) \tag{3.4}$$

同理，由式(3.3)乘以它的共轭，得到

$$l_1^2=(\boldsymbol{l}_{CF}-l_4\mathrm{e}^{\mathrm{i}\theta_1}\mathrm{e}^{-\mathrm{i}\alpha_1}+l_5\mathrm{e}^{\mathrm{i}\theta_2}\mathrm{e}^{\mathrm{i}\alpha_2})\times(\overline{\boldsymbol{l}_{CF}}-l_4\mathrm{e}^{-\mathrm{i}\theta_1}\mathrm{e}^{\mathrm{i}\alpha_1}+l_5\mathrm{e}^{-\mathrm{i}\theta_2}\mathrm{e}^{-\mathrm{i}\alpha_2}) \tag{3.5}$$

式(3.4)和式(3.5)共含有两个未知量 θ_1 和 θ_2，将其展开并使用 $x_i=\mathrm{e}^{\mathrm{i}\theta_i}$ $(i=1,2)$替换，得到两个多项式方程：

$$f_{21}(x_1,x_2)=c_{11}+c_{12}x_1^{-1}+c_{13}x_1^{-1}x_2+c_{14}x_2^{-1}+c_{15}x_2+c_{16}x_1x_2^{-1}+c_{17}x_1=0 \tag{3.6}$$

$$f_{22}(x_1,x_2)=c_{21}+c_{22}x_1^{-1}+c_{23}x_1^{-1}x_2+c_{24}x_2^{-1}+c_{25}x_2+c_{26}x_1x_2^{-1}+c_{27}x_1=0 \tag{3.7}$$

式中，$c_{11}\sim c_{27}$ 均为常数系数。

(2) Ⅱ型 4 杆 6 副 Assur 杆组

根据图 3.1(b)所示的 2 个回路 $BADEB$ 和 $CADFC$，可以得到 2 个矢量方程：

$$\begin{aligned}\boldsymbol{l}_{BE}&=\boldsymbol{l}_{BA}+\boldsymbol{l}_{AD}+\boldsymbol{l}_{DE}\\ \boldsymbol{l}_{CF}&=\boldsymbol{l}_{CA}+\boldsymbol{l}_{AD}+\boldsymbol{l}_{DF}\end{aligned} \tag{3.8}$$

将式(3.8)写成如下复指数的表达式

$$\boldsymbol{l}_{BE}=\boldsymbol{l}_{BA}+l_1\mathrm{e}^{\mathrm{i}\theta_1}+l_4\mathrm{e}^{\mathrm{i}\theta_2} \tag{3.9}$$

$$\boldsymbol{l}_{CF}=\boldsymbol{l}_{CA}+l_1\mathrm{e}^{\mathrm{i}\theta_1}+l_5\mathrm{e}^{\mathrm{i}\theta_2}\mathrm{e}^{\mathrm{i}\alpha} \tag{3.10}$$

由于 B、E 两点距离的平方等于复数 $\boldsymbol{l}_{BE}$ 乘上其共轭复数 $\overline{\boldsymbol{l}_{BE}}$，则由式(3.9)得到：

$$l_2^2=(\boldsymbol{l}_{BA}+l_1\mathrm{e}^{\mathrm{i}\theta_1}+l_4\mathrm{e}^{\mathrm{i}\theta_2})\times(\overline{\boldsymbol{l}_{BA}}+l_1\mathrm{e}^{-\mathrm{i}\theta_1}+l_4\mathrm{e}^{-\mathrm{i}\theta_2}) \tag{3.11}$$

同理，由式(3.10)乘以它的共轭，得到

$$l_3^2=(\boldsymbol{l}_{CA}+l_1\mathrm{e}^{\mathrm{i}\theta_1}+l_5\mathrm{e}^{\mathrm{i}\theta_2}\mathrm{e}^{\mathrm{i}\alpha})\times(\overline{\boldsymbol{l}_{CA}}+l_1\mathrm{e}^{-\mathrm{i}\theta_1}+l_5\mathrm{e}^{-\mathrm{i}\theta_2}\mathrm{e}^{-\mathrm{i}\alpha}) \tag{3.12}$$

式(3.11)和式(3.12)共含有两个未知量 θ_1 和 θ_2，将其展开并使用 $x_i=\mathrm{e}^{\mathrm{i}\theta_i}$ $(i=1,2)$替换，得到两个多项式方程：

$$g_{21}(x_1,x_2)=d_{11}+d_{12}x_1^{-1}+d_{13}x_1^{-1}x_2+d_{14}x_2^{-1}+d_{15}x_2+d_{16}x_1x_2^{-1}+d_{17}x_1=0 \tag{3.13}$$

$$g_{22}(x_1,x_2)=d_{21}+d_{22}x_1^{-1}+d_{23}x_1^{-1}x_2+d_{24}x_2^{-1}+d_{25}x_2+d_{26}x_1x_2^{-1}+d_{27}x_1=0 \quad (3.14)$$

式中，$d_{11}\sim d_{27}$ 均为常数系数。

综上所述，式(3.6)和式(3.7)是图 3.1(a)所示的Ⅰ型 4 杆 6 副 Assur 杆组位置分析的两个约束方程式，式(3.13)和式(3.14)是图 3.1(b)所示的Ⅱ型 4 杆 6 副 Assur 杆组位置分析的两个约束方程式。两种构型的位置分析约束方程式结构相同，次数相同，仅仅是系数不同。接下来仅对式(3.13)和式(3.14)进行消元求解。

3.1.2 消元求解

通过分析式(3.13)和式(3.14)可知，式(3.13)和式(3.14)含有变量 x_1 和 x_2，接下来采用 Sylvester 结式对其进行代数求解。首先，将式(3.13)和式(3.14)改写为变量 x_1 的表达式，得到

$$g_{23}(x_1)=b_{10}x_1^{-1}+b_{11}+b_{12}x_1=0 \quad (3.15)$$

$$g_{24}(x_1)=b_{20}x_1^{-1}+b_{21}+b_{22}x_1=0 \quad (3.16)$$

式中，$b_{10}=l_1(\boldsymbol{l}_{BA}+l_4x_2)$，$b_{12}=l_1(\overline{\boldsymbol{l}_{BA}}+l_4x_2^{-1})$，$b_{11}=\boldsymbol{l}_{BA}\overline{\boldsymbol{l}_{BA}}+l_1^2+l_4^2-l_2^2+l_4\overline{\boldsymbol{l}_{BA}}x_2+l_4\boldsymbol{l}_{BA}x_2^{-1}$，$b_{20}=l_1(\boldsymbol{l}_{CA}+l_5x_2\mathrm{e}^{i\alpha})$，$b_{22}=l_1(\overline{\boldsymbol{l}_{CA}}+l_5x_2^{-1}\mathrm{e}^{-i\alpha})$，$b_{21}=\boldsymbol{l}_{CA}\overline{\boldsymbol{l}_{CA}}+l_1^2+l_5^2-l_3^2+l_5\overline{\boldsymbol{l}_{CA}}x_2\mathrm{e}^{i\alpha}+l_5\boldsymbol{l}_{CA}x_2^{-1}\mathrm{e}^{-i\alpha}$。

将式(3.15)和式(3.16)两边各自乘以 x_1，得到

$$g_{25}(x_1)=b_{10}+b_{11}x_1+b_{12}x_1^2=0 \quad (3.17)$$

$$g_{26}(x_1)=b_{20}+b_{21}x_1+b_{22}x_1^2=0 \quad (3.18)$$

将式(3.15)～式(3.18)写成矩阵形式，得到

$$\begin{pmatrix} b_{10} & b_{11} & b_{12} & 0 \\ b_{20} & b_{21} & b_{22} & 0 \\ 0 & b_{10} & b_{11} & b_{12} \\ 0 & b_{20} & b_{21} & b_{22} \end{pmatrix}\begin{pmatrix} x_1^{-1} \\ 1 \\ x_1 \\ x_1^2 \end{pmatrix}=\boldsymbol{0}_{4\times1} \quad (3.19)$$

式中，$\boldsymbol{0}_{i\times j}$ 表示 $i\times j$ 阶的零矩阵。

根据 Cramer 法则可知，式(3.19)有非零解的充要条件就是 Sylvester 结式矩阵的行列式为零，即

$$\det\begin{pmatrix} b_{10} & b_{11} & b_{12} & 0 \\ b_{20} & b_{21} & b_{22} & 0 \\ 0 & b_{10} & b_{11} & b_{12} \\ 0 & b_{20} & b_{21} & b_{22} \end{pmatrix}=0 \quad (3.20)$$

式中，det(·)表示矩阵的行列式。

展开式(3.20)，得到关于变量 x_1 的一元 6 次方程，表示为

$$f_{27}(x_1)=\sum_{k=-3}^{3}m_ix_1^i=0 \quad (3.21)$$

式中，系数 m_i 为常数。

数值求解式(3.21)，得到 x_1 的 6 组解。依次将 6 个 x_1 回代到式(3.15)和式(3.16)中，于是式(3.15)和式(3.16)变为关于 x_2 的一元二次和二次方程，再使用辗转相除法求其最大公

因子或公共解,得 x_1。根据 $\theta_i=2\arctan\left(\mathrm{i}\,\frac{1-x_i}{1+x_i}\right)(i=1,2)$得到 θ_1 和 θ_2,最后根据图 3.1(b)中的几何关系 $\boldsymbol{d}=\boldsymbol{a}+l_1\mathrm{e}^{\mathrm{i}\theta_1}$,$\boldsymbol{e}=\boldsymbol{a}+l_1\mathrm{e}^{\mathrm{i}\theta_1}+l_4\mathrm{e}^{\mathrm{i}\theta_2}$,$\boldsymbol{f}=\boldsymbol{a}+l_1\mathrm{e}^{\mathrm{i}\theta_1}+l_5\mathrm{e}^{\mathrm{i}\theta_2}\mathrm{e}^{\mathrm{i}\alpha}$ 可以求出其他 3 个内副点 D、E 和 F 的位置。

3.1.3 数值实例

5 杆巴氏桁架给定的结构尺寸如下:$\boldsymbol{a}=0$,$\boldsymbol{b}=9$,$\boldsymbol{c}=-1.5+6.7\mathrm{i}$,$l_1=3.6$,$l_2=6.8$,$l_3=4.3$,$l_4=5.3$,$l_5=5.8$,$\alpha=50°$。将已知参数代入上述求解步骤,得到 θ_1 和 θ_2 的 6 组解。表 3.1 中的计算结果为图 3.1(b)所示Ⅱ型 4 杆 6 副 Assur 组位置分析的全部实数解。6 组实数解对应的装配构形图将在第 4 章中给出。

表 3.1 5 杆巴氏桁架的 6 组实数解 (单位:°)

No.	θ_1	θ_2	No.	θ_1	θ_2
1	−112.881	46.8876	4	−143.666	7.4855
2	55.6837	37.6254	5	84.2055	23.1359
3	−22.8456	88.7813	6	138.091	−22.7254

3.2 7 杆巴氏桁架的位置分析

7 杆巴氏桁架的构型有 3 种,如图 3.2 所示。Ⅰ型巴氏桁架包含 3 根 2 副杆和 4 个 3 副杆,且 1 个 3 副杆和其他 3 个 3 副杆直接相连接;Ⅱ型巴氏桁架包含 3 个 2 副杆和 4 个串联连接的 3 副杆;Ⅲ型巴氏桁架包含 4 个 2 副杆,2 个 3 副杆和 1 个 4 副杆。本节对Ⅲ型 7 杆巴氏桁架即第 5 种 7 杆巴氏桁架的位置分析进行建模和代数求解。

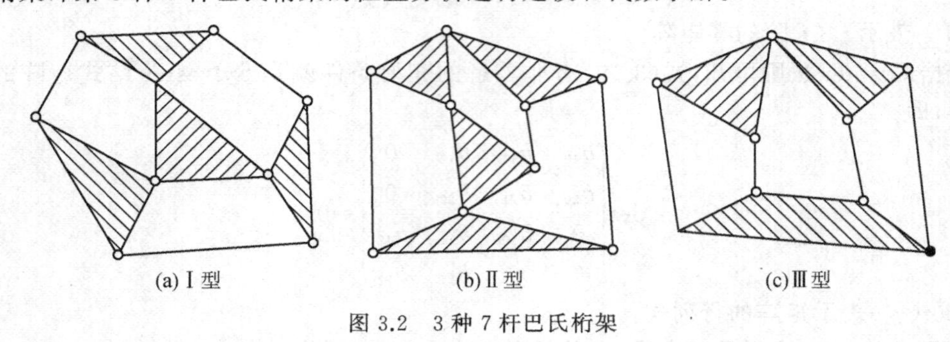
(a) Ⅰ型 (b) Ⅱ型 (c) Ⅲ型

图 3.2 3 种 7 杆巴氏桁架

3.2.1 数学模型

第 5 种 7 杆巴氏桁架的构型如图 3.3 所示,包含 1 个 4 副杆件 $ABCD$、2 个 3 副杆件 EGH 和 FGI 和 4 个 2 副杆件。该巴氏桁架的位置分析问题为已知所有杆件长度 $l_0,l_1,\cdots,l_{13}$

以及 α_1、α_2、α_3、α_4 和 θ_1，θ_2 和 θ_4 中一个角度，要求计算 θ_1、θ_2、θ_3 和 θ_4 中其他3个角度以及其他5个铰链 E、F、G、H 和 I 的位置。

在图3.3中，若拆去杆 AE 时，所得的6杆9副Assur杆组外副为点 A 和 E，对它进行位置分析时，点 A 和 E 的坐标确定，即图3.3的4个角度变量 θ_1、θ_2、θ_3 和 θ_4 中 θ_1 已知，得到6杆9副Assur杆组如图3.4(c)所示。同样，若拆去杆 EGH 或 $ABCD$ 得到的6杆9副Assur杆组进行位置分析时，变量 θ_2 或 θ_4 已知，分别得到6杆9副Assur杆组如图3.4(b)或3.4(a)所示。这样可以根据已知的那个角度求出另外3个角度变量，求得所有变量后，可以根据外副点的坐标很容易确定出其他运动副的位置。上面3个6杆9副Assur杆组与7杆巴氏桁架的位移分析是同解的，因为对巴氏桁架位移分析时，可以确定4个角度变量中的任意一个而求出其他3个变量。

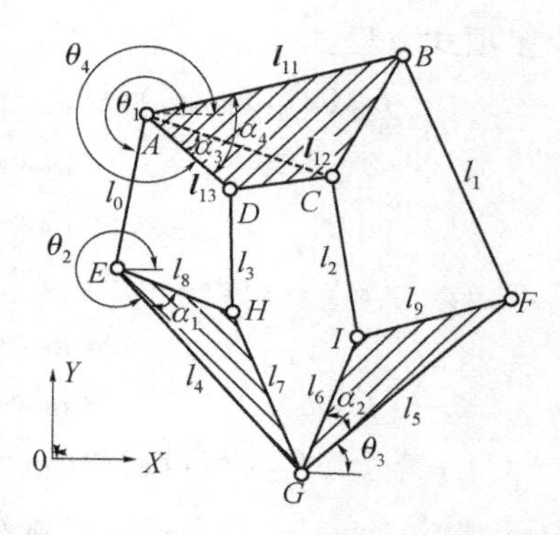

图3.3 第5种7杆巴氏桁架的构型图

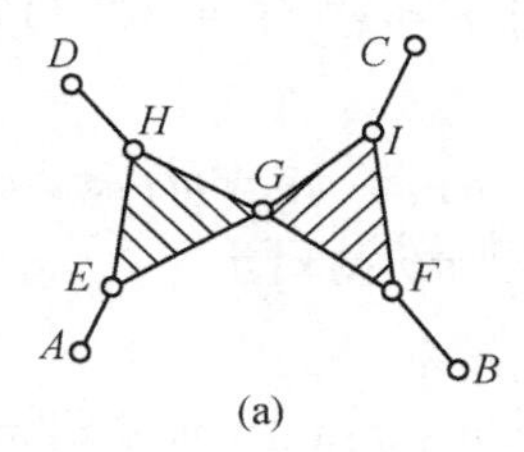

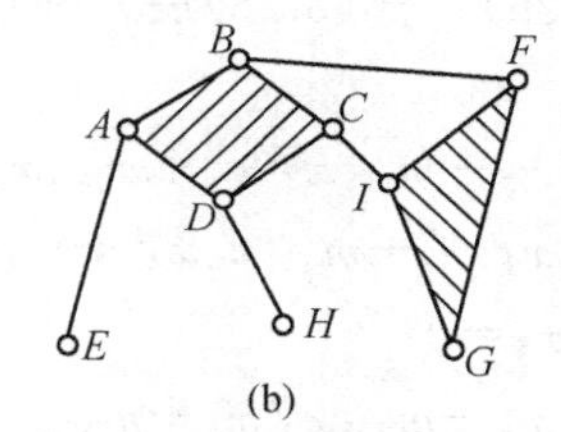

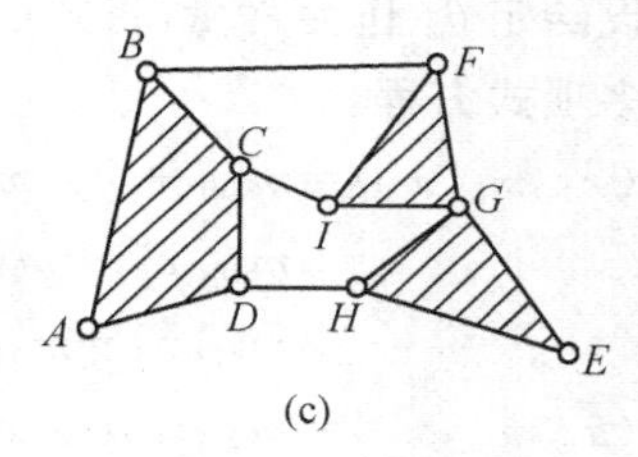

图3.4 6杆9副三级Assur杆组

根据图3.3所示的3个回路 $BAEGFB$、$CAEGIC$ 和 $DAEHD$，可以得到3个矢量方程：

$$
\begin{aligned}
\boldsymbol{l}_{BF} &= \boldsymbol{l}_{BA}+\boldsymbol{l}_{AE}+\boldsymbol{l}_{EG}+\boldsymbol{l}_{GF}\\
\boldsymbol{l}_{CI} &= \boldsymbol{l}_{CA}+\boldsymbol{l}_{AE}+\boldsymbol{l}_{EG}+\boldsymbol{l}_{GI}\\
\boldsymbol{l}_{DH} &= \boldsymbol{l}_{DA}+\boldsymbol{l}_{AE}+\boldsymbol{l}_{EH}
\end{aligned}
\tag{3.22}
$$

将式(3.22)写成如下复指数的表达式

$$\boldsymbol{l}_{BF}=l_0\mathrm{e}^{\mathrm{i}\theta_1}+l_4\mathrm{e}^{\mathrm{i}\theta_2}+l_5\mathrm{e}^{\mathrm{i}\theta_3}-l_{11}\mathrm{e}^{\mathrm{i}\theta_4}\mathrm{e}^{\mathrm{i}\alpha_4} \tag{3.23}$$

$$\boldsymbol{l}_{CI}=l_0\mathrm{e}^{\mathrm{i}\theta_1}+l_4\mathrm{e}^{\mathrm{i}\theta_2}+l_6\mathrm{e}^{\mathrm{i}\theta_3}\mathrm{e}^{\mathrm{i}\alpha_2}-l_{12}\mathrm{e}^{\mathrm{i}\theta_4}\mathrm{e}^{\mathrm{i}\alpha_3} \tag{3.24}$$

$$\boldsymbol{l}_{DH}=l_0\mathrm{e}^{\mathrm{i}\theta_1}+l_8\mathrm{e}^{\mathrm{i}\theta_2}\mathrm{e}^{\mathrm{i}\alpha_1}-l_{13}\mathrm{e}^{\mathrm{i}\theta_4} \tag{3.25}$$

由于 B、F 两点距离的平方等于复数 $\boldsymbol{l}_{BF}$ 乘上其共轭复数 $\overline{\boldsymbol{l}_{BF}}$，则由式(3.23)得到：

$$l_1^2=(l_0\mathrm{e}^{\mathrm{i}\theta_1}+l_4\mathrm{e}^{\mathrm{i}\theta_2}+l_5\mathrm{e}^{\mathrm{i}\theta_3}-l_{11}\mathrm{e}^{\mathrm{i}\theta_4}\mathrm{e}^{\mathrm{i}\alpha_4})\times(l_0\mathrm{e}^{-\mathrm{i}\theta_1}+l_4\mathrm{e}^{-\mathrm{i}\theta_2}+l_5\mathrm{e}^{-\mathrm{i}\theta_3}-l_{11}\mathrm{e}^{-\mathrm{i}\theta_4}\mathrm{e}^{-\mathrm{i}\alpha_4}) \tag{3.26}$$

由式(3.24)和式(3.25)乘以它们的共轭，分别得到

$$l_2^2=(l_0\mathrm{e}^{\mathrm{i}\theta_1}+l_4\mathrm{e}^{\mathrm{i}\theta_2}+l_6\mathrm{e}^{\mathrm{i}\theta_3}\mathrm{e}^{\mathrm{i}\alpha_2}-l_{12}\mathrm{e}^{\mathrm{i}\theta_4}\mathrm{e}^{\mathrm{i}\alpha_3})\times(l_0\mathrm{e}^{-\mathrm{i}\theta_1}+l_4\mathrm{e}^{-\mathrm{i}\theta_2}+l_6\mathrm{e}^{-\mathrm{i}\theta_3}\mathrm{e}^{-\mathrm{i}\alpha_2}-l_{12}\mathrm{e}^{-\mathrm{i}\theta_4}\mathrm{e}^{-\mathrm{i}\alpha_3}) \tag{3.27}$$

$$l_3^2=(l_0\mathrm{e}^{\mathrm{i}\theta_1}+l_8\mathrm{e}^{\mathrm{i}\theta_2}\mathrm{e}^{\mathrm{i}\alpha_1}-l_{13}\mathrm{e}^{\mathrm{i}\theta_4})\times(l_0\mathrm{e}^{-\mathrm{i}\theta_1}+l_8\mathrm{e}^{-\mathrm{i}\theta_2}\mathrm{e}^{-\mathrm{i}\alpha_1}-l_{13}\mathrm{e}^{-\mathrm{i}\theta_4}) \tag{3.28}$$

式(3.26)～式(3.28)3个非线性方程式从形式上看，变量 θ_1、θ_2 和 θ_4 中任意一个作为已知量，方程式的形式是完全相同的，这说明 AE、EGH 和 $ABCD$ 这3个构件任何一个都可以作为机架，三者分别对应了3种构型的6杆9副Assur杆组。

(1) 机架为 $ABCD$

假设给定 θ_4 作为常量，将式(3.26)～式(3.28)展开并使用 $x_i=\mathrm{e}^{\mathrm{i}\theta_i}(i=1,2,3)$ 替换，得到3个多项式方程：

$$\begin{aligned}f_{51}(x_1,x_2,x_3)=&c_{101}+c_{102}x_1^{-1}x_2+c_{103}x_1^{-1}x_3+c_{104}x_1^{-1}+c_{105}x_1x_2^{-1}+\\&c_{106}x_2^{-1}x_3+c_{107}x_2^{-1}+c_{108}x_1x_3^{-1}+c_{109}x_2x_3^{-1}+\\&c_{110}x_3^{-1}+c_{111}x_1+c_{112}x_2+c_{113}x_3=0\end{aligned}\tag{3.29}$$

$$\begin{aligned}f_{52}(x_1,x_2,x_3)=&c_{201}+c_{202}x_1^{-1}x_2+c_{203}x_1^{-1}x_3+c_{204}x_1^{-1}+c_{205}x_1x_2^{-1}+\\&c_{206}x_2^{-1}x_3+c_{207}x_2^{-1}+c_{208}x_1x_3^{-1}+c_{209}x_2x_3^{-1}+\\&c_{210}x_3^{-1}+c_{211}x_1+c_{212}x_2+c_{213}x_3=0\end{aligned}\tag{3.30}$$

$$\begin{aligned}f_{53}(x_1,x_2)=&c_{301}+c_{302}x_1^{-1}+c_{303}x_1^{-1}x_2+c_{304}x_2^{-1}+c_{305}x_2+\\&c_{306}x_1x_2^{-1}+c_{307}x_1=0\end{aligned}\tag{3.31}$$

式中，$c_{101}\sim c_{307}$ 均为常数系数。

(2)机架为 EGH

假设给定 θ_2 作为常量，将式(3.26)～式(3.28)展开并使用 $x_i=\mathrm{e}^{\mathrm{i}\theta_i}(i=1,3,4)$ 替换，得到3个多项式方程：

$$\begin{aligned}g_{51}(x_1,x_3,x_4)=&m_{101}+m_{102}x_1^{-1}x_3+m_{103}x_1^{-1}x_4+m_{104}x_1^{-1}+m_{105}x_1x_3^{-1}+m_{106}x_3^{-1}x_4+\\&m_{107}x_3^{-1}+m_{108}x_1x_4^{-1}+m_{109}x_3x_4^{-1}+m_{110}x_4^{-1}+m_{111}x_1+\\&m_{112}x_3+m_{113}x_4=0\end{aligned}\tag{3.32}$$

$$\begin{aligned}g_{52}(x_1,x_3,x_4)=&m_{201}+m_{202}x_1^{-1}x_3+m_{203}x_1^{-1}x_4+m_{204}x_1^{-1}+m_{205}x_1x_3^{-1}+m_{206}x_3^{-1}x_4+\\&m_{207}x_3^{-1}+m_{208}x_1x_4^{-1}+m_{209}x_3x_4^{-1}+m_{210}x_4^{-1}+m_{211}x_1+\\&m_{212}x_3+m_{213}x_4=0\end{aligned}\tag{3.33}$$

$$\begin{aligned}g_{53}(x_1,x_4)=&m_{301}+m_{302}x_1^{-1}+m_{303}x_1^{-1}x_4+m_{304}x_4^{-1}+m_{305}x_4+\\&m_{306}x_1x_4^{-1}+m_{307}x_1=0\end{aligned}\tag{3.34}$$

式中，$m_{101}\sim m_{307}$ 均为常数系数。

(3)机架为 AE

假设给定 θ_1 作为常量，将式(3.26)～式(3.28)展开并使用 $x_i=\mathrm{e}^{\mathrm{i}\theta_i}(i=2,3,4)$ 替换，得到3个多项式方程：

$$\begin{aligned}h_{51}(x_2,x_3,x_4)=&n_{101}+n_{102}x_2^{-1}x_3+n_{103}x_2^{-1}x_4+n_{104}x_2^{-1}+n_{105}x_2x_3^{-1}+n_{106}x_3^{-1}x_4+\\&n_{107}x_3^{-1}+n_{108}x_2x_4^{-1}+n_{109}x_3x_4^{-1}+n_{110}x_4^{-1}+n_{111}x_2+\\&n_{112}x_3+n_{113}x_4=0\end{aligned}\tag{3.35}$$

$$\begin{aligned}h_{52}(x_2,x_3,x_4)=&n_{201}+n_{202}x_2^{-1}x_3+n_{203}x_2^{-1}x_4+n_{204}x_2^{-1}+n_{205}x_2x_3^{-1}+n_{206}x_3^{-1}x_4+\\&n_{207}x_3^{-1}+n_{208}x_2x_4^{-1}+n_{209}x_3x_4^{-1}+n_{210}x_4^{-1}+n_{211}x_2+\\&n_{212}x_3+n_{213}x_4=0\end{aligned}\tag{3.36}$$

$$\begin{aligned}h_{53}(x_2,x_4)=&n_{301}+n_{302}x_2^{-1}+n_{303}x_2^{-1}x_4+n_{304}x_4^{-1}+\\&n_{305}x_4+n_{306}x_2x_4^{-1}+n_{307}x_2=0\end{aligned}\tag{3.37}$$

式中，$n_{101}\sim n_{307}$ 均为常数系数。

综上所述，式(3.29)～式(3.31)、式(3.32)～式(3.34)或式(3.35)～式(3.37)就是第5种7

杆巴氏桁架位置分析的 3 个约束方程式。通过分析式(3.29)～式(3.31)、式(3.32)～式(3.34)或式(3.35)～式(3.37)发现,约束方程中总有两个方程含有 3 个变量,另一个方程含有 2 个变量,且他们的次数一致,因此它们的消元过程类似。接下来仅对式(3.29)～式(3.31)进行消元求解。

3.2.2 消元求解

通过分析式(3.29)～式(3.31)可知,式(3.29)和式(3.30)含有 x_1、x_2 和 x_3,式(3.31)含有 x_1 和 x_2,其中只有式(3.29)和式(3.30)含有 x_3。首先使用 Sylvester 结式将式(3.29)和式(3.30)中的 x_3 消去,得到一个含有 x_1 和 x_2 的新多项式:

$$f_{54}(x_1,x_2)=\sum_{i=-3}^{3}\sum_{j=-3}^{3}c_{4ij}x_1^i x_2^j=0 \quad (-3\leqslant i+j\leqslant 3) \tag{3.38}$$

接下来使用 Sylvester 结式将式(3.31)和式(3.38)中的变量 x_1 消去,得到含有 x_2 的新多项式:

$$f_{55}(x_2)=\sum_{k=-9}^{9}c_{5k}x_2^k=0 \tag{3.39}$$

式中,式(3.38)和式(3.39)中系数 c_{4ij} 和 c_{5k} 均为常数。

数值求解式(3.39)得到 x_2 的 18 组解。依次将 18 个 x_2 回代到式(3.31)和式(3.38)中,于是式(3.31)和式(3.38)变为关于 x_1 的一元 2 次和 6 次方程,再使用辗转相除法求其最大公因子或公共解,得 x_1;然后将 18 组 x_1 和 x_2 的解代入式(3.29)和式(3.30),使用辗转相除法求 x_3。根据 $\theta_i=2\arctan\left(\mathrm{i}\dfrac{1-x_i}{1+x_i}\right)(i=1,2,3)$得到 θ_1、θ_2 和 θ_3,同时根据几何关系可以求出各点的位置。

3.2.3 数值实例

第 5 种 7 杆巴氏桁架给定的结构尺寸如下:$l_0=3$,$l_4=3$,$l_5=3$,$l_6=2$,$l_8=2$,$l_{11}=3$,$l_{12}=3$,$l_{13}=2$,$\alpha_1=36.8699°$,$\alpha_2=36.8699°$,$\alpha_3=36.8699°$,$\alpha_4=90°$,以及相对位置 $\boldsymbol{a}=0$,$\theta_1=-126.8699°$,$\theta_2=-36.8699°$,$\theta_3=0°$,$\theta_4=-53.1301°$,可以求出其他杆长 l_1、l_2、l_3、l_7 和 l_9。

将上述结构参数代入上述步骤,得到 θ_1～θ_4 的 18 组解。表 3.2 中的计算结果分别为图 3.4(a)和图 3.4(c)所示 6 杆 9 副 Assur 组位置分析的全部解。

表 3.2 6 杆 9 副 Assur 组位置分析的全部解

No.	(1) $\theta_4=-53.130\,1°$			(3) $\theta_1=-126.869\,9°$		
	θ_1	θ_2	θ_3	θ_2	θ_3	θ_4
1	−126.869 9	−36.869 9	0	−58.829 7	−8.142 6	−76.032 8
2	−103.967 2	−35.927 0	14.760	−58.323 4	−36.313 14	−102.613 6

续表

No.	(1) $\theta_4=-53.130\ 1^\circ$			(3) $\theta_1=-126.869\ 9^\circ$		
	θ_1	θ_2	θ_3	θ_2	θ_3	θ_4
3	-102.055 1	33.548 8	-102.473 9	-36.866 9	0	-53.130 1
4	-96.948 4- 24.777 6i	41.075 7- 34.814 2i	-41.503 4+ 56.518 4i	-25.678 7- 10.646 1i	-161.628 1- 51.634 0i	-122.500 5+ 4.767 1i
5	-96.948 4+ 24.777 6i	41.075 7+ 34.814 2i	-41.503 4- 56.518 4i	-25.678 7+ 10.646 1i	-161.628 1+ 51.634 0i	-122.500 5- 4.767 1i
6	-77.386 4	-8.839 6	13.170 3	8.7340 2	-127.288 7	-77.944 9
7	-57.499 5+ 4.767 2i	43.691 7+ 15.413 2i	-92.257 6+ 56.401 1i	11.154 2+ 10.036 6i	-71.425 0- 81.296 0i	-83.051 6- 24.777 6i
8	-57.499 5- 4.767 2i	43.691 7- 15.413 2i	-92.257 6- 56.401 1i	11.154 2- 10.036 6i	-71.425 0+ 81.296 0i	-83.051 6+ 24.777 6i
9	-44.224 1- 16.342 7i	164.158 7- 58.415 6i	-52.114 6- 57.238 9i	20.483 0- 20.253 1i	125.283 1- 13.356 6i	172.470 4+ 83.118 32i
10	-44.224 1+ 16.342 7i	164.158 7+ 58.415 6i	-52.114 6+ 57.238 9i	20.483 0+ 20.253 1i	125.283 1+ 13.356 6i	172.470 4- 83.118 32i
11	-38.050 3	168.523 0	-67.930 6	57.120 8+ 45.005 68i	57.229 8- 4.659 0i	126.477 0+ 25.797 2i
12	7.529 6- 83.118 3i	154.882 5- 103.371 5i	-100.317 4- 96.474 9i	57.120 8- 45.005 68i	57.229 8+ 4.659 0i	126.477 0- 25.797 2i
13	7.529 6+ 83.118 3i	154.882 5+ 103.371 5i	-100.317 4+ 96.474 9i	72.888 1	118.421 14	161.766 7
14	16.732 6- 38.949 0i	-124.542 7- 1.533 2i	-24.030 4+ 65.741 3i	79.703 3	-156.750 2	-141.950 0
15	16.732 6+ 38.949 0i	-124.542 7+ 1.533 2i	-24.030 4- 65.741 3i	81.512 9- 42.072 9i	-134.760 4- 40.896 1i	-135.776+ 16.342 7i
16	18.233 3	-142.008 7	-96.475 6	81.512 9+ 42.072 9i	-134.760 4+ 40.896 1i	-135.776- 16.342 7i
17	53.522 9+ 25.797 2i	-122.486 4- 9.208 5i	-122.377 4+ 30.456 2i	91.854 8- 37.415 9i	-167.632 9- 104.690 3i	163.267 4- 38.949 0i
18	53.522 9- 25.797 2i	-122.486 4+ 19.208 5i	-122.377 4- 30.456 2i	91.854 8+ 37.415 9i	-167.632 9+ 104.690 3i	163.267 4+ 38.949 0i

当图 3.3 所示 7 杆巴氏桁架的杆 $ABCD$ 拆去时，相当于 $\theta_4=-53.1301^\circ$给定，表 3.2 中 6 组实数解对应的装配构型如图 3.5 所示；杆 AE 拆去时，相当于 $\theta_1=-126.8699^\circ$给定，表 3.2 中 6 组实数解对应的装配构型如图 3.6 所示。θ_1、θ_2、θ_3、θ_4 都是绝对角度，对每一个 Assur 杆组，其相对角度($\theta_2-\theta_1$，$\theta_3-\theta_1$，$\theta_4-\theta_1$)都对应相等，如表 3.2 中第一组解和表 3.2 中第三组解的相对角度对应相等，对应图 3.5(a)和图 3.6(c)所示装配构型完全相同；其他 17 组解的相对角度也同样对应相等。同样，其他 5 组实数解对应的装配构型通过图 3.5 和图 3.6 作一比较，图 3.5(b)和图 3.6(a)，图 3.5(c)和图 3.6(d)，图 3.5(d)和图 3.6(b)，图 3.5(e)和图 3.6(f)

以及图 3.5(f)和图 3.6(e)都相同。同样,$\theta_2 = -36.8699°$给定,得到相对角度也是相同的(本节没有给出数据)。由此可见,7 杆巴氏桁架及其相对应的 6 杆 9 副 Assur 杆组的相对位置解是完全一样的。

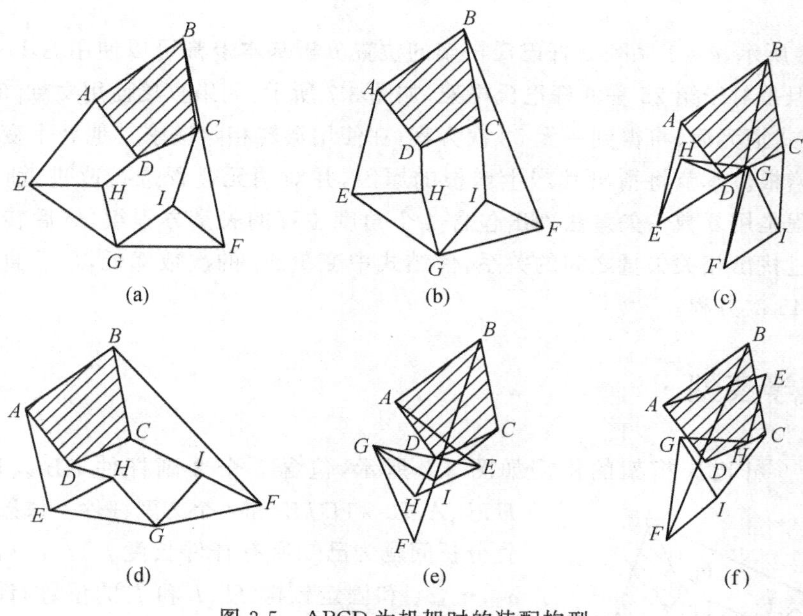

图 3.5 ABCD 为机架时的装配构型

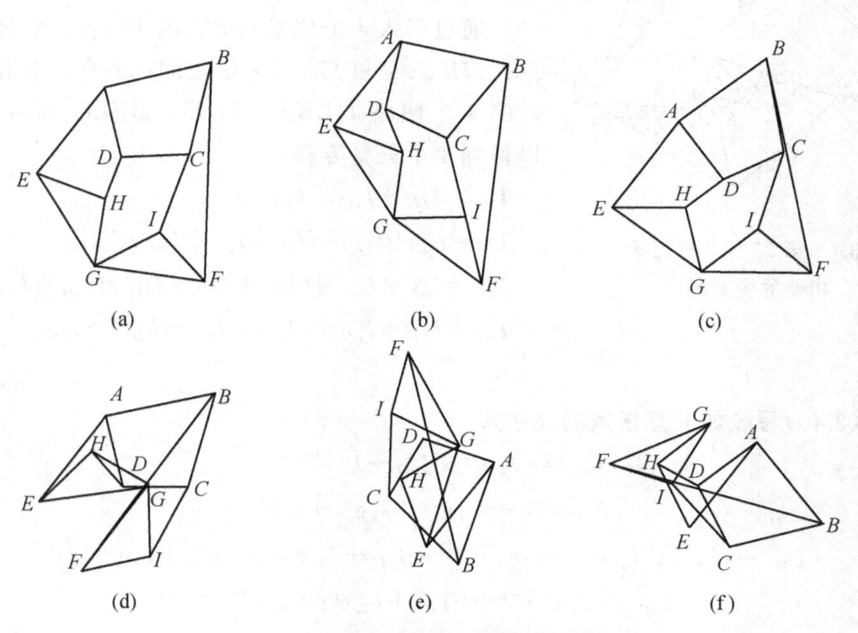

图 3.6 AE 为机架时的装配构型

数值实例验证了巴氏桁架及其对应的所有 Assur 杆组之间的装配构形的数目相等,且对应位置相同,这说明巴氏桁架的装配构型跟机架选择是无关的。

3.3 第25种9杆巴氏桁架的位置分析

如图1.8所示，$\kappa=1$ 系列9杆巴氏桁架的位置分析基本上都可以使用Sylvester结式消元法完成。但是对于第25种9杆巴氏桁架，如图3.7所示，如果直接使用文献[32]的方法和步骤，通过结式消元后，将得到一元52次方程，在使用辗转相除法求其他3个变量的过程中会发现6个增根。本节将指出其产生增根的原因，并对消元过程进行改进，消除这6个增根。大致过程是用复数—矢量法列出包含4个角度位移的矢量方程组，然后转化成为复指数形式。通过找出相关矢量之间的关系，使结式中变量 x_1 的次数降低，最后直接得到没有增根的一元46次方程。

3.3.1 数学模型

第25种9杆巴氏桁架的构型如图3.7所示，包含5个3副杆件 ABC、EFG、CDE、HIJ、AHL 和 DJK 和4个2副杆件。该巴氏桁架的位置分析问题为已知所有杆件长度 $l_1,l_2,\cdots,l_{18}$ 以及 $\alpha_1,\alpha_2,\cdots,\alpha_7$ 和固定铰链 H、I 和 J 的位置，计算其他9个铰链 A、B、C、D、E、F、G、K 和 L 的位置。

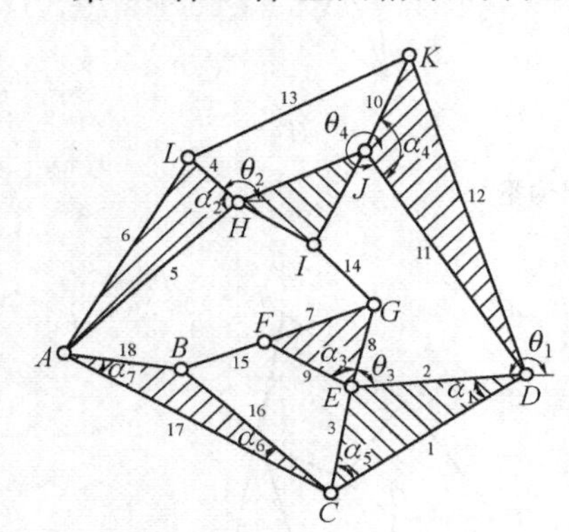

图3.7 第25种9杆巴氏桁架的构型图

通过引入4个变量 θ_1、θ_2、θ_3 和 θ_4，它们分别表示杆 DE、HL、EG 和 JD 与 x 轴之间的夹角。根据图3.7所示的4个回路 $HLKJ$、$IJDEG$、$BFEC$ 和 $AHJDC$，可以得到4个矢量方程：

$$
\begin{aligned}
&\boldsymbol{l}_{LK}=\boldsymbol{l}_{LH}+\boldsymbol{l}_{HJ}+\boldsymbol{l}_{JK}\\
&\boldsymbol{l}_{IG}=\boldsymbol{l}_{IE}+\boldsymbol{l}_{EG}=(\boldsymbol{l}_{IJ}+\boldsymbol{l}_{JD}+\boldsymbol{l}_{DE})+\boldsymbol{l}_{EG}\\
&\boldsymbol{l}_{BF}=\boldsymbol{l}_{BE}+\boldsymbol{l}_{EF}=(\boldsymbol{l}_{BA}+\boldsymbol{l}_{AH}+\boldsymbol{l}_{HJ}+\boldsymbol{l}_{JD}+\boldsymbol{l}_{DE})+\boldsymbol{l}_{EF}\\
&\boldsymbol{l}_{AC}=\boldsymbol{l}_{AD}+\boldsymbol{l}_{DC}=(\boldsymbol{l}_{AH}+\boldsymbol{l}_{HJ}+\boldsymbol{l}_{JD})+\boldsymbol{l}_{DC}
\end{aligned}
\tag{3.40}
$$

将式(3.40)写成如下复指数的表达式

$$\boldsymbol{l}_{LK}=-l_4\mathrm{e}^{\mathrm{i}\theta_2}+\boldsymbol{l}_{HJ}+l_{10}\mathrm{e}^{\mathrm{i}(\theta_4+\alpha_4)} \tag{3.41}$$

$$\boldsymbol{l}_{IG}=\boldsymbol{l}_{IJ}+l_{11}\mathrm{e}^{\mathrm{i}\theta_4}+l_2\mathrm{e}^{\mathrm{i}\theta_1}+l_8\mathrm{e}^{\mathrm{i}\theta_3} \tag{3.42}$$

$$\boldsymbol{l}_{BF}=-\boldsymbol{l}_{AC}l_{18}/l_{17}\mathrm{e}^{\mathrm{i}\alpha_7}-l_5\mathrm{e}^{\mathrm{i}(\theta_2+\alpha_2)}+\boldsymbol{l}_{HJ}+l_{11}\mathrm{e}^{\mathrm{i}\theta_4}+l_2\mathrm{e}^{\mathrm{i}\theta_1}+l_9\mathrm{e}^{\mathrm{i}(\theta_3+\alpha_3)} \tag{3.43}$$

$$\boldsymbol{l}_{AC}=-l_5\mathrm{e}^{\mathrm{i}(\theta_2+\alpha_2)}+\boldsymbol{l}_{HJ}+l_{11}\mathrm{e}^{\mathrm{i}\theta_4}+l_1\mathrm{e}^{\mathrm{i}(\theta_1+\alpha_1)} \tag{3.44}$$

由于 L、K 两点距离的平方等于复数 $\boldsymbol{l}_{LK}$ 乘上其共轭复数 $\overline{\boldsymbol{l}_{LK}}$，则由式(3.41)得到

$$l_{13}^2=(-l_4\mathrm{e}^{\mathrm{i}\theta_2}+\boldsymbol{l}_{HJ}+l_{10}\mathrm{e}^{\mathrm{i}(\theta_4+\alpha_4)})\times(-l_4\mathrm{e}^{-\mathrm{i}\theta_2}+\overline{\boldsymbol{l}_{HJ}}+l_{10}\mathrm{e}^{-\mathrm{i}(\theta_4+\alpha_4)}) \tag{3.45}$$

同样，由式(3.42)～式(3.44)乘以它们的共轭，分别得到

$$l_{14}^2=(\boldsymbol{l}_{IJ}+l_{11}e^{i\theta_4}+l_2e^{i\theta_1}+l_8e^{i\theta_3})\times(\overline{\boldsymbol{l}_{IJ}}+l_{11}e^{-i\theta_4}+l_2e^{-i\theta_1}+l_8e^{-i\theta_3}) \tag{3.46}$$

$$\begin{aligned}l_{15}^2=&(-\boldsymbol{l}_{AC}l_{18}/l_{17}e^{i\alpha_7}-l_5e^{i(\theta_2+\alpha_2)}+\boldsymbol{l}_{HJ}+l_{11}e^{i\theta_4}+l_2e^{i\theta_1}+l_9e^{i(\theta_3+\alpha_3)})\times\\&(-\overline{\boldsymbol{l}_{AC}}l_{18}/l_{17}e^{-i\alpha_7}-l_5e^{-i(\theta_2+\alpha_2)}+\overline{\boldsymbol{l}_{HJ}}+l_{11}e^{-i\theta_4}+l_2e^{-i\theta_1}+l_9e^{-i(\theta_3+\alpha_3)})\end{aligned} \tag{3.47}$$

$$l_{17}^2=(l_5e^{i(\theta_2+\alpha_2)}+\boldsymbol{l}_{HJ}+l_{11}e^{i\theta_4}+l_1e^{i(\theta_1+\alpha_1)})\times(l_5e^{-i(\theta_2+\alpha_2)}+\overline{\boldsymbol{l}_{HJ}}+l_{11}e^{-i\theta_4}+l_1e^{-i(\theta_1+\alpha_1)}) \tag{3.48}$$

式(3.45)～式(4.38)共含有 4 个未知量 θ_1、θ_2、θ_3 和 θ_4，将其展开并使用 $x_i=e^{i\theta_i}$ ($i=1,2,3,4$)替换，得到 4 个多项式方程：

$$f_{251}(x_2,x_4)=c_{101}+c_{102}x_2^{-1}+c_{103}x_2^{-1}x_4+c_{104}x_4^{-1}+c_{105}x_4+c_{106}x_2x_4^{-1}+c_{107}x_2=0 \tag{3.49}$$

$$\begin{aligned}f_{252}(x_1,x_3,x_4)=&c_{201}+c_{202}x_1^{-1}x_3+c_{203}x_1^{-1}x_4+c_{204}x_1^{-1}+c_{205}x_1x_3^{-1}+\\&c_{206}x_3^{-1}x_4+c_{207}x_3^{-1}x+c_{208}x_1x_4^{-1}+c_{209}x_3x_4^{-1}+\\&c_{210}x_4^{-1}+c_{211}x_1+c_{212}x_3+c_{213}x_4=0\end{aligned} \tag{3.50}$$

$$\begin{aligned}f_{253}(x_1,x_2,x_3,x_4)=&c_{301}+c_{302}x_1^{-1}x_2+c_{303}x_1^{-1}x_3+c_{304}x_1^{-1}x_4+c_{305}x_1^{-1}+c_{306}x_1x_2^{-1}+\\&c_{307}x_2^{-1}x_3+c_{308}x_2^{-1}x_4+c_{309}x_2^{-1}+c_{310}x_1x_3^{-1}+c_{311}x_2x_3^{-1}+\\&c_{312}x_3^{-1}x_4+c_{313}x_3^{-1}+c_{314}x_1x_4^{-1}+c_{315}x_2x_4^{-1}+c_{316}x_3x_4^{-1}+\\&c_{317}x_4^{-1}+c_{318}x_1+c_{319}x_2+c_{320}x_3+c_{321}x_4=0\end{aligned} \tag{3.51}$$

$$\begin{aligned}f_{254}(x_1,x_2,x_4)=&c_{401}+c_{402}x_1^{-1}x_2+c_{403}x_1^{-1}x_4+c_{404}x_1^{-1}+c_{405}x_1x_2^{-1}+c_{406}x_2^{-1}x_4+\\&c_{407}x_2^{-1}+c_{408}x_1x_4^{-1}+c_{409}x_2x_4^{-1}+c_{410}x_4^{-1}+c_{411}x_1+\\&c_{412}x_2+c_{413}x_4=0\end{aligned} \tag{3.52}$$

式中，c_{101}～c_{413} 均为常数系数。

综上所述，式(3.49)～式(3.52)就是第 25 种 9 杆巴氏桁架位置分析的 4 个约束方程式。接下来对式(3.49)～式(3.52)进行消元求解。

3.3.2 消元求解

通过分析式(3.49)～式(3.52)可知，式(3.49)含有未知量 x_2 和 x_4，式(3.50)含有 x_1、x_3 和 x_4，式(3.51)含有 x_1、x_2、x_3 和 x_4，式(3.52)含有 x_1、x_2 和 x_4，其中只有式(3.50)和式(3.51)含有 x_3，使用 Sylvester 结式将式(3.50)和式(3.51)中的 x_3 消去，得到一个含有 x_1、x_2 和 x_4 的新多项式：

$$f_{255}(x_1,x_2,x_4)=\sum_{i=-3}^{3}\sum_{j=-2}^{2}\sum_{k=-3}^{3}c_{5ijk}x_1^ix_2^jx_4^k=0 \quad (-3\leqslant i+j+k\leqslant 3) \tag{3.53}$$

接下来使用 Sylvester 结式将式(3.53)和式(3.52)中的变量 x_1 消去，得到含有 x_2 和 x_4 的新多项式：

$$f_{256}(x_2,x_4)=\sum_{i=-8}^{8}\sum_{j=-9}^{9}c_{6ij}x_2^ix_4^j=0 \quad (-9\leqslant i+j\leqslant 9) \tag{3.54}$$

最后使用 Sylvester 结式将式(3.54)和式(3.49)中的变量 x_4 消去后最终得到仅含有 x_2 的一元 52 次方程：

$$f_{257}(x_2)=\sum_{k=-26}^{26} c_{7k}x_2^k=0 \tag{3.55}$$

式中，式(3.53)～式(3.55)中系数 c_{5ijk}、c_{6ij} 和 c_{7k} 均为常数。

数值求解式(3.55)得到 x_2 的 52 组解。依次将 52 个 x_2 回代到式(3.54)和式(3.49)中，于是式(3.54)和式(3.49)变为关于 x_4 的一元 18 次和 2 次方程，再使用辗转相除法求其最大公因子或公共解 $(ax_4-b=0)$，得 x_4；然后将 52 组 x_2 和 x_4 的解代入式(3.52)和式(3.53)，使其变为关于 x_1 的一元 6 次和 2 次方程，再一次使用辗转相除可以求出 x_1。在这一步的计算中，可以发现其中有 6 组 x_2 和 x_4 使式(3.52)变成一元一次方程，在对式(3.52)和式(3.53)使用辗转相除法求 x_1 时得到了非零常数，或者说式(3.52)和式(3.53)互相矛盾，说明它们是增根。将剩下的 46 组 x_1、x_2 和 x_4 回代到式(3.50)和式(3.51)，仿照前面，再一次使用辗转相除法可以求出 x_3。这样，去掉回代过程中出现的 6 个增根，第 25 种 9 杆巴氏桁架装配构型的最大数目应是 52－6＝46，为了能够在消元过程中避免增根的产生，采用以下方法，改进消元过程。

3.3.3 消元改进

3.3.1 节中的 4 个矢量方程可以写成

$$\boldsymbol{l}_{LK}\overline{\boldsymbol{l}_{LK}}=l_{13}^2 \tag{3.56}$$

$$(\boldsymbol{l}_{IE}+\boldsymbol{l}_{EG})\times(\overline{\boldsymbol{l}_{IE}}+\overline{\boldsymbol{l}_{EG}})=l_{14}^2 \tag{3.57}$$

$$(\boldsymbol{l}_{BE}+\boldsymbol{l}_{EF})\times(\overline{\boldsymbol{l}_{BE}}+\overline{\boldsymbol{l}_{EF}})=l_{15}^2 \tag{3.58}$$

$$(\boldsymbol{l}_{AD}+\boldsymbol{l}_{DC})\times(\overline{\boldsymbol{l}_{AD}}+\overline{\boldsymbol{l}_{DC}})=l_{17}^2 \tag{3.59}$$

将式(3.57)～式(3.59)展开，得到

$$\boldsymbol{l}_{IE}\overline{\boldsymbol{l}_{EG}}+\boldsymbol{l}_{IE}\overline{\boldsymbol{l}_{IE}}+l_8^2-l_{14}^2+\overline{\boldsymbol{l}_{IE}}\boldsymbol{l}_{EG}=0 \tag{3.60}$$

$$\boldsymbol{l}_{BE}\overline{\boldsymbol{l}_{EF}}+\boldsymbol{l}_{BE}\overline{\boldsymbol{l}_{BE}}+l_9^2-l_{15}^2+\overline{\boldsymbol{l}_{BE}}\boldsymbol{l}_{EF}=0 \tag{3.61}$$

$$\boldsymbol{l}_{AD}\overline{\boldsymbol{l}_{DC}}+\overline{\boldsymbol{l}_{AD}}\boldsymbol{l}_{DC}+\boldsymbol{l}_{AD}\overline{\boldsymbol{l}_{AD}}+\boldsymbol{l}_{DC}\overline{\boldsymbol{l}_{DC}}-l_{17}^2=0 \tag{3.62}$$

将式(3.60)和式(3.61)写成结式的形式

$$\begin{vmatrix}\boldsymbol{l}_{BE}\overline{\boldsymbol{l}_{EF}} & \boldsymbol{l}_{BE}\overline{\boldsymbol{l}_{BE}}+l_9^2-l_{15}^2\\ \boldsymbol{l}_{IE}\overline{\boldsymbol{l}_{EG}} & \boldsymbol{l}_{IE}\overline{\boldsymbol{l}_{IE}}+l_8^2-l_{14}^2\end{vmatrix}\begin{vmatrix}\boldsymbol{l}_{BE}\overline{\boldsymbol{l}_{BE}}+l_9^2-l_{15}^2 & \overline{\boldsymbol{l}_{BE}}\boldsymbol{l}_{EF}\\ \boldsymbol{l}_{IE}\overline{\boldsymbol{l}_{IE}}+l_8^2-l_{14}^2 & \overline{\boldsymbol{l}_{IE}}\boldsymbol{l}_{EG}\end{vmatrix}-\begin{vmatrix}\boldsymbol{l}_{BE}\overline{\boldsymbol{l}_{EF}} & \overline{\boldsymbol{l}_{BE}}\boldsymbol{l}_{EF}\\ \boldsymbol{l}_{IE}\overline{\boldsymbol{l}_{EG}} & \overline{\boldsymbol{l}_{IE}}\boldsymbol{l}_{EG}\end{vmatrix}^2=0 \tag{3.63}$$

从图 3.7 可以看出

$$\boldsymbol{l}_{IE}=\boldsymbol{l}_{ID}+\boldsymbol{l}_{DE}=\boldsymbol{l}_{ID}+k_0\boldsymbol{l}_{DC} \tag{3.64}$$

$$\boldsymbol{l}_{BE}=\boldsymbol{l}_{BC}+\boldsymbol{l}_{CE}=k_1\boldsymbol{l}_{AC}+k_{20}\boldsymbol{l}_{CD}=k_1\boldsymbol{l}_{AD}+k_1\boldsymbol{l}_{DC}-k_{20}\boldsymbol{l}_{DC}=k_1\boldsymbol{l}_{AD}+k_2\boldsymbol{l}_{DC} \tag{3.65}$$

式中，$k_0=l_2/l_1\mathrm{e}^{-\mathrm{i}\alpha_1}$，$k_1=l_{16}/l_{17}\mathrm{e}^{-\mathrm{i}\alpha_6}$，$k_2=k_1-l_3/l_1\mathrm{e}^{\mathrm{i}\alpha_5}$。

由式(3.64)和式(3.65)可以看出，$\boldsymbol{l}_{BE}$ 与 $\boldsymbol{l}_{AD}$ 相差一个因子 k_1，$\overline{\boldsymbol{l}_{IE}}$ 与 $\overline{\boldsymbol{l}_{DC}}$ 相差一个因子 $\bar{k}_0$，$\overline{\boldsymbol{l}_{BE}}$ 与 $\overline{\boldsymbol{l}_{DC}}$ 相差一个因子 $\bar{k}_2$。将式(3.63)中第一个行列式展开得到：

$$\begin{aligned}&\boldsymbol{l}_{BE}\overline{\boldsymbol{l}_{EF}}\boldsymbol{l}_{IE}\overline{\boldsymbol{l}_{IE}}-\boldsymbol{l}_{IE}\overline{\boldsymbol{l}_{EG}}\boldsymbol{l}_{BE}\overline{\boldsymbol{l}_{BE}}+\boldsymbol{l}_{BE}\overline{\boldsymbol{l}_{EF}}(l_8^2-l_{14}^2)-\boldsymbol{l}_{EF}\overline{\boldsymbol{l}_{EG}}(l_9^2-l_{15}^2)=\\&\boldsymbol{l}_{BE}\boldsymbol{l}_{IE}(\overline{\boldsymbol{l}_{EF}\boldsymbol{l}_{IE}}-\overline{\boldsymbol{l}_{EG}\boldsymbol{l}_{BE}})+\boldsymbol{l}_{BE}\overline{\boldsymbol{l}_{EF}}(l_8^2-l_{14}^2)-\boldsymbol{l}_{EF}\overline{\boldsymbol{l}_{EG}}(l_9^2-l_{15}^2)\end{aligned} \tag{3.66}$$

式(3.66)中，$\boldsymbol{l}_{BE}$ 和 $\boldsymbol{l}_{IE}$ 中含有 x_1，$\boldsymbol{l}_{EF}$ 和 $\boldsymbol{l}_{EG}$ 中含有 x_3，$\overline{\boldsymbol{l}_{BE}}$ 和 $\overline{\boldsymbol{l}_{IE}}$ 中含有 x_1^{-1}，所以式(3.66)

关于 x_1 的次数有 -1、0、1 和 2 次。根据式(3.62)、式(3.64)和式(3.65)，得到可以降低 x_1 的次数(不含 x_1^{-1}的项)的关系式：

$$\text{式}(3.66)+\text{式}(3.62)k_1\boldsymbol{l}_{IE}(\bar{k}_2\overline{\boldsymbol{l}_{EG}}-\bar{k}_0\overline{\boldsymbol{l}_{EF}}) \tag{3.67}$$

式(3.67)中，消掉了式(3.66)中 x_1^{-1}项。同样，对于式(3.63)中第二个行列式展开，同样可以得到消掉 x_1 的 1 次项(只剩下 -2、1 和 0 次项)的关系式：

$$\begin{vmatrix} \boldsymbol{l}_{BE}\overline{\boldsymbol{l}_{BE}}+l_9^2-l_{15}^2 & \overline{\boldsymbol{l}_{BE}}\boldsymbol{l}_{EF} \\ \boldsymbol{l}_{IE}\overline{\boldsymbol{l}_{IE}}+l_8^2-l_{14}^2 & \overline{\boldsymbol{l}_{IE}}\boldsymbol{l}_{EG} \end{vmatrix}-\bar{k}_1\overline{\boldsymbol{l}_{IE}}(k_2\boldsymbol{l}_{EG}-k_0\boldsymbol{l}_{EF})\text{式}(3.62) \tag{3.68}$$

这样在式(3.62)和式(3.63)的基础上得到新的多项式方程：

$$\text{式}(3.67)\text{式}(3.68)-(\boldsymbol{l}_{BE}\overline{\boldsymbol{l}_{EF}\boldsymbol{l}_{IE}}\boldsymbol{l}_{EG}-\boldsymbol{l}_{IE}\overline{\boldsymbol{l}_{EG}\boldsymbol{l}_{BE}}\boldsymbol{l}_{EF})^2=0 \tag{3.69}$$

式(3.63)展开后与式(3.53)相似，相比之下，式(3.69)中不但消掉了变量 x_3 而且变量 x_1 的次数由±3 降低到±2。使用结式将式(3.69)和式(3.62)中变量 x_1 消去后，再与式(3.56)消去变量 x_4，最终得到只含有 x_2 的一元 46 次方程。使用辗转相除法求出 x_4、x_1 和 x_3。根据 $\theta_i=2\arctan\left(\mathrm{i}\dfrac{1-x_i}{1+x_i}\right)(i=1,2,3,4)$得到 θ_1、θ_2、θ_3 和 θ_4，同时根据几何关系可以求出各点的位置。

3.3.4 出现增根原因

实际上，第 3.3.2 节中的 6 组增根 x_2 和 x_4 尽管满足了式(3.49)，但是它使杆 AD 长度变成了零，即点 A 和 D 重合。如果将式(3.49)和 $\boldsymbol{l}_{AD}=0$ 联立求解，正好得到以上 6 组增根，也就是说消元过程中，式(3.53)中隐藏了 $l_{AD}^2=\boldsymbol{l}_{AD}\overline{\boldsymbol{l}_{AD}}=0$。通过式(3.42)～式(3.44)，$\boldsymbol{l}_{IE}$、$\boldsymbol{l}_{BE}$和 $\boldsymbol{l}_{AD}$ 可以写成：

$$\boldsymbol{l}_{IE}=c_{11}+c_{12}x_1+c_{13}x_4 \tag{3.70}$$

$$\boldsymbol{l}_{BE}=(c_1+c_2x_4)x_1+(c_3+c_4x_4)x_2+c_5x_4+c_6x_4^2 \tag{3.71}$$

$$\boldsymbol{l}_{AD}=c_{21}+c_{22}x_2+c_{23}x_4 \tag{3.72}$$

而 $\boldsymbol{l}_{EG}=l_8x_3$，$\boldsymbol{l}_{EF}=k_{11}l_9x_3$，$\boldsymbol{l}_{DC}=k_{12}l_1x_1$。显然 $\boldsymbol{l}_{AD}$、$\boldsymbol{l}_{EG}$和 $\boldsymbol{l}_{EF}$ 不含有 x_1。式(3.63)中的第一个行列式，仅$\overline{\boldsymbol{l}_{BE}}$和$\overline{\boldsymbol{l}_{IE}}$中含有 x_1^{-1}，而 x_1^{-1}的系数 $\boldsymbol{l}_{BE}\boldsymbol{l}_{IE}(\overline{\boldsymbol{l}_{EF}}-\overline{\boldsymbol{l}_{EG}})$，根据式(3.65)$\boldsymbol{l}_{BE}=k_1\boldsymbol{l}_{AD}+k_2\boldsymbol{l}_{DC}$，$\boldsymbol{l}_{AD}$不含有 x_1，而 $\boldsymbol{l}_{DC}$ 仅含有 x_1 的一次项，这样，x_1^{-1} 的系数就是 $k_1\boldsymbol{l}_{AD}\boldsymbol{l}_{IE}(\overline{\boldsymbol{l}_{EF}}-\overline{\boldsymbol{l}_{EG}})$，同样第二个行列式中 x_1 的系数为 $\bar{k}_1\overline{\boldsymbol{l}_{AD}\boldsymbol{l}_{IE}}(\boldsymbol{l}_{EG}-\boldsymbol{l}_{EF})$。因此展开式(3.63)后，$x_1$ 的 -3 和 $+3$ 次项分别含有因子 $\boldsymbol{l}_{AD}$ 及其共轭复数$\overline{\boldsymbol{l}_{AD}}$，而 x_1 的 -2 到 $+2$ 次项不含有因子 $\boldsymbol{l}_{AD}$ 及其共轭复数$\overline{\boldsymbol{l}_{AD}}$，所以式(3.53)～式(3.54)的消元过程中，$\boldsymbol{l}_{AD}$ 及其共轭复数作为独立因子始终存在，这就导致了增根的产生。式(3.69)不包含变量 x_1 的±3 次项，也就避免了消元过程中增根的产生。

3.3.5 数值实例

第 25 种 9 杆巴氏桁架的各杆长度如下：$l_1=13$，$l_2=12$，$l_3=5$，$l_4=5$，$l_5=10$，$l_6=\sqrt{97}$，$l_7=5\sqrt{2}$，$l_8=5$，$l_9=5$，$l_{10}=10$，$l_{11}=15$，$l_{12}=\sqrt{241}$，$l_{13}=2\sqrt{73}$，$l_{14}=\sqrt{26}$，$l_{15}=5$，$l_{16}=\sqrt{89}$，$l_{17}=13$，$l_{18}=4$。

点 H、I 和 J 的位置分别表示为 $\boldsymbol{h}=-4+6\mathrm{i}$，$\boldsymbol{i}=-2+5\mathrm{i}$，$\boldsymbol{j}=9\mathrm{i}$。$\alpha_1,\alpha_2,\cdots,\alpha_7$ 可以根据余弦定理求出。根据上述步骤，可以求出 46 组 θ_1、θ_2、θ_3、θ_4，表 3.3 所示为其中的 6 组实数解。这 6 组实数解依次对应的装配构形如图 3.8 所示。

表 3.3　第 25 种 9 杆巴氏桁架 6 组实数解　　（单位：°）

No.	θ_1	θ_2	θ_3	θ_4
1	-175.598	155.074	85.585	-21.377
2	-169.362	167.423	113.707	-8.658
3	-164.768	174.009	122.786	-2.763
4	-113.797	-132.378	-172.436	30.702
5	176.773	132.42	114.296	-56.935
6	180.	143.13	53.13	-36.87

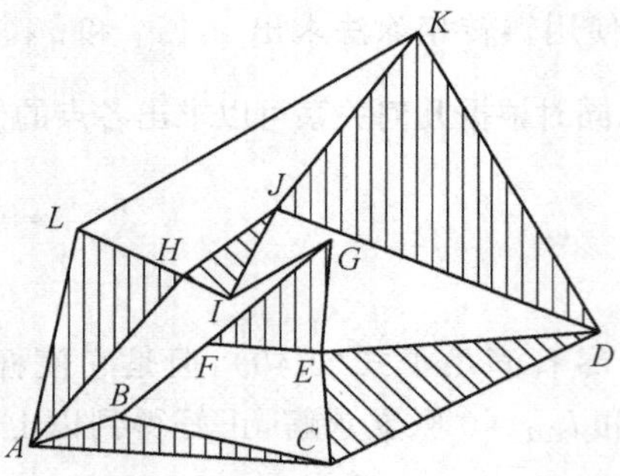

(a)第1组解对应构型

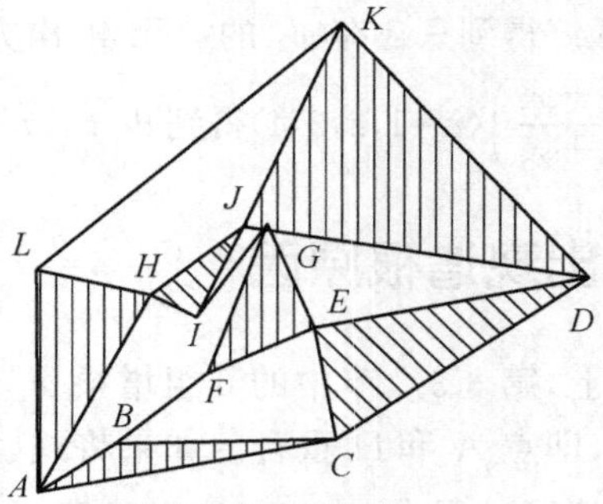

(b)第2组解对应构型

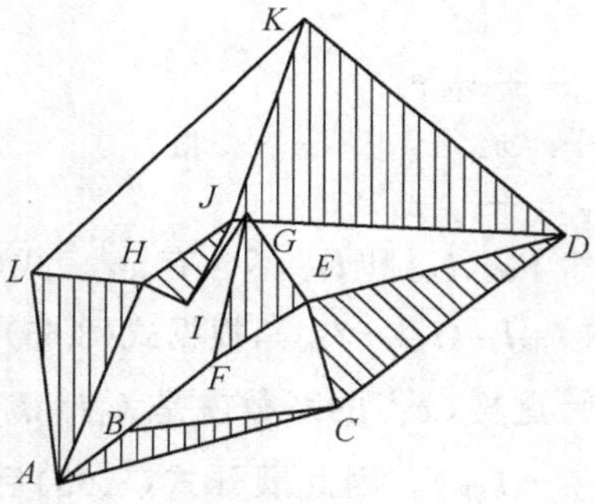

(c)第3组解对应构型

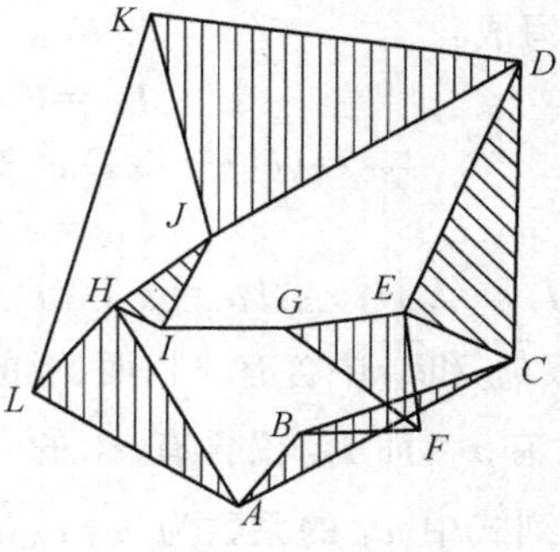

(d)第4组解对应构型

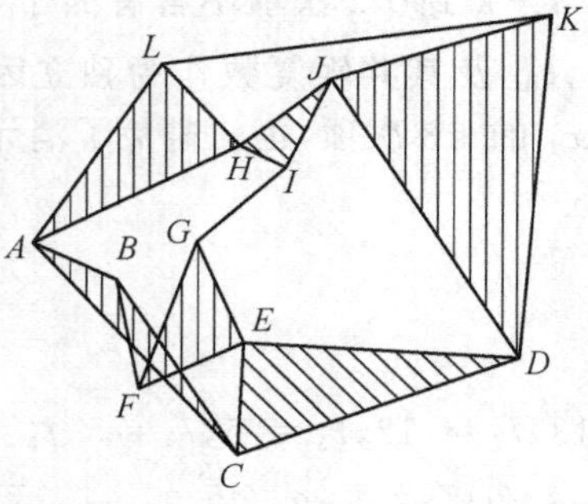

(e)第5组解对应构型

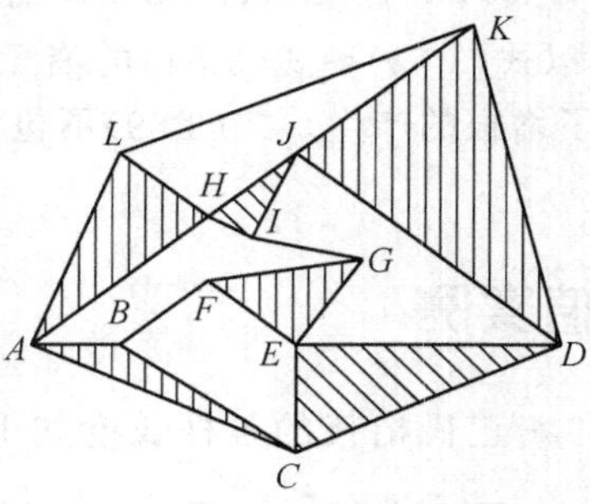

(f)第6组解对应构型

图 3.8　6 组实数解对应的第 25 种 9 杆巴氏桁架装配构型

3.4 第 30 种 9 杆巴氏桁架的位置分析

如图 1.8 所示，耦合度 $\kappa=2$ 系列 9 杆巴氏桁架共 4 种，即第 30～33 种。其结构对称，且位置封闭方程的变量分布呈循环型的特点，很难将其三角化，这给消元工作带来很大困难。文献[39]中使用同伦法给出了其解的数目，部分结构经验证其解的数目不正确。然而直接使用文献[32]中的 Sylvester 结式消元方法和步骤，由于构造的结式尺寸太大，其行列式在普通微机无法展开，导致计算失败；另外，如果单独使用吴方法，只能在计算过程中使用有理数计算，余式很多且变量的系数太大，限于计算机的速度和容量目前也无法完成。

本节采用 Dixon 结式和 Sylvester 结式分两次消元解决了这一问题。首先使用复数—矢量法建立 9 杆巴氏桁架的 4 个几何约束方程，并将其转化成复指数形式，然后使用 Dixon 结式法对其中 3 个方程式构造一个含有 2 个待消去变元的 6×6Dixon 矩阵，展开矩阵的行列式，得到一个二元高次多项式方程，该方程与剩下的一个方程使用 Sylvester 结式消去一个变元，得到一元高次方程。在求解其他变量的回代过程中使用辗转相除法和高斯消元法，求出其他的 3 个变元及机构的各个铰链对应位置，得到了对应的解。

第 31 种和 32 种与 30 种巴氏桁架的位置分析建模和求解过程类似。第 33 种 9 杆巴氏桁架的拓扑结构属于非平面的，即拓扑图中存在两杆相交的情况，不符合上述特征，需要另行计算，其求解过程在 3.5 节中给出。

3.4.1 数学模型

本节介绍的方法可以求解第 25 和 30～32 种 9 杆巴氏桁架，这里以第 30 种 9 杆巴氏桁架为例(如图 3.9 所示)介绍该方法。第 30 种 9 杆巴氏桁架包含 3 个 4 副杆件 $ABHG$、$CDJI$ 和 $AFLG$ 和 6 个 2 副杆件。该巴氏桁架的位置分析问题为已知所有杆件长度 $l_1,l_2,\cdots,l_{16}$ 以及固定铰链 A、B、H 和 G 的位置，计算其他 8 个铰链 C、D、E、F、I、J、K 和 L 的位置。

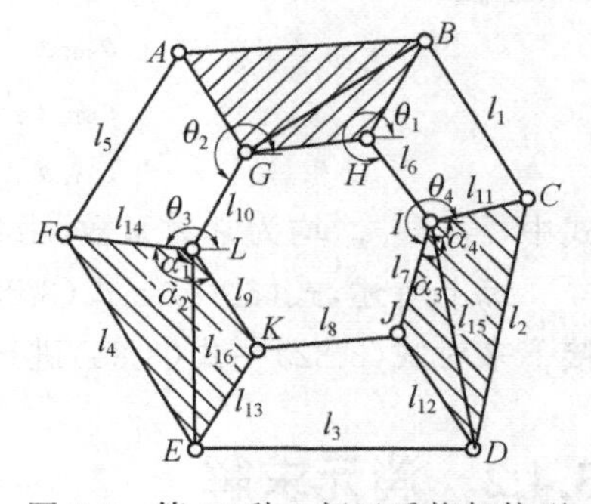

图 3.9 第 30 种 9 杆巴氏桁架构型

通过引入 4 个变量 θ_1、θ_2、θ_3 和 θ_4，它们分别表示杆 HI、GA、LF 和 IJ 与 x 轴之间的夹角。根据图 3.9 所示的 4 个回路 $AFLG$、$BCIH$、$KLGHIJ$ 和 $ELGHID$，可以得到 4 个矢量方程：

$$
\begin{aligned}
&\boldsymbol{l}_{AF}=\boldsymbol{l}_{AG}+\boldsymbol{l}_{GL}+\boldsymbol{l}_{LF}\\
&\boldsymbol{l}_{BC}=\boldsymbol{l}_{BH}+\boldsymbol{l}_{HI}+\boldsymbol{l}_{IC}\\
&\boldsymbol{l}_{KJ}=\boldsymbol{l}_{KL}+\boldsymbol{l}_{LG}+\boldsymbol{l}_{GH}+\boldsymbol{l}_{HI}+\boldsymbol{l}_{IJ}\\
&\boldsymbol{l}_{ED}=\boldsymbol{l}_{EL}+\boldsymbol{l}_{LG}+\boldsymbol{l}_{GH}+\boldsymbol{l}_{HI}+\boldsymbol{l}_{ID}
\end{aligned}
\tag{3.73}
$$

将式(3.73)写成如下复指数的表达式

$$\boldsymbol{l}_{AF}=\boldsymbol{l}_{AG}+l_{10}\mathrm{e}^{\mathrm{i}\theta_2}+l_{14}\mathrm{e}^{\mathrm{i}\theta_3} \tag{3.74}$$

$$\boldsymbol{l}_{BC}=\boldsymbol{l}_{BH}+l_6\mathrm{e}^{\mathrm{i}\theta_1}+l_{11}\mathrm{e}^{\mathrm{i}\theta_4}\mathrm{e}^{\mathrm{i}\alpha_4} \tag{3.75}$$

$$\boldsymbol{l}_{KJ}=-l_9\mathrm{e}^{\mathrm{i}(\theta_3+\alpha_2)}-l_{10}\mathrm{e}^{\mathrm{i}\theta_2}+\boldsymbol{l}_{GH}+l_6\mathrm{e}^{\mathrm{i}\theta_1}+l_7\mathrm{e}^{\mathrm{i}\theta_4} \tag{3.76}$$

$$\boldsymbol{l}_{ED}=\boldsymbol{l}_{GH}-l_{16}\mathrm{e}^{\mathrm{i}(\theta_3+\alpha_1)}-l_{10}\mathrm{e}^{\mathrm{i}\theta_2}+l_6\mathrm{e}^{\mathrm{i}\theta_1}+l_{15}\mathrm{e}^{\mathrm{i}(\theta_4+\alpha_3)} \tag{3.77}$$

由于 A、F 两点距离的平方等于复数 $\boldsymbol{l}_{AF}$ 乘上其共轭复数 $\overline{\boldsymbol{l}_{AF}}$，则由式(3.74)得到：

$$l_5^2=(\boldsymbol{l}_{AG}+l_{10}\mathrm{e}^{\mathrm{i}\theta_2}+l_{14}\mathrm{e}^{\mathrm{i}\theta_3})\times(\overline{\boldsymbol{l}_{AG}}+l_{10}\mathrm{e}^{-\mathrm{i}\theta_2}+l_{14}\mathrm{e}^{-\mathrm{i}\theta_3}) \tag{3.78}$$

同样，由式(3.75)～式(3.77)得到：

$$l_1^2=(\boldsymbol{l}_{BH}+l_6\mathrm{e}^{\mathrm{i}\theta_1}+l_{11}\mathrm{e}^{\mathrm{i}\theta_4+\mathrm{i}\alpha_4})\times(\overline{\boldsymbol{l}_{BH}}+l_6\mathrm{e}^{-\mathrm{i}\theta_1}+l_{11}\mathrm{e}^{-\mathrm{i}\theta_4-\mathrm{i}\alpha_4}) \tag{3.79}$$

$$l_8^2=(-l_9\mathrm{e}^{\mathrm{i}\theta_3}\mathrm{e}^{\mathrm{i}\alpha_2}-l_{10}\mathrm{e}^{\mathrm{i}\theta_2}+\boldsymbol{l}_{GH}+l_6\mathrm{e}^{\mathrm{i}\theta_1}+l_7\mathrm{e}^{\mathrm{i}\theta_4})\times(-l_9\mathrm{e}^{-\mathrm{i}\theta_3}\mathrm{e}^{-\mathrm{i}\alpha_2}-l_{10}\mathrm{e}^{-\mathrm{i}\theta_2}+\overline{\boldsymbol{l}_{GH}}+l_6\mathrm{e}^{-\mathrm{i}\theta_1}+l_7\mathrm{e}^{-\mathrm{i}\theta_4}) \tag{3.80}$$

$$\begin{aligned}l_3^2=&(-l_{16}\mathrm{e}^{\mathrm{i}\theta_3+\mathrm{i}\alpha_1}-l_{10}\mathrm{e}^{\mathrm{i}\theta_2}+\boldsymbol{l}_{GH}+l_6\mathrm{e}^{\mathrm{i}\theta_1}+l_{15}\mathrm{e}^{\mathrm{i}\theta_4+\mathrm{i}\alpha_3})\times\\&(-l_{16}\mathrm{e}^{-\mathrm{i}\theta_3-\mathrm{i}\alpha_1}-l_{10}\mathrm{e}^{-\mathrm{i}\theta_2}+\overline{\boldsymbol{l}_{GH}}+l_6\mathrm{e}^{-\mathrm{i}\theta_1}+l_{15}\mathrm{e}^{-\mathrm{i}\theta_4-\mathrm{i}\alpha_3})\end{aligned} \tag{3.81}$$

式(3.78)～式(3.81)中，共含有 4 个未知量 θ_1、θ_2、θ_3 和 θ_4，使用 $x_i=\mathrm{e}^{\mathrm{i}\theta_i}(i=1,2,3,4)$ 替换后，将其展开得到 4 个多项式方程：

$$f_{301}(x_2,x_3)=c_{101}+c_{102}x_2^{-1}+c_{103}x_2^{-1}x_3+c_{104}x_3^{-1}+c_{105}x_3+c_{106}x_2x_3^{-1}+c_{107}x_2=0 \tag{3.82}$$

$$f_{302}(x_1,x_4)=c_{201}+c_{202}x_1^{-1}+c_{203}x_1^{-1}x_4+c_{204}x_4^{-1}+c_{205}x_4+c_{206}x_1x_4^{-1}+c_{207}x_1=0 \tag{3.83}$$

$$\begin{aligned}f_{303}(x_1,x_2,x_3,x_4)=&c_{301}+c_{302}x_1^{-1}x_2+c_{303}x_1^{-1}x_3+c_{304}x_1^{-1}x_4+c_{305}x_1^{-1}+c_{306}x_1x_2^{-1}+\\&c_{307}x_2^{-1}x_3+c_{308}x_2^{-1}x_4+c_{309}x_2^{-1}+c_{310}x_1x_3^{-1}+c_{311}x_2x_3^{-1}+\\&c_{312}x_3^{-1}x_4+c_{313}x_3^{-1}+c_{314}x_1x_4^{-1}+c_{315}x_2x_4^{-1}+c_{316}x_3x_4^{-1}+\\&c_{317}x_4^{-1}+c_{318}x_1+c_{319}x_2+c_{320}x_3+c_{321}x_4=0\end{aligned} \tag{3.84}$$

$$\begin{aligned}f_{304}(x_1,x_2,x_3,x_4)=&c_{401}+c_{402}x_1^{-1}x_2+c_{403}x_1^{-1}x_3+c_{404}x_1^{-1}x_4+c_{405}x_1^{-1}+c_{406}x_1x_2^{-1}+\\&c_{407}x_2^{-1}x_3+c_{408}x_2^{-1}x_4+c_{409}x_2^{-1}+c_{410}x_1x_3^{-1}+c_{411}x_2x_3^{-1}+\\&c_{412}x_3^{-1}x_4+c_{413}x_3^{-1}+c_{414}x_1x_4^{-1}+c_{415}x_2x_4^{-1}+c_{416}x_3x_4^{-1}+\\&c_{417}x_4^{-1}+c_{418}x_1+c_{419}x_2+c_{420}x_3+c_{421}x_4=0\end{aligned} \tag{3.85}$$

式中，$c_{101}\sim c_{421}$ 均为常数系数，由各杆长度及各个夹角 $\alpha_1\sim\alpha_4$ 决定的。

综上所述，式(3.82)～式(3.85)就是第 30 种 9 杆巴氏桁架位置分析的 4 个约束方程式。接下来对式(3.82)～式(3.85)进行消元求解。

3.4.2 消元求解

1. Dixon 结式消元

根据 Dixon 结式的构造原理，如果对于式(3.82)～式(3.85)这 4 个方程式直接构造 Dixon 结式，经过计算发现会产生增根，而且结式的尺寸会很大。为了避免这些问题，采用分步消元。即先对式(3.82)、式(3.84)和式(3.85)使用 Dixon 结式消去两个变元,生成一个 6×6 的 Dixon 矩阵,将其行列式展开后得到一个二元高次方程式,然后对该方程式和式(3.83)使用 Sylvester 结式消去一个变元得到一元 52 次方程式。

对式(3.82)、式(3.84)和式(3.85)构造 Dixon 矩阵的具体步骤如下:

设 $\boldsymbol{F}_{300}(x_1,x_2,x_3,x_4)=(f_{301},f_{303},f_{304})^{\mathrm{T}}$,引入 z_2 和 z_3 两个新变元,则行列式

$$\Delta_{30}(x_1,x_2,x_3,x_4,z_2,z_3)=|\boldsymbol{F}_{300}(x_1,x_2,x_3,x_4),\boldsymbol{F}_{301}(x_1,z_2,x_3,x_4),\boldsymbol{F}_{302}(x_1,z_2,z_3,x_4)|$$

当 $x_2=z_2$ 或者 $x_3=z_3$ 时,$\Delta_{30}=0$,所以 $(x_2-z_2)(x_3-z_3)$ 是 Δ_{30} 的因子。令

$$\delta_{30}(x_1,x_2,x_3,x_4,z_2,z_3)=\frac{\Delta_{30}(x_1,x_2,x_3,x_4,z_2,z_3)}{(x_2-z_2)(x_3-z_3)} \tag{3.86}$$

为了将式(3.86)直接展开,先将式(3.86)变换为

$$\delta_{30}=\left|\boldsymbol{F}_{300},\frac{\boldsymbol{F}_{301}-\boldsymbol{F}_{300}}{x_2-z_2},\frac{\boldsymbol{F}_{302}-\boldsymbol{F}_{301}}{x_3-z_3}\right| \tag{3.87}$$

式(3.87)不仅分母不含有分式,而且可以快速展开,展开后的 δ 可以分解成矩阵与行向量、列向量的乘积,表示为

$$\delta_{30}=\boldsymbol{Z}_{1\times 6}\boldsymbol{D}_{6\times 6}\boldsymbol{X}_{6\times 1} \tag{3.88}$$

式中,$\boldsymbol{Z}_{1\times 6}=(z_2^{-2},z_2^{-1},z_3^{-1},z_2^{-1}z_3^{-1},z_2z_3^{-1},1)$,$\boldsymbol{X}_{6\times 1}=(x_2^{-1},x_3^{-2},x_3^{-1},x_2^{-1}x_3^{-1},x_2x_3^{-1},1)^{\mathrm{T}}$,$\boldsymbol{D}_{6\times 6}$ 是一个含有变量 x_1、x_4 和已知量的 6×6 方阵,即 Dixon 矩阵,将其行列式展开后,得到二元高次方程

$$f_{305}(x_1,x_4)=\sum_{i=-8}^{8}\sum_{j=-9}^{9}c_{5k}x_1^i x_4^j \quad (-9\leqslant i+j\leqslant 9) \tag{3.89}$$

式中,$k=1,2,\cdots,251$,表明式(3.89)共 251 项。

2. 获取一元高次方程

联立式(3.83)和式(3.89),使用 Sylvester 结式消元法消去一个变元 x_1,得到关于 x_4 的一元 52 次方程式,即

$$f_{306}(x_4)=\sum_{i=-26}^{26}c_{6k}x_4^i \quad (0\leqslant k\leqslant 52) \tag{3.90}$$

3. 求解其他变量

求解式(3.90)得到 x_4 的 52 个根,回代到式(3.83)和式(3.89)后,使用辗转相除法得到关于 x_1 的一元一次方程,可以直接求出 x_1。

将 x_1 和 x_4 代入式(3.88),可以得到

$$\boldsymbol{D}_{6\times 6}\boldsymbol{X}_{6\times 1}=\boldsymbol{0}_{6\times 1} \tag{3.91}$$

由于代入后 $\boldsymbol{D}_{6\times 6}$ 的秩为 5,说明 $\boldsymbol{X}_{6\times 1}$ 中的变元作为单独变量时,式(3.91)展开后是一个线性方程组并且其中一个方程式是冗余的,去掉其中任意一个方程使用高斯消去法直接求解线性方程组,可以得到 $\boldsymbol{X}_{6\times 1}$ 中变元对应的值,同时可以求出 x_2 和 x_3。根据 $\theta_i=2\arctan\left(\mathrm{i}\,\frac{1-x_i}{1+x_i}\right)(i=1,2,3,4)$ 得到 θ_1、θ_2、θ_3 和 θ_4。最后根据 $\theta_1\sim\theta_4$ 可以得到 C、D、E、F、I、J、K 和 L 各个铰链的位置。

3.4.3 数值实例

第 30 种 9 杆巴氏桁架的各杆长度如下：$l_1=10$，$l_2=\sqrt{58}$，$l_3=\sqrt{122}$，$l_4=2\sqrt{5}$，$l_5=10$，$l_6=5$，$l_7=5$，$l_8=\sqrt{26}$，$l_9=5$，$l_{10}=5$，$l_{11}=\sqrt{53}$，$l_{12}=\sqrt{10}$，$l_{13}=\sqrt{10}$，$l_{14}=5$，$l_{15}=5$，$l_{16}=5$。

点 A、B、H 和 G 的坐标分别为 $\boldsymbol{a}=(0,0)^{\mathrm{T}}$，$\boldsymbol{b}=(10,0)^{\mathrm{T}}$，$\boldsymbol{g}=(2,-2)^{\mathrm{T}}$，$\boldsymbol{h}=(5,-3)^{\mathrm{T}}$，$\alpha_1$、$\alpha_2$、$\alpha_3$、$\alpha_4$ 可以根据余弦定理求出。根据上述步骤，可以求出 52 组 $\theta_1\sim\theta_4$、θ_1、θ_2、θ_3 和 θ_4 的 4 组实数结果如表 3.4 所示。这 4 组实数解依次对应的装配构形如图 3.10 所示。

表 3.4 第 30 种 9 杆巴氏桁架的 4 组实数解 (单位：°)

No.	θ_1	θ_2	θ_3	θ_4
8	−36.870	−143.130	−143.130	−126.870
9	−27.485	−132.963	−149.301	−130.774
22	118.236	−147.160	−92.294	−36.571
26	151.55	−150.644	−127.777	−34.855

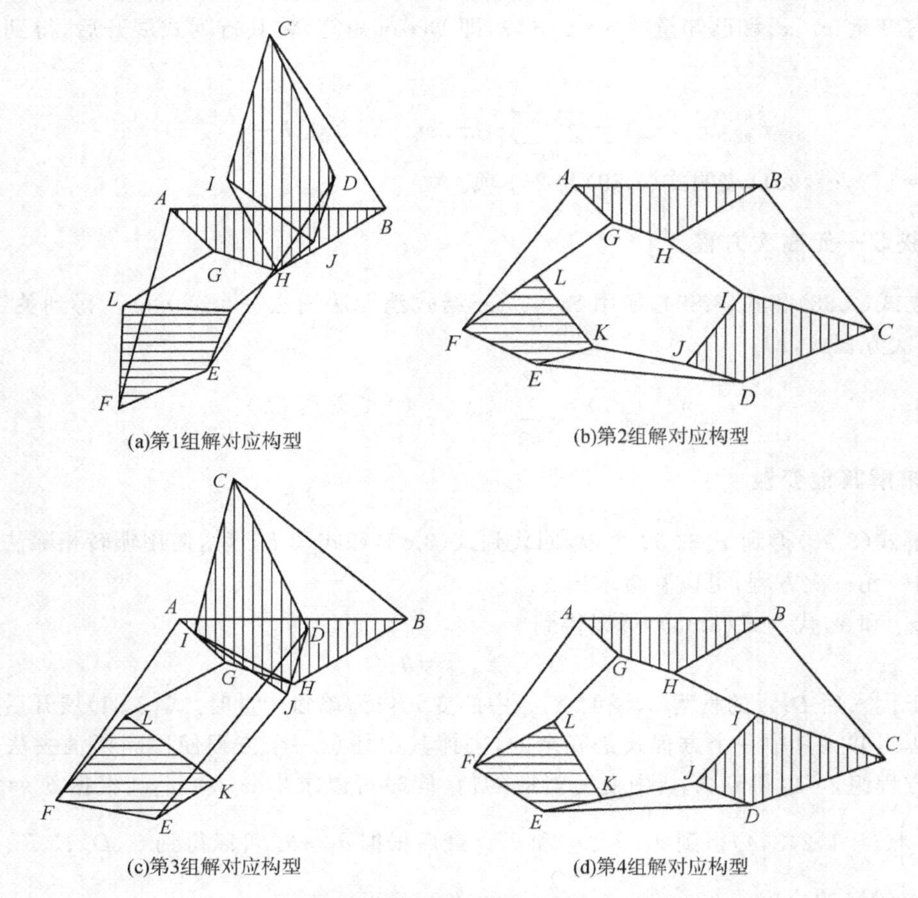

图 3.10 实数解对应的第 30 种 9 杆巴氏桁架装配构型

使用 Dixon 结式和 Sylvester 结式消去法相结合，首次完成了第 30 种 9 杆巴氏桁架的位置分析，得到 52 组无增无漏的解。新方法发挥了 Dixon 结式可以同时消去多个变量的优点，同时又发挥了 Sylvester 结式简单并容易处理不同次数多项式方程消元的优点，而且避免了单独使用 Dixon 结式可能产生增根的问题。新方法对于解决这种巴氏桁架的位置分析是有效的，对于类似的问题也有借鉴意义。本节提供的新思路，可以对其他巴氏桁架或者 Assur 组的位置分析问题求解，如第 25 种、31 种和 32 种都可使用此方法完成。

3.5 第 33 种 9 杆巴氏桁架的位置分析

图 3.11 所示的第 33 种 9 杆巴氏桁架为非平面基本运动链，其结构对称，且每个位置封闭方程的变量数为 3 或者 4，这给消元工作带来极大困难。若直接使用文献[32]的 Sylvester 结式消元方法和步骤，由于每个方程式变量数超过 2，构造的 Sylvester 结式尺寸太大，使用普通计算机是无法完成其位置分析的；若单独使用吴方法，限于计算机的速度和容量目前也无法完成其位置分析的；若使用上节中 Dixon 和 Sylvester 结式相结合消元法，由于每个方程式的变量数至少是 3，也无法完成其位置分析的。本节采用 Dixon 结式消元法，解决了这一问题，得到解的个数是 58，这与文献[39]中使用同伦法给出的数值解个数是相同的。

3.5.1 数学模型

第 33 种 9 杆巴氏桁架构形如图 3.11 所示，包含 6 个 3 副杆件 AIE、BFC、CDG、DEH、IKL 和 FLJ 和 3 个 2 副杆件。该巴氏桁架的位置分析问题为已知所有杆件长度 $l_1, l_2, \cdots, l_{18}$ 以及 $\alpha_1, \alpha_2, \cdots, \alpha_5$ 和固定铰链 B、C 和 F 的位置，计算其他 9 个铰链 A、D、E、F、G、H、I、J、K 和 L 的位置。其中，KG 杆与 JH 杆交叉，这是由于这种巴氏桁架的拓扑结构决定的。像这种特殊结构的 9 杆巴氏桁架共有 3 种（即 28、29 和 33 种）。

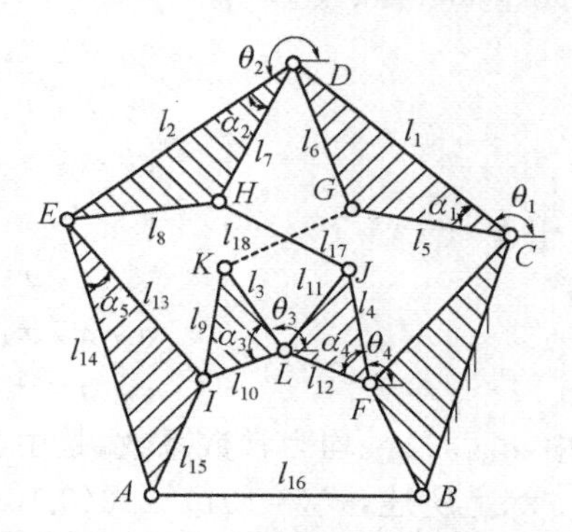

图 3.11 第 33 种 9 杆巴氏桁架构形

通过引入 4 个变量 θ_1、θ_2、θ_3 和 θ_4，它们分别表示杆 CD、DE、LK 和 FJ 与 x 轴之间的夹角。根据图 3.11 所示的 4 个回路 $JFCDHJ$、$GCFLKG$、$EDCFLIE$ 和 $BCDEAB$，可以得到 4 个矢量方程：

$$\begin{aligned}
\boldsymbol{l}_{JH} &= \boldsymbol{l}_{JF} + \boldsymbol{l}_{FC} + \boldsymbol{l}_{CD} + \boldsymbol{l}_{DH} \\
\boldsymbol{l}_{GK} &= \boldsymbol{l}_{GC} + \boldsymbol{l}_{CF} + \boldsymbol{l}_{FL} + \boldsymbol{l}_{LK} \\
\boldsymbol{l}_{EI} &= \boldsymbol{l}_{ED} + \boldsymbol{l}_{DC} + \boldsymbol{l}_{CF} + \boldsymbol{l}_{FL} + \boldsymbol{l}_{LI} \\
\boldsymbol{l}_{BA} &= \boldsymbol{l}_{BC} + \boldsymbol{l}_{CD} + \boldsymbol{l}_{DE} + \boldsymbol{l}_{EA}
\end{aligned} \tag{3.92}$$

将式(3.92)写成如下复指数的表达式

$$\boldsymbol{l}_{JH}=-l_4\mathrm{e}^{\mathrm{i}\theta_4}+\boldsymbol{l}_{FC}+l_1\mathrm{e}^{\mathrm{i}\theta_1}+l_7\mathrm{e}^{\mathrm{i}(\theta_2+\alpha_2)} \tag{3.93}$$

$$\boldsymbol{l}_{GK}=-l_5\mathrm{e}^{\mathrm{i}(\theta_1+\alpha_1)}-\boldsymbol{l}_{FC}+l_{12}\mathrm{e}^{\mathrm{i}(\theta_4+\alpha_4)}+l_3\mathrm{e}^{\mathrm{i}\theta_3} \tag{3.94}$$

$$\boldsymbol{l}_{EI}=-l_2\mathrm{e}^{\mathrm{i}\theta_2}-l_1\mathrm{e}^{\mathrm{i}\theta_1}-\boldsymbol{l}_{FC}+l_{12}\mathrm{e}^{\mathrm{i}(\theta_4+\alpha_4)}+l_{10}\mathrm{e}^{\mathrm{i}(\theta_3+\alpha_3)} \tag{3.95}$$

$$\boldsymbol{l}_{BA}=\boldsymbol{l}_{BC}+l_1\mathrm{e}^{\mathrm{i}\theta_1}+l_2\mathrm{e}^{\mathrm{i}\theta_2}+l_{14}/l_{13}\boldsymbol{l}_{EI}\mathrm{e}^{-\mathrm{i}\alpha_5} \tag{3.96}$$

由于 J、H 两点距离的平方等于复数 $\boldsymbol{l}_{JH}$ 乘上其共轭复数 $\overline{\boldsymbol{l}_{JH}}$，则由式(3.93)得到：

$$l_{17}^2=(-l_4\mathrm{e}^{\mathrm{i}\theta_4}+\boldsymbol{l}_{FC}+l_1\mathrm{e}^{\mathrm{i}\theta_1}+l_7\mathrm{e}^{\mathrm{i}(\theta_2+\alpha_2)})\times(-l_4\mathrm{e}^{-\mathrm{i}\theta_4}+\overline{\boldsymbol{l}_{FC}}+l_1\mathrm{e}^{-\mathrm{i}\theta_1}+l_7\mathrm{e}^{-\mathrm{i}(\theta_2+\alpha_2)}) \tag{3.97}$$

同样，由式(3.94)～式(3.96)可以得到：

$$l_{18}^2=(-l_5\mathrm{e}^{\mathrm{i}(\theta_1+\alpha_1)}-\boldsymbol{l}_{FC}+l_{12}\mathrm{e}^{\mathrm{i}(\theta_4+\alpha_4)}+l_3\mathrm{e}^{\mathrm{i}\theta_3})\times(-l_5\mathrm{e}^{-\mathrm{i}(\theta_1+\alpha_1)}-\overline{\boldsymbol{l}_{FC}}+l_{12}\mathrm{e}^{-\mathrm{i}(\theta_4+\alpha_4)}+l_3\mathrm{e}^{-\mathrm{i}\theta_3}) \tag{3.98}$$

$$\begin{aligned}l_{13}^2=&(-l_2\mathrm{e}^{\mathrm{i}\theta_2}-l_1\mathrm{e}^{\mathrm{i}\theta_1}-\boldsymbol{l}_{FC}+l_{12}\mathrm{e}^{\mathrm{i}(\theta_4+\alpha_4)}+l_{10}\mathrm{e}^{\mathrm{i}(\theta_3+\alpha_3)})\times\\&(-l_2\mathrm{e}^{-\mathrm{i}\theta_2}-l_1\mathrm{e}^{-\mathrm{i}\theta_1}-\overline{\boldsymbol{l}_{FC}}+l_{12}\mathrm{e}^{-\mathrm{i}(\theta_4+\alpha_4)}+l_{10}\mathrm{e}^{-\mathrm{i}(\theta_3+\alpha_3)})\end{aligned} \tag{3.99}$$

$$l_{16}^2=(\boldsymbol{l}_{BC}+l_1\mathrm{e}^{\mathrm{i}\theta_1}+l_2\mathrm{e}^{\mathrm{i}\theta_2}+l_{14}/l_{13}\boldsymbol{l}_{EI}\mathrm{e}^{-\mathrm{i}\alpha_5})\times(\overline{\boldsymbol{l}_{BC}}+l_1\mathrm{e}^{-\mathrm{i}\theta_1}+l_2\mathrm{e}^{-\mathrm{i}\theta_2}+l_{14}/l_{13}\overline{\boldsymbol{l}_{EI}}\mathrm{e}^{\mathrm{i}\alpha_5}) \tag{3.100}$$

式(3.97)～式(3.100)共含有 4 个未知量 θ_1、θ_2、θ_3 和 θ_4，使用 $x_i=\mathrm{e}^{\mathrm{i}\theta_i}(i=1,2,3,4)$替换后，将其展开得到 4 个多项式方程：

$$\begin{aligned}f_{331}(x_1,x_2,x_4)=&c_{101}+c_{102}x_1^{-1}+c_{103}x_1^{-1}x_2+c_{104}x_1^{-1}x_4+c_{105}x_2^{-1}+c_{106}x_1x_2^{-1}+\\&c_{107}x_2^{-1}x_4+c_{108}x_1x_4^{-1}+c_{109}x_4^{-1}+c_{110}x_2x_4^{-1}+c_{111}x_1+\\&c_{112}x_2+c_{113}x_4=0\end{aligned} \tag{3.101}$$

$$\begin{aligned}f_{332}(x_1,x_3,x_4)=&c_{201}+c_{202}x_1^{-1}x_3+c_{203}x_1^{-1}x_4+c_{204}x_1^{-1}+c_{205}x_1x_3^{-1}+c_{206}x_3^{-1}x_4+\\&c_{207}x_3^{-1}x+c_{208}x_1x_4^{-1}+c_{209}x_3x_4^{-1}+c_{210}x_4^{-1}+c_{211}x_1+\\&c_{212}x_3+c_{213}x_4=0\end{aligned} \tag{3.102}$$

$$\begin{aligned}f_{333}(x_1,x_2,x_3,x_4)=&c_{301}+c_{302}x_1^{-1}x_2+c_{303}x_1^{-1}x_3+c_{304}x_1^{-1}x_4+c_{305}x_1^{-1}+c_{306}x_1x_2^{-1}+\\&c_{307}x_2^{-1}x_3+c_{308}x_2^{-1}x_4+c_{309}x_2^{-1}+c_{310}x_1x_3^{-1}+c_{311}x_2x_3^{-1}+\\&c_{312}x_3^{-1}x_4+c_{313}x_3^{-1}+c_{314}x_1x_4^{-1}+c_{315}x_2x_4^{-1}+c_{316}x_3x_4^{-1}+\\&c_{317}x_4^{-1}+c_{318}x_1+c_{319}x_2+c_{320}x_3+c_{321}x_4=0\end{aligned} \tag{3.103}$$

$$\begin{aligned}f_{334}(x_1,x_2,x_3,x_4)=&c_{401}+c_{402}x_1^{-1}x_2+c_{403}x_1^{-1}x_3+c_{404}x_1^{-1}x_4+c_{405}x_1^{-1}+c_{406}x_1x_2^{-1}+\\&c_{407}x_2^{-1}x_3+c_{408}x_2^{-1}x_4+c_{409}x_2^{-1}+c_{410}x_1x_3^{-1}+c_{411}x_2x_3^{-1}+\\&c_{412}x_3^{-1}x_4+c_{413}x_3^{-1}+c_{414}x_1x_4^{-1}+c_{415}x_2x_4^{-1}+c_{416}x_3x_4^{-1}+\\&c_{417}x_4^{-1}+c_{418}x_1+c_{419}x_2+c_{420}x_3+c_{421}x_4=0\end{aligned} \tag{3.104}$$

式中，c_{101}～c_{421} 均为常数系数，是由各杆长度以及 5 个夹角 $\alpha_1,\alpha_2,\cdots,\alpha_5$ 决定的。

综上所述，式(3.101)～式(3.104)就是第 33 种 9 杆巴氏桁架位置分析的 4 个约束方程式。接下来对式(3.101)～式(3.104)进行消元求解。

3.5.2 消元求解

1. 构造 Dixon 结式

根据 Dixon 结式的构造原理，f_{331}～f_{334} 这 4 个方程式最终可以构造一个 22×22 的

Dixon 矩阵 $\boldsymbol{D}_{22\times 22}$。对于 4 个方程式(3.101)～式(3.104)，Dixon 结式的具体构造过程如下：

设 $\boldsymbol{F}_{330}(x_1,x_2,x_3,x_4)=(f_{331},f_{332},f_{333},f_{334})^{\mathrm{T}}$，引入 z_1、z_3 和 z_4 这 3 个新变元，则行列式

$$\Delta_{33}(x_1,x_2,x_3,x_4,z_1,z_3,z_4)=\left|\boldsymbol{F}_{330}(x_1,x_2,x_3,x_4),\ \boldsymbol{F}_{331}(z_1,x_2,x_3,x_4),\boldsymbol{F}_{332}(z_1,x_2,z_3,x_4),\boldsymbol{F}_{333}(z_1,x_2,z_3,z_4)\right| \tag{3.105}$$

当 $x_1=z_1$ 或者 $x_3=z_3$ 或者 $x_4=z_4$ 时，$\Delta_{33}=0$，所以 $(x_1-z_1)(x_3-z_3)(x_4-z_4)$ 是 Δ_{33} 的因子。令

$$\delta_{33}(x_1,x_2,x_3,x_4,z_1,z_3,z_4)=\frac{\Delta_{33}(x_1,x_2,x_3,x_4,z_1,z_3,z_4)}{(x_1-z_1)(x_3-z_3)(x_4-z_4)}=0 \tag{3.106}$$

为了将式(3.106)直接展开，先将式(3.106)变换为

$$\delta_{33}=\left|\boldsymbol{F}_{330},\frac{\boldsymbol{F}_{331}-\boldsymbol{F}_{330}}{x_1-z_1},\frac{\boldsymbol{F}_{332}-\boldsymbol{F}_{331}}{x_3-z_3},\frac{\boldsymbol{F}_{333}-\boldsymbol{F}_{332}}{x_4-z_4}\right|=0 \tag{3.107}$$

式(3.107)不仅分母不含有分式，而且可以快速展开，展开后的 δ_{33} 可以分解成矩阵与行向量、列向量的乘积

$$\delta_{33}=\boldsymbol{Z}_{1\times 22}\,\boldsymbol{D}_{22\times 22}\,\boldsymbol{X}_{22\times 1}=0 \tag{3.108}$$

式中，

$$\begin{aligned}\boldsymbol{Z}_{1\times 22}=(&z_1^{-3},z_1^{-2},z_1^{-1},z_3^{-1},z_1^{-2}z_3^{-1},z_1^{-1}z_3^{-1},z_1z_3^{-1},z_4^{-2},z_1^{-1}z_4^{-2},z_1z_4^{-2},z_4^{-1},z_1^{-2}z_4^{-1},z_1^{-1}z_4^{-1},\\&z_1z_4^{-1},z_3^{-1}z_4^{-1},z_1^{-1}z_3^{-1}z_4^{-1},z_1z_3^{-1}z_4^{-1},z_1^{2}z_3^{-1}z_4^{-1},z_3^{-1}z_4,z_1^{-2}z_3^{-1}z_4,z_1^{-1}z_3^{-1}z_4,1)\end{aligned}$$

$$\begin{aligned}\boldsymbol{X}_{22\times 1}=(&x_1^{-1},x_3^{-3},x_3^{-2},x_1^{-1}x_3^{-2},x_3^{-1},x_1^{-1}x_3^{-1},x_1^{-1}x_3,x_4^{-2},x_3^{-1}x_4^{-2},x_3x_4^{-2},x_4^{-1},x_1^{-1}x_4^{-1},x_3^{-2}x_4^{-1},\\&x_3^{-1}x_4^{-1},x_1^{-1}x_3^{-1}x_4^{-1},x_3x_4^{-1},x_1^{-1}x_3x_4^{-1},x_1^{-1}x_3^{2}x_4^{-1},x_1^{-1}x_4,x_1^{-1}x_3^{-2}x_4,x_1^{-1}x_3^{-1}x_4,1)^{\mathrm{T}}\end{aligned}$$

$\boldsymbol{D}_{22\times 22}$ 是一个仅含有变量 x_2 的 22×22 方阵，即 Dixon 矩阵。

2. 提取公因式

通过计算发现，矩阵 $\boldsymbol{D}_{22\times 22}$ 中第 2 和第 18 列可以提出公因式 $C_1(x_2)$ 和 $C_2(x_2)$。其中，

$$C_1(x_2)=c_0+c_1x_2,C_2(x_2)=\bar{c}_0+\bar{c}_1/x_2$$

两个公因式 $C_1(x_2)$ 和 $C_2(x_2)$ 相互共轭复数且不是方程的解，于是把它们分别乘到 $\boldsymbol{X}_{22\times 1}$ 的第 2 和 18 个元素得到新的列向量 $\boldsymbol{X}'_{22\times 1}$，

$$\begin{aligned}\boldsymbol{X}'_{22\times 1}=(&x_1^{-1},C_1(x_2)x_3^{-3},x_3^{-2},x_1^{-1}x_3^{-2},x_3^{-1},x_1^{-1}x_3^{-1},x_1^{-1}x_3,x_4^{-2},x_3^{-1}x_4^{-2},x_3x_4^{-2},x_4^{-1},x_1^{-1}x_4^{-1},x_3^{-2}x_4^{-1},\\&x_3^{-1}x_4^{-1},x_1^{-1}x_3^{-1}x_4^{-1},x_3x_4^{-1},x_1^{-1}x_3x_4^{-1},C_2(x_2)x_1^{-1}x_3^{2}x_4^{-1},x_1^{-1}x_4,x_1^{-1}x_3^{-2}x_4,x_1^{-1}x_3^{-1}x_4,1)^{\mathrm{T}}\end{aligned}$$

同时 $\boldsymbol{D}_{22\times 22}$ 中第 2 和第 18 列分别提出公因式 $C_1(x_2)$ 和 $C_2(x_2)$ 得到新矩阵 $\boldsymbol{D}'_{22\times 22}$。这样式(3.108)可以等价写成

$$\delta_{33}=\boldsymbol{Z}_{1\times 22}\,\boldsymbol{D}'_{22\times 22}\,\boldsymbol{X}'_{22\times 1}=0 \tag{3.109}$$

3. 获取一元高次方程

根据线性代数的知识，令 Dixon 矩阵 $\boldsymbol{D}'_{22\times 22}$ 的行列式为零可以使式(3.109)等于零成立。$\boldsymbol{D}'_{22\times 22}$ 的行列式使用 Mathematica 软件中的 Det()函数展开后，得到关于 x_2 的一元 64 次方程，分解因式后，可以提出一个 $C_3(x_2)$ 的一元 6 次因式，

$$C_3(x_2)=c_{30}+c_{31}x_2+c_{32}x_2^2+\cdots+c_{35}x_2^5+c_{36}x_2^6$$

$C_3(x_2)$ 不是方程组的解。提出因子 $C_3(x_2)$ 后，得到关于 x_2 的一元 58 次方程。

4. 求解其他变量并排除增根

将上节求出的 x_2 代入式(3.108),可以得到

$$\boldsymbol{D}_{22\times22}\,\boldsymbol{X}_{22\times1}=\boldsymbol{0}_{22\times1} \tag{3.110}$$

由于 x_2 代入后 $\boldsymbol{D}_{22\times22}$ 的秩 $r<22$,说明 $\boldsymbol{X}_{22\times1}$ 中的变元有 $22-r$ 是线性相关的,这 r 个变元可以用其他 $22-r$ 个变元线性的表示;同时说明 $\boldsymbol{D}_{22\times22}$ 中 $22-r$ 行是冗余的,可以将其去掉。这样式(3.110)可写成

$$\boldsymbol{D}_{r\times22}\,\boldsymbol{X}_{22\times1}=\boldsymbol{0}_{r\times1} \tag{3.111}$$

对式(3.111)中的 $\boldsymbol{D}_{r\times22}$ 使用施密特正交化法提取最大线性无关组得到 $\boldsymbol{D}_{r\times r}$,所以式(3.111)可写成

$$(\boldsymbol{D}_{r\times r}\quad \boldsymbol{D}_{r\times(22-r)})\,\boldsymbol{X}_{22\times1}=\boldsymbol{0}_{r\times1} \tag{3.112}$$

由于 $\boldsymbol{D}_{r\times r}$ 是可逆的,式(3.112)两边左乘 $\boldsymbol{D}_{r\times r}^{-1}$ 后,$\boldsymbol{D}_{r\times r}$ 变成了单位阵 $\boldsymbol{E}_{r\times r}$,即

$$(\boldsymbol{F}_{r\times r}\quad \boldsymbol{D}_{r\times r}^{-1}\cdot\boldsymbol{D}_{r\times(22-r)})\cdot\boldsymbol{X}_{22\times1}=\boldsymbol{0}_{r\times1} \tag{3.113}$$

实际上,把 $\boldsymbol{X}_{22\times1}$ 中的元素看成单独变元,$\boldsymbol{D}_{r\times22}$ 就是增广矩阵,而 $\boldsymbol{F}_{r\times r}$ 就是系数矩阵。对于 x_2 的 58 个正常根,代入后 $\boldsymbol{D}_{22\times22}$ 和 $\boldsymbol{F}_{r\times r}$ 的秩 $r=21$,同时使 $\boldsymbol{D}_{r\times r}^{-1}\boldsymbol{D}_{r\times(22-r)}$ 变成一个所有元素都不为零的列向量,从而可根据式(3.113)直接解线性方程组得到向量 $\boldsymbol{X}_{22\times1}$ 中各元素的值并求出 x_1、x_3 和 x_4。而对于 x_2 的 6 个增根,即 $C_3(x_2)$ 对应的解,代入后 $\boldsymbol{D}_{22\times22}$ 的秩 $r=21$ 而 $\boldsymbol{F}_{r\times r}$ 的秩 $r=20$ 并且 $\boldsymbol{D}_{r\times r}^{-1}\boldsymbol{D}_{r\times(22-r)}$ 变成了具有多个零的列向量,根据线性代数的知识可知,系数矩阵的秩小于增广矩阵的秩,方程组是无解的。另外,对于增根,式(3.113)展开后变成了矛盾方程组,亦无解,那么这组解就是增根,需要去掉。

3.5.3 数值实例

第 33 种 9 杆巴氏桁架的各杆长度如下:$l_1=40$,$l_2=40$,$l_3=15$,$l_4=26$,$l_5=26$,$l_6=22$,$l_7=25$,$l_8=\sqrt{305}$,$l_9=6\sqrt{5}$,$l_{10}=15$,$l_{11}=2\sqrt{113}$,$l_{12}=20$,$l_{13}=\sqrt{661}$,$l_{14}=5\sqrt{661}/3$,$l_{15}=\sqrt{6610}/3$,$l_{16}=7\sqrt{65}$,$l_{17}=25$,$l_{18}=25$。

点 B、C 和 F 的坐标分别为 $\boldsymbol{b}=(7,-211/3)^{\mathrm{T}}$,$\boldsymbol{c}=(24,-32)^{\mathrm{T}}$,$\boldsymbol{f}=(5,-61)^{\mathrm{T}}$,$\alpha_1,\alpha_2,\cdots,\alpha_5$ 可以根据余弦定理求出。根据上述步骤,可以求出 58 组 $\theta_1\sim\theta_4$、θ_1、θ_2、θ_3 和 θ_4 的 14 组实数结果如表 3.5 所示。

表 3.5　第 33 种 9 杆巴氏桁架的 14 组实数解　　(单位:°)

No.	θ_1	θ_2	θ_3	θ_4
1	-160.692	-32.292	-43.739	-13.684
2	-149.855	108.899	69.261	101.743
3	-148.514	-22.884	43.176	-44.222
4	-116.219	45.959	91.523	-14.719
5	-44.04	116.974	71.223	-11.224

续表

No.	θ_1	θ_2	θ_3	θ_4
6	-28.765	115.341	1.5130	14.949
7	-25.282	-148.011	33.025	-48.919
8	-13.568	-146.585	66.878	-33.584
9	107.229	-92.77	150.856	45.257
10	107.922	-151.539	71.852	96.434
11	126.87	-143.13	126.87	90.00
12	138.26	-31.094	-20.579	75.122
13	147.342	-49.259	12.816	121.983
14	156.346	-73.757	98.32	159.409

由上述步骤计算出 x_2 的 6 个增根为：-1.639－1.156i,-0.629－1.839i,-0.407－0.287i,-0.1666－0.487i,0.760－0.385i 和 1.047－0.531i,它们都使 $1/x_1$、$1/x_3$ 和 $1/x_4$ 同时为零,x_1、x_3和 x_4 无解,从而需要把它们去掉。

使用 Dixon 结式首次完成了耦合度为 2 的非平面拓扑结构的第 33 种 9 杆巴氏桁架的位置分析,单独使用 Dixon 结式解决 9 杆巴氏桁架的位置分析尚属首次。经过演算发现,$\kappa=2$ 系列 9 杆巴氏桁架的位置分析都可以使用 Dixon 结式消元法完成,但是都需要使用本节提供的方法去掉增根。

本章在解决 9 杆巴氏桁架的位置分析时,采用了复数—矢量法相结合,即根据平面上各杆的矢量关系建立复数方程,经过代数消元后导出复数形式的输入输出方程。与以往文章不同之处在于:

(1) 单独使用 Sylvester 结式消元法对第 25 种 9 杆巴氏桁架进行了位置正解,产生了增根。通过寻找矢量之间的关系降低了结式中变量的次数,使封闭方程的解无增根无漏根。

(2) 结合 Dixon 和 Sylvester 结式消元法完成了第 30～32 种 9 杆巴氏桁架的位置分析,得到无增根、无漏根的全部解。此方法同样可以应用在第 25 种 9 杆巴氏桁架的位置分析上。在求第 25、31 和 32 种 9 杆巴氏桁架的位置分析时,Dixon 结式中的某行或某列出现了公因式,这时,必须提出公因式,否则就会出现增根。此方法成功的求解了第 30～32 种 9 杆巴氏桁架的位置分析,可以说对于 9 杆巴氏桁架的位置分析是很有效的。

(3) 使用 Dixon 结式首次完成了第 33 种非平面的 9 杆巴氏桁架的位置分析,单独使用 Dixon 结式消元法也可以完成所有 $\kappa=2$ 系列 9 杆巴氏桁架的位置分析,但是得到的一元高次方程中都含有增根,需要去掉增根。

(4) 采用这些方法后,全部 9 杆巴氏桁架的位置分析问题已经获得解决。

第4章

基于CGA的5杆和7杆巴氏桁架位置分析

本章基于CGA分别对5杆和7杆巴氏桁架的位置分析进行代数求解。4.1和4.2节基于CGA对5杆巴氏桁架对应的两种Assur组分别进行位置分析，说明同一个巴氏桁架对应的Assur组可以得到相同的位置分析解。在CGA框架下，通过类似图2.4的平面运动链建立4杆Assur组的特征方程；接着，推导出各个铰链点的共形几何表示，并用一个单变量表示；最后，将各铰链点坐标代入特征方程，通过欧拉角变换可直接获得4杆Assur组位置分析的一元6次方程。对比分析可知，同一个巴氏桁架对应的Assur组可以得到相同的位置分析解。4.3～4.5节基于CGA完成3种7杆巴氏桁架的位置分析。首先，通过7杆巴氏桁架中包含的平面4杆运动链建立第一个方程；接着，利用CGA中点与点的内积与距离的关系建立第二个方程；最后，两个方程经过欧拉变换和一步结式消元，得到该问题的一元高次方程，其中，Ⅰ型7杆巴氏桁架的位置分析最终得到的是一元14次方程，Ⅱ型最终得到的是一元16次方程，Ⅲ型最终得到的是一元18次方程。上述结论与使用复数—矢量法建模或者距离几何的方法建模得到的结果一致。

4.1 Ⅰ型4杆Assur组的位置分析

5杆巴氏桁架对应的4杆6副Assur组有两种，如图4.1所示，含有2个3副构件ABC和DEF以及3个2副构件AD、BE和CF。

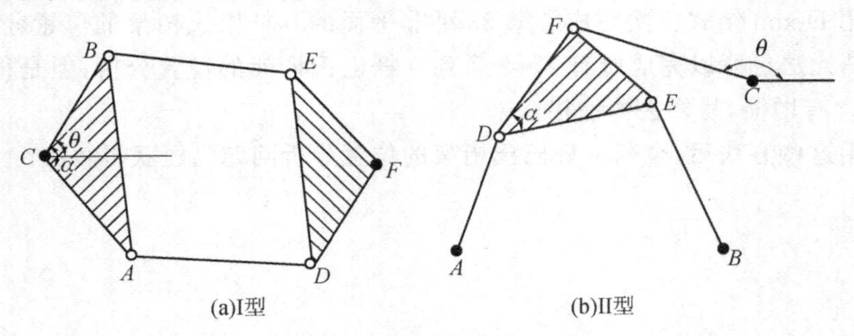

图4.1　5杆巴氏桁架对应的4杆6副Assur组

4.1.1 特征方程的建立

图 4.1(a)所示的Ⅰ型 4 杆 Assur 组是由图 1.2 所示的 5 杆巴氏桁架拆去杆 CF 得到的构型，其中，外副点 C、F 的位置已知，各个杆件的长度已知，内副点 A、B、D 和 E 的位置未知。

约束方程的建立基于类似图 2.4 的平面四杆运动链 $BEFDA$，该四杆运动链包含点 A、B 和 F 这 3 个外副点，D 和 E 两个内副点。在 CGA 框架下，由图 4.1(b)可知，球 $\underline{\boldsymbol{S}}_{BE}$、球 $\underline{\boldsymbol{S}}_{FE}$ 和平面 $\underline{\boldsymbol{\Pi}}_{ABC}$ 相交生成点对 $\boldsymbol{E}_E^*$。根据式(2.87)得到点对 $\boldsymbol{E}_E^*$ 的外积表达式如下

$$\boldsymbol{E}_E^* = -(\underline{\boldsymbol{S}}_{BE} \wedge \underline{\boldsymbol{S}}_{FE} \wedge \underline{\boldsymbol{\Pi}}_{ABC})\boldsymbol{I}_C \tag{4.1}$$

式中，$\underline{\boldsymbol{S}}_{BE} = \underline{\boldsymbol{B}} - \frac{1}{2}l_{BE}^2\boldsymbol{e}_\infty$，$\underline{\boldsymbol{S}}_{FE} = \underline{\boldsymbol{F}} - \frac{1}{2}l_{EF}^2\boldsymbol{e}_\infty$，$\underline{\boldsymbol{\Pi}}_{ABC} = \boldsymbol{e}_3$，$\underline{\boldsymbol{B}} = \boldsymbol{b} + \frac{1}{2}\boldsymbol{b}^2\boldsymbol{e}_\infty + \boldsymbol{e}_0$，$\underline{\boldsymbol{F}} = \boldsymbol{f} + \frac{1}{2}\boldsymbol{f}^2\boldsymbol{e}_\infty + \boldsymbol{e}_0$。

通过式(4.1)和式(2.61)，点 E 的 CGA 标准表达如下

$$\underline{\boldsymbol{E}} = \frac{\boldsymbol{T}_{E,2}}{B_E} \pm \frac{\sqrt{A_E}}{B_E}\boldsymbol{T}_{E,1} \tag{4.2}$$

式中，$\boldsymbol{T}_{E,1} = \boldsymbol{e}_\infty \cdot \boldsymbol{E}_E^*$，$\boldsymbol{T}_{E,2} = \boldsymbol{T}_{E,1} \cdot \boldsymbol{E}_E^*$，$A_E = \boldsymbol{E}_E^* \cdot \boldsymbol{E}_E^* = \frac{1}{4}(-(l_{EF}^2 + l_{BE}^2 - l_{BF}^2)^2 + 4l_{EF}^2 l_{BF}^2)$ 和 $B_E = \boldsymbol{T}_{E,1} \cdot \boldsymbol{T}_{E,1} = l_{BF}^2$。

由式(2.93)可得到以下方程

$$E_E - A_E D_E - 2C_E F_E + B_E C_E^2 = 0 \tag{4.3}$$

式中，

$$\begin{aligned}
C_E &= \left(-\frac{l_{DE}^2}{2} - \frac{l_{EF}^2}{2} + \frac{l_{DF}^2}{2}\right)(\underline{\boldsymbol{A}} \cdot \underline{\boldsymbol{F}}) + \frac{l_{DE}^2 l_{EF}^2}{4} - \frac{l_{EF}^4}{4} - \frac{l_{EF}^2 l_{AD}^2}{2} + \frac{l_{EF}^2 l_{DF}^2}{4} \\
D_E &= \boldsymbol{N}_E \cdot \boldsymbol{N}_E = l_{AF}^2 S_{\triangle DFE}^2 \\
E_E &= (\boldsymbol{E}_E^* \wedge \boldsymbol{N}_E) \cdot (\boldsymbol{E}_E^* \wedge \boldsymbol{N}_E) \\
F_E &= \boldsymbol{T}_{E,2} \cdot \boldsymbol{N}_E \\
\boldsymbol{N}_E &= -\boldsymbol{S}_{\triangle DFE} \cdot (\boldsymbol{e}_\infty \wedge \underline{\boldsymbol{A}} \wedge \underline{\boldsymbol{F}})\boldsymbol{I}_C + S_E\underline{\boldsymbol{A}} \\
S_{\triangle DFE} &= l_{FE} l_{FD} \sin(\angle \mathrm{DFE}) \\
\boldsymbol{S}_{\triangle DFE} &= S_{\triangle DFE}\boldsymbol{e}_3 = l_{FE} l_{FD} \sin(\angle \mathrm{DFE})\boldsymbol{e}_3 \\
S_E &= \frac{l_{EF}^2}{2} + \frac{l_{DF}^2}{2} - \frac{l_{DE}^2}{2}
\end{aligned} \tag{4.4}$$

式(4.3)就是图 4.1(a)所示 4 杆 Assur 组位置分析的特征多项式方程。式(4.3)仅和点 A、B 和 F 的位置有关。对于图 4.1(a)所示的 Assur 组，点 F 的位置已知，点 A 和 B 的位置通过单变量 θ 表示，其中，θ 表示杆 BC 与 x 轴之间的夹角，因此，式(4.3)是一个单变量方程。接下来对该方程进行求解。

4.1.2 方程求解

如图 4.1(a)所示，α 为 $\angle ACB$ 的度数，θ 表示杆 BC 与 x 轴之间的夹角，由此，点 A 和 B 的坐标分别为

$$\begin{aligned}\boldsymbol{a}&=\boldsymbol{c}+(l_{AC}\cos(\theta-\alpha),l_{AC}\sin(\theta-\alpha),0)^{\mathrm{T}}\\ \boldsymbol{b}&=\boldsymbol{c}+(l_{BC}\cos\theta,l_{BC}\sin\theta,0)^{\mathrm{T}}\end{aligned}\tag{4.5}$$

式中，由于$\triangle ACB$各杆的长度已知，所以，α是已知值。

由此，根据表2.1和式(4.5)，可以获得点A、B、C和F的CGA表示形式如下：

$$\begin{cases}\underline{\boldsymbol{A}}=\boldsymbol{a}+\dfrac{1}{2}\boldsymbol{a}^2\boldsymbol{e}_\infty+\boldsymbol{e}_0\\ \underline{\boldsymbol{B}}=\boldsymbol{b}+\dfrac{1}{2}\boldsymbol{b}^2\boldsymbol{e}_\infty+\boldsymbol{e}_0\\ \underline{\boldsymbol{C}}=\boldsymbol{c}+\dfrac{1}{2}\boldsymbol{c}^2\boldsymbol{e}_\infty+\boldsymbol{e}_0\\ \underline{\boldsymbol{F}}=\boldsymbol{f}+\dfrac{1}{2}\boldsymbol{f}^2\boldsymbol{e}_\infty+\boldsymbol{e}_0\end{cases}\tag{4.6}$$

接着，将式(4.6)和欧拉角变换$\cos\theta=\dfrac{t^2+1}{2t}$，$\sin\theta=\dfrac{t^2-1}{2\mathrm{i}t}$，$t=\exp(\mathrm{i}\theta)$代入式(4.3)，可以直接得到一个只包含未知数$t$的一元6次方程：

$$\sum_{i=0}^{6}c_i t^i=0\tag{4.7}$$

式中，系数c_i为常数。

接着，根据$\theta=2\arctan\left(\mathrm{i}\dfrac{1-t}{1+t}\right)$求得角度$\theta$。将$\theta$代入式(4.5)，求出点$A$、$B$坐标。

根据$\underline{\boldsymbol{E}}\cdot\boldsymbol{N}_E=C_E$，将式(4.2)代入，得到：

$$\left(\frac{\boldsymbol{T}_{E,2}}{B_E}\pm\frac{\sqrt{A_E}}{B_E}\boldsymbol{T}_{E,1}\right)\cdot\boldsymbol{N}_E=C_E\tag{4.8}$$

根据式(4.8)，可以得到式(4.2)中正负号的取值s_E为

$$s_E=\frac{C_E-\dfrac{\boldsymbol{T}_{E,2}}{B_E}\cdot\boldsymbol{N}_E}{\dfrac{\sqrt{A_E}}{B_E}\boldsymbol{T}_{E,1}\cdot\boldsymbol{N}_E}\tag{4.9}$$

因此，点E的CGA标准表示$\underline{\boldsymbol{E}}$如下：

$$\underline{\boldsymbol{E}}=\frac{\boldsymbol{T}_{E,2}}{B_E}+s_E\frac{\sqrt{A_E}}{B_E}\boldsymbol{T}_{E,1}\tag{4.10}$$

点D可由球$\underline{\boldsymbol{S}}_{AD}$、球$\underline{\boldsymbol{S}}_{ED}$、球$\underline{\boldsymbol{S}}_{FD}$和平面$\underline{\boldsymbol{\Pi}}_{ABC}$相交求得，其CGA表示如下：

$$\begin{cases}\underline{\boldsymbol{D}}'=-(\underline{\boldsymbol{S}}_{AD}\wedge\underline{\boldsymbol{S}}_{ED}\wedge\underline{\boldsymbol{S}}_{FD}\wedge\underline{\boldsymbol{\Pi}}_{ABC})I_C\\ \underline{\boldsymbol{D}}=-\underline{\boldsymbol{D}}'/(\boldsymbol{e}_\infty\cdot\underline{\boldsymbol{D}}')\end{cases}\tag{4.11}$$

式中，$\underline{\boldsymbol{S}}_{AD}=\underline{\boldsymbol{A}}-\dfrac{1}{2}l_{AD}^2\boldsymbol{e}_\infty$，$\underline{\boldsymbol{S}}_{ED}=\underline{\boldsymbol{E}}-\dfrac{1}{2}l_{ED}^2\boldsymbol{e}_\infty$，$\underline{\boldsymbol{S}}_{FD}=\underline{\boldsymbol{F}}-\dfrac{1}{2}l_{DF}^2\boldsymbol{e}_\infty$。

综上所述，完成了Ⅰ型4杆Assur组的位置分析求解，即求解得到了除C、F两个铰链外的其他4个铰链A、B、D、E的位置。

4.1.3 数值实例

为验证方法的正确性，使用 Mathematica 将以上的算法用程序实现，给出机构的参数如下：

$$\boldsymbol{c}=(0,0,0)^{\mathrm{T}},\quad \boldsymbol{f}=(4.3,0,0)^{\mathrm{T}},\quad l_{AD}=3.6,\quad l_{BE}=6.8,$$

$$l_{DF}=5.8,\quad l_{DE}=5.3,\quad l_{EF}=4.7,\quad l_{AB}=9,\quad l_{AC}=\sqrt{\frac{2357}{50}},l_{BC}=\sqrt{\frac{7757}{50}}$$

将上述参数代入上述式(4.5)～式(4.11)，求出 θ 的值如表 4.1 所示。上述尺寸决定的实数解有 6 组。这 6 组实数解依次对应的装配构型如图 4.2 所示。

表 4.1 Ⅰ型 4 杆 Assur 组的 6 组实数解

No.	t	$\theta/(°)$	No.	t	$\theta/(°)$
1	-0.2779-0.9606i	-106.1330	4	0.9362+0.3515i	20.5766
2	0.9819-0.1895i	-10.9226	5	0.5736-0.8191i	-54.9963
3	0.9935+0.1140i	6.5475	6	-0.3718-0.9283i	-111.826

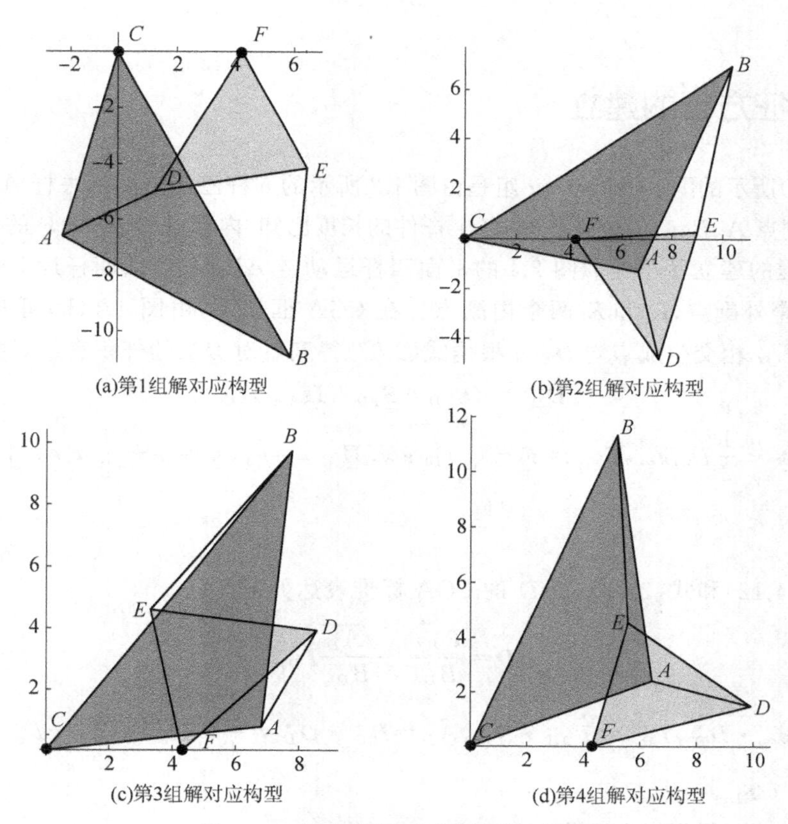

图 4.2 6 组实数解所对应的装配构型

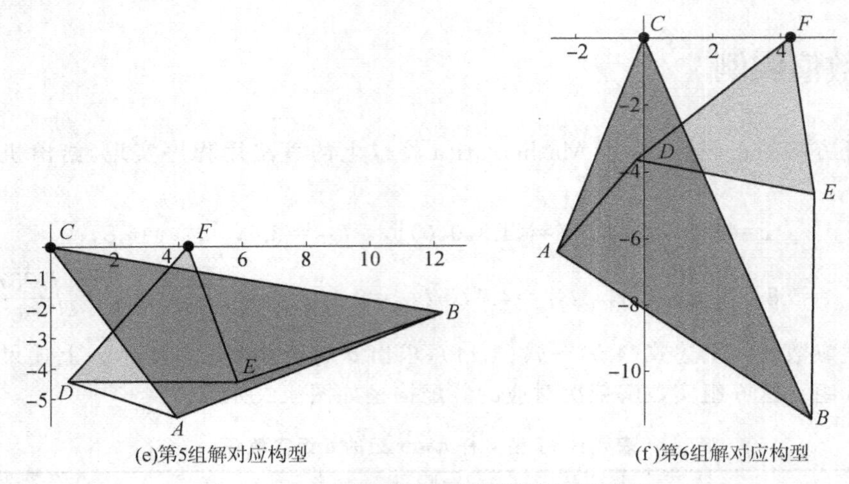

(e)第5组解对应构型
(f)第6组解对应构型

图 4.2　6 组实数解所对应的装配构型(续图)

4.2　Ⅱ型 4 杆 Assur 组的位置分析

4.2.1　特征方程的建立

图 4.1(b)所示的Ⅱ型 4 杆 Assur 组是由图 1.2 所示的 5 杆巴氏桁架拆去杆 ABC 得到的构型,其中,外副点 A、B、C 的位置已知,各个杆件的长度已知,内副点 D、E 和 F 的位置未知。

约束方程的建立基于类似图 2.4 的平面四杆运动链 $ADFEB$,该四杆运动链包含点 A、B 和 F 这 3 个外副点,D 和 E 两个内副点。在 CGA 框架下,由图 4.1(b)可知,球 $\underline{\boldsymbol{S}}_{AD}$、球 $\underline{\boldsymbol{S}}_{FD}$ 和平面 $\underline{\boldsymbol{\Pi}}_{ABC}$ 相交生成点对 $\boldsymbol{D}_D^*$。根据式(2.87)得到点对 $\boldsymbol{D}_D^*$ 的外积表达式如下

$$\boldsymbol{D}_D^* = -(\underline{\boldsymbol{S}}_{AD} \wedge \underline{\boldsymbol{S}}_{FD} \wedge \underline{\boldsymbol{\Pi}}_{ABC})\boldsymbol{I}_C \tag{4.12}$$

式中,$\underline{\boldsymbol{S}}_{AD} = \underline{\boldsymbol{A}} - \frac{1}{2} l_{AD}^2 \boldsymbol{e}_\infty$,$\underline{\boldsymbol{S}}_{FD} = \underline{\boldsymbol{F}} - \frac{1}{2} l_{DF}^2 \boldsymbol{e}_\infty$,$\underline{\boldsymbol{\Pi}}_{ABC} = \boldsymbol{e}_3$,$\underline{\boldsymbol{A}} = \boldsymbol{a} + \frac{1}{2}\boldsymbol{a}^2 \boldsymbol{e}_\infty + \boldsymbol{e}_0$,$\underline{\boldsymbol{F}} = \boldsymbol{f} + \frac{1}{2}\boldsymbol{f}^2 \boldsymbol{e}_\infty + \boldsymbol{e}_0$。

通过式(4.12)和式(2.61),点 D 的 CGA 标准表达如下

$$\underline{\boldsymbol{D}} = \frac{\boldsymbol{T}_{D,2}}{B_D} \pm \frac{\sqrt{A_D}}{B_D}\boldsymbol{T}_{D,1} \tag{4.13}$$

式中,$\boldsymbol{T}_{D,1} = \boldsymbol{e}_\infty \cdot \boldsymbol{D}_D^*$,$\boldsymbol{T}_{D,2} = \boldsymbol{T}_{D,1} \cdot \boldsymbol{D}_D^*$,$A_D = \boldsymbol{D}_D^* \cdot \boldsymbol{D}_D^* = \frac{1}{4}(-(l_{DF}^2 + l_{AD}^2 - l_{AF}^2)^2 + 4 l_{DF}^2 l_{AD}^2)$ 和 $\boldsymbol{B}_D = \boldsymbol{T}_{D,1} \cdot \boldsymbol{T}_{D,1} = l_{AF}^2$。

由式(2.93)可得到以下方程

$$E_D - A_D D_D - 2 C_D F_D + B_D C_D^2 = 0 \tag{4.14}$$

式中：

$$C_D=\left(-\frac{l_{DE}^2}{2}-\frac{l_{DF}^2}{2}+\frac{l_{EF}^2}{2}\right)(\underline{\boldsymbol{B}}\cdot\underline{\boldsymbol{F}})+\frac{l_{DE}^2l_{DF}^2}{4}-\frac{l_{DF}^4}{4}-\frac{l_{DF}^2l_{BE}^2}{2}+\frac{l_{DF}^2l_{EF}^2}{4}$$

$$D_D=\boldsymbol{N}_D\cdot\boldsymbol{N}_D=l_{BF}^2S_{\triangle EFD}^2$$

$$E_D=(\boldsymbol{D}_D^*\wedge\boldsymbol{N}_D)\cdot(\boldsymbol{D}_D^*\wedge\boldsymbol{N}_D)$$

$$F_D=\boldsymbol{T}_{D,2}\cdot\boldsymbol{N}_D$$

$$\boldsymbol{N}_D=-\boldsymbol{S}_{\triangle EFD}\cdot(\boldsymbol{e}_\infty\wedge\underline{\boldsymbol{B}}\wedge\underline{\boldsymbol{F}})\boldsymbol{I}_C+S_D\underline{\boldsymbol{B}}$$

$$S_{\triangle EFD}=l_{DF}l_{EF}\sin(\angle \mathrm{EFD})$$

$$\boldsymbol{S}_{\triangle EFD}=S_{\triangle EFD}\boldsymbol{e}_3=l_{DF}l_{EF}\sin(\angle \mathrm{EFD})\boldsymbol{e}_3$$

$$S_D=\frac{l_{DF}^2}{2}+\frac{l_{EF}^2}{2}-\frac{l_{DE}^2}{2} \tag{4.15}$$

式(4.14)就是图 4.1(b)所示Ⅱ型 4 杆 Assur 组位置分析的特征多项式方程。式(4.14)仅和点 A、B 和 F 的位置有关。对于图 4.1(b)所示的 Assur 组，点 A 和 B 的位置已知，点 F 的位置由单变量 θ 表示，其中，θ 表示杆 CF 与 x 轴之间的夹角，因此，式(4.14)是一个单变量方程。接下来对该方程进行求解。

4.2.2 方程求解

如图 4.1(b)所示，α 为$\angle EDF$ 的度数，θ 表示杆 CF 与 x 轴之间的夹角，由此，点 F 的坐标表示为

$$\boldsymbol{f}=\boldsymbol{c}+(l_{CF}\cos\theta,l_{CF}\sin\theta,0)^{\mathrm{T}} \tag{4.16}$$

式中，由于$\triangle EDF$ 各杆的长度已知，所以，α 是已知值。

由此，根据表 2.1 和式(4.16)，可以获得点 A、B、C 和 F 的 CGA 表示形式如下：

$$\begin{cases}\underline{\boldsymbol{A}}=\boldsymbol{a}+\dfrac{1}{2}\boldsymbol{a}^2\boldsymbol{e}_\infty+\boldsymbol{e}_0\\ \underline{\boldsymbol{B}}=\boldsymbol{b}+\dfrac{1}{2}\boldsymbol{b}^2\boldsymbol{e}_\infty+\boldsymbol{e}_0\\ \underline{\boldsymbol{C}}=\boldsymbol{c}+\dfrac{1}{2}\boldsymbol{c}^2\boldsymbol{e}_\infty+\boldsymbol{e}_0\\ \underline{\boldsymbol{F}}=\boldsymbol{f}+\dfrac{1}{2}\boldsymbol{f}^2\boldsymbol{e}_\infty+\boldsymbol{e}_0\end{cases} \tag{4.17}$$

接着，将式(4.17)和欧拉角变换 $\cos\theta=\dfrac{t^2+1}{2t}$，$\sin\theta=\dfrac{t^2-1}{2\mathrm{i}t}$，$t=\exp(\mathrm{i}\theta)$代入式(4.14)，可以直接得到一个只包含未知数 t 的一元 6 次方程：

$$\sum_{i=0}^{6}c_it^i=0 \tag{4.18}$$

式中，系数 c_i 为常数。

接着，根据 $\theta=2\arctan\left(\mathrm{i}\dfrac{1-t}{1+t}\right)$求得角度 θ。将 θ 代入式(4.16)，求出点 A、B 坐标。

根据 $\underline{\boldsymbol{D}} \cdot \boldsymbol{N}_D = C_D$，将式(4.13)代入，得到：

$$\left(\frac{\boldsymbol{T}_{D,2}}{B_D} \pm \frac{\sqrt{A_D}}{B_D}\boldsymbol{T}_{D,1}\right) \cdot \boldsymbol{N}_D = C_D \tag{4.19}$$

根据式(4.19)，可以得到式(4.13)中正负号的取值 s_D 为

$$s_D = \frac{C_D - \dfrac{\boldsymbol{T}_{D,2}}{B_D} \cdot \boldsymbol{N}_D}{\dfrac{\sqrt{A_D}}{B_D}\boldsymbol{T}_{D,1} \cdot \boldsymbol{N}_D} \tag{4.20}$$

因此，点 D 的 CGA 标准表示 $\underline{\boldsymbol{D}}$ 如下：

$$\underline{\boldsymbol{D}} = \frac{\boldsymbol{T}_{D,2}}{B_D} + s_D \frac{\sqrt{A_D}}{B_D}\boldsymbol{T}_{D,1} \tag{4.21}$$

点 E 可由球 $\boldsymbol{S}_{BE}$、球 $\boldsymbol{S}_{DE}$、球 $\boldsymbol{S}_{FE}$ 和平面 $\boldsymbol{\Pi}_{ABC}$ 相交求得，其 CGA 表示如下：

$$\begin{cases} \underline{\boldsymbol{E}}' = -(\underline{\boldsymbol{S}}_{BE} \wedge \underline{\boldsymbol{S}}_{DE} \wedge \underline{\boldsymbol{S}}_{FE} \wedge \underline{\boldsymbol{\Pi}}_{ABC})\boldsymbol{I}_C \\ \underline{\boldsymbol{E}} = -\underline{\boldsymbol{E}}'/(\boldsymbol{e}_\infty \cdot \underline{\boldsymbol{E}}') \end{cases} \tag{4.22}$$

式中，$\underline{\boldsymbol{S}}_{BE} = \underline{\boldsymbol{B}} - \frac{1}{2}l_{BE}^2\boldsymbol{e}_\infty$，$\underline{\boldsymbol{S}}_{DE} = \underline{\boldsymbol{D}} - \frac{1}{2}l_{DE}^2\boldsymbol{e}_\infty$，$\underline{\boldsymbol{S}}_{FE} = \underline{\boldsymbol{F}} - \frac{1}{2}l_{EF}^2\boldsymbol{e}_\infty$。

综上所述，完成了Ⅱ型 4 杆 Assur 组的位置分析求解，即求解得到了除 A、B、C 这 3 个铰链外的其他 3 个铰链 D、E、F 的位置。

4.2.3 数值实例

为验证方法的正确性，使用 Mathematica 将以上的算法用程序实现，给出机构的参数如下：

$$\boldsymbol{a}=(0,0,0)^{\mathrm{T}},\quad \boldsymbol{b}=(9,0,0)^{\mathrm{T}},\quad \boldsymbol{c}=(-1.5,6.7,0)^{\mathrm{T}},\quad l_{AD}=3.6,\quad l_{BE}=6.8,$$
$$l_{CF}=4.3,\quad l_{DF}=5.8,\quad l_{DE}=5.3,\quad l_{EF}=4.7$$

将上述参数代入上述式(4.12)～式(4.22)，求出 θ 的值如表 4.2 所示。上述尺寸决定的实数解有 6 组。这 6 组实数解依次对应的装配构型如图 4.3 所示。

表 4.2　Ⅱ型 4 杆 Assur 组的 6 组实数解

No.	t	$\theta/(°)$	No.	t	$\theta/(°)$
1	0.1058−0.9944i	−83.9282	4	−0.1384−0.9904i	−97.9572
2	0.9247−0.3808i	−22.3843	5	0.8767+0.4810i	28.7522
3	0.8247+0.5656i	34.4456	6	0.3994−0.9168i	−66.458

4.1 节和 4.2 节基于 CGA 完成了 5 杆巴氏桁架及其对应两种 4 杆 6 副 Assur 组的位置分析，并求解了两个数值实例。这两个数值实例的杆长相同，属于同一种 5 杆巴氏桁架，只是机架的选取部位不同。两个数值实例求出 6 组解，全部为实数解，求得的 θ 都是绝对角度。对每个 Assur 组，其相对角度是相等的，如计算 AD 杆和 DE 杆的夹角 $\angle ADE$，如表 4.3 所示，可以得到机架为 CF 的情况下求出的第 1 组解和机架为 ABC 的情况下求出的

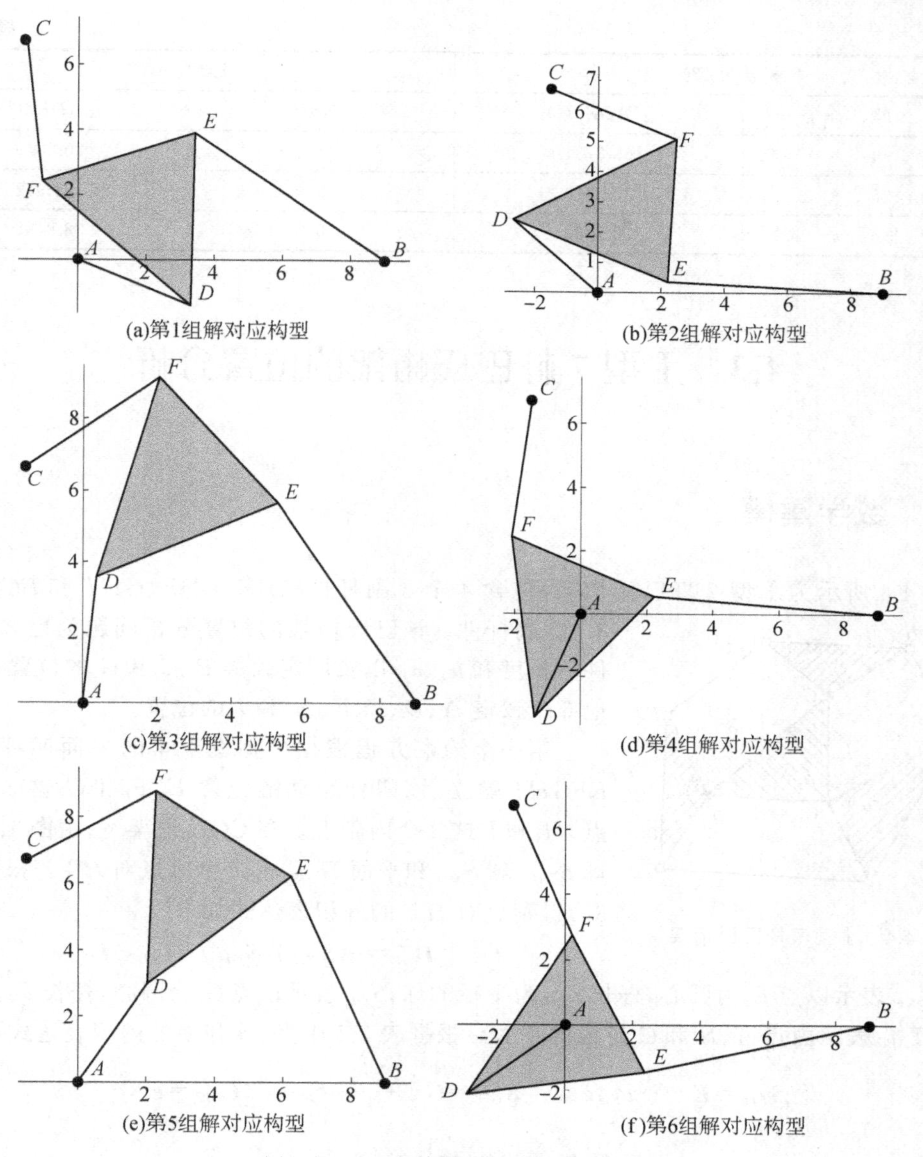
(a)第1组解对应构型　(b)第2组解对应构型

(c)第3组解对应构型　(d)第4组解对应构型

(e)第5组解对应构型　(f)第6组解对应构型

图 4.3　6 组实数解所对应的装配构型

第 2 组解的相对角度完全相同，其对应装配构型也完全相同。由此可见，巴氏桁架及其相对应的 Assur 组的相对位置解是完全一样的，即装配构型与机架的选择无关。

表 4.3　不同机架下 *AD* 杆和 *DE* 杆的夹角

机架为 CF		机架为 ABC	
No.	$\angle ADE/(°)$	No.	$\angle ADE/(°)$
1	19.1832	1	68.3731
2	161.942	2	19.1832
3	118.93	3	118.93

续表

机架为 CF		机架为 ABC	
No.	$\angle ADE/(°)$	No.	$\angle ADE/(°)$
4	68.3731	4	20.2319
5	20.2319	5	161.942
6	28.8488	6	28.8488

4.3 Ⅰ型7杆巴氏桁架的位置分析

4.3.1 数学建模

图4.4所示为Ⅰ型7杆巴氏桁架，包含4个3副杆件ABE、CDF、GHI和BCG，以及3个2副杆件。该巴氏桁架的位置分析问题为已知所有杆件的长度和α_1、α_2以及固定铰链B、C和G的位置，计算其他6个铰链A、D、E、F、H和I的位置。

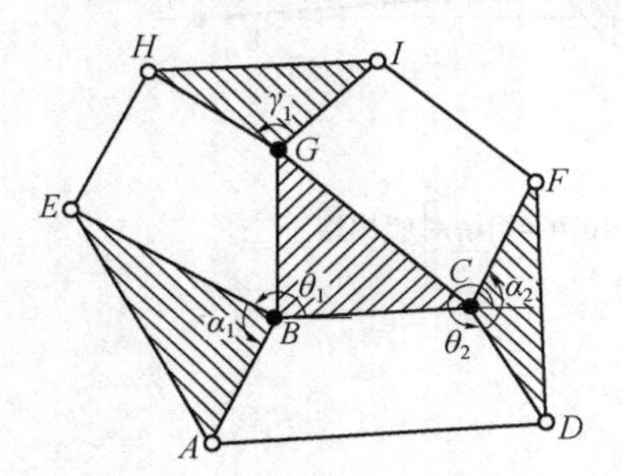

图4.4　Ⅰ型7杆巴氏桁架

第一个约束方程根据类似图2.4的平面四杆运动链$EFGHI$建立，该四杆运动链包含E、F和G这3个外副点，H和I这2个内副点。在CGA框架下，由图4.4可知，球$\underline{\boldsymbol{S}}_{EH}$、球$\underline{\boldsymbol{S}}_{GH}$和平面$\underline{\boldsymbol{\Pi}}_{ABC}$相交生成点对$\boldsymbol{H}_H^*$。根据式(2.87)得到点对$\boldsymbol{H}_H^*$的外积表达式如下

$$\boldsymbol{H}_H^* = -(\underline{\boldsymbol{S}}_{EH} \wedge \underline{\boldsymbol{S}}_{GH} \wedge \underline{\boldsymbol{\Pi}}_{ABC})\boldsymbol{I}_C \tag{4.23}$$

式中，$\underline{\boldsymbol{S}}_{EH}$表示以点$E$为圆心，杆长$l_{EH}$为半径的球；$\underline{\boldsymbol{S}}_{GH}$表示以点$G$为圆心，杆长$l_{GH}$为半径的球；$\underline{\boldsymbol{\Pi}}_{ABC}$表示由点$A$、$B$和$C$组成的平面。根据表2.1中点、球和面的内积表达式可知，

$$\underline{\boldsymbol{S}}_{EH} = \underline{\boldsymbol{E}} - \frac{1}{2}l_{EH}^2\boldsymbol{e}_\infty,\quad \underline{\boldsymbol{S}}_{GH} = \underline{\boldsymbol{G}} - \frac{1}{2}l_{GH}^2\boldsymbol{e}_\infty,\quad \underline{\boldsymbol{\Pi}}_{ABC} = \boldsymbol{e}_3,$$

$$\underline{\boldsymbol{E}} = \boldsymbol{e} + \frac{1}{2}\boldsymbol{e}^2\boldsymbol{e}_\infty + \boldsymbol{e}_0,\quad \underline{\boldsymbol{G}} = \boldsymbol{g} + \frac{1}{2}\boldsymbol{g}^2\boldsymbol{e}_\infty + \boldsymbol{e}_0$$

根据式(4.23)和式(2.61)可推导出点H的CGA标准表示$\underline{\boldsymbol{H}}$如下：

$$\underline{\boldsymbol{H}} = \frac{\boldsymbol{T}_{H,2}}{B_{1H}} \pm \frac{\sqrt{A_{1H}}}{B_{1H}}\boldsymbol{T}_{H,1} \tag{4.24}$$

式中，$\boldsymbol{T}_{H,1} = \boldsymbol{e}_\infty \cdot \boldsymbol{H}_H^*$，$\boldsymbol{T}_{H,2} = \boldsymbol{T}_{H,1} \cdot \boldsymbol{H}_H^*$，$A_{1H} = \boldsymbol{H}_H^* \cdot \boldsymbol{H}_H^* = \frac{1}{4}(-(l_{GH}^2 + l_{EH}^2 - l_{EG}^2)^2 + 4l_{GH}^2 l_{EH}^2)$和$B_{1H} = T_{H,1} \cdot T_{H,1} = l_{EG}^2$。

由式(2.93)、式(4.23)和式(4.24)可得到Ⅰ型7杆巴氏桁架的第一个约束方程为

$$E_{1H} - A_{1H}D_{1H} - 2C_{1H}F_{1H} + B_{1H}C_{1H}^2 = 0 \tag{4.25}$$

式中，

$$C_{1H}=\left(-\frac{l_{HI}^2}{2}-\frac{l_{GH}^2}{2}+\frac{l_{GI}^2}{2}\right)(\underline{\boldsymbol{F}}\cdot\underline{\boldsymbol{G}})+\frac{l_{HI}^2 l_{GH}^2}{4}-\frac{l_{GH}^4}{4}-\frac{l_{GH}^2 l_{FI}^2}{2}+\frac{l_{GH}^2 l_{GI}^2}{4}$$
$$D_{1H}=\boldsymbol{N}_H\cdot\boldsymbol{N}_H=l_{FG}^2 S_{\triangle IGH}^2$$
$$E_{1H}=(\boldsymbol{H}_H^*\wedge\boldsymbol{N}_H)\cdot(\boldsymbol{H}_H^*\wedge\boldsymbol{N}_H)$$
$$F_{1H}=\boldsymbol{T}_{H,2}\cdot\boldsymbol{N}_H$$
$$\boldsymbol{N}_H=-\boldsymbol{S}_{\triangle IGH}\cdot(\boldsymbol{e}_\infty\wedge\underline{\boldsymbol{F}}\wedge\underline{\boldsymbol{G}})\boldsymbol{I}_C+S_H\underline{\boldsymbol{F}}$$
$$S_{\triangle IGH}=l_{GH}l_{GI}\sin\angle \mathrm{HGI}$$
$$\boldsymbol{S}_{\triangle IGH}=S_{\triangle IGH}\boldsymbol{e}_3=l_{GH}l_{GI}\sin\angle \mathrm{HGI}\boldsymbol{e}_3$$
$$S_H=\frac{l_{GH}^2}{2}+\frac{l_{GI}^2}{2}-\frac{l_{HI}^2}{2}$$

式(4.25)仅和外副点 E、F 和 G 的位置有关，根据图 4.2 可知，点 G 位置已知，点 E 和 F 可由变量 θ_1 和 θ_2 表示，其中，θ_1 和 θ_2 分别表示杆 BE 和 CD 与 x 轴之间的夹角。因此，式(4.25)为变量 θ_1 和 θ_2 的表达式。

第二个约束方程可根据点 A 和 D 的距离关系获得。在 CGA 的框架下，得到

$$\underline{\boldsymbol{A}}\cdot\underline{\boldsymbol{D}}=-\frac{1}{2}l_{AD}^2 \tag{4.26}$$

式(4.26)仅和点 A 和 D 的位置有关，根据图 4.4 可知，点 A 和 D 可由变量 θ_1 和 θ_2 表示，因此，式(4.26)为变量 θ_1 和 θ_2 的表达式。

综上所述，式(4.25)和式(4.26)为Ⅰ型 7 杆巴氏桁架位置分析的特征方程组，两个方程均为变量 θ_1 和 θ_2 的表达式。接下来对式(4.25)和式(4.26)进行消元求解。

4.3.2 消元求解

如图 4.4 所示，点 B、C 和 G 的坐标已知。α_1 为 $\angle ABE$ 的度数，α_2 为 $\angle DCF$ 的度数，θ_1 和 θ_2 分别表示杆 BE 和 CD 与 x 轴之间的夹角，由此，点 A、D、E 和 F 的坐标分别表示为

$$\begin{aligned}
\boldsymbol{a}&=\boldsymbol{b}+(l_{AB}\cos(\theta_1+\alpha_1),l_{AB}\sin(\theta_1+\alpha_1),0)^{\mathrm{T}}\\
\boldsymbol{d}&=\boldsymbol{c}+(l_{CD}\cos\theta_2,l_{CD}\sin\theta_2,0)^{\mathrm{T}}\\
\boldsymbol{e}&=\boldsymbol{b}+(l_{BE}\cos\theta_1,l_{BE}\sin\theta_1,0)^{\mathrm{T}}\\
\boldsymbol{f}&=\boldsymbol{c}+(l_{CF}\cos(\theta_2+\alpha_2),l_{CF}\sin(\theta_2+\alpha_2),0)^{\mathrm{T}}
\end{aligned} \tag{4.27}$$

式中，由于 $\triangle ABE$ 和 $\triangle CDF$ 各杆的长度已知，所以，α_1 和 α_2 是已知值。

由此，根据表 2.1 和式(4.27)，可以获得点 A、B、C、D、E、F 和 G 的 CGA 表示形式如下：

$$\begin{cases}
\underline{\boldsymbol{A}}=\boldsymbol{a}+\frac{1}{2}\boldsymbol{a}^2\boldsymbol{e}_\infty+\boldsymbol{e}_0\\
\underline{\boldsymbol{B}}=\boldsymbol{b}+\frac{1}{2}\boldsymbol{b}^2\boldsymbol{e}_\infty+\boldsymbol{e}_0\\
\vdots\\
\underline{\boldsymbol{G}}=\boldsymbol{g}+\frac{1}{2}\boldsymbol{g}^2\boldsymbol{e}_\infty+\boldsymbol{e}_0
\end{cases} \tag{4.28}$$

接着,将式(4.6)和欧拉角变换 $\cos\theta_i=\dfrac{t_i^2+1}{2t_i}$,$\sin\theta_i=\dfrac{t_i^2-1}{2\mathrm{i}t_i}$,$t_i=\exp(\mathrm{i}\theta_i)$ $(i=1,2)$代入式(4.25)和式(4.26),得到

$$\begin{aligned} f_{11}&=\sum_{i=-2}^{2}\sum_{j=-2}^{2}a_{1ij}t_1^i t_2^j=0,\quad (-2\leqslant i+j\leqslant 2)\\ f_{12}&=\sum_{i=-1}^{1}\sum_{j=-1}^{1}b_{2ij}t_1^i t_2^j=0,\quad (-1\leqslant i+j\leqslant 1)\end{aligned}\tag{4.29}$$

式中,系数 a_{1ij} 和 b_{1ij} 为常数。

对式(4.29)进行结式消元,消去 t_2,可以得到一个关于 t_1 的一元 14 次方程:

$$\sum_{i=0}^{14}c_{1i}t_1^i=0\tag{4.30}$$

式中,系数 $c_{1i}(i=0,1,\cdots,14)$为常数。

数值求解式(4.30)得到 t_1 的 14 组解。将 t_1 的 14 组解代入式(4.29),线性求解得到变量 t_2 相应的 14 组解。

接着,根据

$$\theta_i=2\arctan\left(\mathrm{i}\frac{1-t_i}{1+t_i}\right)\quad (i=1,2)\tag{4.31}$$

求得角度 θ_1 和 θ_2。将 θ_1 和 θ_2 代入式(4.27),求出点 A、D、E 和 F 的坐标。

根据 $\underline{\boldsymbol{H}}\cdot\boldsymbol{N}_{1H}=C_{1H}$,将式(4.24)代入,得到:

$$\left(\frac{\boldsymbol{T}_{H,2}}{B_{1H}}\pm\frac{\sqrt{A_{1H}}}{B_{1H}}\boldsymbol{T}_{H,1}\right)\cdot\boldsymbol{N}_H=C_{1H}\tag{4.32}$$

根据式(4.32),可以得到式(4.24)中正负号的取值 s_H 为

$$s_H=\frac{C_{1H}-\dfrac{\boldsymbol{T}_{H,2}}{B_{1H}}\cdot\boldsymbol{N}_H}{\dfrac{\sqrt{A_{1H}}}{B_{1H}}\boldsymbol{T}_{H,1}\cdot\boldsymbol{N}_H}\tag{4.33}$$

因此,点 H 的 CGA 标准表示 $\underline{\boldsymbol{H}}$ 如下:

$$\underline{\boldsymbol{H}}=\frac{\boldsymbol{T}_{H,2}}{B_{1H}}+s_H\frac{\sqrt{A_{1H}}}{B_{1H}}\boldsymbol{T}_{H,1}\tag{4.34}$$

点 I 可由球 $\underline{\boldsymbol{S}}_{GI}$、球 $\underline{\boldsymbol{S}}_{HI}$、球 $\underline{\boldsymbol{S}}_{FI}$ 和面 $\boldsymbol{\Pi}_{ABC}$ 相交求得,其 CGA 表示如下:

$$\begin{cases}\underline{\boldsymbol{I}}'=-(\underline{\boldsymbol{S}}_{GI}\wedge\underline{\boldsymbol{S}}_{HI}\wedge\underline{\boldsymbol{S}}_{FI}\wedge\boldsymbol{\Pi}_{ABC})\boldsymbol{I}_C\\ \underline{\boldsymbol{I}}=-\underline{\boldsymbol{I}}'/(\boldsymbol{e}_\infty\cdot\underline{\boldsymbol{I}}')\end{cases}\tag{4.35}$$

式中,$\underline{\boldsymbol{S}}_{GI}=\underline{\boldsymbol{G}}-\frac{1}{2}l_{GI}^2\boldsymbol{e}_\infty$,$\underline{\boldsymbol{S}}_{HI}=\underline{\boldsymbol{H}}-\frac{1}{2}l_{HI}^2\boldsymbol{e}_\infty$,$\underline{\boldsymbol{S}}_{FI}=\underline{\boldsymbol{F}}-\frac{1}{2}l_{FI}^2\boldsymbol{e}_\infty$。

综上所述,完成了Ⅰ型 7 杆巴氏桁架的位置分析求解,即求解得到了除 B、C 和 G 这 3 个铰链外的其他 6 个铰链 A、D、E、F、H、I 的位置。

4.3.3 数值实例

为了验证方法的正确性，使用 Mathematica 将以上的算法用程序实现，给出机构的参数如下：

$\boldsymbol{b}=(0,0,0)^{\mathrm{T}}$， $\boldsymbol{c}=(6,-1,0)^{\mathrm{T}}$， $\boldsymbol{g}=(4,3,0)^{\mathrm{T}}$，

$l_{AE}=\sqrt{34}$， $l_{AB}=\sqrt{17}$， $l_{BE}=\sqrt{17}$， $l_{EH}=\sqrt{61}$， $l_{AD}=\sqrt{101}$，

$l_{CD}=5$， $l_{DF}=6$， $l_{CF}=\sqrt{13}$， $l_{FI}=3\sqrt{5}$， $l_{GH}=5$， $l_{GI}=2\sqrt{5}$，$l_{HI}=5$

将上述参数代入式(4.27)～式(4.35)，求出 θ_1、θ_2 的 14 组解，表 4.4 所示为其中的 8 组实数解。这 8 组实数解依次对应的装配构型如图 4.5 所示。

表 4.4　Ⅰ型 7 杆巴氏桁架的 8 组实数解

No.	θ_1/(°)	θ_2/(°)	No.	θ_1/(°)	θ_2/(°)
1	165.9638	-53.1301	5	90.1266	100.0714
2	-162.272	-4.6422	6	73.8502	-118.007
3	-159.623	61.4988	7	-38.4973	-19.2381
4	133.8334	-83.3136	8	1.0549	-120.832

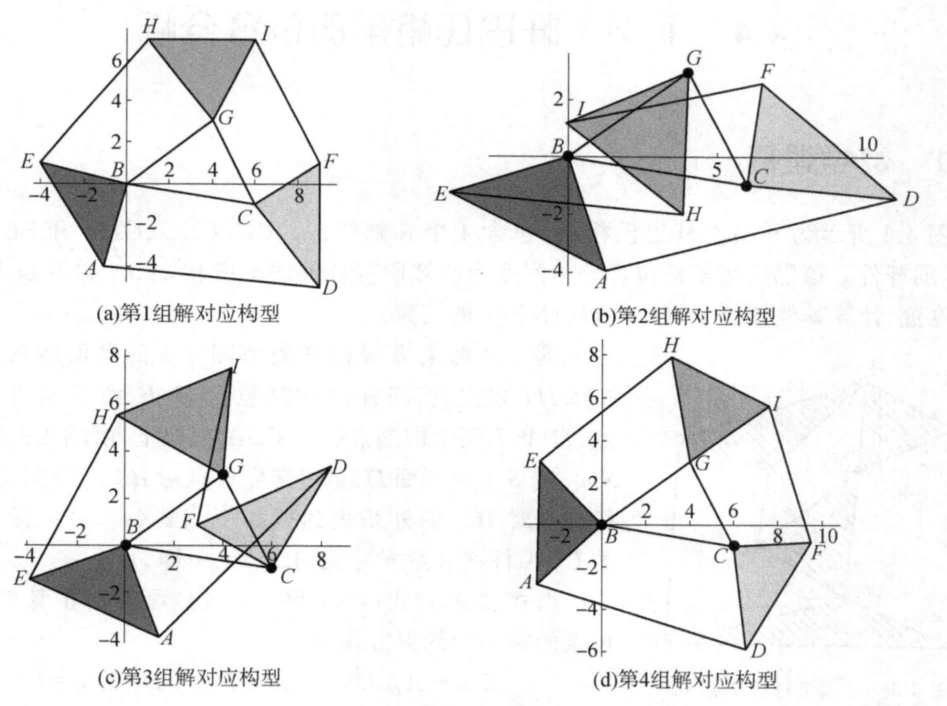

图 4.5　8 组实数解所对应的装配构型

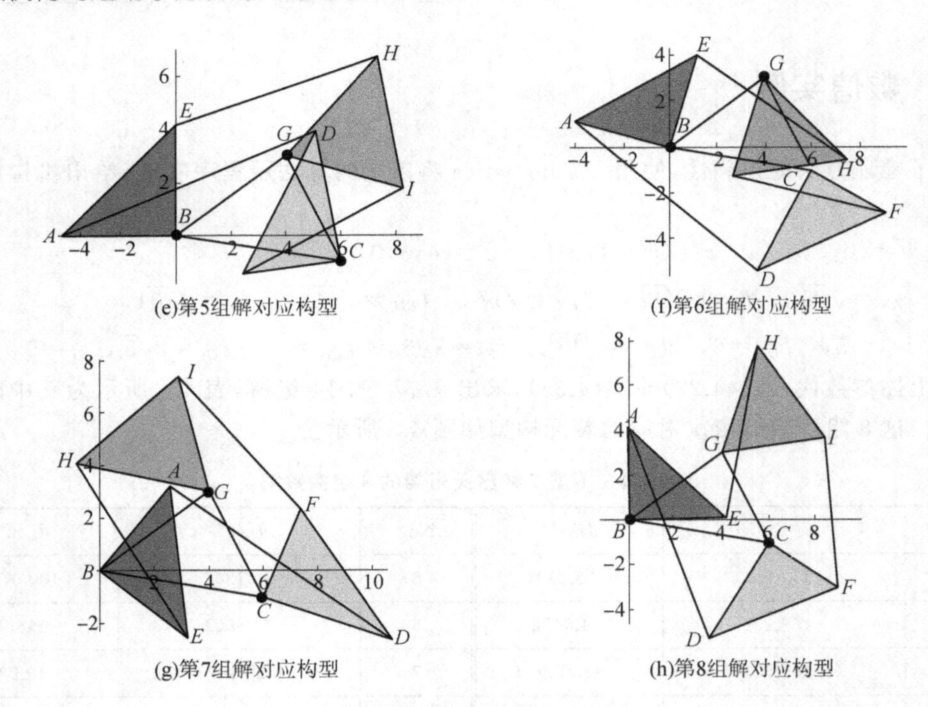

(e)第5组解对应构型
(f)第6组解对应构型
(g)第7组解对应构型
(h)第8组解对应构型

图 4.5　8 组实数解所对应的装配构型(续图)

4.4　Ⅱ型 7 杆巴氏桁架的位置分析

4.4.1　数学建模

图 4.6 所示为Ⅱ型 7 杆巴氏桁架,包含 4 个 3 副杆件 ABF、CDG、GHI 和 BCE 以及 3 个 2 副杆件。该巴氏桁架的位置分析问题为已知所有杆件的长度和 α_1、α_2 以及点 B、C 和 E 的位置,计算其他铰链 A、D、F、G、H 和 I 的位置。

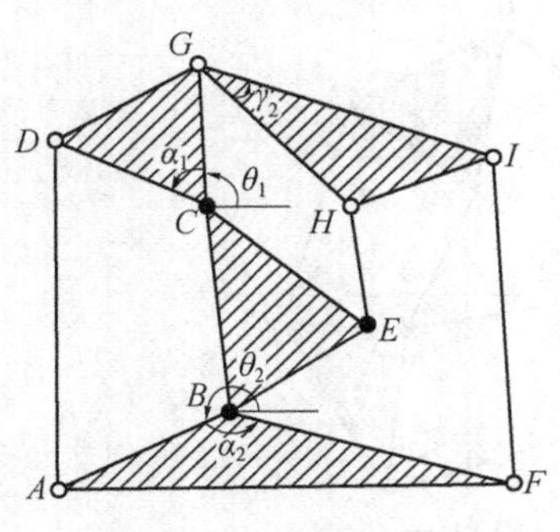

图 4.6　Ⅱ型 7 杆巴氏桁架

第一个约束方程根据类似图 2.4 的平面四杆运动链 $EFGHI$ 建立,该四杆运动链包含 E、F 和 G 这 3 个外副点,H 和 I 两个内副点。在 CGA 框架下,由图 4.6 可知,球 $\underline{\boldsymbol{S}}_{EH}$、球 $\underline{\boldsymbol{S}}_{GH}$ 和平面 $\underline{\boldsymbol{\Pi}}_{ABC}$ 相交生成点对 $\boldsymbol{H}_H^*$。根据式(2.87)得到点对 $\boldsymbol{H}_H^*$ 的外积表达式如下与式(4.23)一样。点 H 的 CGA 标准表达式与式(4.24)也一样。

由式(2.93)、式(4.23)和式(4.24)可得到Ⅱ型 7 杆巴氏桁架的第一个约束方程为

$$E_{2H}-A_{2H}D_{2H}-2C_{2H}F_{2H}+B_{2H}C_{2H}^2=0 \tag{4.36}$$

式中,A_{2H}、B_{2H}、C_{2H}、D_{2H}、E_{2H}、F_{2H} 和 A_{1H}、B_{1H}、C_{1H}、D_{1H}、E_{1H}、F_{1H} 的表达式一样。

式(4.36)仅和外副点E、F和G的位置有关,根据图4.6可知,点E位置已知,点G可由变量θ_1表示,点F可由变量θ_2表示,其中,θ_1和θ_2分别表示杆CG和AB与x轴之间的夹角,因此,式(4.36)为变量θ_1和θ_2的表达式。

第二个约束方程可根据点A和D的距离关系获得。在CGA的框架下,得到

$$\underline{\boldsymbol{A}}\cdot\underline{\boldsymbol{D}}=-\frac{1}{2}l_{AD}^2 \tag{4.37}$$

式(4.37)仅和点A和D的位置有关,根据图4.6可知,点A可由变量θ_2表示,点D可由变量θ_1表示,因此,式(4.37)为变量θ_1和θ_2的表达式。

综上所述,式(4.36)和式(4.37)为Ⅱ型7杆巴氏桁架位置分析的特征方程组,两个方程均为变量θ_1和θ_2的表达式。接下来对式(4.36)和式(4.37)进行消元求解。

4.4.2 消元求解

如图4.6所示,点B、C和E的坐标已知。α_1为$\angle DCG$的度数,α_2为$\angle ABF$的度数,θ_1和θ_2分别表示杆CG和AB与x轴之间的夹角,由此,点A、D、F和G的坐标分别表示为

$$\begin{aligned}
\boldsymbol{a}&=\boldsymbol{b}+(l_{AB}\cos\theta_2,l_{AB}\sin\theta_2,0)^{\mathrm{T}}\\
\boldsymbol{d}&=\boldsymbol{c}+(l_{CD}\cos(\theta_1+\alpha_1),l_{CD}\sin(\theta_1+\alpha_1),0)^{\mathrm{T}}\\
\boldsymbol{f}&=\boldsymbol{b}+(l_{BF}\cos(\theta_2+\alpha_2),l_{BF}\sin(\theta_2+\alpha_2),0)^{\mathrm{T}}\\
\boldsymbol{g}&=\boldsymbol{c}+(l_{CG}\cos\theta_1,l_{CG}\sin\theta_1,0)^{\mathrm{T}}
\end{aligned} \tag{4.38}$$

式中,由于$\triangle DCG$和$\triangle ABF$各杆的长度已知,所以,α_1和α_2是已知值。

由此,根据表2.1和式(4.38),可以获得点A、B、C、D、E、F和G的CGA表示形式和式(4.28)一样。

接着,将式(4.28)和欧拉角变换代入式(4.36)和式(4.37),得到如下形式

$$\begin{aligned}
f_{21}&=\sum_{i=-3}^{3}\sum_{j=-2}^{2}a_{2ij}t_1^i t_2^j=0,\quad(-3\leqslant i+j\leqslant 3)\\
f_{22}&=\sum_{i=-1}^{1}\sum_{j=-1}^{1}b_{2ij}t_1^i t_2^j=0,\quad(-1\leqslant i+j\leqslant 1)
\end{aligned} \tag{4.39}$$

式中,系数a_{2ij}和b_{2ij}为常数。

对式(4.39)进行结式消元,消去t_2,可以得到一个关于t_1的一元16次方程:

$$\sum_{i=0}^{16}c_{2i}t_1^i=0 \tag{4.40}$$

式中,系数$c_{2i}(i=0,1,\cdots,16)$为常数。数值求解式(4.40)得到t_1的16组解。

依次将t_1的16组解代入式(4.39),线性求解得到对应的t_2值,由此,根据

$$\theta_i=2\arctan\left(\mathrm{i}\,\frac{1-t_i}{1+t_i}\right)\quad(i=1,2) \tag{4.41}$$

求得角度θ_1和θ_2。将θ_1和θ_2代入式(4.38),求出点A、D、F和G的坐标。

对于点H和I,可以根据式(4.32)~式(4.35)进行求解。

综上所述，完成了Ⅱ型7杆巴氏桁架的位置分析求解，即求解得到了除 B、C 和 E 这3个铰链外的其他6个铰链 A、D、F、G、H、I 的位置。

4.4.3 数值实例

为验证方法的正确性，使用 Mathematica 将以上的算法用程序实现，给出机构的参数如下：

$$\boldsymbol{b}=(0,0,0)^{\mathrm{T}},\quad \boldsymbol{c}=(2,3,0)^{\mathrm{T}},\quad \boldsymbol{e}=(6,0,0)^{\mathrm{T}}$$

$$l_{AD}=\sqrt{97},\quad l_{CD}=\sqrt{13},\quad l_{DG}=\sqrt{17},\quad l_{AB}=5,\quad l_{BF}=3\sqrt{5},\quad l_{AF}=10$$

$$l_{CG}=2\sqrt{5},\quad l_{HI}=2\sqrt{5},\quad l_{GH}=\sqrt{13},\quad l_{GI}=\sqrt{37},\quad l_{FI}=\sqrt{97},\quad l_{EH}=4$$

将上述参数代入上述式(4.36)～式(4.41)，求出 θ_1、θ_2 的16组解，表4.5所示为其中的10组实数解。这10组实数解依次对应的装配构型如图4.7所示。

表 4.5　Ⅱ型7杆巴氏桁架的10组实数解

No.	θ_1/(°)	θ_2/(°)	No.	θ_1/(°)	θ_2/(°)
1	51.5501	−35.2835	6	−36.9943	−70.7110
2	−86.1530	156.6220	7	−45.9089	148.6608
3	−45.5920	−77.7314	8	−91.4604	−136.9390
4	−37.6763	150.1301	9	63.4349	−143.1300
5	−84.4267	155.3197	10	1.3386	−47.2594

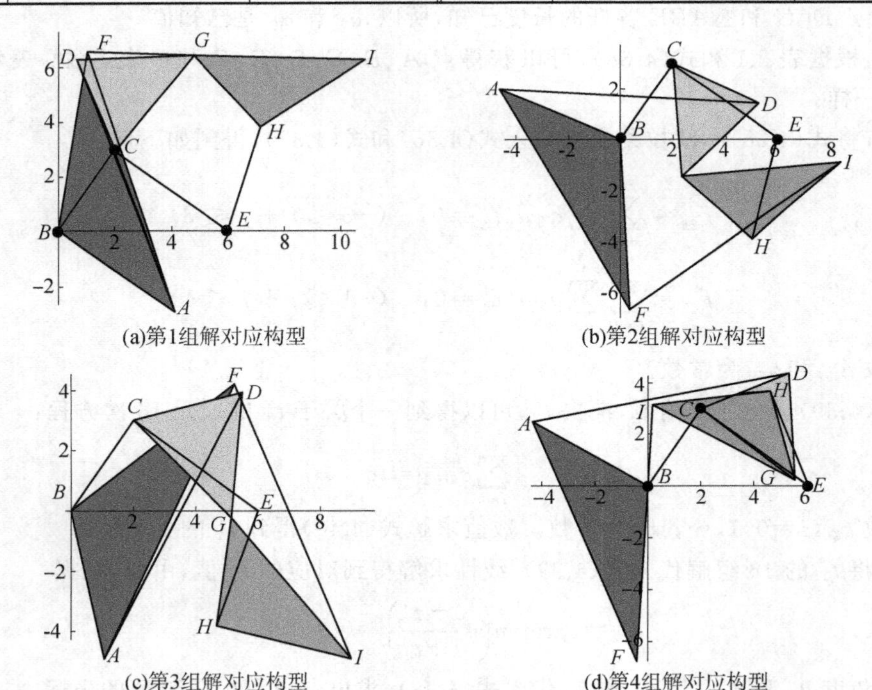

图 4.7　10组实数解所对应的装配构型

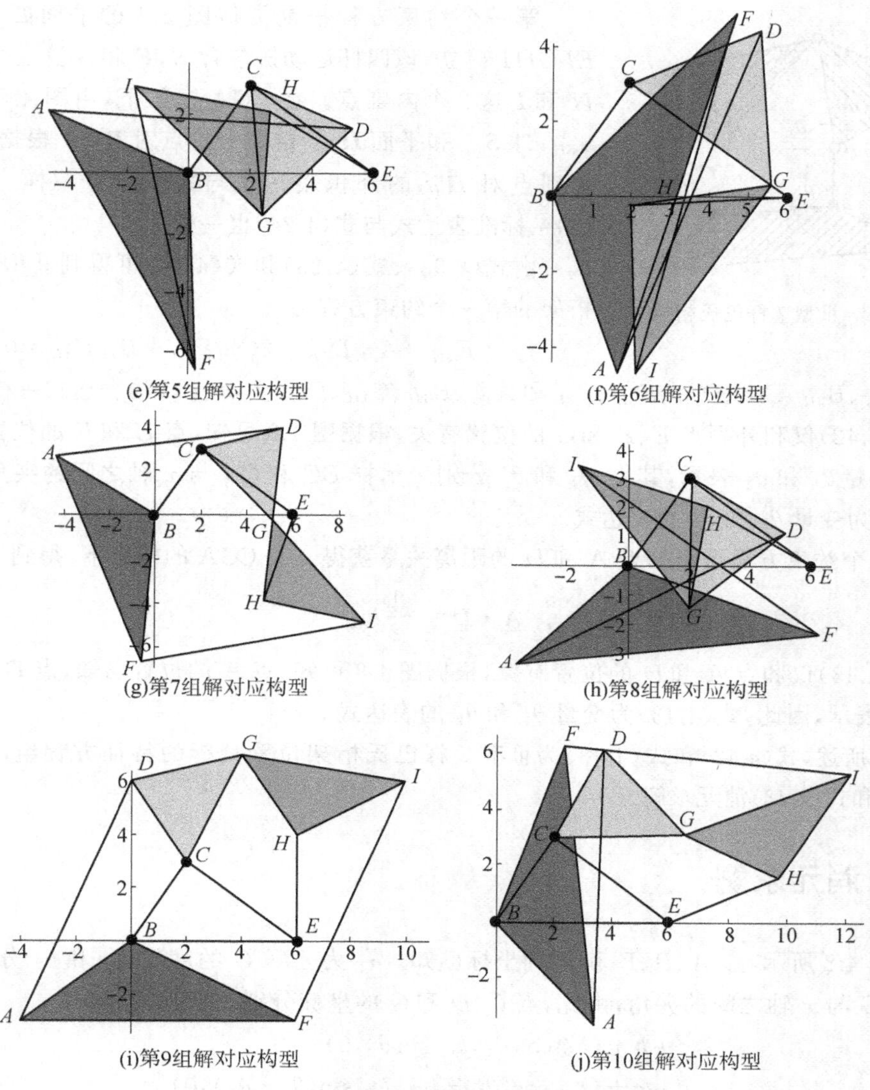

(e)第5组解对应构型
(f)第6组解对应构型
(g)第7组解对应构型
(h)第8组解对应构型
(i)第9组解对应构型
(j)第10组解对应构型

图 4.7　10 组实数解所对应的装配构型(续图)

4.5　Ⅲ型 7 杆巴氏桁架的位置分析

4.5.1　数学建模

图 4.8 所示为Ⅲ型 7 杆巴氏桁架,包含 1 个 4 副杆件 $ABEF$,2 个 3 副杆件 CDG 和 GHI,以及 4 个 2 副杆件。该巴氏桁架的位置分析问题为已知所有杆件的长度和 α_1 以及固定铰链 A、B、E 和 F 的位置,计算其他 5 个铰链 C、D、G、H 和 I 的位置。

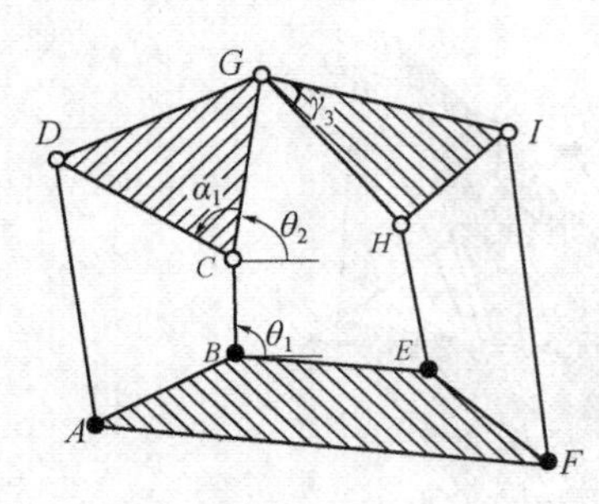

图 4.8 Ⅲ型 7 杆巴氏桁架

第一个约束方程根据类似图 2.4 的平面四杆运动链 $EFGHI$ 建立，该四杆运动链包含 E，F 和 G 这 3 个外副点，H 和 I 这 2 个内副点。在 CGA 框架下，由图 4.8 可知，球 $\underline{\boldsymbol{S}}_{EH}$、球 $\underline{\boldsymbol{S}}_{GH}$ 和平面 $\underline{\boldsymbol{\Pi}}_{ABC}$ 相交生成点对 $\boldsymbol{H}_H^*$。根据式(2.87)得到点对 $\boldsymbol{H}_H^*$ 的外积表达式与式(4.23)一样。点 H 的 CGA 标准表达式与式(4.24)也一样。

由式(2.93)、式(4.23)和式(4.24)可得到Ⅱ型 7 杆巴氏桁架的第一个约束方程为

$$E_{3H}-A_{3H}D_{3H}-2C_{3H}F_{3H}+B_{3H}C_{3H}^2=0 \tag{4.42}$$

式中，A_{3H}、B_{3H}、C_{3H}、D_{3H}、E_{3H}、F_{3H} 和 A_{1H}、B_{1H}、C_{1H}、D_{1H}、E_{1H}、F_{1H} 的表达式一样。

式(4.42)仅和外副点 E、F 和 G 的位置有关，根据图 4.8 可知，点 E 和 F 的位置已知，点 G 可由变量 θ_1 和 θ_2 表示，其中，θ_1 和 θ_2 分别表示杆 BC 和 CG 与 x 轴之间的夹角。因此，式(4.36)为变量 θ_1 和 θ_2 的表达式。

第二个约束方程可根据点 A 和 D 的距离关系获得。在 CGA 的框架下，得到

$$\underline{\boldsymbol{A}}\cdot\underline{\boldsymbol{D}}=-\frac{1}{2}l_{AD}^2 \tag{4.43}$$

式(4.43)仅和点 A 和 D 的位置有关，根据图 4.8 可知，点 A 的位置已知，点 D 可由变量 θ_1 和 θ_2 表示，因此，式(4.43)为变量 θ_1 和 θ_2 的表达式。

综上所述，式(4.42)和式(4.43)为Ⅲ型 7 杆巴氏桁架位置分析的特征方程组，接下来对式(4.42)和式(4.43)消元求解。

4.5.2 消元求解

如图 4.8 所示，点 A、B、E 和 F 的坐标已知。α_1 为$\angle DCG$ 的度数，θ_1 和 θ_2 分别表示杆 BC 和 CG 与 x 轴之间的夹角，由此，点 C、D 和 G 的坐标分别表示为

$$\begin{aligned}
\boldsymbol{c}&=\boldsymbol{b}+(l_{BC}\cos\theta_1,l_{BC}\sin\theta_1,0)^{\mathrm{T}}\\
\boldsymbol{d}&=\boldsymbol{c}+(l_{CD}\cos(\theta_2+\alpha_1),l_{CD}\sin(\theta_2+\alpha_1),0)^{\mathrm{T}}\\
\boldsymbol{g}&=\boldsymbol{c}+(l_{CG}\cos\theta_2,l_{CG}\sin\theta_2,0)^{\mathrm{T}}
\end{aligned} \tag{4.44}$$

式中，由于$\triangle DCG$ 各杆的长度已知，所以，α_1 是已知值。

由此，根据表 2.1 和式(4.44)，可以获得点 A、B、C、D、E、F 和 G 的 CGA 表示形式和式(4.28)一样。

接着，将式(4.28)和欧拉角变换代入式(4.42)和式(4.43)，得到

$$\begin{aligned}
f_{31}&=\sum_{i=-3}^{3}\sum_{j=-3}^{3}a_{3ij}t_1^it_2^j=0,\quad(-3\leqslant i+j\leqslant 3)\\
f_{32}&=\sum_{i=-1}^{1}\sum_{j=-1}^{1}b_{3ij}t_1^it_2^j=0,\quad(-1\leqslant i+j\leqslant 1)
\end{aligned} \tag{4.45}$$

式中，系数 a_{3ij} 和 b_{3ij} 为常数。

对式(4.45)进行结式消元,消去 t_2,可以得到一个关于 t_1 的一元 18 次方程:

$$f(t_1)=\sum_{i=0}^{18} c_{3i} t_1^i = 0 \tag{4.46}$$

式中,系数 $c_{3i}(i=0,1,\cdots,18)$ 为常数。数值求解式(4.46)得到 t_1 的 18 组解。

依次将 t_1 的 16 组解代入式(4.45),线性求解得到对应的 t_2 值,由此,根据

$$\theta_i = 2\arctan\left(\mathrm{i}\frac{1-t_i}{1+t_i}\right) \quad (i=1,2) \tag{4.47}$$

求得角度 θ_1 和 θ_2。将 θ_1 和 θ_2 代入式(4.44),求出点 C、D 和 G 的坐标。

对于点 H 和 I,可以根据式(4.32)~式(4.35)进行求解。

综上所述,完成了Ⅲ型 7 杆巴氏桁架的位置分析求解,即求解得到了除 A、B、E 和 F 这 4 个铰链外的其他 5 个铰链 C、D、G、H、I 的位置。

4.5.3 数值实例

为验证方法的正确性,使用 Mathematica 将以上的算法用程序实现,给出机构的参数如下:

$$\boldsymbol{a}=(0,0,0)^{\mathrm{T}},\quad \boldsymbol{b}=(4,2,0)^{\mathrm{T}},\quad \boldsymbol{e}=(8,1,0)^{\mathrm{T}},\quad \boldsymbol{f}=(12,0,0)^{\mathrm{T}}$$

$$l_{BC}=\sqrt{13},\quad l_{FG}=2\sqrt{10},\quad l_{CF}=\sqrt{17},\quad l_{CG}=\sqrt{13},\quad l_{AF}=2\sqrt{10}$$

$$l_{EH}=5,\quad l_{GH}=3\sqrt{2},\quad l_{GI}=\sqrt{29},\quad l_{FI}=\sqrt{37},\quad l_{HI}=\sqrt{5}$$

将参数代入式(4.42)~式(4.47),求出 θ_1、θ_2 的 18 组解,表 4.6 所示为其中的 8 组实数解。这 10 组实数解依次对应的装配构型如图 4.9 所示。

表 4.6 Ⅲ型 7 杆巴氏桁架的 8 组实数解

No.	$\theta_1/(°)$	$\theta_2/(°)$	No.	$\theta_1/(°)$	$\theta_2/(°)$
1	-2.1036	-134.1800	5	92.5430	-47.9800
2	45.6210	-127.0800	6	33.5660	-36.8630
3	-62.7650	109.8700	7	35.2770	-31.6880
4	-46.1830	96.3550	8	71.5650	18.4350

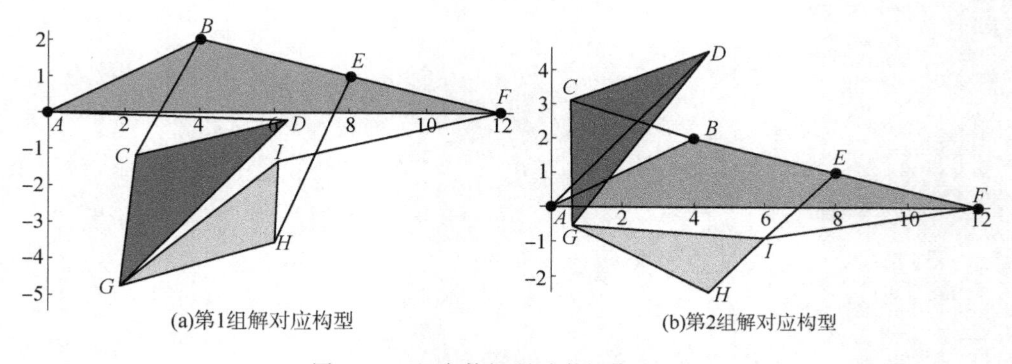

(a)第1组解对应构型

(b)第2组解对应构型

图 4.9 8 组实数解所对应的装配构型

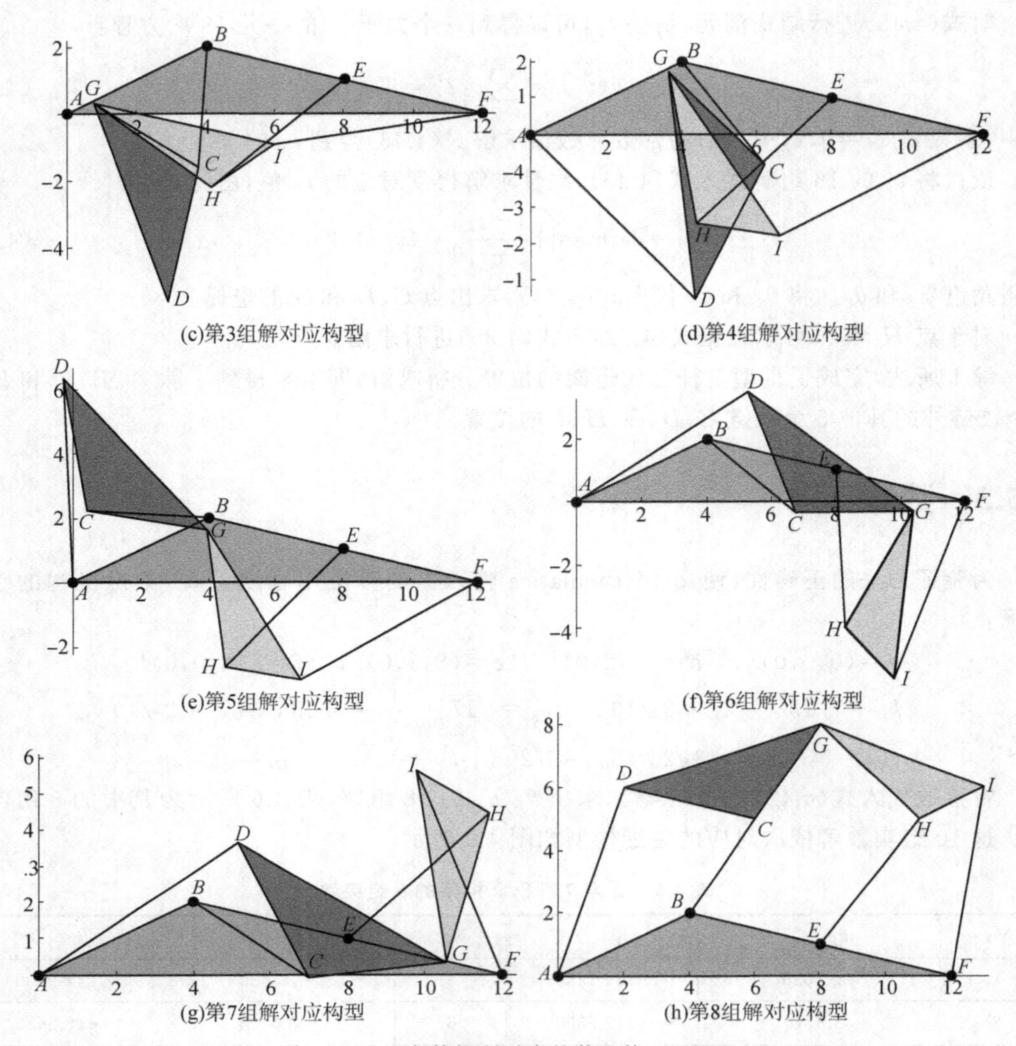

(c)第3组解对应构型

(d)第4组解对应构型

(e)第5组解对应构型

(f)第6组解对应构型

(g)第7组解对应构型

(h)第8组解对应构型

图 4.9　8 组实数解所对应的装配构型(续图)

第5章

基于CGA的9杆巴氏桁架位置分析

为了叙述方便，本章仍采用杨廷力在文献[20]中根据基本运动链回路数目及其拓扑图分出的编号，第6～33种为9杆巴氏桁架，其中第6～29种巴氏桁架的耦合度$\kappa=1$，第30～33种巴氏桁架的耦合度$\kappa=2$。本章将基于CGA的理论方法，完成$\kappa=1$系列9杆巴氏桁架的位置分析。根据构型的不同，其建模和求解过程不同。第6～29种9杆巴氏桁架位置分析的几何建模和求解可以分为两种情况：①在9杆巴氏桁架的几何建模过程中，通过引入两个变量，将9杆巴氏桁架拆解为两组平面四杆运动链，得到两个约束方程，如第6、7、11、12、14、15、16、17和22种这9类9杆巴氏桁架；②通过引入3个变量，将9杆巴氏桁架拆解为一组平面四杆运动链和两根单独的2副杆，其他13类9杆巴氏桁架都属于这种情况。第一种情况可以直接依据平面四杆运动链的几何约束方程式直接推导出两个方程，通过一步消元即可得到其一元高次方程；第二种情况依据平面四杆运动链的几何约束方程式建立第一个方程，依据杆长建立另外两个距离方程，3个方程通过两步消元可以得到其一元高次方程。本章提出的基于CGA的方法与传统的复数—向量法相比，约束方程的数量由4个减少到了2～3个，由3次消元减少到1～2次，简化了求解过程，且某些构型的9杆巴氏桁架，其构造的结式尺寸减小，提升了计算效率。

本章给出第6种、第9种、第16种、第18种、第25种和第28种9杆巴氏桁架的位置分析过程，并通过数值实例验证方法的正确性。

5.1 第6种9杆巴氏桁架的位置分析

5.1.1 数学建模

第6种9杆巴氏桁架的构型如图5.1所示，包含1个5副杆件$ABCDE$，3个3副杆件FGL、HLK和IJK和5个2副杆件。该巴氏桁架的位置分析问题为已知所有杆件长度以及固定铰链A、B、C、D和E的位置，计算其他7个铰链F、G、H、I、J、K和L的位置。

第一个约束方程根据类似图2.4的平面四杆运动链$ABGFL$建立，该四杆运动链包含

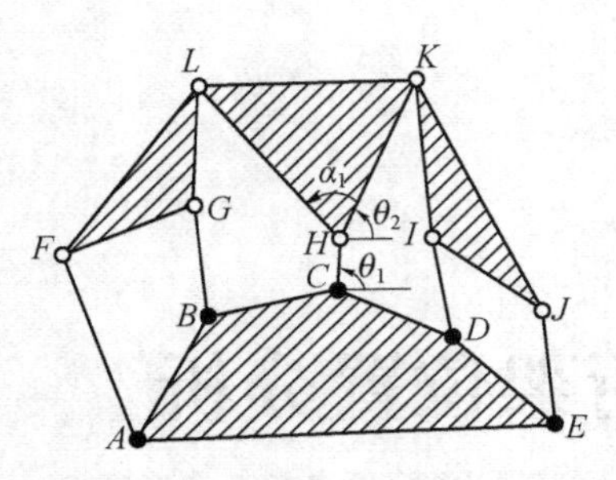

图 5.1　第 6 种 9 杆巴氏桁架的构型

A、B 和 L 这 3 个外副点，F 和 G 两个内副点。在 CGA 框架下，由图 5.1 可知，球 $\underline{\boldsymbol{S}}_{LF}$、球 $\underline{\boldsymbol{S}}_{AF}$ 和平面 $\underline{\boldsymbol{\Pi}}_{ABC}$ 相交生成点对 $\boldsymbol{F}_F^*$。根据式(2.87)得到点对 $\boldsymbol{F}_F^*$ 的外积表达式如下

$$\boldsymbol{F}_F^* = -(\underline{\boldsymbol{S}}_{LF} \wedge \underline{\boldsymbol{S}}_{AF} \wedge \underline{\boldsymbol{\Pi}}_{ABC})\boldsymbol{I}_C \tag{5.1}$$

式中，$\underline{\boldsymbol{S}}_{LF}$ 表示以点 L 为圆心，杆长 l_{LF} 为半径的球；$\underline{\boldsymbol{S}}_{AF}$ 表示以点 A 为圆心，杆长 l_{AF} 为半径的球；$\underline{\boldsymbol{\Pi}}_{ABC}$ 表示由点 A、B 和 C 组成的平面。根据表 2.1 中点、球和面的内积表达式可知，$\underline{\boldsymbol{S}}_{LF} = \underline{\boldsymbol{L}} - \dfrac{1}{2}l_{LF}^2\boldsymbol{e}_\infty$，$\underline{\boldsymbol{S}}_{AF} = \underline{\boldsymbol{A}} - \dfrac{1}{2}l_{AF}^2\boldsymbol{e}_\infty$，$\underline{\boldsymbol{\Pi}}_{ABC} = \boldsymbol{e}_3$，$\underline{\boldsymbol{A}} = \boldsymbol{a} + \dfrac{1}{2}\boldsymbol{a}^2\boldsymbol{e}_\infty + \boldsymbol{e}_0$，$\underline{\boldsymbol{L}} = \boldsymbol{l} + \dfrac{1}{2}\boldsymbol{l}^2\boldsymbol{e}_\infty + \boldsymbol{e}_0$。

根据式(5.1)和式(2.61)可推导出点 F 的 CGA 标准表示 $\underline{F}$ 如下：

$$\underline{\boldsymbol{F}} = \frac{\boldsymbol{T}_{F,2}}{B_F} \pm \frac{\sqrt{A_F}}{B_F}\boldsymbol{T}_{F,1} \tag{5.2}$$

式中，$\boldsymbol{T}_{F,1} = \boldsymbol{e}_\infty \cdot \boldsymbol{F}_F^*$，$\boldsymbol{T}_{F,2} = \boldsymbol{T}_{F,1} \cdot \boldsymbol{F}_F^*$，$\boldsymbol{A}_F = \boldsymbol{F}_F^* \cdot \boldsymbol{F}_F^* = \dfrac{1}{4}(-(l_{FL}^2 + l_{AF}^2 - l_{AL}^2)^2 + 4l_{FL}^2 l_{AF}^2)$ 和 $B_F = \boldsymbol{T}_{F,1} \cdot \boldsymbol{T}_{F,1} = l_{AL}^2$。

由式(2.93)、式(5.1)和式(5.2)可得到第 6 种 9 杆巴氏桁架的第一个约束方程为

$$E_F - A_F D_F - 2C_F F_F + B_F C_F^2 = 0 \tag{5.3}$$

式中：

$$C_F = \left(-\frac{l_{FG}^2}{2} - \frac{l_{FL}^2}{2} + \frac{l_{GL}^2}{2}\right)(\underline{\boldsymbol{B}} \cdot \underline{\boldsymbol{L}}) + \frac{l_{FG}^2 l_{FL}^2}{4} - \frac{l_{FL}^4}{4} - \frac{l_{FL}^2 l_{BG}^2}{2} + \frac{l_{FL}^2 l_{GL}^2}{4}$$

$$D_F = \boldsymbol{N}_F \cdot \boldsymbol{N}_F = l_{BL}^2 S_{\triangle GLF}^2$$

$$E_F = (\boldsymbol{F}_F^* \wedge \boldsymbol{N}_F) \cdot (\boldsymbol{F}_F^* \wedge \boldsymbol{N}_F)$$

$$F_F = \boldsymbol{T}_{F,2} \cdot \boldsymbol{N}_F$$

$$N_F = -\boldsymbol{S}_{\triangle GLF} \cdot (\boldsymbol{e}_\infty \wedge \underline{\boldsymbol{B}} \wedge \underline{\boldsymbol{L}})\boldsymbol{I}_C + S_F\underline{\boldsymbol{B}}$$

$$S_{\triangle GLF} = l_{FL} l_{GL} \sin(\angle \mathrm{FLG})$$

$$\boldsymbol{S}_{\triangle GLF} = S_{\triangle \mathrm{GLF}}\boldsymbol{e}_3 = l_{FL} l_{GL} \sin(\angle \mathrm{FLG})\boldsymbol{e}_3$$

$$S_F = \frac{l_{FL}^2}{2} + \frac{l_{GL}^2}{2} - \frac{l_{FG}^2}{2}$$

式(5.3)仅和外副点 A、B 和 L 的位置有关，根据图 5.1 可知，点 A 和 B 位置已知，点 L 可由变量 θ_1 和 θ_2 表示，其中，θ_1 和 θ_2 分别表示杆 CH 和 HK 与 x 轴之间的夹角。因此，式(5.3)为变量 θ_1 和 θ_2 的表达式。

第二个约束方程根据类似图 2.4 的平面四杆运动链 $DEJKI$ 建立。该四杆运动链包含 D、E 和 K 这 3 个外副点，I 和 J 这 2 个内副点。在 CGA 框架下，由图 5.1 可知，球 $\underline{\boldsymbol{S}}_{KI}$ 和球 $\underline{\boldsymbol{S}}_{DI}$ 和平面 $\underline{\boldsymbol{\Pi}}_{ABC}$ 相交生成点对 $\boldsymbol{I}_I^*$。根据式(2.87)得到点对 $\boldsymbol{I}_I^*$ 的外积表达式如下：

$$\boldsymbol{I}_I^* = -(\underline{\boldsymbol{S}}_{KI} \wedge \underline{\boldsymbol{S}}_{DI} \wedge \underline{\boldsymbol{\Pi}}_{ABC})\boldsymbol{I}_C \tag{5.4}$$

式中，$\underline{\boldsymbol{S}}_{KI}$ 表示以点 K 为圆心，杆长 l_{KI} 为半径的球；$\underline{\boldsymbol{S}}_{DI}$ 表示以点 D 为圆心，杆长 l_{DI} 为半径

的球；$\underline{\boldsymbol{\Pi}}_{ABC}$ 表示由点 A、B 和 C 组成的平面。根据表 2.1 中点、球和面的内积表达式可知，$\underline{\boldsymbol{S}}_{KI}=\underline{\boldsymbol{K}}-\frac{1}{2}l_{KI}^2\boldsymbol{e}_\infty$，$\underline{\boldsymbol{S}}_{DI}=\underline{\boldsymbol{D}}-\frac{1}{2}l_{DI}^2\boldsymbol{e}_\infty$，$\underline{\boldsymbol{K}}=\boldsymbol{k}+\frac{1}{2}\boldsymbol{k}^2\boldsymbol{e}_\infty+\boldsymbol{e}_0$，$\underline{\boldsymbol{D}}=\boldsymbol{d}+\frac{1}{2}\boldsymbol{d}^2\boldsymbol{e}_\infty+\boldsymbol{e}_0$。

根据式(5.4)和式(2.61)可推导出点 I 的 CGA 标准表示 $\underline{\boldsymbol{I}}$ 如下

$$\underline{\boldsymbol{I}}=\frac{\boldsymbol{T}_{I,2}}{B_I}\pm\frac{\sqrt{A_I}}{B_I}\boldsymbol{T}_{I,1} \tag{5.5}$$

式中，$\boldsymbol{T}_{I,1}=\boldsymbol{e}_\infty\cdot\boldsymbol{I}_I^*$，$\boldsymbol{T}_{I,2}=\boldsymbol{T}_{I,1}\cdot\boldsymbol{I}_I^*$，$A_I=\boldsymbol{I}_I^*\cdot\boldsymbol{I}_I^*=\frac{1}{4}(-(l_{IK}^2+l_{DI}^2-l_{DK}^2)^2+4l_{IK}^2l_{DI}^2)$ 和 $B_I=\boldsymbol{T}_{I,1}\cdot\boldsymbol{T}_{I,1}=l_{DK}^2$。

由式(2.93)、式(5.4)和式(5.5)可得到第 6 种 9 杆巴氏桁架的第二个约束方程为

$$E_I-A_ID_I-2C_IF_I+B_IC_I^2=0 \tag{5.6}$$

式中：

$$C_I=\left(-\frac{l_{IJ}^2}{2}-\frac{l_{IK}^2}{2}+\frac{l_{JK}^2}{2}\right)(\underline{\boldsymbol{E}}\cdot\underline{\boldsymbol{K}})+\frac{l_{IJ}^2l_{IK}^2}{4}-\frac{l_{IK}^4}{4}-\frac{l_{IK}^2l_{EJ}^2}{2}+\frac{l_{IK}^2l_{JK}^2}{4}$$

$$D_I=\boldsymbol{N}_I\cdot\boldsymbol{N}_I=l_{EK}^2S_{\triangle JKI}^2$$

$$E_I=(\boldsymbol{I}_I^*\wedge\boldsymbol{N}_I)\cdot(\boldsymbol{I}_I^*\wedge\boldsymbol{N}_I)$$

$$F_I=\boldsymbol{T}_{I,2}\cdot\boldsymbol{N}_I$$

$$\boldsymbol{N}_I=-\boldsymbol{S}_{\triangle JKI}\cdot(\boldsymbol{e}_\infty\wedge\underline{\boldsymbol{E}}\wedge\underline{\boldsymbol{K}})\boldsymbol{I}_C+S_I\underline{\boldsymbol{E}}$$

$$S_{\triangle JKI}=l_{IK}l_{JK}\sin(\angle \mathrm{IKJ})$$

$$\boldsymbol{S}_{\triangle JKI}=S_{\triangle \mathrm{JKI}}\boldsymbol{e}_3=l_{IK}l_{JK}\sin(\angle \mathrm{IKJ})\boldsymbol{e}_3$$

$$S_I=\frac{l_{IK}^2}{2}+\frac{l_{JK}^2}{2}-\frac{l_{IJ}^2}{2}$$

式(5.6)仅和外副点 D、E 和 K 的位置有关，根据图 5.1 可知，点 D 和 E 位置已知，点 K 可由变量 θ_1 和 θ_2 表示，因此，式(5.6)为变量 θ_1 和 θ_2 的表达式。

综上所述，式(5.3)和式(5.6)就是第 6 种 9 杆巴氏桁架位置分析的两个约束方程式，两个方程均为变量 θ_1 和 θ_2 的表达式。接下来对式(5.3)和式(5.6)进行消元求解。

5.1.2 消元求解

如图 5.1 所示，点 A、B、C、D 和 E 的坐标已知。α_1 为∠KHL 的度数，θ_1 和 θ_2 分别表示杆 CH 和 HK 与 x 轴之间的夹角，由此，点 H、K 和 L 点坐标分别表示为

$$\boldsymbol{h}=\boldsymbol{c}+(l_3\cos\theta_1, l_3\sin\theta_1, 0)^{\mathrm{T}}$$

$$\boldsymbol{k}=\boldsymbol{h}+(l_{10}\cos\theta_2, l_{10}\sin\theta_2, 0)^{\mathrm{T}}$$

$$\boldsymbol{l}=\boldsymbol{h}+(l_8\cos(\theta_2+\alpha_1), l_8\sin(\theta_2+\alpha_1), 0)^{\mathrm{T}} \tag{5.7}$$

式中，由于△KHL 各杆的长度已知，所以，α_1 是已知值。

由此，根据表 2.1 和式(5.7)，可以获得点 A、B、C、D、E、H、K 和 L 的 CGA 表示形式如下：

$$\begin{cases} \underline{\boldsymbol{A}}=\boldsymbol{a}+\dfrac{1}{2}\boldsymbol{a}^2\boldsymbol{e}_\infty+\boldsymbol{e}_0 \\ \underline{\boldsymbol{B}}=\boldsymbol{b}+\dfrac{1}{2}\boldsymbol{b}^2\boldsymbol{e}_\infty+\boldsymbol{e}_0 \\ \vdots \\ \underline{\boldsymbol{L}}=\boldsymbol{l}+\dfrac{1}{2}\boldsymbol{l}^2\boldsymbol{e}_\infty+\boldsymbol{e}_0 \end{cases} \tag{5.8}$$

接着，将式(5.8)和欧拉角变换 $\cos\theta_i=\dfrac{t_i^2+1}{2t_i}$，$\sin\theta_i=\dfrac{t_i^2-1}{2\mathrm{i}t_i}$，$t_i=\exp(\mathrm{i}\theta_i)\,(i=1,2)$代入式(5.3)和式(5.6)，得到

$$\begin{aligned} f_{61}&=\sum_{i=-3}^{3}\sum_{j=-3}^{3}a_{6ij}t_1^it_2^j=0, \quad (-3\leqslant i+j\leqslant 3) \\ f_{62}&=\sum_{i=-3}^{3}\sum_{j=-3}^{3}b_{6ij}t_1^it_2^j=0, \quad (-3\leqslant i+j\leqslant 3) \end{aligned} \tag{5.9}$$

式中，系数 a_{6ij}、b_{6ij} 为常数。

对式(5.9)进行结式消元，消去 t_2，得到一个关于 t_1 的一元 54 次方程：

$$\sum_{i=-27}^{27}c_{6i}t_1^i=0 \tag{5.10}$$

式中，系数 c_{6i} 为常数。

数值求解式(5.10)，得到 t_2 的 54 组解。将 t_2 的 54 组解代入式(5.9)中，利用辗转相除法得到变量 t_1 相应的 54 组解。

接着，根据

$$\theta_i=2\arctan\left(\mathrm{i}\,\frac{1-t_i}{1+t_i}\right) \quad (i=1,2) \tag{5.11}$$

求得角度 θ_1 和 θ_2。将 θ_1 和 θ_2 代入式(5.7)，求出点 H、K 和 L 坐标。

根据 $\underline{\boldsymbol{F}}\cdot\boldsymbol{N}_F=C_F$，将式(5.2)代入，得到：

$$\left(\frac{\boldsymbol{T}_{F,2}}{B_F}\pm\frac{\sqrt{A_F}}{B_F}\boldsymbol{T}_{F,1}\right)\cdot\boldsymbol{N}_F=C_F \tag{5.12}$$

根据式(5.12)，可以得到式(5.2)中正负号的取值 s_F 为

$$s_F=\frac{C_F-\dfrac{\boldsymbol{T}_{F,2}}{B_F}\cdot\boldsymbol{N}_F}{\dfrac{\sqrt{A_F}}{B_F}\boldsymbol{T}_{F,1}\cdot\boldsymbol{N}_F} \tag{5.13}$$

因此，点 F 的 CGA 标准表示 $\underline{\boldsymbol{F}}$ 如下：

$$\underline{\boldsymbol{F}}=\frac{\boldsymbol{T}_{F,2}}{B_F}+s_F\frac{\sqrt{A_F}}{B_F}\boldsymbol{T}_{F,1} \tag{5.14}$$

点 G 可由球 $\underline{\boldsymbol{S}}_{LG}$、球 $\underline{\boldsymbol{S}}_{FG}$、球 $\underline{\boldsymbol{S}}_{BG}$ 和平面 $\underline{\boldsymbol{\Pi}}_{ABC}$ 相交求得，其 CGA 表示如下：

$$\begin{cases} \underline{\boldsymbol{G}}'=-(\underline{\boldsymbol{S}}_{LG}\wedge\underline{\boldsymbol{S}}_{FG}\wedge\underline{\boldsymbol{S}}_{BG}\wedge\underline{\boldsymbol{\Pi}}_{ABC})\boldsymbol{I}_C \\ \underline{\boldsymbol{G}}=-\underline{\boldsymbol{G}}'/(\boldsymbol{e}_\infty\cdot\underline{\boldsymbol{G}}') \end{cases} \tag{5.15}$$

式中，$\underline{\boldsymbol{S}}_{LG}=\underline{\boldsymbol{L}}-\dfrac{1}{2}l_{GL}^2\boldsymbol{e}_\infty$，$\underline{\boldsymbol{S}}_{FG}=\underline{\boldsymbol{F}}-\dfrac{1}{2}l_{FG}^2\boldsymbol{e}_\infty$，$\underline{\boldsymbol{S}}_{BG}=\underline{\boldsymbol{B}}-\dfrac{1}{2}l_{BG}^2\boldsymbol{e}_\infty$。

同理,根据 $\underline{\boldsymbol{I}} \cdot \boldsymbol{N}_I = C_I$,将式(5.5)代入,得到:

$$\left(\frac{\boldsymbol{T}_{I,2}}{B_I} \pm \frac{\sqrt{A_I}}{B_I}\boldsymbol{T}_{I,1}\right) \cdot \boldsymbol{N}_I = C_I \tag{5.16}$$

根据式(5.16),可以得到式(5.5)中正负号的取值 s_I 为

$$s_I = \frac{C_I - \dfrac{\boldsymbol{T}_{I,2}}{B_I} \cdot \boldsymbol{N}_I}{\dfrac{\sqrt{A_I}}{B_I}\boldsymbol{T}_{I,1} \cdot \boldsymbol{N}_I} \tag{5.17}$$

因此,点 I 的 CGA 标准表示 $\underline{\boldsymbol{I}}$ 如下:

$$\underline{\boldsymbol{I}} = \frac{\boldsymbol{T}_{I,2}}{B_I} + s_I \frac{\sqrt{A_I}}{B_I}\boldsymbol{T}_{I,1} \tag{5.18}$$

点 J 可由球 $\underline{\boldsymbol{S}}_{EJ}$、球 $\underline{\boldsymbol{S}}_{IJ}$、球 $\underline{\boldsymbol{S}}_{KJ}$ 和平面 $\underline{\boldsymbol{\Pi}}_{ABC}$ 相交求得,其 CGA 表示如下:

$$\begin{cases} \underline{\boldsymbol{J}}' = -(\underline{\boldsymbol{S}}_{EJ} \wedge \underline{\boldsymbol{S}}_{IJ} \wedge \underline{\boldsymbol{S}}_{KJ} \wedge \underline{\boldsymbol{\Pi}}_{ABC})\boldsymbol{I}_C \\ \underline{\boldsymbol{J}} = -\underline{\boldsymbol{J}}'/(\boldsymbol{e}_\infty \cdot \underline{\boldsymbol{J}}') \end{cases} \tag{5.19}$$

式中,$\underline{\boldsymbol{S}}_{EJ} = \underline{\boldsymbol{E}} - \frac{1}{2}l_{EJ}^2\boldsymbol{e}_\infty$,$\underline{\boldsymbol{S}}_{IJ} = \underline{\boldsymbol{I}} - \frac{1}{2}l_{IJ}^2\boldsymbol{e}_\infty$,$\underline{\boldsymbol{S}}_{KJ} = \underline{\boldsymbol{K}} - \frac{1}{2}l_{KJ}^2\boldsymbol{e}_\infty$。

综上所述,完成了第6种9杆巴氏桁架的位置分析求解,即求解得到了除 A、B、C、D 和 E 这5个铰链外的其他7个铰链 F、G、H、I、J、K 和 L 的位置。

5.1.3 数值实例

为了验证基于CGA建模和求解方法的正确性,采用文献[41]中9杆巴氏桁架的结构参数,各杆长度如下:

$$l_{AF} = \sqrt{229}, l_{BG} = \sqrt{101}, l_{CH} = \sqrt{53}, l_{DI} = \sqrt{29}, l_{EJ} = 12$$
$$l_{FG} = 5, l_{GL} = \sqrt{26}, l_{FL} = \sqrt{89}, l_{LK} = 2\sqrt{26}, l_{LH} = \sqrt{61}$$
$$l_{HK} = \sqrt{65}, l_{KI} = \sqrt{122}, l_{IJ} = \sqrt{85}, l_{KJ} = \sqrt{233}$$

点 A、B、C、D 和 E 的坐标分别为 $\boldsymbol{a} = (0,0,0)^{\mathrm{T}}$,$\boldsymbol{b} = (5,8,0)^{\mathrm{T}}$,$\boldsymbol{c} = (11,11,0)^{\mathrm{T}}$,$\boldsymbol{d} = (18,9,0)^{\mathrm{T}}$,$\boldsymbol{e} = (25,0,0)^{\mathrm{T}}$,$\alpha_1$ 根据余弦定理求出。将上述参数代入式(5.7)~式(5.19),可以求出54组 θ_1 和 θ_2,表5.1所示为其中的12组实数解。这12组实数解依次对应的装配构型如图5.2所示。表5.1所示的结果与文献[41]的结果相同,验证了新方法的正确性。

第6种和第7种9杆巴氏桁架的几何建模和代数求解类似。两种9杆巴氏桁架均包括两个平面四杆运动链,若机架选用5副杆或4副杆,通过引入两个角度变量,即可确定其中一个2副杆和一个3副杆或4副杆的位置,此时,3副杆或4副杆的左右两侧都是平面四杆运动链。利用基于CGA的平面四杆运动链几何建模公式(式(2.93))推导出2个约束方程,经过一步结式消元即可分别得到对应的一元高次方程。本节基于CGA对第6

种9杆巴氏桁架的位置分析问题进行研究，得到其一元54次方程。相对于传统的复数—向量法建模，3次消元计算减少到了1次消元计算，并且消元过程中构建的结式尺寸大小为12×12，文献[41]中构建的结式尺寸大小为20×20。由此可见，本节提出的基于CGA的方法可以提高计算效率。

表5.1　第6种9杆巴氏桁架的12组实数解

No.	$\theta_1/(°)$	$\theta_2/(°)$	No.	$\theta_1/(°)$	$\theta_2/(°)$
1	32.5030	47.9977	7	−81.8657	135.6510
2	74.0546	60.2551	8	46.0470	153.2917
3	−35.7734	−2.2502	9	158.6580	−27.0025
4	−6.4507	24.2575	10	7.8647	68.2927
5	58.3786	74.8546	11	−126.4976	95.5150
6	8.3817	−158.8021	12	157.8834	52.9392

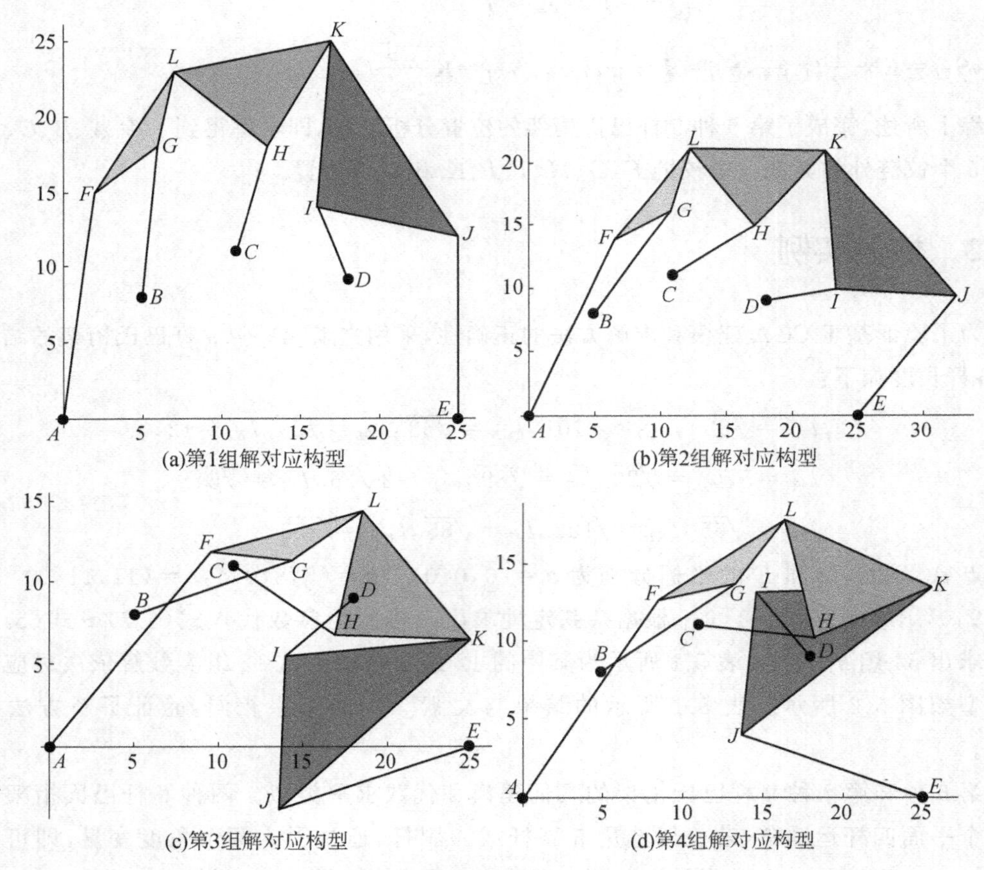

图5.2　12组实数解对应的装配构型

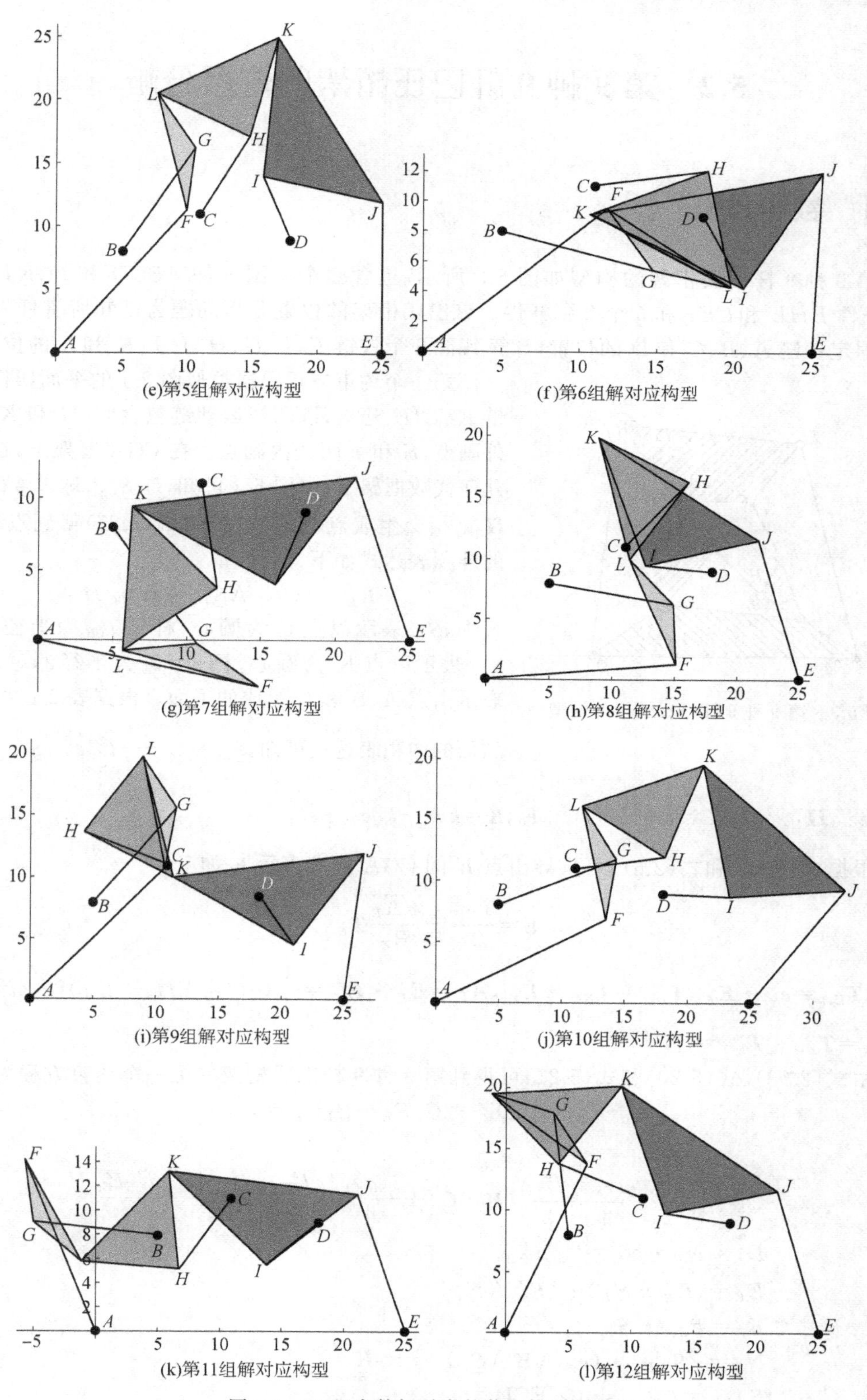

图 5.2 12 组实数解对应的装配构型(续图)

5.2 第9种9杆巴氏桁架的位置分析

5.2.1 数学建模

第9种9杆巴氏桁架的构型如图5.3所示，包含2个4副杆件$ABCD$和$FGKJ$，2个3副杆件BHL和CEI和5个2副杆件。该巴氏桁架的位置分析问题为已知所有杆件长度以及固定铰链A、B、C和D的位置，计算其他8个铰链E、F、G、H、I、J、K和L的位置。

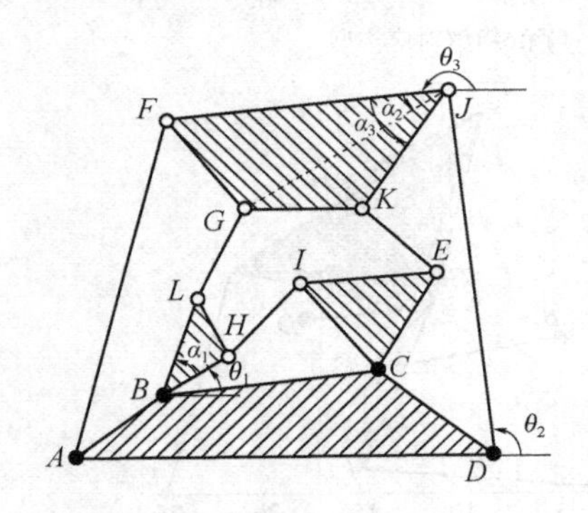

图5.3 第9种9杆巴氏桁架的构型

第一个约束方程根据类似图2.4的平面四杆运动链$KECIH$建立，该四杆运动链包含C、H和K三个外副点，E和I两个内副点。在CGA框架下，在共形几何代数框架下，由图5.3可知，球$\underline{\boldsymbol{S}}_{CE}$、球$\underline{\boldsymbol{S}}_{KE}$和平面$\underline{\boldsymbol{\Pi}}_{ABC}$相交生成点对$\boldsymbol{E}_E^*$。根据式(2.87)得到点对$\boldsymbol{E}_E^*$的外积表达式如下：

$$\boldsymbol{E}_E^* = -(\underline{\boldsymbol{S}}_{CE} \wedge \underline{\boldsymbol{S}}_{KE} \wedge \underline{\boldsymbol{\Pi}}_{ABC})\boldsymbol{I}_C \tag{5.20}$$

式中，$\underline{\boldsymbol{S}}_{CE}$表示以点$C$为圆心，杆长$l_{CE}$为半径的球；$\underline{\boldsymbol{S}}_{KE}$表示以点$K$为圆心，杆长$l_{KE}$为半径的球；$\underline{\boldsymbol{\Pi}}_{ABC}$表示由点$A$、$B$和$C$组成的平面。根据表2.1中点、球和面的内积表达式可知，$\underline{\boldsymbol{S}}_{CE}=\underline{\boldsymbol{C}}-\frac{1}{2}l_{CE}^2\boldsymbol{e}_\infty$，$\underline{\boldsymbol{S}}_{KE}=\underline{\boldsymbol{K}}-\frac{1}{2}l_{KE}^2\boldsymbol{e}_\infty$，$\underline{\boldsymbol{\Pi}}_{ABC}=\boldsymbol{e}_3$，$\underline{\boldsymbol{C}}=\boldsymbol{c}+\frac{1}{2}\boldsymbol{c}^2\boldsymbol{e}_\infty+\boldsymbol{e}_0$，$\underline{\boldsymbol{K}}=\boldsymbol{k}+\frac{1}{2}\boldsymbol{k}^2\boldsymbol{e}_\infty+\boldsymbol{e}_0$。

根据式(5.20)和式(2.61)可推导出点E的CGA标准表示$\underline{\boldsymbol{E}}$如下：

$$\underline{\boldsymbol{E}} = \frac{\boldsymbol{T}_{E,2}}{B_E} \pm \frac{\sqrt{A_E}}{B_E}\boldsymbol{T}_{E,1} \tag{5.21}$$

式中，$\boldsymbol{T}_{E,1}=\boldsymbol{e}_\infty\cdot\boldsymbol{E}_E^*$，$\boldsymbol{T}_{E,2}=\boldsymbol{T}_{E,1}\cdot\boldsymbol{E}_E^*$，$A_E=\boldsymbol{E}_E^*\cdot\boldsymbol{E}_E^*=\frac{1}{4}(-(l_{CE}^2+l_{EK}^2-l_{CK}^2)^2+4l_{CE}^2l_{EK}^2)$和$B_E=\boldsymbol{T}_{E,1}\cdot\boldsymbol{T}_{E,1}=l_{CK}^2$。

由式(2.93)、式(5.20)和式(5.21)可得到第9种9杆巴氏桁架的第一个约束方程为

$$E_E - A_E D_E - 2C_E F_E + B_E C_E^2 = 0 \tag{5.22}$$

式中，

$$C_E = \left(-\frac{l_{EI}^2}{2}-\frac{l_{CE}^2}{2}+\frac{l_{CI}^2}{2}\right)(\underline{\boldsymbol{H}}\cdot\underline{\boldsymbol{C}}) + \frac{l_{EI}^2 l_{CE}^2}{4} - \frac{l_{CE}^4}{4} - \frac{l_{CE}^2 l_{HI}^2}{2} + \frac{l_{CE}^2 l_{CI}^2}{4}$$

$$D_E = \boldsymbol{N}_E\cdot\boldsymbol{N}_E = l_{CH}^2 S_{\triangle ICE}^2$$

$$E_E = (\boldsymbol{E}_E^*\wedge\boldsymbol{N}_E)\cdot(\boldsymbol{E}_E^*\wedge\boldsymbol{N}_E)$$

$$F_E = \boldsymbol{T}_{E,2}\cdot\boldsymbol{N}_E$$

$$\boldsymbol{N}_E = -\boldsymbol{S}_{\triangle ICE}\cdot(\boldsymbol{e}_\infty\wedge\underline{\boldsymbol{H}}\wedge\underline{\boldsymbol{C}})\boldsymbol{I}_C + S_E\underline{\boldsymbol{H}}$$

$$S_{\triangle ICE} = l_{CE}l_{CI}\sin(\angle \mathrm{ECI})$$

$$\boldsymbol{S}_{\triangle ICE}=S_{\triangle ICE}\boldsymbol{e}_3=l_{CE}l_{CI}\sin(\angle \mathrm{ECI})\boldsymbol{e}_3$$

$$S_E=\frac{l_{CE}^2}{2}+\frac{l_{CI}^2}{2}-\frac{l_{EI}^2}{2}$$

式(5.22)仅和外副点 C、H 和 K 的位置有关，根据图 5.3 可知，点 C 的位置已知，点 H 可由变量 θ_1 表示，点 K 由变量 θ_2 和 θ_3 表示，其中，θ_1、θ_2 和 θ_3 分别表示杆 BH、DJ 和 FJ 与 x 轴之间的夹角。因此，式(5.22)为变量 θ_1、θ_2 和 θ_3 的表达式。

第二个约束方程可根据点 A 和 F 的距离关系获得。在 CGA 的框架下，得到

$$\underline{\boldsymbol{A}}\cdot\underline{\boldsymbol{F}}=-\frac{1}{2}l_{AF}^2 \tag{5.23}$$

式(5.23)仅和点 A 和 F 的位置有关，根据图 5.3 可知，点 A 的位置已知，点 F 由变量 θ_2 和 θ_3 表示，因此，式(5.23)为变量 θ_2 和 θ_3 的表达式。

第三个约束方程可根据点 L 和 G 的距离关系获得。在 CGA 的框架下，得到

$$\underline{\boldsymbol{L}}\cdot\underline{\boldsymbol{G}}=-\frac{1}{2}l_{LG}^2 \tag{5.24}$$

式(5.24)仅和点 L 和 G 的位置有关，根据图 5.3 可知，点 L 可由变量 θ_1 表示，点 G 由变量 θ_2 和 θ_3 表示，因此，式(5.24)为变量 θ_1、θ_2 和 θ_3 的表达式。

综上所述，式(5.22)～式(5.24)就是第 9 种 9 杆巴氏桁架位置分析的 3 个约束方程式。接下来对式(5.22)～式(5.24)进行消元求解。

5.2.2 消元求解

如图 5.3 所示，点 A、B、C 和 D 的坐标已知。α_1 为∠HBL 的度数，α_2 为∠FJG 的度数，α_3 为∠FJK 的度数，θ_1、θ_2 和 θ_3 分别表示杆 BH、DJ 和 FJ 与 x 轴之间的夹角，由此，点 H、L、J、F、G 和 K 点坐标分别表示为

$$\begin{aligned}
\boldsymbol{h}&=\boldsymbol{b}+(l_{BH}\cos\theta_1,l_{BH}\sin\theta_1,0)^{\mathrm{T}}\\
\boldsymbol{l}&=\boldsymbol{b}+(l_{BL}\cos(\theta_1+\alpha_1),l_{BL}\sin(\theta_1+\alpha_1),0)^{\mathrm{T}}\\
\boldsymbol{j}&=\boldsymbol{d}+(l_{DJ}\cos\theta_2,l_{DJ}\sin\theta_2,0)^{\mathrm{T}}\\
\boldsymbol{f}&=\boldsymbol{j}+(l_{JF}\cos\theta_3,l_{JF}\sin\theta_3,0)^{\mathrm{T}}\\
\boldsymbol{g}&=\boldsymbol{j}+(l_{GJ}\cos(\theta_3+\alpha_2),l_{GJ}\sin(\theta_3+\alpha_2),0)^{\mathrm{T}}\\
\boldsymbol{k}&=\boldsymbol{j}+(l_{JK}\cos(\theta_3+\alpha_3),l_{JK}\sin(\theta_3+\alpha_3),0)^{\mathrm{T}}
\end{aligned} \tag{5.25}$$

式中，由于△HBL、△FJG 和△FJK 各杆的长度已知，所以，α_1、α_2 和 α_3 是已知值。

由此，根据表 2.1 和式(5.25)，可以获得点 A、点 B、点 C、点 D、点 E、点 F、点 G、点 J、点 K 的 CGA 表示形式如下：

$$\begin{cases}
\underline{\boldsymbol{A}}=\boldsymbol{a}+\dfrac{1}{2}\boldsymbol{a}^2\boldsymbol{e}_\infty+\boldsymbol{e}_0\\
\underline{\boldsymbol{B}}=\boldsymbol{b}+\dfrac{1}{2}\boldsymbol{b}^2\boldsymbol{e}_\infty+\boldsymbol{e}_0\\
\quad\vdots\\
\underline{\boldsymbol{K}}=\boldsymbol{k}+\dfrac{1}{2}\boldsymbol{k}^2\boldsymbol{e}_\infty+\boldsymbol{e}_0
\end{cases} \tag{5.26}$$

接着，将式(5.25)和欧拉角变换 $\cos\theta_i=\dfrac{t_i^2+1}{2t_i}$，$\sin\theta_i=\dfrac{t_i^2-1}{2\mathrm{i}t_i}$，$t_i=\exp(\mathrm{i}\theta_i)(i=1,2,3)$ 代入式(5.22)～式(5.24)，可以得到

$$\begin{aligned}
f_{91}&=\sum_{i=-2}^{2}\sum_{j=-2}^{2}\sum_{k=-2}^{k=2}a_{9ijk}t_1^it_2^jt_3^k=0,\quad(-2\leqslant i+j+k\leqslant 2)\\
f_{92}&=\sum_{i=-1}^{1}\sum_{j=-1}^{1}b_{9jk}t_2^jt_3^k=0,\quad(-1\leqslant j+k\leqslant 1)\\
f_{93}&=\sum_{i=-1}^{1}\sum_{j=-1}^{1}\sum_{k=-1}^{k=1}c_{9ijk}t_1^it_2^jt_3^k=0,\quad(-1\leqslant i+j+k\leqslant 1)
\end{aligned}\tag{5.27}$$

式中，系数 a_{9ijk}、b_{9jk}、c_{9ijk} 为常数。

通过结式消元法将 f_{91} 和 f_{93} 联立消去 t_1 之后，再与 f_{92} 联立消去 t_2，得到一个关于 t_3 的一元 42 次方程：

$$\sum_{i=-21}^{21}d_{9i}t_3^i=0\tag{5.28}$$

式中，系数 d_{9i} 为常数。

数值求解式(5.28)，得到 t_3 的 42 组解。将 t_3 的 42 组解代入式(5.27)中，利用辗转相除法得到变量 t_1 与 t_2 相应的 42 组解。

接着，根据

$$\theta_i=2\arctan\left(\mathrm{i}\frac{1-t_i}{1+t_i}\right)\quad(i=1,2)\tag{5.29}$$

求得角度 θ_1、θ_2、θ_3。将 θ_1、θ_2、θ_3 代入式(5.25)，求出点 H、L、J、F、G 和 K 坐标。

根据 $\underline{\boldsymbol{E}}\cdot\boldsymbol{N}_E=C_E$，将式(5.21)代入，得到：

$$\left(\frac{\boldsymbol{T}_{E,2}}{B_E}\pm\frac{\sqrt{A_E}}{B_E}\boldsymbol{T}_{E,1}\right)\cdot\boldsymbol{N}_E=C_E\tag{5.30}$$

根据式(5.30)，可以得到式(5.21)中正负号的取值 s_E 为

$$s_E=\frac{C_E-\dfrac{\boldsymbol{T}_{E,2}}{B_E}\cdot\boldsymbol{N}_E}{\dfrac{\sqrt{A_E}}{B_E}\boldsymbol{T}_{E,1}\cdot\boldsymbol{N}_E}\tag{5.31}$$

因此，点 E 的 CGA 标准表示 $\underline{\boldsymbol{E}}$ 如下：

$$\underline{\boldsymbol{E}}=\frac{\boldsymbol{T}_{E,2}}{B_E}+s_E\frac{\sqrt{A_E}}{B_E}\boldsymbol{T}_{E,1}\tag{5.32}$$

点 I 可由球 $\underline{\boldsymbol{S}}_{CI}$、球 $\underline{\boldsymbol{S}}_{EI}$、球 $\underline{\boldsymbol{S}}_{HI}$ 和平面 $\underline{\boldsymbol{\Pi}}_{ABC}$ 相交求得，其 CGA 表示如下：

$$\begin{cases}\underline{\boldsymbol{I}}'=-(\underline{\boldsymbol{S}}_{CI}\wedge\underline{\boldsymbol{S}}_{EI}\wedge\underline{\boldsymbol{S}}_{HI}\wedge\underline{\boldsymbol{\Pi}}_{ABC})\boldsymbol{I}_C\\ \underline{\boldsymbol{I}}=-\underline{\boldsymbol{I}}'/(\boldsymbol{e}_\infty\cdot\underline{\boldsymbol{I}}')\end{cases}\tag{5.33}$$

式中，$\underline{\boldsymbol{S}}_{CI}=\underline{\boldsymbol{C}}-\frac{1}{2}l_{CI}^2\boldsymbol{e}_\infty$，$\underline{\boldsymbol{S}}_{EI}=\underline{\boldsymbol{E}}-\frac{1}{2}l_{EI}^2\boldsymbol{e}_\infty$，$\underline{\boldsymbol{S}}_{HI}=\underline{\boldsymbol{H}}-\frac{1}{2}l_{HI}^2\boldsymbol{e}_\infty$。

综上所述，完成了第 9 种 9 杆巴氏桁架的位置分析求解，即求解得到了除 A、B、C 和 D 这4 个铰链外的其他 8 个铰链 E、F、G、H、I、J、K 和 L 的位置。

5.2.3 数值实例

为了验证新方法的正确性，给出各杆长度如下：

$l_{AF}=4\sqrt{26}$，$l_{GL}=\sqrt{10}$，$l_{HI}=5\sqrt{2}$，$l_{EK}=\sqrt{61}$，$l_{DJ}=25$，$l_{BH}=\sqrt{13}$，$l_{LH}=\sqrt{53}$，$l_{BL}=\sqrt{106}$

$l_{CE}=\sqrt{34}$，$l_{EI}=\sqrt{65}$，$l_{CI}=\sqrt{61}$，$l_{KJ}=2\sqrt{61}$，$l_{FG}=\sqrt{41}$，$l_{FJ}=\sqrt{466}$，$l_{GK}=5$，$l_{GJ}=\sqrt{389}$

点 A、B、C 和 D 的坐标分别为 $\boldsymbol{a}=(0,0,0)^{\mathrm{T}}$，$\boldsymbol{b}=(2,3,0)^{\mathrm{T}}$，$\boldsymbol{c}=(15,4,0)^{\mathrm{T}}$，$\boldsymbol{d}=(25,0,0)^{\mathrm{T}}$。将上述参数代入式(5.25)～式(5.33)，可以求出 42 组 θ_1、θ_2、θ_3，表 5.2 所示为其中的 6 组实数解。这 6 组实数解依次对应的装配构型如图 5.4 所示。

表 5.2 第 9 种 9 杆巴氏桁架的 6 组实数解

No.	$\theta_1/(°)$	$\theta_2/(°)$	$\theta_3/(°)$
1	38.1347	89.9212	−166.5878
2	44.7210	91.3463	−166.9353
3	−25.8050	−134.1078	53.6708
4	76.9312	103.3051	−169.2475
5	−50.0179	−134.7035	53.0529
6	33.6901	90.0000	−166.6075

第 8、9 和 10 种 9 杆巴氏桁架的几何建模和代数求解方法类似，本节完成了第 9 种 9 杆巴氏桁架的位置分析。这 3 种巴氏桁架均只包括一个平面四杆运动链，若机架选择 4 副杆，通过引入 3 个角度变量，即可确定一个 2 副杆、一个 4 副杆和一个 3 副杆的位置。由此，可以推导出 2 个杆长约束方程和 1 个平面四杆运动链的几何约束方程。3 个方程经过两步消元计算之后可以分别得到一元高次方程。与传统的复数—向量法相比，本书提出的方法将约束方程的数量由 4 个减少到了 3 个，由 3 次消元减少到 2 次，简化了求解过程，但是最终构造的结式尺寸没有变化。

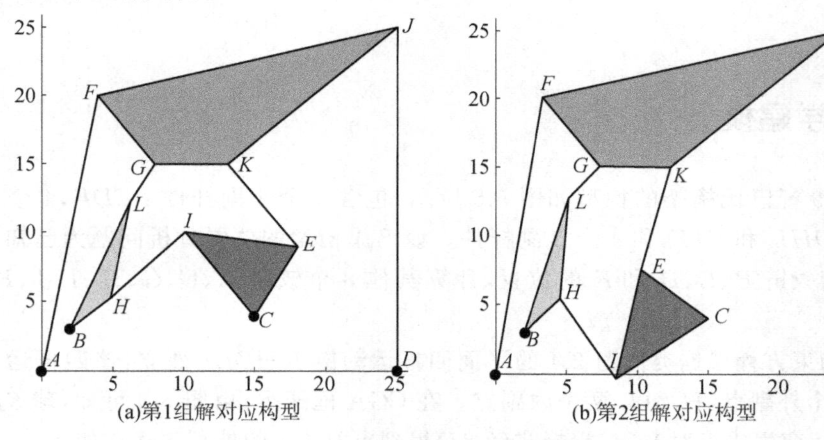

图 5.4 6 组实数解对应的装配构型

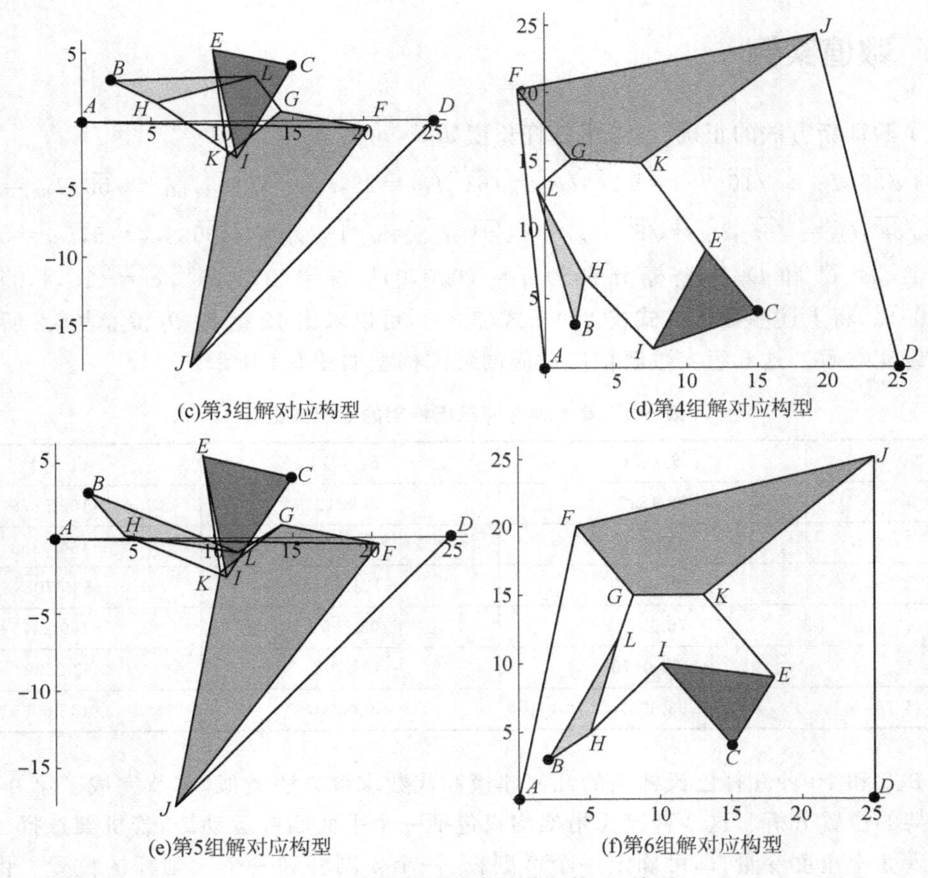

(c)第3组解对应构型
(d)第4组解对应构型
(e)第5组解对应构型
(f)第6组解对应构型

图 5.4　6 组实数解对应的装配构型(续图)

5.3　第 16 种 9 杆巴氏桁架的位置分析

5.3.1　数学建模

第 16 种 9 杆巴氏桁架的构型如图 5.5 所示,包含 1 个 4 副杆件 $BEDF$,4 个 3 副杆件 AEI、CGJ 、DHL 和 FJK 和 4 个 2 副杆件。该巴氏桁架的位置分析问题为已知所有杆件长度以及固定铰链 B、E、D 和 F 的位置,计算其他 8 个铰链 A、C、G、H、I、J、K 和 L 的位置。

第一个约束方程根据类似图 2.4 的平面四杆运动链 $KHDLI$ 建立,该四杆运动链包含 D、K 和 I 三个外副点,H 和 L 两个内副点。在 CGA 框架下,由图 5.5 可知,球 $\underline{\boldsymbol{S}}_{DL}$、球 $\underline{\boldsymbol{S}}_{IL}$ 和平面 $\underline{\boldsymbol{\Pi}}_{ABC}$ 相交生成点对 $\boldsymbol{L}_L^*$。根据式(2.87)得到点对 $\boldsymbol{L}_L^*$ 的外积表达式如下:

$$\boldsymbol{L}_L^* = -(\underline{\boldsymbol{S}}_{DL} \wedge \underline{\boldsymbol{S}}_{IL} \wedge \underline{\boldsymbol{\Pi}}_{ABC})\boldsymbol{I}_C \tag{5.34}$$

式中，$\underline{\boldsymbol{S}}_{DL}$表示以点$D$为圆心，杆长$l_{DL}$为半径的球；$\underline{\boldsymbol{S}}_{IL}$表示以点$I$为圆心，杆长$l_{IL}$为半径的球；$\underline{\boldsymbol{\Pi}}_{ABC}$表示由点$A$、$B$和$C$组成的平面。根据表2.1中点、球和面的内积表达式可知，$\underline{\boldsymbol{S}}_{DL}=\underline{\boldsymbol{D}}-\frac{1}{2}l_{DL}^2\boldsymbol{e}_\infty$，$\underline{\boldsymbol{S}}_{IL}=\underline{\boldsymbol{I}}-\frac{1}{2}l_{IL}^2\boldsymbol{e}_\infty$，$\underline{\boldsymbol{\Pi}}_{ABC}=\boldsymbol{e}_3$，$\underline{\boldsymbol{D}}=\boldsymbol{d}+\frac{1}{2}\boldsymbol{d}^2\boldsymbol{e}_\infty+\boldsymbol{e}_0$，$\underline{\boldsymbol{I}}=\boldsymbol{i}+\frac{1}{2}\boldsymbol{i}^2\boldsymbol{e}_\infty+\boldsymbol{e}_0$。

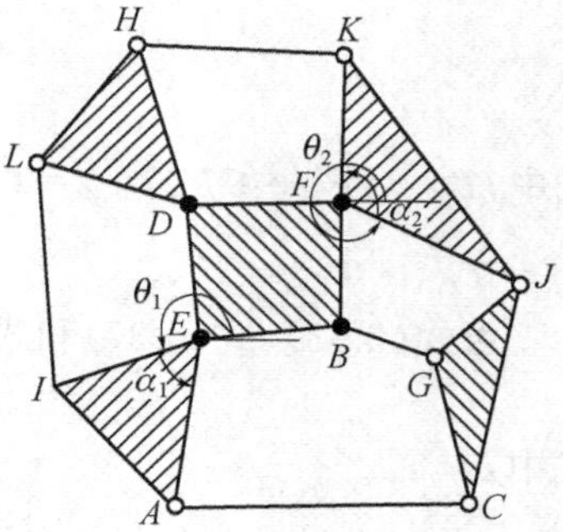

图5.5　第16种9杆巴氏桁架的构型

根据式(5.34)和式(2.61)可推导出点L的CGA标准表示$\underline{\boldsymbol{L}}$如下：

$$\underline{\boldsymbol{L}}=\frac{\boldsymbol{T}_{L,2}}{B_L}\pm\frac{\sqrt{A_L}}{B_L}\boldsymbol{T}_{L,1} \tag{5.35}$$

式中，$\boldsymbol{T}_{L,1}=\boldsymbol{e}_\infty\cdot\boldsymbol{L}_L^*$，$\boldsymbol{T}_{L,2}=\boldsymbol{T}_{L,1}\cdot\boldsymbol{L}_L^*$，$A_L=\boldsymbol{L}_L^*\cdot\boldsymbol{L}_L^*=\frac{1}{4}(-(l_{DL}^2+l_{IL}^2-l_{DI}^2)^2+4l_{DL}^2l_{IL}^2)$和$B_L=\boldsymbol{T}_{L,1}\cdot\boldsymbol{T}_{L,1}=l_{DI}^2$。

由式(2.93)、式(5.34)和式(5.35)可得到第16种9杆巴氏桁架的第一个约束方程为

$$E_L-A_LD_L-2C_LF_L+B_LC_L^2=0 \tag{5.36}$$

式中，

$$C_L=\left(-\frac{l_{HL}^2}{2}-\frac{l_{DL}^2}{2}+\frac{l_{DH}^2}{2}\right)(\underline{\boldsymbol{K}}\cdot\underline{\boldsymbol{D}})+\frac{l_{HL}^2l_{DL}^2}{4}-\frac{l_{DL}^4}{4}-\frac{l_{DL}^2l_{HK}^2}{2}+\frac{l_{DL}^2l_{DH}^2}{4}$$

$$D_L=\boldsymbol{N}_L\cdot\boldsymbol{N}_L=l_{DK}^2S_{\triangle HDL}^2$$

$$E_L=(\boldsymbol{L}_L^*\wedge\boldsymbol{N}_L)\cdot(\boldsymbol{L}_L^*\wedge\boldsymbol{N}_L)$$

$$F_L=\boldsymbol{T}_{L,2}\cdot\boldsymbol{N}_L$$

$$\boldsymbol{N}_L=-\boldsymbol{S}_{\triangle HDL}\cdot(\boldsymbol{e}_\infty\wedge\underline{\boldsymbol{K}}\wedge\underline{\boldsymbol{D}})\boldsymbol{I}_C+S_L\underline{\boldsymbol{K}}$$

$$S_{\triangle HDL}=l_{DL}l_{DH}\sin(\angle\mathrm{HDL})$$

$$\boldsymbol{S}_{\triangle HDL}=S_{\triangle HDL}\boldsymbol{e}_3=l_{DL}l_{DH}\sin(\angle\mathrm{HDL})\boldsymbol{e}_3$$

$$S_L=\frac{l_{DL}^2}{2}+\frac{l_{DH}^2}{2}-\frac{l_{HL}^2}{2}$$

式(5.36)仅和外副点D、K和I的位置有关，根据图5.5可知，点D位置已知，点I可由变量θ_1表示，点K可由变量θ_2表示，其中，θ_1和θ_2分别表示杆EI和FJ与x轴之间的夹角，因此，式(5.36)为变量θ_1和θ_2的表达式。

第二个约束方程根据类似图2.4的平面四杆运动链$BGJCA$建立。该四杆运动链包含A、B和J三个外副点，C和G两个内副点。在CGA框架下，由图5.5可知，球$\underline{\boldsymbol{S}}_{JC}$、球$\underline{\boldsymbol{S}}_{AC}$和平面$\underline{\boldsymbol{\Pi}}_{ABC}$相交生成点对$\boldsymbol{C}_c^*$。根据式(2.87)得到点对$\boldsymbol{C}_c^*$的外积表达式如下

$$\boldsymbol{C}_C^*=-(\underline{\boldsymbol{S}}_{JC}\wedge\underline{\boldsymbol{S}}_{AC}\wedge\underline{\boldsymbol{\Pi}}_{ABC})\boldsymbol{I}_C \tag{5.37}$$

式中，$\underline{\boldsymbol{S}}_{JC}$表示以点$J$为圆心，杆长$l_{JC}$为半径的球；$\underline{\boldsymbol{S}}_{AC}$表示以点$A$为圆心，杆长$l_{AC}$为半径的球；$\underline{\boldsymbol{\Pi}}_{ABC}$表示由点$A$、$B$和$C$组成的平面。根据表2.1中点、球和面的内积表达式可知，$\underline{\boldsymbol{S}}_{JC}=\underline{\boldsymbol{J}}-\frac{1}{2}l_{JC}^2\boldsymbol{e}_\infty$，$\underline{\boldsymbol{S}}_{AC}=\underline{\boldsymbol{A}}-\frac{1}{2}l_{AC}^2\boldsymbol{e}_\infty$，$\underline{\boldsymbol{J}}=\boldsymbol{j}+\frac{1}{2}\boldsymbol{j}^2\boldsymbol{e}_\infty+\boldsymbol{e}_0$，$\underline{\boldsymbol{A}}=\boldsymbol{a}+\frac{1}{2}\boldsymbol{a}^2\boldsymbol{e}_\infty+\boldsymbol{e}_0$。

根据式(5.37)和式(2.61)可推导出点C的CGA标准表示$\underline{\boldsymbol{C}}$如下：

$$\underline{C}=\frac{\boldsymbol{T}_{C,2}}{B_C}\pm\frac{\sqrt{A_C}}{B_C}\boldsymbol{T}_{C,1} \tag{5.38}$$

式中，$\boldsymbol{T}_{C,1}=\boldsymbol{e}_\infty\cdot\boldsymbol{C}_C^*$，$\boldsymbol{T}_{C,2}=\boldsymbol{T}_{C,1}\cdot\boldsymbol{C}_C^*$，$A_C=\boldsymbol{C}_C^*\cdot\boldsymbol{C}_C^*=\frac{1}{4}(-(l_{CJ}^2+l_{AC}^2-l_{AJ}^2)^2+4l_{CJ}^2l_{AC}^2)$和$B_C=\boldsymbol{T}_{C,1}\cdot\boldsymbol{T}_{C,1}=l_{AJ}^2$。

由式(2.93)、式(5.37)和式(5.38)可得到第 16 种 9 杆巴氏桁架的第二个约束方程为

$$E_C-A_CD_C-2C_CF_C+B_CC_C^2=0 \tag{5.39}$$

式中：

$$C_C=\left(-\frac{l_{CG}^2}{2}-\frac{l_{CJ}^2}{2}+\frac{l_{GJ}^2}{2}\right)(\underline{\boldsymbol{B}}\cdot\underline{\boldsymbol{J}})+\frac{l_{CG}^2l_{CJ}^2}{4}-\frac{l_{CJ}^4}{4}-\frac{l_{CJ}^2l_{BG}^2}{2}+\frac{l_{CJ}^2l_{GJ}^2}{4}$$
$$D_C=\boldsymbol{N}_C\cdot\boldsymbol{N}_C=l_{BJ}^2S_{\triangle GJC}^2$$
$$E_C=(\boldsymbol{C}_C^*\wedge\boldsymbol{N}_C)\cdot(\boldsymbol{C}_C^*\wedge\boldsymbol{N}_C)$$
$$F_C=\boldsymbol{T}_{C,2}\cdot\boldsymbol{N}_C$$
$$\boldsymbol{N}_C=-\boldsymbol{S}_{\triangle GJC}\cdot(\boldsymbol{e}_\infty\wedge\underline{\boldsymbol{B}}\wedge\underline{\boldsymbol{J}})\boldsymbol{I}_C+S_C\underline{\boldsymbol{B}}$$
$$S_{\triangle GJC}=l_{CJ}l_{GJ}\sin(\angle\mathrm{GJC})$$
$$\boldsymbol{S}_{\triangle GJC}=S_{\triangle GJC}\boldsymbol{e}_3=l_{CJ}l_{GJ}\sin(\angle\mathrm{GJC})\boldsymbol{e}_3$$
$$S_C=\frac{l_{CJ}^2}{2}+\frac{l_{GJ}^2}{2}-\frac{l_{CG}^2}{2}$$

式(5.39)仅和外副点 A、B 和 J 的位置有关，根据图 5.5 可知，点 B 位置已知，点 A 可由变量 θ_1 表示，点 J 可由变量 θ_2 表示，因此，式(5.39)为变量 θ_1 和 θ_2 的表达式。

综上所述，式(5.36)和式(5.39)就是第 16 种 9 杆巴氏桁架位置分析的两个约束方程式，两个方程均为变量 θ_1 和 θ_2 的表达式。接下来对式(5.36)和式(5.39)进行消元求解。

5.3.2 消元求解

如图 5.5 所示，点 B、E、D 和 F 的坐标已知。α_1 为∠AEI 的度数，α_2 为∠JFK 的度数，θ_1 和 θ_2 分别表示杆 EI 和 FJ 与 x 轴之间的夹角，由此，点 A、I、J 和 K 坐标分别表示为

$$\begin{aligned}
\boldsymbol{i}&=\boldsymbol{e}+(l_{EI}\cos\theta_1,l_{EI}\sin\theta_1,0)^{\mathrm{T}}\\
\boldsymbol{a}&=\boldsymbol{e}+(l_{AE}\cos(\theta_1+\alpha_1),l_{AE}\sin(\theta_1+\alpha_1),0)^{\mathrm{T}}\\
\boldsymbol{j}&=\boldsymbol{f}+(l_{FJ}\cos\theta_2,l_{FJ}\sin\theta_2,0)^{\mathrm{T}}\\
\boldsymbol{k}&=\boldsymbol{f}+(l_{FK}\cos(\theta_2+\alpha_2),l_{FK}\sin(\theta_2+\alpha_2),0)^{\mathrm{T}}
\end{aligned} \tag{5.40}$$

式中，由于△AEI 和△JFK 各杆的长度已知，所以，α_1 和 α_2 是已知值。

由此，根据表 2.1 和式(5.40)，点 A、B、D、I、E、F、J 和 K 的 CGA 表示形式如下：

$$\begin{cases}
\underline{\boldsymbol{A}}=\boldsymbol{a}+\frac{1}{2}\boldsymbol{a}^2\boldsymbol{e}_\infty+\boldsymbol{e}_0\\
\underline{\boldsymbol{B}}=\boldsymbol{b}+\frac{1}{2}\boldsymbol{b}^2\boldsymbol{e}_\infty+\boldsymbol{e}_0\\
\vdots\\
\underline{\boldsymbol{K}}=\boldsymbol{k}+\frac{1}{2}\boldsymbol{k}^2\boldsymbol{e}_\infty+\boldsymbol{e}_0
\end{cases} \tag{5.41}$$

接着，将式(5.41)和欧拉角变换 $\cos\theta_i=\dfrac{t_i^2+1}{2t_i}$，$\sin\theta_i=\dfrac{t_i^2-1}{2\mathrm{i}t_i}$，$t_i=\exp(\mathrm{i}\theta_i)\ (i=1,2)$代入式(5.36)和式(5.39)，可以得到

$$\begin{cases}f_{161}=\sum\limits_{i=-2}^{2}\sum\limits_{j=-2}^{2}a_{16ij}t_1^it_2^j=0, & (-3\leqslant i+j\leqslant 3)\\ f_{162}=\sum\limits_{i=-2}^{2}\sum\limits_{j=-3}^{3}b_{16ij}t_1^it_2^j=0, & (-3\leqslant i+j\leqslant 3)\end{cases}\tag{5.42}$$

式中，系数 a_{16ij}、b_{16ij} 为常数。

对式(5.42)进行结式消元，消去 t_2，得到一个关于 t_1 的一元36次方程：

$$\sum_{i=-18}^{18}c_{16i}t_1^i=0\tag{5.43}$$

式中，系数 c_{16i} 为常数。

数值求解式(5.43)，得到 t_1 的36组解。将 t_1 的36组解代入式(5.42)中，利用辗转相除法得到变量 t_2 相应的36组解。

接着，根据

$$\theta_i=2\arctan\left(\mathrm{i}\frac{1-t_i}{1+t_i}\right)\quad(i=1,2)\tag{5.44}$$

求得角度 θ_1 和 θ_2。将 θ_1 和 θ_2 代入式(5.40)，求出点 A、I、J 和 K 坐标。

根据 $\underline{\boldsymbol{L}}\cdot\boldsymbol{N}_L=C_L$，将式(5.35)代入，得到：

$$\left(\frac{\boldsymbol{T}_{L,2}}{B_L}\pm\frac{\sqrt{A_L}}{B_L}\boldsymbol{T}_{L,1}\right)\cdot\boldsymbol{N}_L=C_L\tag{5.45}$$

根据式(5.45)，可以得到式(5.35)中正负号的取值 s_L 为

$$s_L=\frac{C_L-\dfrac{\boldsymbol{T}_{L,2}}{B_L}\cdot\boldsymbol{N}_L}{\dfrac{\sqrt{A_L}}{B_L}\boldsymbol{T}_{L,1}\cdot\boldsymbol{N}_L}\tag{5.46}$$

因此，点 L 的CGA标准表示 $\underline{\boldsymbol{L}}$ 如下：

$$\underline{\boldsymbol{L}}=\frac{\boldsymbol{T}_{L,2}}{B_L}+s_L\frac{\sqrt{A_L}}{B_L}\boldsymbol{T}_{L,1}\tag{5.47}$$

点 H 可由球 $\underline{\boldsymbol{S}}_{DH}$、球 $\underline{\boldsymbol{S}}_{KH}$、球 $\underline{\boldsymbol{S}}_{LH}$ 和平面 $\underline{\boldsymbol{\Pi}}_{ABC}$ 相交求得，其CGA表示如下：

$$\begin{cases}\underline{\boldsymbol{H}}'=-(\underline{\boldsymbol{S}}_{DH}\wedge\underline{\boldsymbol{S}}_{KH}\wedge\underline{\boldsymbol{S}}_{LH}\wedge\underline{\boldsymbol{\Pi}}_{ABC})\boldsymbol{I}_C\\ \underline{\boldsymbol{H}}=-\underline{\boldsymbol{H}}'/(\boldsymbol{e}_\infty\cdot\underline{\boldsymbol{H}}')\end{cases}\tag{5.48}$$

式中，$\underline{\boldsymbol{S}}_{DH}=\underline{\boldsymbol{D}}-\frac{1}{2}l_{DH}^2\boldsymbol{e}_\infty$，$\underline{\boldsymbol{S}}_{KH}=\underline{\boldsymbol{K}}-\frac{1}{2}l_{KH}^2\boldsymbol{e}_\infty$，$\underline{\boldsymbol{S}}_{LH}=\underline{\boldsymbol{L}}-\frac{1}{2}l_{HL}^2\boldsymbol{e}_\infty$。

同理，根据 $\underline{\boldsymbol{C}}\cdot\boldsymbol{N}_C=C_C$，将式(5.38)代入，得到：

$$\left(\frac{\boldsymbol{T}_{C,2}}{B_C}\pm\frac{\sqrt{A_C}}{B_C}\boldsymbol{T}_{C,1}\right)\cdot\boldsymbol{N}_C=C_C\tag{5.49}$$

根据式(5.49),可以得到式(5.38)中正负号的取值 s_C 为

$$s_C=\frac{C_C-\dfrac{\boldsymbol{T}_{C,2}}{B_C}\cdot\boldsymbol{N}_C}{\dfrac{\sqrt{A_C}}{B_C}\boldsymbol{T}_{C,1}\cdot\boldsymbol{N}_C}\tag{5.50}$$

因此,点 C 的 CGA 标准表示 $\underline{\boldsymbol{C}}$ 如下:

$$\underline{\boldsymbol{C}}=\frac{\boldsymbol{T}_{C,2}}{B_C}+s_C\frac{\sqrt{A_C}}{B_C}\boldsymbol{T}_{C,1}\tag{5.11}$$

点 G 可由球 $\underline{\boldsymbol{S}}_{BG}$、球 $\underline{\boldsymbol{S}}_{CG}$、球 $\underline{\boldsymbol{S}}_{JG}$ 和平面 $\underline{\boldsymbol{\Pi}}_{ABC}$ 相交求得,其 CGA 表示如下:

$$\begin{cases}\underline{\boldsymbol{G}}'=-(\underline{\boldsymbol{S}}_{BG}\wedge\underline{\boldsymbol{S}}_{CG}\wedge\underline{\boldsymbol{S}}_{JG}\wedge\underline{\boldsymbol{\Pi}}_{ABC})\boldsymbol{I}_C\\ \underline{\boldsymbol{G}}=-\underline{\boldsymbol{G}}'/(\boldsymbol{e}_\infty\cdot\underline{\boldsymbol{G}}')\end{cases}\tag{5.52}$$

式中,$\underline{\boldsymbol{S}}_{BG}=\underline{\boldsymbol{B}}-\dfrac{1}{2}l_{BG}^2\boldsymbol{e}_\infty$,$\underline{\boldsymbol{S}}_{CG}=\underline{\boldsymbol{C}}-\dfrac{1}{2}l_{CG}^2\boldsymbol{e}_\infty$,$\underline{\boldsymbol{S}}_{JG}=\underline{\boldsymbol{J}}-\dfrac{1}{2}l_{GJ}^2\boldsymbol{e}_\infty$。

综上所述,完成了第 16 种 9 杆巴氏桁架的位置分析求解,即求解得到了除 B、E、D 和 F 这4 个铰链外的其他 8 个铰链 A、C、G、H、I、J、K 和 L 的位置。

5.3.3 数值实例

为了验证新方法的正确性,给出各杆长度如下:

$l_{IL}=7\sqrt{2}$,$l_{HK}=\sqrt{61}$,$l_{BG}=\sqrt{89}$,$l_{AC}=25$,$l_{DL}=\sqrt{13}$,$l_{HL}=\sqrt{34}$,$l_{DH}=3\sqrt{5}$,$l_{AE}=\sqrt{13}$,$l_{EI}=2\sqrt{10}$,$l_{AI}=\sqrt{41}$,$l_{FK}=\sqrt{130}$,$l_{FJ}=15\sqrt{2}$,$l_{JK}=4\sqrt{10}$,$l_{GJ}=2\sqrt{65}$,$l_{CG}=\sqrt{85}$,$l_{CJ}=25$

点 B、E、D 和 F 的坐标分别为 $\boldsymbol{b}=(15,4,0)^{\mathrm{T}}$,$\boldsymbol{e}=(2,3,0)^{\mathrm{T}}$,$\boldsymbol{d}=(5,9,0)^{\mathrm{T}}$,$\boldsymbol{f}=(10,10,0)^{\mathrm{T}}$。将上述参数代入式(5.40)~式(5.52),可以求出 36 组 θ_1 和 θ_2,表 5.3 所示为其中的 4 组实数解。这 4 组实数解依次对应的装配构型如图 5.6 所示。

表 5.3 第 16 种 9 杆巴氏桁架的 4 组实数解

No.	θ_1/(°)	θ_2/(°)	No.	θ_1/(°)	θ_2/(°)
1	124.3596	−118.906	3	150.9331	49.3884
2	131.0949	−117.986	4	161.5651	45.00

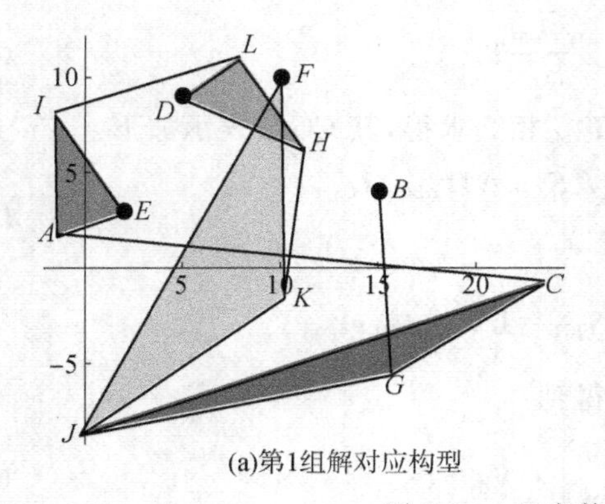

(a)第1组解对应构型

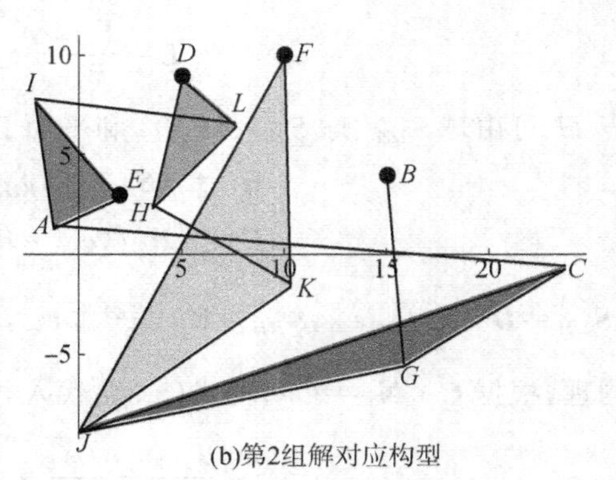

(b)第2组解对应构型

图 5.6 4 组实数解对应的装配构型

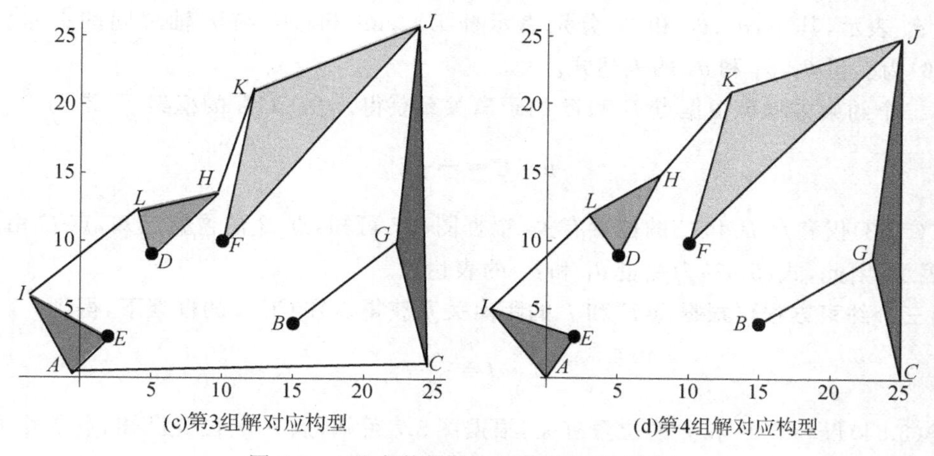

(c)第3组解对应构型
(d)第4组解对应构型

图 5.6　4 组实数解对应的装配构型(续图)

第 11、12、14、15、16、17 和 22 种 9 杆巴氏桁架的几何建模和代数求解方法类似,本节完成了第 16 种 9 杆巴氏桁架的位置分析。这 7 种巴氏桁架均包括两个平面四杆运动链,若机架选择 4 副杆,通过引入两个角度变量,即可确定两个 3 副杆的位置。利用基于 CGA 的平面四杆运动链几何建模公式(式(2.93))推导出 2 个约束方程,经过一步结式消元即可分别得到对应的一元高次方程。本节提出的方法构造的结式大小和文献[40]中的相同,均为 8×8 矩阵。利用本节方法求解第 15 种 9 杆巴氏桁架的位置分析时,最终构造的结式尺寸大小与文献[32]中也相同,但是相对于传统的复数—向量法建模,本节提出的方法将 3 次消元计算减少到了 1 次消元计算,简化了求解过程。

5.4　第 18 种 9 杆巴氏桁架的位置分析

5.4.1　数学建模

第 18 种 9 杆巴氏桁架的构型如图 5.7 所示,包含 1 个 4 副杆件 $BEDF$,4 个 3 副杆件 AEI、ACG、DHL 和 GJK 和 4 个 2 副杆件。该巴氏桁架的位置分析问题为已知所有杆件长度以及固定铰链 B、E、D 和 F 的位置,计算其他 8 个铰链 A、C、G、H、I、J、K 和 L 的位置。

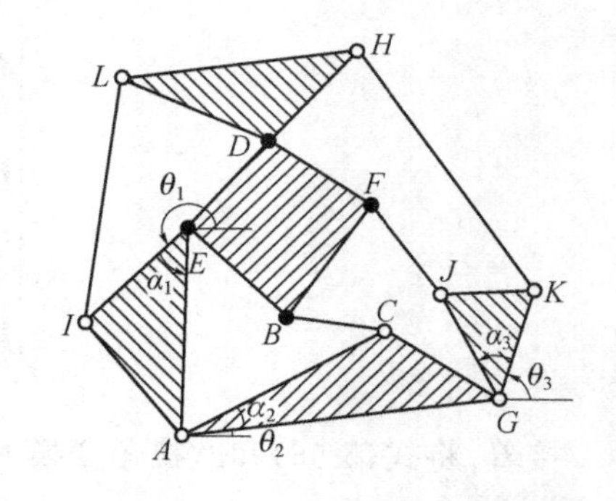

图 5.7　第 18 种 9 杆巴氏桁架的构型

第一个约束方程根据类似图 2.4 的平面四杆运动链 $KHDLI$ 建立,该四杆运动链包含 D、K 和 I 三个外副点,H 和 L 两个内副点。建立第一个约束方程的过程同式(5.34)~式(5.36)。此时,式(5.36)仅和外副点 D、K 和 I 的位置有关,根据图 5.7 可知,点 D 位置已知,点 I 可由变量 θ_1、θ_2 和 θ_3 表示,点 K 可

由变量 θ_3 表示，其中，θ_1、θ_2 和 θ_3 分别表示杆 EI、AG 和 GK 与 x 轴之间的夹角。因此，式(5.36)为变量 θ_1、θ_2 和 θ_3 的表达式。

第二个约束方程可根据点 B 和 C 的距离关系获得。在 CGA 的框架下，得到

$$\underline{\boldsymbol{B}}\cdot\underline{\boldsymbol{C}}=-\frac{1}{2}l_{BC}^2 \tag{5.53}$$

式(5.53)仅和点 B 和 C 的位置有关，根据图 5.7 可知，点 B 的位置已知，点 C 由变量 θ_1 和 θ_2 表示，因此，式(5.53)为变量 θ_1 和 θ_2 的表达式。

第三个约束方程可根据点 F 和 J 的距离关系获得。在 CGA 的框架下，得到

$$\underline{\boldsymbol{F}}\cdot\underline{\boldsymbol{J}}=-\frac{1}{2}l_{FJ}^2 \tag{5.54}$$

式(5.54)仅和点 F 和 J 的位置有关，根据图 5.7 可知，点 F 的位置已知，点 J 由变量 θ_1、θ_2 和 θ_3 表示，因此，式(5.54)为变量 θ_1、θ_2 和 θ_3 的表达式。

综上所述，式(5.36)、式(5.53)和式(5.54)就是第 18 种 9 杆巴氏桁架位置分析的 3 个约束方程式。接下来对式(5.36)、式(5.53)和式(5.54)进行消元求解。

5.4.2 消元求解

如图 5.7 所示，点 B、E、D 和 F 的坐标已知。α_1 为∠AEI 的度数，α_2 为∠CAG 的度数，α_3 为∠JGK 的度数，θ_1、θ_2 和 θ_3 分别表示杆 EI、AG 和 GK 与 x 轴之间的夹角，由此，点 A、C、G、J、I 和 K 坐标分别表示为

$$\begin{aligned}
&\boldsymbol{i}=\boldsymbol{e}+(l_{EI}\cos\theta_1,l_{EI}\sin\theta_1,0)^{\mathrm{T}}\\
&\boldsymbol{a}=\boldsymbol{e}+(l_{AE}\cos(\theta_1+\alpha_1),l_{AE}\sin(\theta_1+\alpha_1),0)^{\mathrm{T}}\\
&\boldsymbol{g}=\boldsymbol{a}+(l_{AG}\cos\theta_2,l_{AG}\sin\theta_2,0)^{\mathrm{T}}\\
&\boldsymbol{c}=\boldsymbol{a}+(l_{AC}\cos(\theta_2+\alpha_2),l_{AC}\sin(\theta_2+\alpha_2),0)^{\mathrm{T}}\\
&\boldsymbol{k}=\boldsymbol{g}+(l_{GK}\cos\theta_3,l_{GK}\sin\theta_3,0)^{\mathrm{T}}\\
&\boldsymbol{j}=\boldsymbol{g}+(l_{GJ}\cos(\theta_3+\alpha_3),l_{GJ}\sin(\theta_3+\alpha_3),0)^{\mathrm{T}}
\end{aligned} \tag{5.55}$$

式中，由于△AEI、△CAG 和△JGK 各杆的长度已知，所以，α_1、α_2 和 α_3 是已知值。

由此，根据表 2.1 和式(5.55)，点 A、B、C、D、E、F、G、J、I 和 K 的 CGA 表示形式如下：

$$\begin{cases}
\underline{\boldsymbol{A}}=\boldsymbol{a}+\dfrac{1}{2}\boldsymbol{a}^2\boldsymbol{e}_\infty+\boldsymbol{e}_0\\
\underline{\boldsymbol{B}}=\boldsymbol{b}+\dfrac{1}{2}\boldsymbol{b}^2\boldsymbol{e}_\infty+\boldsymbol{e}_0\\
\quad\vdots\\
\underline{\boldsymbol{K}}=\boldsymbol{k}+\dfrac{1}{2}\boldsymbol{k}^2\boldsymbol{e}_\infty+\boldsymbol{e}_0
\end{cases} \tag{5.56}$$

接着，将式(5.56)和欧拉角变换 $\cos\theta_i=\dfrac{t_i^2+1}{2t_i}$，$\sin\theta_i=\dfrac{t_i^2-1}{2\mathrm{i}t_i}$，$t_i=\exp(\mathrm{i}\theta_i)\ (i=1,2,3)$ 代入式(5.36)、式(5.53)和式(5.54)，可以得到

$$
\begin{aligned}
f_{181} &= \sum_{i=-3}^{3}\sum_{j=-2}^{2}\sum_{k=-2}^{k=2} a_{18ijk}t_1^i t_2^j t_3^k = 0, \quad (-3 \leqslant i+j+k \leqslant 3) \\
f_{182} &= \sum_{i=-1}^{1}\sum_{j=-1}^{1} b_{18ij}t_1^i t_2^j = 0, \quad (-1 \leqslant i+j \leqslant 1) \\
f_{183} &= \sum_{i=-1}^{1}\sum_{j=-1}^{1}\sum_{k=-1}^{k=1} c_{18ijk}t_1^i t_2^j t_3^k = 0, \quad (-1 \leqslant i+j+k \leqslant 1)
\end{aligned}
\tag{5.57}
$$

式中，系数 a_{18ijk}、b_{18ij}、c_{18ijk} 为常数。

通过结式消元法将 f_{181} 和 f_{183} 联立消去 t_3 之后，再与 f_{182} 联立消去 t_2，得到一个关于 t_1 的一元 44 次方程：

$$
\sum_{i=-22}^{22} d_{18i}t_1^i = 0 \tag{5.58}
$$

式中，系数 d_{18i} 为常数。

数值求解式(5.58)，得到 t_1 的 44 组解。将 t_1 的 44 组解代入式(5.57)中，利用辗转相除法得到变量 t_2 与 t_3 相应的 44 组解。

接着，根据

$$
\theta_i = 2\arctan\left(\mathrm{i}\,\frac{1-t_i}{1+t_i}\right) \quad (i=1,2,3) \tag{5.59}
$$

求得角度 θ_1、θ_2、θ_3。将 θ_1、θ_2、θ_3 代入式(5.55)，求出点 A、C、G、J、I、K 坐标。点 L 和 H 坐标求解过程同式(5.45)～式(5.48)。

综上所述，完成了第 18 种 9 杆巴氏桁架的位置分析求解，即求解得到了除 B、E、D 和 F 这4 个铰链外的其他 8 个铰链 A、C、G、H、I、J、K 和 L 的位置。

5.4.3 数值实例

为了验证新方法的正确性，给出各杆长度如下：

$l_{BC}=2\sqrt{29}$，$l_{FJ}=\sqrt{34}$，$l_{LI}=13\sqrt{2}$，$l_{HK}=\sqrt{61}$，$l_{HL}=\sqrt{34}$，$l_{DH}=3\sqrt{5}$，$l_{DL}=\sqrt{13}$，$l_{AG}=\sqrt{170}$
$l_{AC}=\sqrt{29}$，$l_{CG}=\sqrt{85}$，$l_{KJ}=6$，$l_{GJ}=2\sqrt{34}$，$l_{GK}=2\sqrt{61}$，$l_{AE}=\sqrt{809}$，$l_{EI}=10$，$l_{AI}=\sqrt{1165}$

点 B、E、D 和 F 的坐标分别为 $\boldsymbol{b}=(15,4,0)^{\mathrm{T}}$，$\boldsymbol{e}=(2,3,0)^{\mathrm{T}}$，$\boldsymbol{d}=(5,9,0)^{\mathrm{T}}$，$\boldsymbol{f}=(10,10,0)^{\mathrm{T}}$。将上述参数代入式(5.55)～式(5.59)可以求出 44 组 θ_1、θ_2、θ_3，表 5.4 所示为其中的 6 组实数解。这 6 组实数解依次对应的装配构型如图 5.8 所示。

表 5.4 第 18 种 9 杆巴氏桁架的 6 组实数解

No.	$\theta_1/(°)$	$\theta_2/(°)$	$\theta_3/(°)$
1	−97.8706	176.7579	−153.875
2	−99.4033	−176.763	−178.943
3	−110.341	127.5714	−147.047
4	−126.87	122.4712	129.8056

续 表

No.	$\theta_1/(°)$	$\theta_2/(°)$	$\theta_3/(°)$
5	-121.008	152.7174	170.775
6	-110.141	177.4892	110.3756

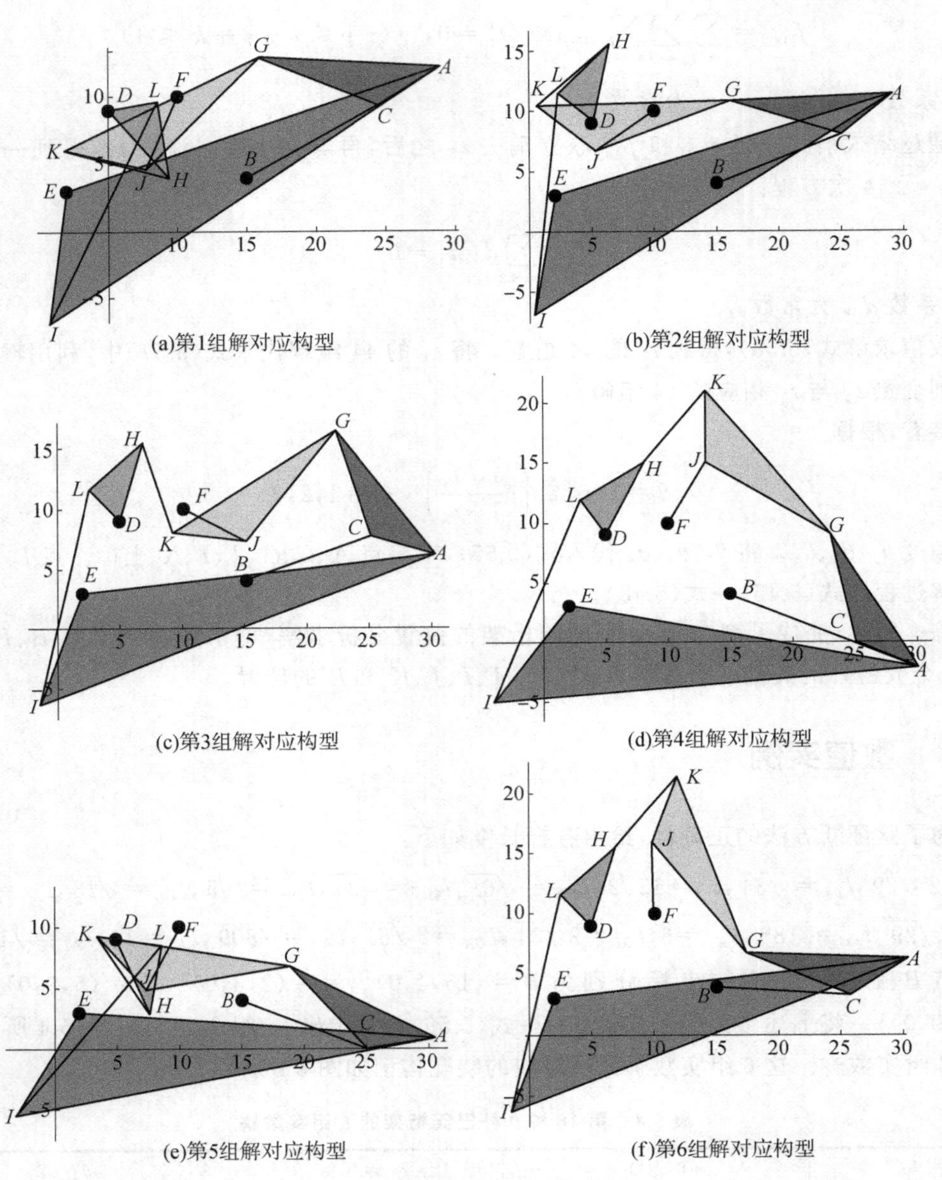

(a)第1组解对应构型　(b)第2组解对应构型

(c)第3组解对应构型　(d)第4组解对应构型

(e)第5组解对应构型　(f)第6组解对应构型

图 5.8　6 组实数解对应的装配构型

第 13、18、19、20 和 21 种 9 杆巴氏桁架的几何建模和代数求解方法类似，本节完成了第 18 种 9 杆巴氏桁架的位置分析。这 5 种 9 杆巴氏桁架均只包括一个平面四杆运动链，若机架选择 4 副杆，通过引入 3 个角度变量，即可确定 3 个 3 副杆的位置。由此，可以推导出 2

个杆长约束方程和 1 个平面四杆运动链的几何约束方程。3 个方程联立经过两步结式消元可以分别得到对应的一元高次方程。与传统的复数—向量法相比，本节提出的方法将约束方程的数量由 4 个减少到了 3 个，由 3 次消元减少到 2 次，简化了求解过程，但是最终构造的结式尺寸没有变化。

5.5 第 25 种 9 杆巴氏桁架的位置分析

5.5.1 数学建模

第 25 种 9 杆巴氏桁架的构型如图 5.9 所示，包含 5 个 3 副杆件 ABC、EFL、CDL、GHI、AHK 和 DIJ 和 4 个 2 副杆件。该巴氏桁架的位置分析问题为已知所有杆件长度以及固定铰链 G、H 和 I 的位置，计算其他 9 个铰链 A、B、C、D、E、F、J、K 和 L 的位置。

第一个约束方程根据类似图 2.4 的平面四杆运动链 $GFLEB$ 建立，该四杆运动链包含 G、L 和 B 3 个外副点，E 和 F 两个内副点。在 CGA 框架下，由图 5.9 可知，球 $\underline{\boldsymbol{S}}_{GF}$、球 $\underline{\boldsymbol{S}}_{LF}$ 和平面 $\underline{\boldsymbol{\Pi}}_{ABC}$ 相交生成点对 $\boldsymbol{F}_F^*$。根据式(2.87)得到点对 $\boldsymbol{F}_F^*$ 的外积表达式如下

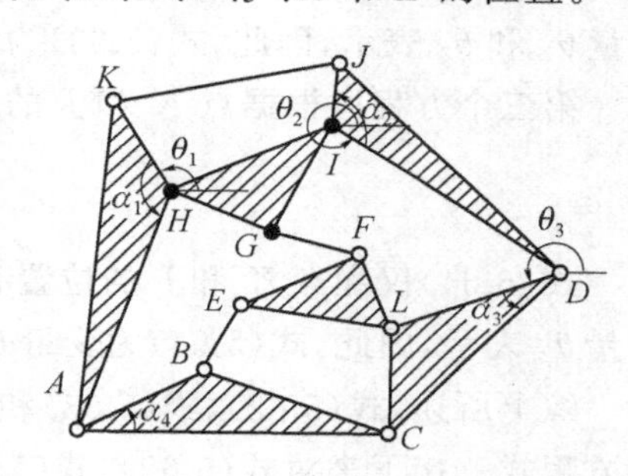

图 5.9 第 25 种 9 杆巴氏桁架的构型

$$\boldsymbol{F}_F^* = -(\underline{\boldsymbol{S}}_{GF} \wedge \underline{\boldsymbol{S}}_{LF} \wedge \underline{\boldsymbol{\Pi}}_{ABC})\boldsymbol{I}_C \tag{5.60}$$

式中，$\underline{\boldsymbol{S}}_{LF}$ 表示以点 L 为圆心，杆长 l_{FL} 为半径的球；$\underline{\boldsymbol{S}}_{GF}$ 表示以点 G 为圆心，杆长 l_{FG} 为半径的球；$\underline{\boldsymbol{\Pi}}_{ABC}$ 表示由点 A、B 和 C 组成的平面。根据表 2.1 中点、球和面的内积表达式可知，$\underline{\boldsymbol{S}}_{GF}=\underline{\boldsymbol{G}}-\frac{1}{2}l_{FG}^2\boldsymbol{e}_\infty$，$\underline{\boldsymbol{S}}_{LF}=\underline{\boldsymbol{L}}-\frac{1}{2}l_{FL}^2\boldsymbol{e}_\infty$，$\underline{\boldsymbol{\Pi}}_{ABC}=\boldsymbol{e}_3$，$\underline{\boldsymbol{G}}=\boldsymbol{g}+\frac{1}{2}\boldsymbol{g}^2\boldsymbol{e}_\infty+\boldsymbol{e}_0$，$\underline{\boldsymbol{L}}=\boldsymbol{l}+\frac{1}{2}\boldsymbol{l}^2\boldsymbol{e}_\infty+\boldsymbol{e}_0$。

根据式(5.60)和式(2.61)可推导出点 F 的 CGA 标准表示 $\underline{\boldsymbol{F}}$ 如下：

$$\boldsymbol{F}=\frac{\boldsymbol{T}_{F,2}}{B_F}\pm\frac{\sqrt{A_F}}{B_F}\boldsymbol{T}_{F,1} \tag{5.61}$$

式中，$\boldsymbol{T}_{F,1}=\boldsymbol{e}_\infty\cdot\boldsymbol{F}_{F,1}^*$，$\boldsymbol{T}_{F,2}=\boldsymbol{T}_{F,1}\cdot\boldsymbol{F}_f^*$，$A_F=\boldsymbol{F}_f^*\cdot\boldsymbol{F}_f^*=\frac{1}{4}(-(l_{FL}^2+l_{GF}^2-l_{GL}^2)^2+4l_{FL}^2l_{GF}^2)$ 和 $B_F=\boldsymbol{T}_{F,1}\cdot\boldsymbol{T}_{F,1}=l_{GL}^2$。

由式(2.93)、式(5.60)和式(5.61)可得到第 25 种 9 杆巴氏桁架的第一个约束方程为

$$E_F-A_FD_F-2C_FF_F+B_FC_F^2=0 \tag{5.62}$$

式中：

$$C_F=\left(-\frac{l_{FE}^2}{2}-\frac{l_{FL}^2}{2}+\frac{l_{EL}^2}{2}\right)(\underline{\boldsymbol{B}}\cdot\underline{\boldsymbol{L}})+\frac{l_{EF}^2l_{FL}^2}{4}-\frac{l_{FL}^4}{4}-\frac{l_{FL}^2l_{BE}^2}{2}+\frac{l_{FL}^2l_{EL}^2}{4}$$

$$D_F=\boldsymbol{N}_F\cdot\boldsymbol{N}_F=l_{BL}^2S_{\triangle ELF}^2$$

$$E_F=(\boldsymbol{F}_F^* \wedge \boldsymbol{N}_F)\cdot(\boldsymbol{F}_F^* \wedge \boldsymbol{N}_F)$$
$$F_F=\boldsymbol{T}_{F,2}\cdot\boldsymbol{N}_F$$
$$\boldsymbol{N}_F=-\boldsymbol{S}_{\triangle ELF}\cdot(\boldsymbol{e}_\infty \wedge \underline{\boldsymbol{B}} \wedge \underline{\boldsymbol{L}})\boldsymbol{I}_C+S_F\underline{\boldsymbol{B}}$$
$$S_{\triangle ELF}=l_{FL}l_{EL}\sin(\angle \mathrm{FLE})$$
$$\boldsymbol{S}_{\triangle ELF}=S_{\triangle ELF}\boldsymbol{e}_3=l_{FL}l_{EL}\sin(\angle \mathrm{FLE})\boldsymbol{e}_3$$
$$S_F=\frac{l_{FL}^2}{2}+\frac{l_{EL}^2}{2}-\frac{l_{EF}^2}{2}$$

式(5.62)仅和外副点 G、B 和 L 的位置有关,根据图 5.9 可知,点 G 的位置已知,点 B 可由变量 θ_1、θ_2 和 θ_3 表示,点 L 可由变量 θ_2 和 θ_3 表示,式中,θ_1、θ_2 和 θ_3 分别表示杆 HK、DI 和 DL 与 x 轴之间的夹角。因此,式(5.62)为变量 θ_1、θ_2 和 θ_3 的表达式。

第二个约束方程可根据点 A 和 C 的距离关系获得。在 CGA 的框架下,得到

$$\underline{\boldsymbol{A}}\cdot\underline{\boldsymbol{C}}=-\frac{1}{2}l_{AC}^2 \tag{5.63}$$

式(5.63)仅和点 A 和 C 的位置有关,根据图 5.9 可知,点 A 可由变量 θ_1 表示,点 C 可由变量 θ_2 和 θ_3 表示,因此,式(5.63)为变量 θ_1、θ_2 和 θ_3 的表达式。

第三个方程可根据点 K 和 J 的距离关系获得。在 CGA 的框架下,得到

$$\underline{\boldsymbol{K}}\cdot\underline{\boldsymbol{J}}=-\frac{1}{2}l_{KJ}^2 \tag{5.64}$$

式(5.64)仅和点 K 和 J 的位置有关,根据图 5.9 可知,点 K 可由变量 θ_1 表示,点 J 可由变量 θ_2 表示,因此,式(5.64)为变量 θ_1 和 θ_2 的表达式。

综上所述,式(5.62)、式(5.63)和式(5.64)就是第 25 种 9 杆巴氏桁架位置分析的 3 个约束方程式。接下来对式(5.62)、式(5.63)和式(5.64)进行消元求解。

5.5.2 消元求解

如图 5.9 所示,点 G、H 和 I 的坐标已知。α_1 为∠AHK 的度数,α_2 为∠DIJ 的度数,α_3 为∠CDL 的度数,α_4 为∠BAC 的度数,θ_1、θ_2 和 θ_3 分别表示杆 HK、DI 和 DL 与 x 轴之间的夹角,由此,点 A、C、D、J、K 和 L 坐标分别表示为

$$\boldsymbol{k}=\boldsymbol{h}+(l_{HK}\cos\theta_1,l_{HK}\sin\theta_1,0)^{\mathrm{T}}$$
$$\boldsymbol{a}=\boldsymbol{h}+(l_{AH}\cos(\theta_1+\alpha_1),l_{AH}\sin(\theta_1+\alpha_1),0)^{\mathrm{T}}$$
$$\boldsymbol{d}=\boldsymbol{i}+(l_{DI}\cos\theta_2,l_{DI}\sin\theta_2,0)^{\mathrm{T}}$$
$$\boldsymbol{j}=\boldsymbol{i}+(l_{IJ}\cos(\theta_2+\alpha_2),l_{IJ}\sin(\theta_2+\alpha_2),0)^{\mathrm{T}}$$
$$\boldsymbol{l}=\boldsymbol{d}+(l_{DL}\cos\theta_3,l_{DL}\sin\theta_3,0)^{\mathrm{T}}$$
$$\boldsymbol{c}=\boldsymbol{d}+(l_{CD}\cos(\theta_3+\alpha_3),l_{CD}\sin(\theta_3+\alpha_3),0)^{\mathrm{T}} \tag{5.65}$$

式中,由于△AHK、△DIJ、△CDL 和△BAC 各杆的长度已知,所以,α_1、α_2、α_3 和 α_4 是已知值。

在求解得到点 A、C 的坐标后,B 点坐标可表示如下:

$$\boldsymbol{b}=\boldsymbol{a}+(l_{AB}\cos(\alpha+\alpha_4),l_{AB}\sin(\alpha+\alpha_4),0)^{\mathrm{T}} \tag{5.66}$$

式中，$\cos\alpha=\dfrac{c_x-a_x}{l_{AC}}$，$\sin\alpha=\dfrac{c_y-a_y}{l_{AC}}$，$c_x$ 为 C 点横坐标，c_y 为 C 点纵坐标，a_x 为 A 点横坐标，a_y 为 A 点纵坐标。

由此，根据表 2.1 和式(5.65)以及式(5.66)，点 A、B、C、D、H、G、I、J、K 和 L 坐标的 CGA 表示形式如下：

$$\begin{cases}\underline{\boldsymbol{A}}=\boldsymbol{a}+\dfrac{1}{2}\boldsymbol{a}^2\boldsymbol{e}_\infty+\boldsymbol{e}_0\\ \underline{\boldsymbol{B}}=\boldsymbol{b}+\dfrac{1}{2}\boldsymbol{b}^2\boldsymbol{e}_\infty+\boldsymbol{e}_0\\ \vdots\\ \underline{\boldsymbol{L}}=\boldsymbol{l}+\dfrac{1}{2}\boldsymbol{l}^2\boldsymbol{e}_\infty+\boldsymbol{e}_0\end{cases}\tag{5.67}$$

接着，将式(5.67)和欧拉角变换 $\cos\theta_i=\dfrac{t_i^2+1}{2t_i}$，$\sin\theta_i=\dfrac{t_i^2-1}{2\mathrm{i}t_i}$，$t_i=\mathrm{e}^{\mathrm{i}\theta_i}$ $(i=1,2,3)$代入式(5.62)、式(5.63)和式(5.64)，可以得到

$$\begin{aligned}&f_{251}=\sum_{i=-2}^{2}\sum_{j=-3}^{3}\sum_{k=-3}^{k=3}a_{25ijk}t_1^it_2^jt_3^k=0,\quad(-3\leqslant i+j+k\leqslant 3)\\&f_{252}=\sum_{i=-1}^{1}\sum_{j=-1}^{1}\sum_{k=-1}^{k=1}b_{25ijk}t_1^it_2^jt_3^k=0,\quad(-1\leqslant i+j+k\leqslant 1)\\&f_{253}=\sum_{i=-1}^{1}\sum_{j=-1}^{1}c_{25ij}t_1^it_2^j=0,\qquad(-1\leqslant i+j\leqslant 1)\end{aligned}\tag{5.68}$$

式中，系数 a_{25ijk}、b_{25ijk}、c_{25ij} 为常数。

通过结式消元法将 f_{251} 和 f_{252} 联立消去 t_3 之后，再与 f_{253} 联立消去 t_2，得到一个关于 t_1 的一元 52 次方程：

$$\sum_{i=-26}^{26}d_{25i}t_1^i=0\tag{5.69}$$

式中，系数 d_{25i} 为常数。

数值求解式(5.69)，得到 t_1 的 52 组解。将 t_1 的 52 组解代入式(5.68)中，利用辗转相除法得到变量 t_2 的 52 组解。将 52 组 t_1 与 t_2 的解代入 f_{251} 和 f_{252}，使其变为关于 t_3 的一元 6 次方程和一元 2 次方程，再一次使用辗转相除法可以求出 t_3。在这一步实际计算中，发现其中有 6 组 t_1、t_2 的值使 f_{252} 变为一元一次方程，在对 f_{251} 和 f_{252} 使用辗转相除法求 t_3 时得到了非零常数，说明 f_{251} 和 f_{252} 互相矛盾，此时的 t_3 为增根。删除掉这 6 组 t_1、t_2、t_3 的解，即可得到 46 组解。

接着，根据

$$\theta_i=2\arctan\left(\mathrm{i}\,\frac{1-t_i}{1+t_i}\right)\quad(i=1,2,3)\tag{5.70}$$

求得角度 θ_1、θ_2 和 θ_3。将 θ_1、θ_2 和 θ_3 代入式(5.65)和式(5.66)，求出点 A、B、C、D、J、K 和 L 坐标。

根据 $\boldsymbol{F}\cdot\boldsymbol{N}_F=C_F$，将式(5.60)代入，得到：

$$\left(\frac{\boldsymbol{T}_{F,2}}{B_F}\pm\frac{\sqrt{A_F}}{B_F}\boldsymbol{T}_{F,1}\right)\cdot\boldsymbol{N}_F=C_F \tag{5.71}$$

根据式(5.71)，可以得到式(5.60)中正负号的取值 s_F 为

$$s_F=\frac{C_F-\dfrac{\boldsymbol{T}_{F,2}}{B_F}\cdot\boldsymbol{N}_F}{\dfrac{\sqrt{A_F}}{B_F}\boldsymbol{T}_{F,1}\cdot\boldsymbol{N}_F} \tag{5.72}$$

因此，点 F 的 CGA 标准表示 $\underline{\boldsymbol{F}}$ 如下：

$$\underline{\boldsymbol{F}}=\frac{\boldsymbol{T}_{F,2}}{B_F}+s_F\frac{\sqrt{A_F}}{B_F}\boldsymbol{T}_{F,1} \tag{5.73}$$

点 E 可由球 $\underline{\boldsymbol{S}}_{BE}$、球 $\underline{\boldsymbol{S}}_{FE}$、球 $\underline{\boldsymbol{S}}_{LE}$ 和平面 $\underline{\boldsymbol{\Pi}}_{ABC}$ 相交求得，其 CGA 表示如下：

$$\begin{cases}\underline{\boldsymbol{E}}'=-(\underline{\boldsymbol{S}}_{BE}\wedge\underline{\boldsymbol{S}}_{FE}\wedge\underline{\boldsymbol{S}}_{LE}\wedge\underline{\boldsymbol{\Pi}}_{ABC})\boldsymbol{I}_C\\ \underline{\boldsymbol{E}}=-\underline{\boldsymbol{E}}'/(\boldsymbol{e}_\infty\cdot\underline{\boldsymbol{E}}')\end{cases} \tag{5.74}$$

式中，$\underline{\boldsymbol{S}}_{BE}=\underline{\boldsymbol{B}}-\frac{1}{2}l_{BE}^2\boldsymbol{e}_\infty$，$\underline{\boldsymbol{S}}_{FE}=\underline{\boldsymbol{F}}-\frac{1}{2}l_{EF}^2\boldsymbol{e}_\infty$，$\underline{\boldsymbol{S}}_{LE}=\underline{\boldsymbol{L}}-\frac{1}{2}l_{EL}^2\boldsymbol{e}_\infty$。

综上所述，完成了第 25 种 9 杆巴氏桁架的位置分析求解，即求解得到了除 G、H 和 I 这 3 个铰链外的其他 9 个铰链 A、B、C、D、E、F、J、K 和 L 的位置。

5.5.3 数值实例

为了验证新方法的正确性，采用文献[36]中 9 杆巴氏桁架的结构参数，各杆长度如下：

$l_{CD}=13, l_{DL}=12, l_{CL}=5, l_{KH}=5, l_{AH}=10, l_{AK}=\sqrt{97}, l_{EF}=5\sqrt{2}, l_{FL}=5, l_{EL}=5$

$l_{IJ}=10, l_{DI}=15, l_{DJ}=\sqrt{241}, l_{KJ}=2\sqrt{73}, l_{FG}=\sqrt{26}, l_{BE}=5, l_{BC}=\sqrt{89}, l_{AB}=13, l_{AB}=4$

点 G、H 和 I 的坐标分别为 $\boldsymbol{g}=(-2,5,0)^{\mathrm{T}}$，$\boldsymbol{h}=(-4,6,0)^{\mathrm{T}}$，$\boldsymbol{i}=(0,9,0)^{\mathrm{T}}$。将上述参数代入式(5.65)～式(5.74)，可以求出 46 组 θ_1、θ_2、θ_3，表 5.5 所示为其中的 6 组实数解。这 6 组实数解依次对应的装配构型如图 5.10 所示。求得结果与文献[36]的结果相同，验证了新方法的正确性。

表 5.5　第 25 种 9 杆巴氏桁架的 6 组实数解

No.	$\theta_1/(°)$	$\theta_2/(°)$	$\theta_3/(°)$
1	143.1301	-36.8699	180.00
2	167.4228	-8.6576	-169.3615
3	-132.3784	30.7025	-113.7971
4	174.0093	-2.7629	-164.7677
5	155.0739	-21.3768	-175.5981
6	132.4204	-56.9354	176.7730

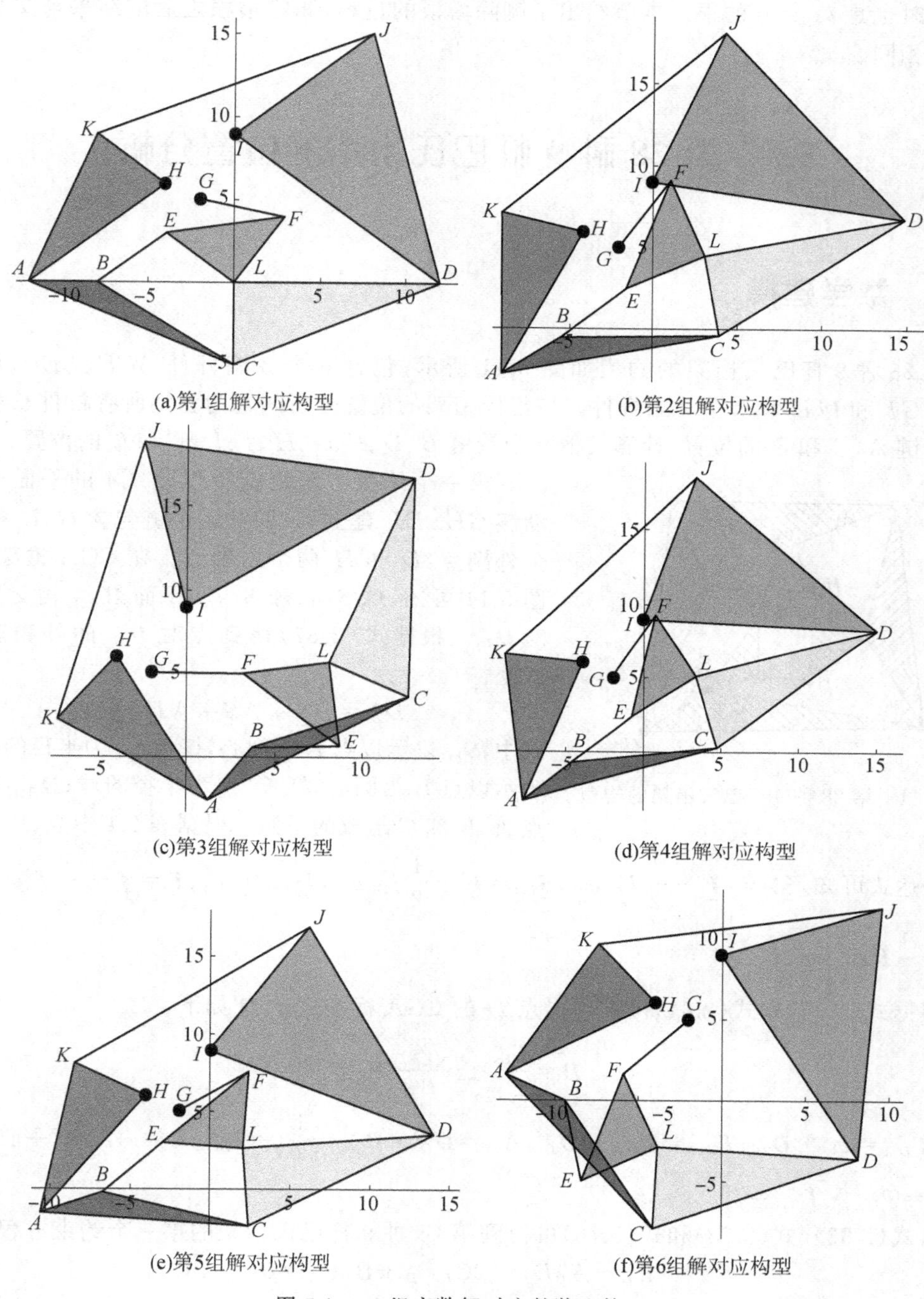

(a)第1组解对应构型
(b)第2组解对应构型
(c)第3组解对应构型
(d)第4组解对应构型
(e)第5组解对应构型
(f)第6组解对应构型

图 5.10 6 组实数解对应的装配构型

本节基于 CGA 求解了第 25 种 9 杆巴氏桁架的位置分析问题。若机架选择 3 副杆，通过引入 3 个角度变量，即可确定 3 个 3 副杆的位置，利用已知的 3 个 3 副杆的位置，可以推导出第 4 个 3 副杆的位置。由此，可以推导出 2 个杆长约束方程和 1 个平面四杆运动链的几何约束方程。方程组经过两步结式消元得到一元 52 次方程，求解会包含 6 组增根，这6 组

增根同时也是 $l_{AD}=0$ 的根。本节给出了删除增根的过程，删除增根之后的结果与文献[36]中结果相同。

5.6 第28种9杆巴氏桁架的位置分析

5.6.1 数学建模

第28种9杆巴氏桁架的构型如图5.11所示，包含6个3副杆件 ACE、BEF、DHL、AIL、CGJ 和 IJK 和3个2副杆件。该巴氏桁架的位置分析问题为已知所有杆件长度以及固定铰链 A、C 和 E 的位置，计算其他9个铰链 B、D、F、G、H、I、J、K 和 L 的位置。

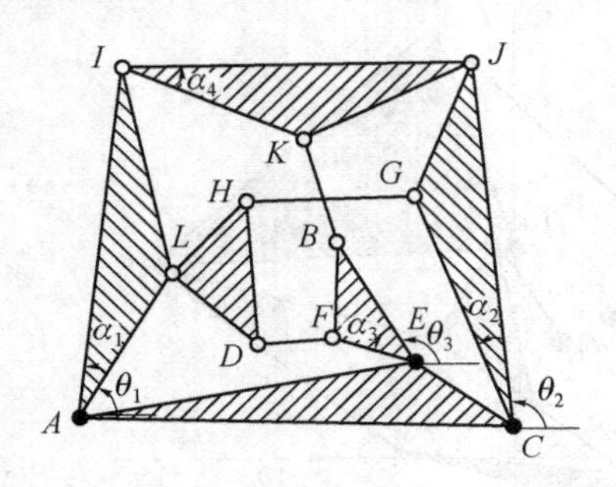

图5.11 第28种9杆巴氏桁架的构型

第一个约束方程根据类似图2.4的平面四杆运动链 $GHLDF$ 建立，该四杆运动链包含 G、L 和 F 三个外副点，D 和 H 两个内副点。在CGA框架下，由图5.11可知，球 $\underline{\boldsymbol{S}}_{FD}$、球 $\underline{\boldsymbol{S}}_{LD}$ 和平面 $\underline{\boldsymbol{\Pi}}_{ABC}$ 相交生成点对 $\boldsymbol{D}_D^*$。根据式(2.87)得到点对 $\boldsymbol{D}_D^*$ 的外积表达式如下

$$\boldsymbol{D}_D^*=-(\underline{\boldsymbol{S}}_{FD}\wedge\underline{\boldsymbol{S}}_{LD}\wedge\underline{\boldsymbol{\Pi}}_{ABC})\boldsymbol{I}_C \tag{5.75}$$

式中，$\underline{\boldsymbol{S}}_{FD}$ 表示以点 F 为圆心，杆长 l_{DF} 为半径的球；$\underline{\boldsymbol{S}}_{LD}$ 表示以点 L 为圆心，杆长 l_{DL} 为半径的球；$\underline{\boldsymbol{\Pi}}_{ABC}$ 表示由点 A、B 和 C 组成的平面。根据表2.1中点、球和面的内积表达式可知，$\underline{\boldsymbol{S}}_{FD}=\underline{\boldsymbol{F}}-\dfrac{1}{2}l_{DF}^2\boldsymbol{e}_\infty$，$\underline{\boldsymbol{S}}_{LD}=\underline{\boldsymbol{L}}-\dfrac{1}{2}l_{DL}^2\boldsymbol{e}_\infty$，$\underline{\boldsymbol{\Pi}}_{ABC}=\boldsymbol{e}_3$，$\underline{\boldsymbol{F}}=\boldsymbol{f}+\dfrac{1}{2}\boldsymbol{f}^2\boldsymbol{e}_\infty+\boldsymbol{e}_0$，$\underline{\boldsymbol{L}}=\boldsymbol{l}+\dfrac{1}{2}\boldsymbol{l}^2\boldsymbol{e}_\infty+\boldsymbol{e}_0$。

根据式(5.75)和式(2.61)可推导出点 D 的CGA标准表示 $\underline{\boldsymbol{D}}$ 如下：

$$\underline{\boldsymbol{D}}=\frac{\boldsymbol{T}_{D,2}}{B_D}\pm\frac{\sqrt{A_D}}{B_D}\boldsymbol{T}_{D,1} \tag{5.76}$$

式中，$\boldsymbol{T}_{D,1}=\boldsymbol{e}_\infty\cdot\boldsymbol{D}_D^*$，$\boldsymbol{T}_{D,2}=\boldsymbol{T}_{D,1}\cdot\boldsymbol{D}_D^*$，$A_D=\boldsymbol{D}_D^*\cdot\boldsymbol{D}_D^*=\dfrac{1}{4}(-(l_{DL}^2+l_{DF}^2-l_{FL}^2)^2+4l_{DL}^2l_{DF}^2)$ 和 $B_D=\boldsymbol{T}_{D,1}\cdot\boldsymbol{T}_{D,1}=l_{FL}^2$。

由式(2.93)、式(5.75)和式(5.76)可得到第28种9杆巴氏桁架的第一个约束方程为

$$E_D-A_DD_D-2C_DF_D+B_DC_D^2=0 \tag{5.77}$$

式中：

$$C_D=\left(-\frac{l_{DH}^2}{2}-\frac{l_{DL}^2}{2}+\frac{l_{HL}^2}{2}\right)(\underline{\boldsymbol{G}}\cdot\underline{\boldsymbol{L}})+\frac{l_{DH}^2l_{DL}^2}{4}-\frac{l_{DL}^4}{4}-\frac{l_{DL}^2l_{HG}^2}{2}+\frac{l_{DL}^2l_{BL}^2}{4}$$

$$D_D=\boldsymbol{N}_D\cdot\boldsymbol{N}_D=l_{HL}^2S_{\triangle HLD}^2$$

$$E_D=(\boldsymbol{D}_D^*\wedge\boldsymbol{N}_D)\cdot(\boldsymbol{D}_D^*\wedge\boldsymbol{N}_D)$$

$$F_D=\boldsymbol{T}_{D,2}\cdot\boldsymbol{N}_D$$

$$\boldsymbol{N}_D=-\boldsymbol{S}_{\triangle HLD}\cdot(\boldsymbol{e}_\infty\wedge\underline{\boldsymbol{G}}\wedge\underline{\boldsymbol{L}})\boldsymbol{I}_C+S_D\underline{\boldsymbol{G}}$$
$$S_{\triangle HLD}=l_{DL}l_{HL}\sin(\angle \mathrm{DLH})$$
$$\boldsymbol{S}_{\triangle HLD}=S_{\triangle HLD}\boldsymbol{e}_3=l_{DL}l_{HL}\sin(\angle \mathrm{DLH})\boldsymbol{e}_3$$
$$S_D=\frac{l_{DL}^2}{2}+\frac{l_{HL}^2}{2}-\frac{l_{DH}^2}{2}$$

式(5.77)仅和外副点G、L和F的位置有关，根据图5.11可知，点G可由变量θ_2表示，点L可由变量θ_1表示，点F可由变量θ_3表示，其中，θ_1、θ_2和θ_3分别表示杆AL、CJ和EB与x轴之间的夹角，因此，式(5.77)为变量θ_1、θ_2和θ_3的表达式。

第二个约束方程可根据点B和K的距离关系获得。在CGA的框架下，得到

$$\underline{\boldsymbol{B}}\cdot\underline{\boldsymbol{K}}=-\frac{1}{2}l_{BK}^2 \tag{5.78}$$

式(5.78)仅和点B和K的位置有关，根据图5.11可知，点B可由变量θ_3表示，点K可由变量θ_1和θ_2表示，因此，式(5.78)为变量θ_1、θ_2和θ_3的表达式。

第三个约束方程可根据点I和J的距离关系获得。在CGA的框架下，得到

$$\underline{\boldsymbol{I}}\cdot\underline{\boldsymbol{J}}=-\frac{1}{2}l_{IJ}^2 \tag{5.79}$$

式(5.79)仅和点I和J的位置有关，根据图5.11可知，点I可由变量θ_1表示，点J可由变量θ_2表示，因此，式(5.79)为变量θ_1和θ_2的表达式。

综上所述，式(5.77)～式(5.79)就是第28种9杆巴氏桁架位置分析的3个约束方程式。接下来对式(5.77)～式(5.79)进行消元求解。

5.6.2 消元求解

如图5.11所示，点A、C和E的坐标已知。α_1为∠IAL的度数，α_2为∠GCJ的度数，α_3为∠BEF的度数，α_4为∠JIK的度数，θ_1、θ_2和θ_3分别表示杆AL、CJ和EB与x轴之间的夹角，由此，点B、L、G、J、F和I坐标分别表示为

$$\begin{aligned}
\boldsymbol{l}&=\boldsymbol{a}+(l_{AL}\cos\theta_1,l_{AL}\sin\theta_1,0)^{\mathrm{T}}\\
\boldsymbol{i}&=\boldsymbol{a}+(l_{AI}\cos(\theta_1+\alpha_1),l_{AI}\sin(\theta_1+\alpha_1),0)^{\mathrm{T}}\\
\boldsymbol{j}&=\boldsymbol{i}+(l_{IJ}\cos\theta_2,l_{IJ}\sin\theta_2,0)^{\mathrm{T}}\\
\boldsymbol{g}&=\boldsymbol{i}+(l_{GI}\cos(\theta_2+\alpha_2),l_{GI}\sin(\theta_2+\alpha_2),0)^{\mathrm{T}}\\
\boldsymbol{b}&=\boldsymbol{e}+(l_{BE}\cos\theta_3,l_{BE}\sin\theta_3,0)^{\mathrm{T}}\\
\boldsymbol{f}&=\boldsymbol{e}+(l_{EF}\cos(\theta_3+\alpha_3),l_{EF}\sin(\theta_3+\alpha_3),0)^{\mathrm{T}}
\end{aligned} \tag{5.80}$$

式中，由于△IAL、△GCJ、△BEF和△JIK各杆的长度已知，所以，α_1、α_2、α_3和α_4是已知值。

在求解得到I、J的坐标后，点K坐标可表示如下：

$$\boldsymbol{k}=\boldsymbol{i}+(l_{IK}\cos(\alpha-\alpha_4),l_{IK}\sin(\alpha-\alpha_4),0)^{\mathrm{T}} \tag{5.81}$$

式中，$\cos\alpha=\dfrac{j_x-i_x}{l_{IJ}}$，$\sin\alpha=\dfrac{j_y-i_y}{l_{IJ}}$，$j_x$为$J$点横坐标，$j_y$为$J$点纵坐标，$i_x$为$I$点横坐标，$i_y$为$I$点纵坐标。

由此，根据表 2.1 和式(5.80)以及式(5.81)，点 A、B、C、E、F、I、J、K 和 L 坐标的 CGA 表示形式如下：

$$\begin{cases}\underline{\boldsymbol{A}}=\boldsymbol{a}+\dfrac{1}{2}\boldsymbol{a}^2\boldsymbol{e}_\infty+\boldsymbol{e}_0\\ \underline{\boldsymbol{B}}=\boldsymbol{b}+\dfrac{1}{2}\boldsymbol{b}^2\boldsymbol{e}_\infty+\boldsymbol{e}_0\\ \quad\vdots\\ \underline{\boldsymbol{L}}=\boldsymbol{l}+\dfrac{1}{2}\boldsymbol{l}^2\boldsymbol{e}_\infty+\boldsymbol{e}_0\end{cases}\tag{5.82}$$

接着，将式(5.82)和欧拉角变换 $\cos\theta_i=\dfrac{t_i^2+1}{2t_i}$，$\sin\theta_i=\dfrac{t_i^2-1}{2\mathrm{i}t_i}$，$t_i=\mathrm{e}^{\mathrm{i}\theta_i}\ (i=1,2,3)$，代入式(5.77)～式(5.79)，可以得到

$$\begin{aligned}f_{281}&=\sum_{i=-3}^{3}\sum_{j=-2}^{2}\sum_{k=-2}^{k=2}a_{28ijk}t_1^i t_2^j t_3^k=0,\quad(-3\leqslant i+j+k\leqslant 3)\\ f_{282}&=\sum_{i=-1}^{1}\sum_{j=-1}^{1}\sum_{k=-1}^{1}b_{28ijk}t_1^i t_2^j t_3^k=0,\quad(-1\leqslant i+j+k\leqslant 1)\\ f_{283}&=\sum_{i=-1}^{1}\sum_{j=-1}^{1}c_{28ij}t_1^i t_2^j=0,\qquad(-1\leqslant i+j\leqslant 1)\end{aligned}\tag{5.83}$$

式中，系数 a_{28ijk}、b_{28ijk}、c_{28ij} 为常数。

通过结式消元法将 f_{281} 和 f_{282} 联立消去 t_3 之后，再与 f_{283} 联立消去 t_2，得到一个关于 t_1 的一元 46 次方程：

$$\sum_{i=-23}^{23}d_{28i}t_1^i=0\tag{5.84}$$

式中，系数 d_{28i} 为常数。

数值求解式(5.84)，得到 t_1 的 46 组解。将 t_1 的 46 组解代入式(5.83)中，利用辗转相除法得到变量 t_2 与 t_3 相应的 46 组解。

接着，根据

$$\theta_i=2\arctan\left(\mathrm{i}\,\frac{1-t_i}{1+t_i}\right)\quad(i=1,2,3)\tag{5.85}$$

求得角度 θ_1、θ_2、θ_3。将 θ_1、θ_2、θ_3 代入式(5.80)，求出点 B、L、K、J、F、I、G 坐标。

根据 $\underline{\boldsymbol{D}}\cdot\boldsymbol{N}_D=C_D$，将式(5.76)代入，得到：

$$\left(\frac{\boldsymbol{T}_{D,2}}{B_D}\pm\frac{\sqrt{A_D}}{B_D}\boldsymbol{T}_{D,1}\right)\cdot\boldsymbol{N}_D=C_D\tag{5.86}$$

根据式(5.86)，可以得到式(5.76)中正负号的取值 s_D 为

$$s_D=\frac{C_D-\dfrac{\boldsymbol{T}_{D,2}}{B_D}\cdot\boldsymbol{N}_D}{\dfrac{\sqrt{A_D}}{B_D}\boldsymbol{T}_{D,1}\cdot\boldsymbol{N}_D}\tag{5.87}$$

因此，点 D 的 CGA 标准表示 $\underline{\boldsymbol{D}}$ 如下：

$$\underline{\boldsymbol{D}}=\frac{\boldsymbol{T}_{D,2}}{B_D}+s_D\frac{\sqrt{A_D}}{B_D}\boldsymbol{T}_{D,1} \tag{5.88}$$

点 H 可由球 $\underline{\boldsymbol{S}}_{GH}$、球 $\underline{\boldsymbol{S}}_{LH}$、球 $\underline{\boldsymbol{S}}_{DH}$ 和平面 $\underline{\boldsymbol{\Pi}}_{ABC}$ 相交求得，其 CGA 表示如下：

$$\begin{cases}\underline{\boldsymbol{H}}'=-(\underline{\boldsymbol{S}}_{GH}\wedge\underline{\boldsymbol{S}}_{LH}\wedge\underline{\boldsymbol{S}}_{DH}\wedge\underline{\boldsymbol{\Pi}}_{ABC})\boldsymbol{I}_C\\ \underline{\boldsymbol{H}}=-\underline{\boldsymbol{H}}'/(\boldsymbol{e}_\infty\cdot\underline{\boldsymbol{H}}')\end{cases} \tag{5.89}$$

式中，$\underline{\boldsymbol{S}}_{GH}=\underline{\boldsymbol{G}}-\frac{1}{2}l_{GH}^2\boldsymbol{e}_\infty$，$\underline{\boldsymbol{S}}_{LH}=\underline{\boldsymbol{L}}-\frac{1}{2}l_{LH}^2\boldsymbol{e}_\infty$，$\underline{\boldsymbol{S}}_{DH}=\underline{\boldsymbol{D}}-\frac{1}{2}l_{DH}^2\boldsymbol{e}_\infty$。

综上所述，完成了第 28 种 9 杆巴氏桁架的位置分析求解，即求解得到了除 A、C 和 E 这 3 个铰链外的其他 9 个铰链 B、D、F、G、H、I、J、K 和 L 的位置。

5.6.3 数值实例

为了验证新方法的正确性，采用文献[42]中 9 杆巴氏桁架的结构参数，各杆长度如下：
$l_{AL}=13$，$l_{IL}=13$，$l_{AI}=24$，$l_{DF}=5\sqrt{2}$，$l_{BK}=\sqrt{37}$，$l_{HG}=4\sqrt{5}$，$l_{HL}=5$，$l_{DL}=5$，$l_{DH}=5\sqrt{2}$
$l_{BE}=5$，$l_{BF}=\sqrt{29}$，$l_{EF}=10$，$l_{KI}=5\sqrt{10}$，$l_{KJ}=15$，$l_{IJ}=25$，$l_{CJ}=24$，$l_{CG}=15$，$l_{GJ}=15$

点 A、C 和 E 的坐标分别为 $\boldsymbol{a}=(0,0,0)^{\mathrm{T}}$，$\boldsymbol{c}=(25,0,0)^{\mathrm{T}}$，$\boldsymbol{e}=(8,6,0)^{\mathrm{T}}$。将上述参数代入式(5.80)～式(5.89)，可以求出 46 组 θ_1、θ_2、θ_3，表 5.6 所示为其中的 10 组实数解。这 10 组实数解依次对应的装配构型如图 5.10 所示。求得结果与文献[42]的结果相同，验证了新方法的正确性。

表 5.6 第 28 种 9 杆巴氏桁架的 10 组实数解

No.	θ_1/(°)	θ_2/(°)	θ_3/(°)
1	−53.8287	171.6414	−62.8499
2	−7.4176	−162.61	−55.9201
3	−5.3603	−164.683	−126.999
4	67.3801	90	36.8699
5	75.4087	98.0286	120.1262
6	64.892	87.5119	69.8376
7	69.554	92.1739	95.5923
8	−5.1965	−164.827	−128.918
9	−7.4125	−162.616	−58.3212
10	−57.9943	172.6765	−65.9664

第 23、24 和 26～29 种 9 杆巴氏桁架的几何建模和代数求解方法类似，本节完成了第 28 种 9 杆巴氏桁架的位置分析。若机架选择 3 副杆，通过引入 3 个角度变量，即可确定 3 个 3 副杆的位置，利用已知的 3 个 3 副杆的位置，可以推导出第 4 个 3 副杆的位置。由此，可以推导出 2 个杆长约束方程和 1 个平面四杆运动链的几何约束方程。3 个方程经过两步消元

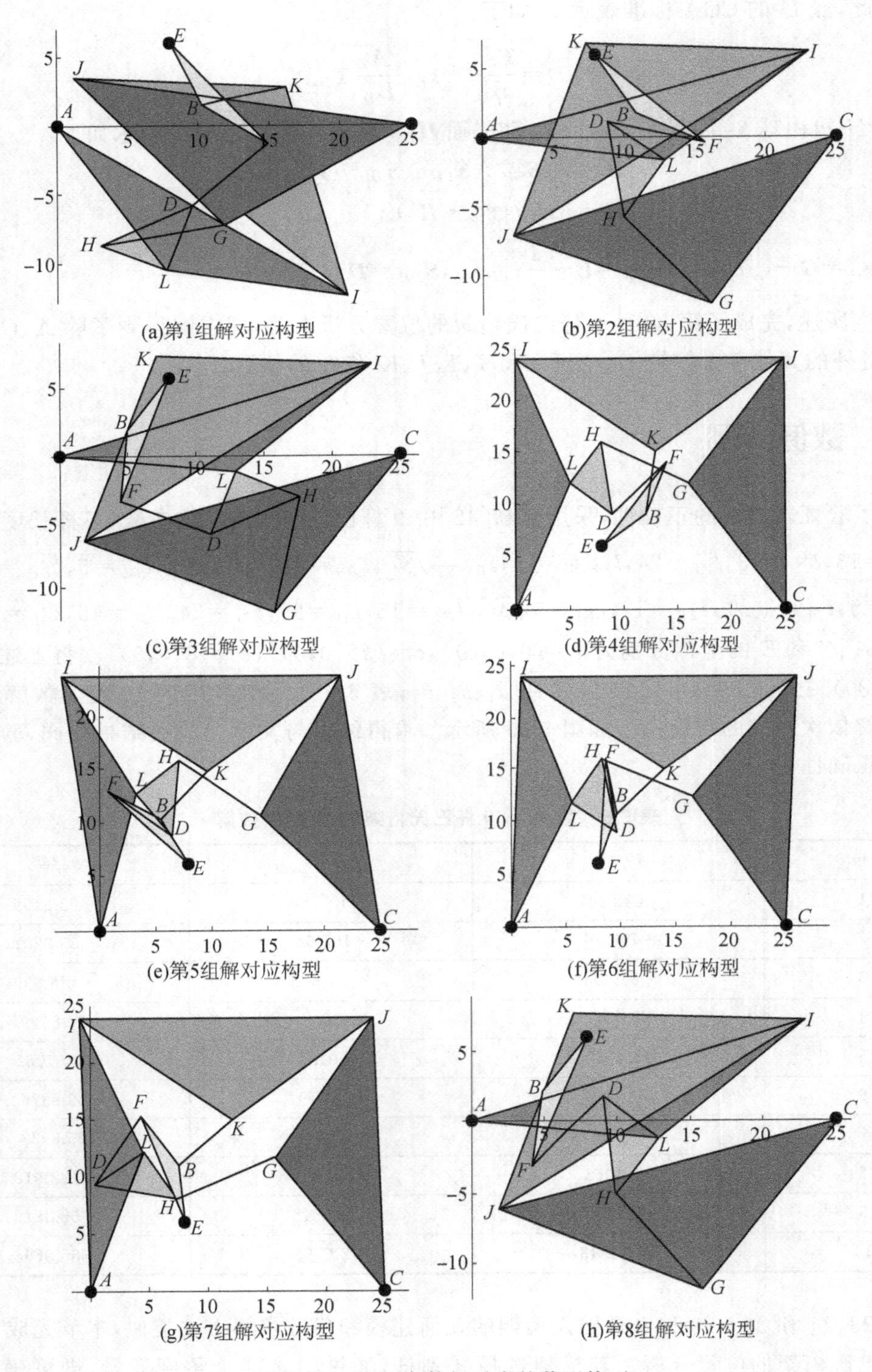

图 5.12　10 组实数解对应的装配构型

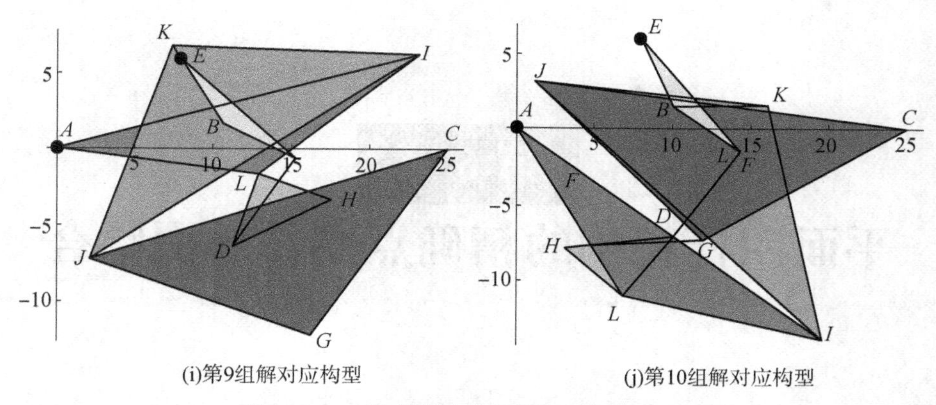

(i)第9组解对应构型

(j)第10组解对应构型

图 5.12 10 组实数解对应的装配构型(续图)

计算之后可以分别得到一元高次方程。与传统的复数—向量法相比,本节提出的方法将约束方程的数量由 4 个减少到了 3 个,由 3 次消元减少到 2 次,简化了求解过程,但是最终构造的结式尺寸没有变化。

第6章
平面四杆机构的精确点刚体导引综合

机构学中将要求机器或机构中的某一构件顺次通过若干给定位置的设计问题,称为刚体导引综合或运动生成综合[59]。平面连杆机构的刚体导引综合是机构尺度综合三大基本问题之一,其目的在于设计连杆机构,使其某一构件能够按照给定的位置和角度运动。设计过程中,若要求给定的刚体导引位置与原动件曲柄转角位置相对应,称为带预定时标的刚体导引机构综合[121]。平面四杆机构作为最简单的连杆机构,对其刚体导引综合问题的研究在工程实际应用中具有重要的意义。

目前求解刚体导引综合问题的方法主要有几何图解法、代数法、优化法和数值图谱法等,其中几何图解法和代数法较好地解决了少位置(2～5个)刚体导引综合问题,本章主要介绍基于矢量环和矩阵—约束法的平面四杆机构精确点刚体导引综合的代数求解。

但受机构未知量个数的限制,其无法实现多位置刚体导引综合。优化法和数值图谱法弥补这一不足,实现了多位置刚体导引和带预定时标刚体导引综合,但在综合过程中,优化法需要预先给定合理的初值,图谱法需要建立庞大的数值图谱库,平面四杆机构的杆长组合变化多样,尺寸取值范围较大,要准确给定优化初值或是建立含有全部机构尺寸型的数值图谱都十分困难。因此,为了解决上述几何图解法、代数法、优化法以及图谱法的问题,第11章介绍本课题组提出的基于傅里叶级数的平面四杆机构刚体导引综合的代数求解新方法。

6.1 刚体导引的预备知识

6.1.1 基本概念与术语

(1) 连架杆:连杆机构中与机架直接联接的杆,如图6.1中的A_0A、B_0B。

(2) 连杆:连杆机构中不与机架直接联接的杆,亦称浮动杆,如图6.1中的AB。

(3) 定铰链:与机架铰接的铰链,如图6.1中的A_O、B_O。

(4) 动铰链:与连杆铰接的铰链,如图6.1中的A、B。

(5) 精确位置(精确点):设计时,要求被导引刚体(连杆)必须到达的给定位置。

(6) 相关点:被导引刚体通过各个给定的位置 E_1、E_2、E_3…时,刚体上的点 P 在固定参考平面内的相应位置为 P_1、P_2、P_3…,如图 6.2 所示。图中 A_1、A_2、A_3 各点之间,B_1、B_2、B_3 各点之间,也互为相关点。

(7) 圆点:在被导引刚体(或连杆平面)中,相关点位于同一圆周上的点,称为圆点。显然,圆点可以作为动铰链的铰接点。

(8) 圆心点:相应于圆点各相关点的圆弧的圆心,称为圆心点。圆心点可以作为定铰链的铰接点。

必须注意,圆点位于被导引刚体(连杆)平面内,而圆心点则位于固定平面内。

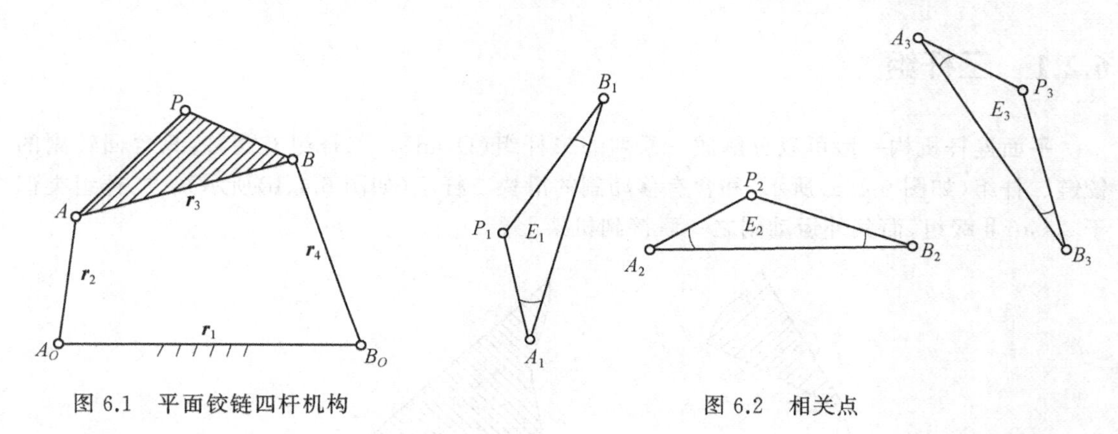

图 6.1 平面铰链四杆机构

图 6.2 相关点

6.1.2 被导引刚体位置的给定方法

由理论力学可知,刚体作平面运动时,可以用某个平面图形来代表。而其位置的给定,则可以有不同的方法。例如,可以选择平面图形中的任意点 P(称为基点),以点 P 的两个坐标(P_x,P_y),及通过点 P 的直线$\overline{PL}$的幅角 δ,共 3 个参数来给定刚体的位置,如图 6.3 所示。

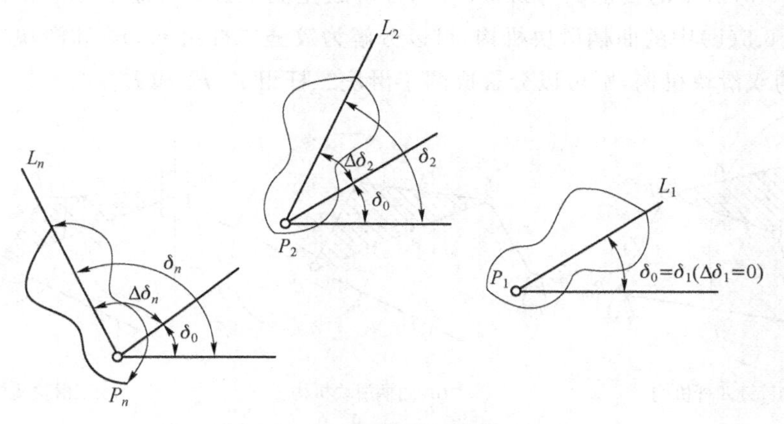

图 6.3 刚体平面运动的不同位置

设运动开始时，刚体所处的位置是初始位置，幅角为 δ_0，称为初始角。当刚体位于第 i 个精确位置时，基点 P 的位置为 $P_i(P_{ix}, P_{iy})$，而直线 $\overline{PL}$ 的幅角为 δ_i（绝对转角）。这时，刚体相对于初始位置的相对转角为 $\Delta\delta_i$。显然，$\Delta\delta_i=\delta_i-\delta_0$。

本书规定，被导引刚体的第一个精确位置是初始位置，即 $\delta_0=\delta_1$。因此有 $\Delta\delta_1\equiv 0$。

6.2 基于矢量环的刚体导引机构综合方程式

6.2.1 二杆组

平面连杆机构一般可以分解成一系列的二杆组（Dyad）。二杆组有两种：只含回转副的铰链二杆组（如图 6.4(a)所示）和含有移动副的滑块二杆组（如图 6.4(b)所示）。二杆组类似于 AssurⅡ级组，而其外运动副之一联接到机架上。

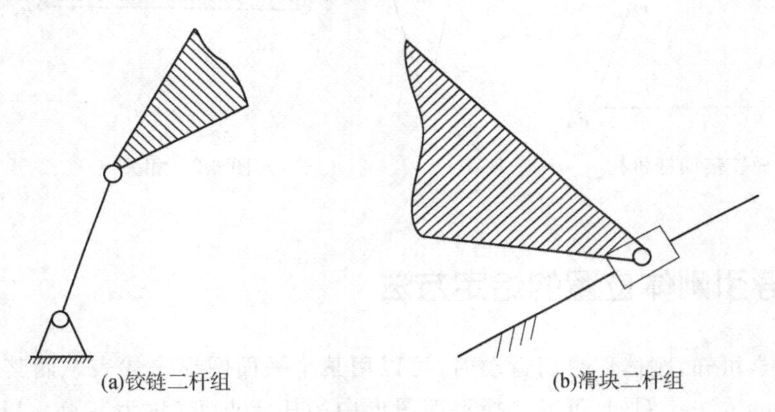
(a)铰链二杆组　　(b)滑块二杆组

图 6.4　二杆组

例如，图 6.5(a)中的铰链四杆机构，可以分解成左侧铰链二杆组 $\boldsymbol{r}_2$、$\boldsymbol{r}_5$ 和右侧铰链二杆组 $\boldsymbol{r}_4$、$\boldsymbol{r}_6$。图 6.5(b)中的曲柄滑块机构，可以分解为铰链二杆组 $\boldsymbol{r}_2$、$\boldsymbol{r}_5$ 和滑块二杆组 B、$\boldsymbol{r}_6$。图 6.5(c)中的双滑块机构，则可以分解成两个滑块二杆组 A、$\boldsymbol{r}_5$ 和 B、$\boldsymbol{r}_6$。

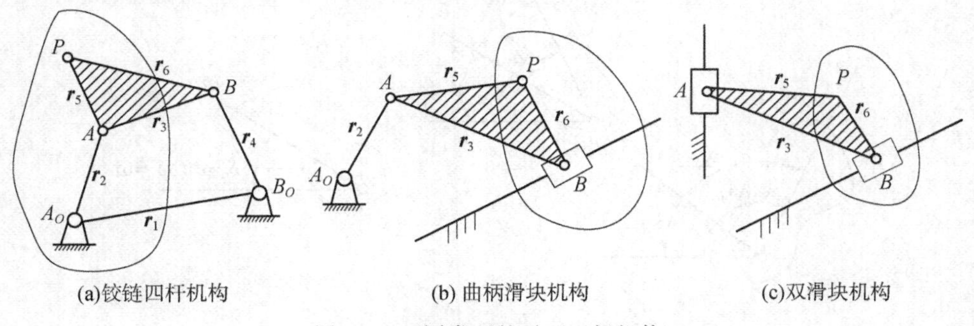

(a)铰链四杆机构　　(b) 曲柄滑块机构　　(c)双滑块机构

图 6.5　不同类型的平面四杆机构

在设计一个平面连杆机构时，通常先分别计算其中每一个二杆组的参数，然后再结合起来，组成一个完整的机构。

6.2.2 基本符号

图 6.6 表示一个铰链四杆的刚体导引机构。其中，$\boldsymbol{r}_1$ 是机架，$\boldsymbol{r}_2$ 和 $\boldsymbol{r}_4$ 是连架杆，$\boldsymbol{r}_3$（以及 $\boldsymbol{r}_5$ 和 $\boldsymbol{r}_6$）是连杆，亦即被导引的刚体；A_O 和 B_O 是固定铰链，A 和 B 是动铰链，P 是连杆平面内的一个基点。

现在先研究如图 6.7 所示的左侧二杆组 $\boldsymbol{r}_2$、$\boldsymbol{r}_5$。当机构处于第 i 个精确位置时，A 点和 P 点的位置分别是 A_i 和 P_i。

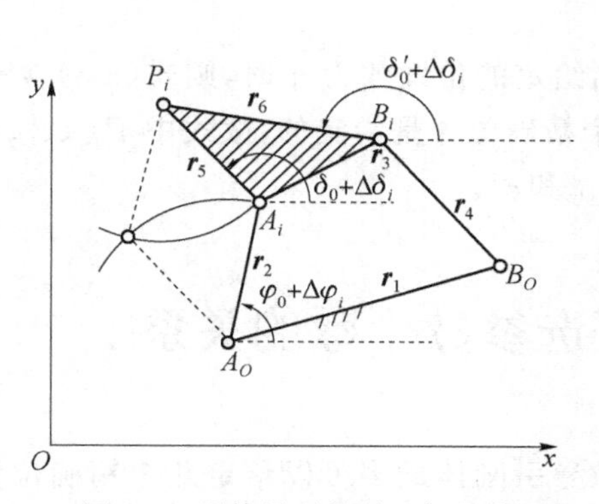

图 6.6　刚体导引铰链四杆机构

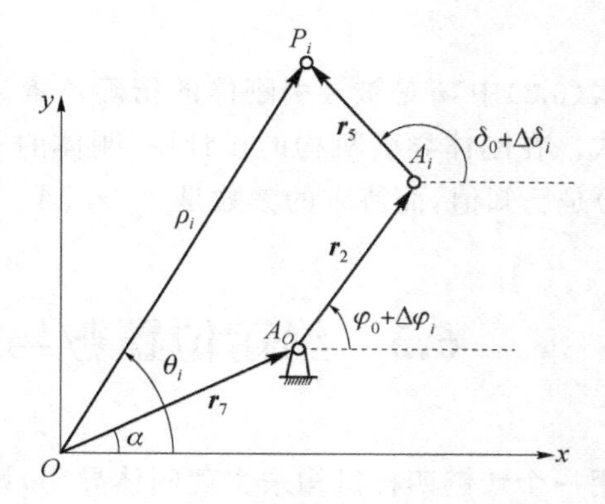

图 6.7　左侧二杆组

在固定的参考平面内任取坐标系 xOy，作出这个二杆组的矢量图，并规定各矢量的正方向（可以任意）。当机构运动时，除了矢量 $\boldsymbol{r}_7$ 是定矢量外，其他各矢量都在变化。

图 6.7 中符号的意义规定如下：

φ_0：连架杆 $\boldsymbol{r}_2$ 的初始幅角。

φ_i：连架杆 $\boldsymbol{r}_2$ 在第 i 个位置时的幅角。

$\Delta\varphi_i$：$\boldsymbol{r}_2$ 在第 i 个位置相对于初始位置的相对转角。

δ_0：矢量 $\boldsymbol{r}_5$ 的初始幅角。

δ_i：$\boldsymbol{r}_5$ 在第 i 个位置时的幅角。

$\Delta\delta_i$：$\boldsymbol{r}_5$ 在第 i 个位置相对于初始位置的相对转角。

根据上述的定义可知

$$\Delta\varphi_i=\varphi_i-\varphi_0$$

$$\Delta\delta_i=\delta_i-\delta_0$$

本书规定第 1 个精确位置为初始位置，即 $\varphi_0=\varphi_1$，$\delta_0=\delta_1$。故有 $\Delta\varphi_1\equiv0$ 和 $\Delta\delta_1\equiv0$。

6.2.3 二杆组的综合方程式

根据图 6.7，可以写出左侧二杆组 $\boldsymbol{r}_2$、$\boldsymbol{r}_5$ 在第 i 个位置的矢量环封闭方程式（Loop

Closure Equation)，得到

$$\boldsymbol{r}_7+\boldsymbol{r}_2+\boldsymbol{r}_5-\boldsymbol{\rho}_i=\boldsymbol{0} \tag{6.1}$$

将式(6.1)向 x 轴和 y 轴投影，可以得到两个方程式

$$\begin{aligned} &A_{Ox}+r_2\cos(\varphi_0+\Delta\varphi_i)+r_5\cos(\delta_0+\Delta\delta_i)-P_{ix}=0 \\ &A_{Oy}+r_2\sin(\varphi_0+\Delta\varphi_i)+r_5\sin(\delta_0+\Delta\delta_i)-P_{iy}=0 \end{aligned} \tag{6.2}$$

由式(6.2)中的两式消去连架杆 $\boldsymbol{r}_2$ 的幅角 $\varphi_0+\Delta\varphi_i$，可得

$$\begin{aligned} &\frac{1}{2}(P_{ix}^2+P_{iy}^2+A_{Ox}^2+A_{Oy}^2-r_2^2+r_5^2)-P_{ix}A_{Ox}-P_{iy}A_{Oy}-P_{ix}r_5\cos(\delta_0+\Delta\delta_i)- \\ &P_{iy}r_5\sin(\delta_0+\Delta\delta_i)+A_{Ox}r_5\cos(\delta_0+\Delta\delta_i)+A_{Oy}r_5\sin(\delta_0+\Delta\delta_i)=0 \\ &(i=1,2,3,\cdots,n) \end{aligned} \tag{6.3}$$

式(6.3)中，i 是被导引刚体的精确位置。当给定的位置数为 n 时，则式(6.3)含有 n 个方程式。在刚体导引机构的设计中，刚体的 n 个精确位置是给定的，故式中 P_{ix}、P_{iy} 和 $\Delta\delta_i$(n 组)是已知值，而待求的参数是 r_2、r_5、A_{Ox}、A_{Oy} 和 δ_0。

6.3　给定位置数与任选参数个数的关系

用一个铰链四杆机构来实现刚体导引，则被导引刚体最多可以给定几个精确位置？这是一个古典的机构学问题，可以用不同的方法来加以论证。现在通过方程式(6.3)，可以得到一个简单而又清晰的结论。

由 6.2.3 节可知，方程组(6.3)中所含方程式的个数，等于被导引刚体的精确位置数 n。方程组的未知数共有 5 个，即 r_2、r_5、A_{Ox}、A_{Oy} 和 δ_0(也可称之为“机构参数”)。根据方程式个数应等于未知数个数的原则，显然，给定被导引刚体的精确位置数 n 最多不能超过 5 个。

若被导引刚体的给定位置数为 2($n=2$)，则方程组(6.3)仅含两个方程式。因此，在 5 个未知的机构参数中，有 3 个可以任意给定。由于每个任意给定参数都有无穷多种选择，故对于两位置问题，可能解的数目一般情况下是 3 次无穷多(记作 ∞^3)。

若给定的位置数为 3(即 $n=3$，称为三位置问题)，则方程组(6.3)包含 3 个方程式，而 5 个未知的机构参数中，可以任意给定 2 个，因此，可能解的数目一般情况下是二次无穷多(∞^2)。

对于四位置问题来说，方程组(6.3)含 4 个方程式，故 5 个未知的机构参数可以任意给定一个，因而解的可能个数一般情况下是一次无穷多(∞)。

若给定的位置数是 5($n=5$)，则方程组(6.3)中方程式的个数与未知机构参数的个数相等(都等于 5)，故没有机构参数可以任意给定，因此，解的个数是有限个。

以上结论，可以概括地用表 6.1 来表示。根据上述结论，用铰链二杆组综合的刚体导引机构、被导刚体最多只能给定 5 个精确位置。

表 6.1　用铰链二杆组导引刚体时,给定位置数与任选参数个数的关系

给定位置数 n	方程式个数	机构参数个数	任选参数个数	待求参数个数	解的个数
2	2	5	3	2	∞^3
3	3	5	2	3	∞^2
4	4	5	1	4	∞
5	5	5	0	5	有限个

上述问题实质上是:给定平面图形的若干个位置,求其圆点及圆心点的分布问题。这个问题最初出德国学者布尔梅斯特(L. Burmester)于 1876—1888 年期间提出,故称为布尔梅斯特问题。本节得出的结论,显然与古典的布尔梅斯特问题的结论相一致。

6.4　基于矢量环的三位置刚体导引铰链四杆机构设计

综合一个铰链四杆机构时,常常是先分别计算其中的各个二杆组,然后再将它们结合在一起。两个二杆组的计算方法完全相同,因此这里只需研究其中一个二杆组(如左侧二杆组)的设计。

给定被导引刚体的 3 个位置,即刚体内某一任选基点 P 的 3 个相关点的坐标,以及刚体的 3 个相对转角:

$$P_1(P_{1x},P_{1y})\quad \Delta\delta_1(=0)$$
$$P_2(P_{2x},P_{2y})\quad \Delta\delta_2$$
$$P_3(P_{3x},P_{3y})\quad \Delta\delta_3$$

由式(6.3),可以得到含有 3 个方程式的联立方程组。根据 6.3 节的结论,在 5 个未知的机构参数中,可以任意给定其中的 2 个,这里把定铰链的坐标 A_{Ox} 和 A_{Oy} 定为任选参数,然后求解其余的 3 个,即 r_2、r_5 和 δ_0。

将式(6.3)中的已知量和未知量分开,可得

$$\begin{aligned}&\left(\frac{1}{2}(P_{ix}^2+P_{iy}^2+A_{Ox}^2+A_{Oy}^2)-P_{ix}A_{Ox}-P_{iy}A_{Oy}\right)+\\&r_5\cos\delta_0(\cos\Delta\delta_i(A_{Ox}-P_{ix})+\sin\Delta\delta_i(A_{Oy}-P_{iy}))+\\&r_5\sin\delta_0(\cos\Delta\delta_i(A_{Oy}-P_{iy})-\sin\Delta\delta_i(A_{Ox}-P_{ix}))+\\&\frac{1}{2}(r_5^2-r_2^2)=0\quad i=1,2,3\end{aligned}\tag{6.4}$$

方程组(6.4)粗看起来是非线性的,实际上是线性的。式中括号内的量都是已知量,为简明起见,这里引用如下的记号来代表

$$\begin{gathered}f_{0i}=\cos\Delta\delta_i(A_{Ox}-P_{ix})+\sin\Delta\delta_i(A_{Oy}-P_{iy})\\f_{1i}=\cos\Delta\delta_i(A_{Oy}-P_{iy})+\sin\Delta\delta_i(A_{Ox}-P_{ix})\\f_{2i}=1\\F_i=\frac{1}{2}(P_{ix}^2+P_{iy}^2+A_{Ox}^2+A_{Oy}^2)-P_{ix}A_{Ox}-P_{iy}A_{Oy}\\i=1,2,3\end{gathered}\tag{6.5}$$

引入新的未知量 S_0、S_1 和 S_2 来代替式(6.4)中原来未知量 r_2、r_5 和 δ_0 的组合，令

$$S_0 = r_5\cos\delta_0$$
$$S_1 = r_5\sin\delta_0$$
$$S_2 = \frac{1}{2}(r_5^2 - r_2^2) \tag{6.6}$$

将式(6.5)和式(6.6)代入方程组(6.4)，得到

$$f_{0i}S_0 + f_{1i}S_1 + f_{2i}S_2 = -F_i \quad i=1,2,3 \tag{6.7}$$

将式(6.7)写成矩阵的形式，得到

$$\begin{pmatrix} f_{01} & f_{11} & f_{21} \\ f_{02} & f_{12} & f_{22} \\ f_{03} & f_{13} & f_{23} \end{pmatrix}\begin{pmatrix} S_0 \\ S_1 \\ S_2 \end{pmatrix} = \begin{pmatrix} -F_1 \\ -F_2 \\ -F_3 \end{pmatrix} \tag{6.8}$$

对未知数 S_0、S_1 和 S_2 来说，这是一个线性方程组，不难用任何一种方法来求解。在求得 S_0、S_1 和 S_2 之后，可以根据式(6.6)的关系，由式(6.9)计算待求的 3 个机构参数。

$$r_5 = \sqrt{S_0^2 + S_1^2}$$
$$r_2 = \sqrt{r_5^2 - 2S_2}$$
$$\delta_0 = \arctan(S_1/S_1) \tag{6.9}$$

在求得机构参数 r_2、r_5 和 δ_0 之后，将其代入式(6.2)就可以求动铰链 A 的 3 个相关点 A_1、A_2 和 A_3 的位置。

在求得刚体导引铰链四杆机构左侧二杆组的尺寸参数之后，应用完全相同的方法，可以计算右侧二杆组的全部参数，只需将上述式(6.4)～式(6.9)中的 A_{Ox}、A_{Oy}、r_2、r_5、δ_0 相应地换成 B_{Ox}、B_{Oy}、r_4、r_6 和 δ_0' 即可。

刚体导引铰链四杆机构的机架 $r_1 = l_{A_OB_O}$ 和连杆 $r_3 = l_{AB}$ 的尺寸参数可按式(6.10)求得

$$r_1 = \sqrt{(B_{Ox} - A_{Ox})^2 + (B_{Oy} - A_{Oy})^2} \tag{6.10}$$
$$r_3 = \sqrt{(B_{ix} - A_{ix})^2 + (B_{iy} - A_{iy})^2} \tag{6.11}$$

式中，A_i 和 B_i 可取动铰链 A、B 三个相关点中的任何一个。

【例 6.1】 三位置刚体导引铰链四杆机构的设计。为装配线设计一个输送工件的导引 4 杆机构。要求将工件从传送带 C_1 经过一个中间传送装置，输送至传送带 C_2，如图 6.8 所示。给定工件的三位置为

$$P_1 = (20.4, -3), \quad \Delta\delta_1 = 0$$
$$P_2 = (14.4, 8), \quad \Delta\delta_2 = 22°$$
$$P_3 = (3.4, 10), \quad \Delta\delta_3 = 68°$$

给定两个定铰链的位置是 $A_O = (0,0)$，$B_O = (3.4, -8.3)$。

解：将已知参数代入上述设计步骤，得到

第一个二杆组 $A_O = (0,0)$

$$r_2 = 5.789\,23,\ r_5 = 15.0471,\ \delta_0 = -13.4743°$$
$$A_1 = (5.767\,06, 0.506\,11)$$
$$A_2 = (-0.480\,84, 5.769\,23)$$
$$A_3 = (-5.332\,41, -2.254)$$

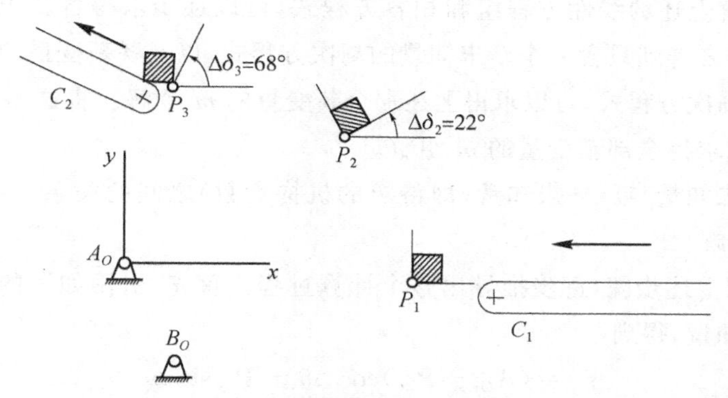

图 6.8 三位置刚体导引铰链四杆机构

第二个二杆组 $B_O=(3.4,-8.3)$

$$r_4=20.8684, r_6=6.8388, \delta_0'=124.42°$$

$$B_1=(24.2656,-8.6415)$$

$$B_2=(20.0975,4.2174)$$

$$B_3=(10.0788,11.4708)$$

机架及连杆的尺寸是 $r_1=8.9694, r_3=20.6367$。

6.5 基于矢量环的四位置导引铰链四杆机构设计

关于四位置导引铰链四杆机构的综合,同样只需研究其一个二杆组即可。当 $n=4$ 时,由式(6.3)可以得到 4 个方程式。根据 6.2.3 节的结论,在 5 个待求的机构参数中,可以任意给定一个,设为定铰链 A_O 的一个坐标 A_{Ox}。

将式(6.3)加以整理,将其中的已知量和未知量分开,可得

$$r_5\cos\delta_0((A_{Ox}-P_{ix})\cos\Delta\delta_i-P_{iy}\sin\Delta\delta_i)+r_5\sin\delta_0((P_{ix}-A_{Ox})\sin\Delta\delta_i-P_{iy}\cos\Delta\delta_i)-$$
$$P_{iy}A_{Oy}+\frac{1}{2}(A_{Oy}^2-r_2^2+r_5^2)+A_{Oy}r_5\sin\delta_0\cos\Delta\delta_i+A_{Oy}r_5\cos\delta_0\sin\Delta\delta_i+$$
$$\left(\frac{1}{2}(P_{ix}^2+P_{iy}^2+A_{Ox}^2)-A_{Ox}P_{ix}\right)=0$$
$$i=1,2,3,4 \tag{6.12}$$

式(6.12)是一个非线性方程组,含未知量 A_{Oy}、r_2、r_5 和 δ_0。对于非线性方程组的解析求解,除了某些特殊情形外,并无确定的解法。在某些特殊情况下,可以采用变量置换、逐步消元法来求解。这里将采用这一方法,其大体的步骤如下:

(1) 引入一组新的未知量来置换原来的一组未知量,使原来的非线性方程组(对新的未知量来说)具有了线性的形式。但这时,新未知量的个数将多于方程式的个数。

(2) 与此同时,新引入的未知量之间满足一定的约束条件,得到若干个相容方程式。相容方程式的个数等于新未知量个数与方程式个数之差。

(3) 联立求解上述的线性方程组和相容方程式，可以逐步求得各新未知量。求解的方法是逐步消元，使之得到只含一个新未知量的高次方程式，以及各新变最的关系式。

(4) 解一元高次方程式，可以求得上述那个新变量的 m 个解。将这 m 个解代入各新变量的关系式，可以求得全部新变量的 m 组解。

(5) 根据新未知量与原来未知量(即待求的机构参数)之间的关系，可以求得待求各个机构参数的 m 组解。

接下来，按照上述步骤，逐步推导出整个计算过程。首先，引用如下的符号来代表方程组(6.12)中的已知量，得到

$$\begin{aligned}
&f_{0i}=(A_{Ox}-P_{ix})\cos\Delta\delta_i-P_{iy}\sin\Delta\delta_i\\
&f_{1i}=-(A_{Ox}-P_{ix})\sin\Delta\delta_i-P_{iy}\cos\Delta\delta_i\\
&f_{2i}=-P_{iy}\\
&f_{3i}=1\\
&f_{4i}=\cos\Delta\delta_i\\
&f_{5i}=\sin\Delta\delta_i\\
&F_i=\frac{1}{2}(P_{ix}^2+P_{iy}^2+A_{Ox}^2)-A_{Ox}P_{ix}\\
&i=1,2,3,4
\end{aligned}\tag{6.13}$$

其次，引入新的未知量来置换式(6.12)中的未知量，得到

$$\begin{aligned}
&S_0=r_5\cos\delta_0\\
&S_1=r_5\sin\delta_0\\
&S_2=A_{Oy}\\
&S_3=\frac{1}{2}(A_{Oy}^2-r_2^2+r_5^2)\\
&S_4=A_{Oy}r_5\sin\delta_0\\
&S_5=A_{Oy}r_2\cos\delta_0
\end{aligned}\tag{6.14}$$

原来的未知量有 4 个，而新的未知量却有 6 个，可见这 6 个新未知量并非完全独立。由式(6.14)的最后两式，可以看出它们之间存在如下的关系

$$\begin{aligned}
&S_4=S_1S_2\\
&S_5=S_0S_2
\end{aligned}\tag{6.15}$$

将式(6.13)和式(6.14)代入式(6.12)，得到

$$\sum_{j=0}^{5}f_{ji}S_j+F_i=0\quad(i=1,2,3,4)\tag{6.16}$$

式(6.16)对于新未知量来说具有线性的形式。但是，未知量的个数(6 个)多于方程式的个数(4 个)。将方程组(6.15)与方程组(6.16)联立，可得 6 个方程式，因而可以解出全部6个未知数。式(6.15)称为式(6.16)的相容方程式。

以下对方程组(6.16)和方程组(6.15)联立求解。

(1) 压缩 S_0、S_1,解出 S_2、S_3、S_4 和 S_5。为此,将式(6.16)移项,并写成矩阵形式

$$\begin{pmatrix} f_{31} & f_{21} & f_{41} & f_{51} \\ f_{32} & f_{22} & f_{42} & f_{52} \\ f_{33} & f_{23} & f_{43} & f_{53} \\ f_{34} & f_{24} & f_{44} & f_{54} \end{pmatrix}\begin{pmatrix} S_3 \\ S_2 \\ S_4 \\ S_5 \end{pmatrix}=\begin{pmatrix} -f_{01} & -f_{11} & -F_1 \\ -f_{02} & -f_{12} & -F_2 \\ -f_{03} & -f_{13} & -F_3 \\ -f_{04} & -f_{14} & -F_4 \end{pmatrix}\begin{pmatrix} S_0 \\ S_1 \\ 1 \end{pmatrix} \tag{6.17}$$

(2) 线性求解式(6.17),得到了以 S_0、S_1 表示的 S_2、S_3、S_4 和 S_5 的表达式

$$\begin{pmatrix} S_3 \\ S_2 \\ S_4 \\ S_5 \end{pmatrix}=\begin{pmatrix} A_1 & B_1 & C_1 \\ A_2 & B_2 & C_2 \\ A_3 & B_3 & C_3 \\ A_4 & B_4 & C_4 \end{pmatrix}\begin{pmatrix} S_0 \\ S_1 \\ 1 \end{pmatrix} \tag{6.18}$$

式中,A_i、B_i 和 $C_i (i=1,2,3,4)$是已知实数。

(3) 将式(6.18)代入式(6.15)并整理,可得

$$A_3S_0+(B_3-C_2)S_1-A_2S_0S_1-B_2S_1^2+C_3=0 \tag{6.19}$$

$$(A_4-C_2)S_0+B_4S_1-B_2S_0S_1-A_2S_0^2+C_4=0 \tag{6.20}$$

(4) 将式(6.19)乘以 S_0,得到

$$A_3S_0^2+(B_3-C_2)S_1S_0-A_2S_0^2S_1-B_2S_0S_1^2+C_3S_0=0 \tag{6.21}$$

(5) 将式(6.19)~式(6.21)联立,压缩变量 S_0,构建如下的 Sylvester 结式矩阵,得到

$$\boldsymbol{D}_{3\times3}\boldsymbol{S}_{3\times1}=\boldsymbol{0}_{3\times1} \tag{6.22}$$

式中,$\boldsymbol{S}_{3\times1}=(S_0^2,S_0,1)^{\mathrm{T}}$,

$$\boldsymbol{D}_{3\times3}=\begin{pmatrix} A_3-A_2S_1 & -D_1S_1-B_2S_1^2+C_3 & 0 \\ 0 & A_3-A_2S_1 & -D_1S_1-B_2S_1^2+C_3 \\ -A_2 & -D_2-B_2S_1 & B_4S_1+C_4 \end{pmatrix}$$

式中,$D_1=C_2-B_3$,$D_2=C_2-A_4$。

根据 Cramer 法则可知,式(6.22)有非零解的充要条件是系数矩阵的行列式为 0,即

$$\det(\boldsymbol{D}_{3\times3})=0 \tag{6.23}$$

展开式(6.23),可以得到只含 S_1 的一元三次方程式,

$$G_1S_1^3+G_2S_1^2+G_3S_1+G_4=0 \tag{6.24}$$

式中,系数 G_1、G_2、G_3、G_4 均为已知,其值可按式(6.25)算出:

$$\begin{aligned} &G_1=A_2B_2(A_4-B_3)+A_3B_2^2-A_2^2B_4 \\ &G_2=A_2(D_1^2-B_2C_3-D_1D_2+2A_3B_4-A_2C_4)+A_3B_2(D_1+D_2) \\ &G_3=A_3(D_1D_2-B_2C_3-A_3B_4+2A_2C_4)+A_2C_3(D_2-2D_1) \\ &G_4=C_3(A_2C_3-A_3D_2)-A_3^2C_4 \end{aligned} \tag{6.25}$$

(6) 解一元三次方程式(6.24),可求得 S_1 的 m 个实根。由于复根必定共轭出现,故必有 $m=1$ 或 $m=3$。

(7) 将求得的 m 个 S_1 的值代入式(6.19),线性求解 m 个 S_0,将 m 组 S_0 和 S_1 的值代入式(6.18),可求得剩余未知量 S_2、S_3、S_4、S_5 的 m 组解。

这样，全部新未知量均已求得。按照新未知量与原来未知量（即4个待求机构参数）的关系式(6.14)，可以由式(6.26)计算出待求的4个机构参数。

$$
\begin{aligned}
&A_{Oy}=S_2\\
&r_5=\sqrt{S_0^2+S_1^2}\\
&r_2=\sqrt{A_{Oy}^2+r_5^2-2S_3}\\
&\delta_0=\arctan(S_0,S_1)
\end{aligned}
\tag{6.26}
$$

由于 $S_0,S_1,\cdots,S_5$ 有 m 组解，机构参数 r_2、r_5、A_{Oy} 和 δ_0 也有 m 组解($m=1$ 或 3)。

在求得各机构参数之后，动铰链 A 的4个相关点 A_1、A_2、A_3 和 A_4 的位置，可以按照6.4节所介绍的方法求得。

以上是设计一个四位置导引的铰链二杆组的完整过程。为了综合一个铰链四杆导引机构，可以先分别计算左、右两侧的两个二杆组，然后再将它们结合在一起，其过程与6.4节所介绍的相同，不再赘述。

【例 6.2】 四位置刚体导引铰链四杆机构设计。图6.9是一个医用高压消毒锅的侧视图。图中给出锅门开关的4个位置要求。锅门关闭时应由内向外，以便承受蒸汽压力，并保持密封，锅门的4个位置给定如下

$$
\begin{aligned}
&P_1=(0,8.7),\quad \Delta\delta_1=0^\circ\\
&P_2=(2.8,11.125),\quad \Delta\delta_2=-40.62^\circ\\
&P_3=(7.5,11.6),\quad \Delta\delta_3=-79.24^\circ\\
&P_4=(9.6,11.25),\quad \Delta\delta_4=-90^\circ
\end{aligned}
$$

试设计一个启闭锅门的铰链四杆导引机构。

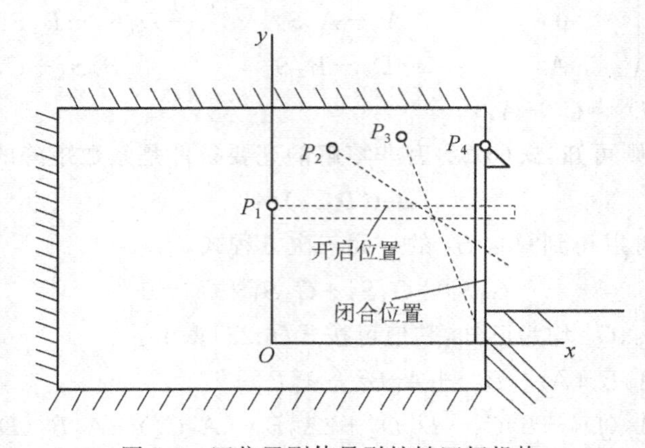

图 6.9 四位置刚体导引铰链四杆机构

解：将已知参数代入上述设计步骤，由计算机算出一系列圆心点 A_O 及其对应的圆点 A_1 的坐标（取值范围 $A_{Ox}=3.8\sim6.4$）列于表6.2中。表6.2中的每一行（一个圆心点及其相应的圆点）都可以构成一个四位置导引的铰链二杆组，这些二杆组从运动几何学看均能实现四位置导引，但并非都有实用价值。

表 6.2　刚体四位置导引的圆心曲线及圆点曲线

A_{Ox}	A_{Oy}	A_{1x}	A_{1y}	$\delta_o/(°)$
3.8	5.948 57	−7.742	−1.629 94	53.149 4
3.8	−22.887 5	4.291 87	7.272 78	161.606
3.8	5.049 56	3.302 45	2.078 89	116.509
4	6.092 87	−27.187 8	−7.685 4	31.076 4
4	−21.557 8	4.287 88	7.262 91	161.471
4	4.856 01	4.205 82	2.626 67	124.703
4.2	4.736 44	4.754 04	3.047 32	130.064
4.2	6.157 31	219.051	71.7171	196.05
4.2	−20.217 1	4.286 32	7.251 18	161.333
4.4	4.659 29	5.140 06	3.408 42	134.167
4.4	6.172 25	31.526 1	11.630 1	185.31
4.4	−18.880 7	4.278 55	7.239 64	161.154
4.6	4.612 63	5.429 21	3.733 12	137.545
4.6	6.148 15	18.955 1	7.814 98	177.327
4.6	−17.498 6	4.290 46	7.225 73	161.036
4.8	4.590 28	5.650 67	4.031 7	140.437
4.8	−16.168 9	4.268 22	7.21	160.756
4.8	6.089 52	14.158 2	6.506 01	171.191
5	4.588 23	5.820 93	4.310 17	142.979
5	−14.791 9	4.264 32	7.191 91	160.524
5	5.997 48	11.532 9	5.901 23	166.359
5.2	4.603 08	5.948 94	4.572 35	154.244
5.2	−13.401 2	4.258 8	7.170 88	160.249
5.2	5.872 2	9.832 67	5.599 81	162.5
5.4	4.630 45	6.037 37	4.819 41	147.269
5.4	−11.988 8	4.253 27	7.146 1	159.931
5.4	5.713 1	8.622 8	5.461 94	159.418
5.6	4.660 24	6.079 8	5.051 34	149.031
5.6	−10.548 7	4.247 37	7.116 35	159.552
5.6	5.523 37	7.720 6	5.428 37	157.035
5.8	4.662 42	6.048 71	5.264 46	150.404
5.8	−9.068 2	4.242 4	7.079 84	159.098
5.8	5.321 21	7.056 53	5.473 58	155.429
6	4.538 11	5.858 95	5.448 52	150.972
6	−7.529 86	4.238 28	7.033 5	158.535

续表

A_{Ox}	A_{Oy}	A_{1x}	A_{1y}	$\delta_o/(°)$
6	5.187 65	6.661 05	5.593 12	154.995
6.2	4.179 87	5.502 41	5.619 92	150.761
6.2	-5.897 71	4.237 18	6.971 78	157.811
6.2	5.194 23	6.507 38	5.766 06	155.731
6.4	3.560 51	5.102 55	5.822 87	150.583
6.4	-4.09144	4.243 84	6.882 16	156.812
6.4	5.286 21	6.445 46	5.953 58	156.921

选择表中的第 13 点和第 3 点这两个二杆组，来组成一个铰链四杆机构。即

第 13 点　$A_O=(4.6,4.612\ 63)$，$A_1=(5.4292,3.7331)$。

第 3 点　$B_O=(3.8,5.049\ 56)$，$B_1=(3.302\ 45,2.0789)$。

可得机构的参数为

$$r_1=0.9115,\quad r_2=1.2088$$
$$r_3=2.6938,\quad r_4=3.0121$$
$$r_5=7.3584,\quad r_6=7.399$$
$$\delta_0=137.55°,\quad \delta_0'=116.51°$$

6.6 基于矢量环的五位置刚体导引铰链四杆机构设计

由 6.3 节可知，用铰链四杆机构来实现刚体导引，最多只能给定 5 个精确位置。因此，铰链二杆组的综合方程式(6.3)中只含有 5 个待求的机构参数。

在解决五位置的刚体导引机构综合问题时，这里仍采用 6.5 节中用过的方法，即置换变量消元法。首先，重新整理式(6.3)，将其中的已知量和未知量分开，得

$$-r_5\cos\delta_0(P_{ix}\cos\Delta\delta_1+P_{iy}\sin\Delta\delta_i)+r_5\sin\delta_0(P_{ix}\sin\Delta\delta_1-P_{iy}\cos\Delta\delta_i)-$$
$$A_{0x}P_{ix}-A_{Oy}P_{iy}+\frac{1}{2}(A_{Ox}^2+A_{Oy}^2+r_5^2-r_2^2)+$$
$$\cos\Delta\delta_i(A_{Ox}r_5\cos\delta_0+A_{Oy}r_5\sin\delta_0)+\frac{1}{2}(P_{ix}^2+P_{iy}^2)=0$$
$$i=1,2,3,4,5 \tag{6.27}$$

式(6.27)是一个非线性联立方程组，含 5 个未知数：A_{Ox}、A_{Oy}、r_2、r_5 和 δ_0。

用如下的符号代替方程组(6.27)中的已知量，即

$$f_{0i}=-P_{ix}\cos\Delta\delta_i-P_{iy}\sin\Delta\delta_i$$
$$f_{1i}=P_{ix}\sin\Delta\delta_i-P_{iy}\cos\Delta\delta_i$$
$$f_{2i}=-P_{ix}$$
$$f_{3i}=-P_{iy}$$

$$f_{4i}=1$$
$$f_{5i}=\cos\Delta\delta_i$$
$$f_{6i}=\sin\Delta\delta_i$$
$$F_i=\frac{1}{2}(P_{ix}^2+P_{iy}^2)$$
$$i=1,2,3,4,5 \tag{6.28}$$

引入新的未知量,来置换式(6.27)中的未知量,得到

$$S_0=r_5\cos\delta_0$$
$$S_1=r_5\sin\delta_0$$
$$S_2=A_{Ox}$$
$$S_3=A_{Oy}$$
$$S_4=\frac{1}{2}(A_{Ox}^2+A_{Oy}^2+r_5^2-r_2^2)$$
$$S_5=A_{Ox}r_5\cos\delta_0+A_{Oy}r_5\sin\delta_0$$
$$S_6=A_{Oy}r_5\cos\delta_0-A_{Ox}r_5\sin\delta_0 \tag{6.29}$$

原来的未知量是5个,而新的未知量却是7个,可见这7个新未知量并非完全独立。注意式(6.29)的最后两式,可以发现各新未知量之间,还存在如下的关系

$$S_5=S_0S_2+S_1S_3$$
$$S_6=S_0S_3-S_1S_2 \tag{6.30}$$

将式(6.28)和式(6.29)代入式(6.27),得到

$$\sum_{j=0}^{6}f_{ji}S_i+F_i=0 \quad (i=1,2,\cdots,5) \tag{6.31}$$

式(6.31)对于新未知量来说具有线性的形式,但未知量的个数(7个)多于方程式的个数(5个),因此没有确定解。将式(6.31)与式(6.30)联立,可得7个方程式,故可以解出7个全部未知数。式(6.30)称为式(6.31)的相容方程式。

下面对式(6.31)和式(6.30)联立求解。

(1) 类似6.5节的步骤,将式(6.31)的 S_0 和 S_1 移项,得

$$\begin{pmatrix} f_{21} & f_{31} & f_{41} & f_{51} & f_{61} \\ f_{22} & f_{32} & f_{42} & f_{52} & f_{62} \\ f_{23} & f_{33} & f_{43} & f_{53} & f_{63} \\ f_{24} & f_{34} & f_{44} & f_{54} & f_{64} \\ f_{25} & f_{35} & f_{45} & f_{55} & f_{65} \end{pmatrix}\begin{pmatrix} S_2 \\ S_3 \\ S_4 \\ S_5 \\ S_6 \end{pmatrix}=\begin{pmatrix} -f_{01} & -f_{11} & -F_1 \\ -f_{02} & -f_{12} & -F_2 \\ -f_{03} & -f_{13} & -F_3 \\ -f_{04} & -f_{14} & -F_4 \\ -f_{05} & -f_{15} & -F_5 \end{pmatrix}\begin{pmatrix} S_0 \\ S_1 \\ 1 \end{pmatrix} \tag{6.32}$$

(2) 线性求解式(6.32),得到以 S_0 和 S_1 表示的 $S_2\sim S_6$ 的表达式:

$$\begin{pmatrix} S_2 \\ S_3 \\ S_4 \\ S_5 \\ S_6 \end{pmatrix}=\begin{pmatrix} A_1 & B_1 & C_1 \\ A_2 & B_2 & C_2 \\ A_3 & B_3 & C_3 \\ A_4 & B_4 & C_4 \\ A_5 & B_5 & C_5 \end{pmatrix}\begin{pmatrix} S_0 \\ S_1 \\ 1 \end{pmatrix} \tag{6.33}$$

式中,A_i、B_i、$C_i(i=1,2,\cdots,5)$都是已知实数。

(3) 将式(6.33)代入式(6.30),可得

$$A_1S_0^2+B_2S_1^2+(A_2+B_1)S_0S_1+(C_1-A_4)S_0+(C_2-B_4)S_1-C_4=0 \tag{6.34}$$

$$-A_2S_0^2+B_1S_1^2+(A_1-B_2)S_0S_1-(C_2-A_5)S_0+(C_1+B_5)S_1+C_5=0 \tag{6.35}$$

(4) 将式(6.34)和式(6.35)分别乘以 S_0,得到

$$A_1S_0^3+(A_2+B_1)S_0^2S_1+(C_1-A_4)S_0^2+B_2S_1^2S_0+(C_2-B_4)S_1S_0-C_4S_0=0 \tag{6.36}$$

$$-A_2S_0^3+(A_1-B_2)S_0^2S_1-(C_2-A_5)S_0^2+B_1S_1^2S_0+(C_1+B_5)S_1S_0+C_5S_0=0 \tag{6.37}$$

(5) 将式(6.34)～式(6.37)联立,压缩变量 S_0,构建如下的 Sylvester 结式矩阵,得到

$$\boldsymbol{D}_{4\times4}\boldsymbol{S}_{4\times1}=\boldsymbol{0}_{4\times1} \tag{6.38}$$

式中,$\boldsymbol{S}_{4\times1}=(S_0^3,S_0^2,S_0,1)^{\mathrm{T}}$,

$$\boldsymbol{D}_{4\times4}=\begin{pmatrix} A_1 & (A_2+B_1)S_1+(C_1-A_4) & B_2S_1^2(C_2-B_4)S_1-C_4 & 0 \\ 0 & A_1 & (A_2+B_1)S_1+(C_1-A_4) & B_2S_1^2(C_2-B_4)S_1-C_4 \\ -A_2 & (A_1-B_2)S_1-(C_2-A_5) & B_1S_1^2+(C_1+B_5)S_1+C_5 & 0 \\ 0 & -A_2 & (A_1-B_2)S_1-(C_2-A_5) & B_1S_1^2+(C_1+B_5)S_1+C_5 \end{pmatrix}。$$

根据 Cramer 法则可知,式(6.38)有非零解的充要条件是系数矩阵的行列式为 0,即

$$\det(\boldsymbol{D}_{4\times4})=0 \tag{6.39}$$

展开式(6.39),得到只含未知量 S_1 的一元四次方程式,

$$G_1S_1^4+G_2S_1^2+G_3S_1^2+G_4S_1+G_5=0 \tag{6.40}$$

式中,系数 G_1～G_5 均为已知,可按式(6.41)算出

$$\begin{aligned} G_1&=A_1D_1^2+B_2D_4^2+W_1D_1D_4 \\ G_2&=2A_1D_1D_2+2B_2D_3D_4+W_3D_4^2+W_1W_4+W_2D_1D_4 \\ G_3&=A_1(D_2^2+2D_1D_5)+B_2D_3^2+2D_3D_4W_3-C_4D_4^2+W_2W_4+W_1W_5 \\ G_4&=2A_1D_2D_5+D_3^2W_3-2C_4D_3D_4+W_2W_5+W_1D_3D_5 \\ G_5&=A_1D_5^2-C_4D_3^2+W_2D_3D_5 \end{aligned} \tag{6.41}$$

式中:

$$\begin{aligned} &W_1=A_2+B_1,W_2=C_1-A_4,W_3=C_2-B_4 \\ &W_4=D_1D_3+D_2D_4,W_5=D_2D_3+D_4D_5 \\ &D_1=-A_1B_1-A_2B_2,D_2=-A_1(B_5+C_1)+A_2(B_4-C_2) \\ &D_3=A_1(A_5-C_2)-A_2(A_4-C_1),D_4=A_1(A_1-B_2)+A_2(A_2+B_1) \\ &D_5=-A_1C_5+A_2C_4 \end{aligned}$$

(6) 解一元四次方程式(6.40),可以求得 S_1 的 m 个实根。由于复根必定共轭出现,故必有 $m=0,2,4$。

(7) 将求得的 m 个 S_1 的值代入式(6.34)和式(6.35),辗转相除得到对应的 m 个 S_0;将 m 组 S_0 和 S_1 的值代入式(6.33),可求得剩余未知量 $S_2,S_3,\cdots,S_6$ 的 m 组解。

(8) 按照新未知量与原来未知量(即 5 个待求的机构参数)的关系式(6.29),可以由式计算待求的 5 个机构参数

$$
\begin{aligned}
&A_{Ox}=S_2\\
&A_{Oy}=S_3\\
&r_5=\sqrt{S_0^2+S_1^2}\\
&r_2=\sqrt{A_{Ox}^2+A_{Oy}^2+r_5^2-2S_4}\\
&\delta_0=\arctan(S_0,S_1)
\end{aligned}
\tag{6.42}
$$

由于 $S_0 \sim S_6$ 有 m 组解,故上述各机构参数也有 m 组解($m=0,2,4$)。

在求得二杆组的各机构参数之后,动铰链 A 的 5 个相关点的求法,与 6.4 节中所介绍的方法相同。

现在研究,当给定被导引刚体 5 个精确位置时,可以有几个能实现导引的铰链四杆机构? 与三、四位置问题不同,对五位置问题来说,由于方程组(6.3)中没有任选参数,故可能的解的个数有限。因而,能实现导引的四杆机构的个数也有限,其数目与一元四次方程式(6.40)实根的个数 m 有关。由于 m 可能是 0 或 2,或 4,故可能有如下 3 种情况。

(1) 若 $m=0$,即方程式(6.40)无实根,也就没有任何能实现五位置导引的铰链二杆组,则当然也不可能有任何能实现五位置导引的铰链四杆机构。

(2) 若 $m=2$,即方程式(6.40)有 2 个实根,亦即存在 2 个能实现五位置导引的铰链二杆组。这 2 个二杆组可以组成唯一的一个五位置导引的铰链四杆机构。

(3) 若 $m=4$,即方程式(6.40)有 4 个实根,也就是存在 4 个能实现五位置导引的铰链二杆组。这 4 个二杆组可以组合成 6 个五位置导引的铰链四杆机构,因为 $C_4^2=6$。

以上结论,可以用表 6.3 加以概括。

表 6.3　实现五位置导引的铰链四杆机构的可能个数

方程式(6.40)的实根个数 m	可能的铰链四杆机构个数
0	0
2	1
4	6

当然,并非所有由计算机求得的铰链四杆机构都有实用价值。因为,一个切合实用的刚体导引机构,除应满足运动几何学的要求之外,还有其他许多因素(如传动角、杆长比、铰链位置等)需要考虑。

6.7　基于矢量环的三位置刚体导引曲柄滑块机构设计

刚体导引也可以在滑块二杆组的基础上来实现。例如,用一个滑块二杆组与一个铰链二杆组,可以组成一个刚体导引的曲柄滑块机构;而由两个滑块二杆组则可以组成一个由刚体导引的双滑块机构(亦称卡登机构),如图 6.10 所示。

下面着重研究一个滑块二杆组的设计方法。图 6.11 所示为一个由滑块 B 和连杆 $\boldsymbol{r}_6$ 组成的滑块二杆组。仍以连杆平面代表被导引的刚体,P 是连杆平面上某一任选的基点,B 是

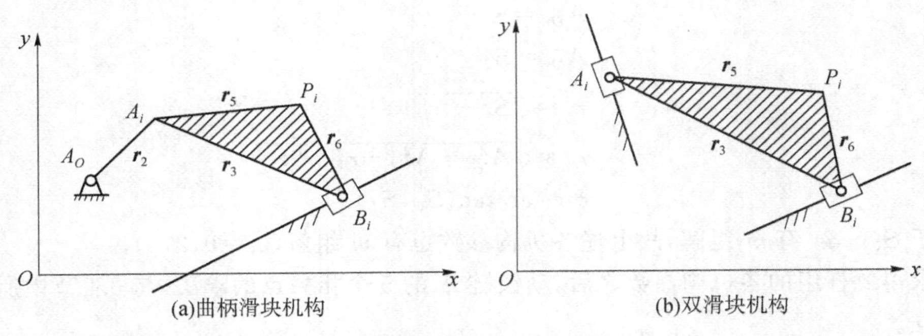

图 6.10 含有滑块二杆组的平面四杆机构

连杆与滑块联接处的动铰链，用矢量 $\boldsymbol{r}_6$ 代表连杆上的 BP。当机构运动，被导引刚体位于第 i 个位置时，B 点和 P 点的位置分别是 B_i 和 P_i。

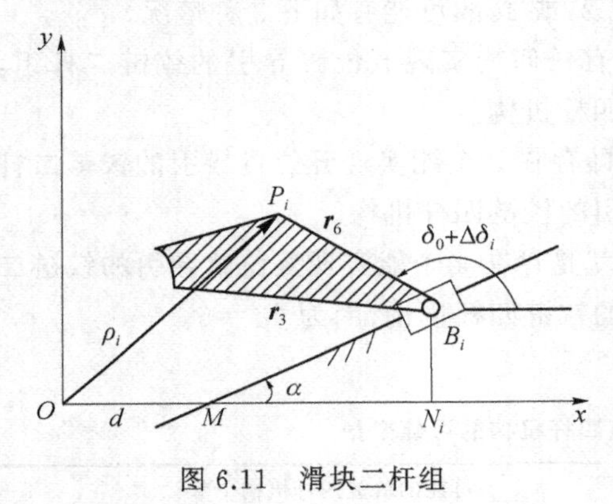

图 6.11 滑块二杆组

在固定的参考平面内任取坐标系 xOy，作出这个二杆组的矢量图，并规定各矢量的正向如图。图 6.11 中各符号的意义分别为

d：滑块导轨在 Ox 轴上的截距。

α：导轨的水平倾角。

δ_0：矢量 $\boldsymbol{r}_6$ 的初始幅角，即运动开始时，$\boldsymbol{r}_6$ 与 Ox 轴间的夹角。

$\Delta\delta_i$：矢量 $\boldsymbol{r}_6$ 在第 i 个位置时相对于它的初始位置（即第 1 位置）的相对转角，亦即被导引刚体的相对转角。$\Delta\delta_1\equiv 0$。

根据图 6.11 所示的滑块二杆组，写出矢量环的封闭方程式，得到

$$\boldsymbol{d}+\boldsymbol{g}_i+\boldsymbol{r}_6-\boldsymbol{\rho}_i=\boldsymbol{0}$$

将这个矢量方程式分别向 x、y 轴上投影，可得

$$\begin{aligned} d+l_{MN_i}+r_6\cos(\delta_0+\Delta\delta_i)-P_{ix}=0 \\ B_{iy}+r_6\sin(\delta_0+\Delta\delta_i)-P_{iy}=0 \end{aligned} \tag{6.43}$$

以 K 表示滑块导轨的斜率，即

$$K=\tan\alpha=\frac{B_{iy}}{l_{MN_i}} \tag{6.44}$$

将式(6.44)代入式(6.43)，得到

$$-Kd+r_6\sin\delta_0(K\sin\Delta\delta_i+\cos\Delta\delta_i)+r_6\cos\delta_0(\sin\Delta\delta_i-K\cos\Delta\delta_i)+(K_{ix}-P_{iy})=0$$

$$i=1,2,\cdots,n \tag{6.45}$$

式中，n 是给定的被导引刚体的精确位置数。

式(6.45)中有 4 个待求的机构参数，即 K、d、r_6 和 δ_0。如果被导引刚体的精确位置数 $n=3$，则由式(6.45)可得 3 个方程式。在这种情况下，4 个待求的机构参数中可以任意给定一个。

接下来以导轨斜率 K 作为任选参数，来求解方程式(6.45)中的其余 3 个机构参数。用

如下符号来代表式(6.45)中的已知量,有

$$
\begin{aligned}
f_{0i} &= -K \\
f_{1i} &= K\sin\Delta\delta_i + \cos\Delta\delta_i \\
f_{2i} &= \sin\Delta\delta_i - K\cos\Delta\delta_i \\
F_i &= KP_{ix} - P_{iy}
\end{aligned}
\quad i=1,2,3 \tag{6.46}
$$

引入新的未知量来替换式(6.45)中的未知量,有

$$
\begin{aligned}
S_0 &= d \\
S_1 &= r_6\sin\delta_0 \\
S_2 &= r_6\cos\delta_0
\end{aligned} \tag{6.47}
$$

将式(6.46)和式(6.47)代入式(6.45),得到

$$
f_{0i}S_0 + f_{1i}S_1 + f_{2i}S_2 = -F_i \quad i=1,2,3 \tag{6.48}
$$

式(6.48)是一个线性方程组,容易用任何一种方法求解。在求得 S_0、S_1 和 S_2 之后,可按式(6.49)计算滑块二杆组的机构参数。

$$
\begin{aligned}
d &= S_0 \\
r_6 &= \sqrt{S_1^2 + S_2^2} \\
\delta_0 &= \arctan(S_2, S_1)
\end{aligned} \tag{6.49}
$$

根据 $B_{ix} = P_{ix} - r_6\cos(\delta_0 + \Delta\delta_i)$ 和 $B_{iy} = P_{iy} - r_6\sin(\delta_0 + \Delta\delta_i)$ 可以求出滑块上动铰链 B 的 3 个相关点 $B_i(i=1,2,3)$。

以上是一个滑块二杆组的设计。如果要求的刚体导引机构是曲柄滑块机构,则可按 6.4 节的方法,再设计一个铰链二杆组,然后再将两者加以合成。连杆 r_3 的长度是

$$
r_3 = \sqrt{(B_{ix} - A_{ix})^2 + (B_{iy} - A_{iy})^2}
$$

式中,A_i 和 B_i 可取三组相关点中的任何一组。

如果要求的是双滑块机构,则在求得第一个滑块二杆组之后,可以再给定一个导轨方向,按上述方法计算第二个滑块二杆组,然后再加以合成。

【例 6.3】 三位置刚体导引曲柄滑块机构的设计。试设计一个曲柄滑块机构,以引导某一刚体通过如下的 3 个给定位置,如图 6.12 所示。

$$
\begin{aligned}
P_1 &= (31,36), \quad \Delta\delta_i = 0^\circ \\
P_2 &= (57,64), \quad \Delta\delta_2 = -32^\circ \\
P_3 &= (22,59), \quad \Delta\delta_3 = -48^\circ
\end{aligned}
$$

给定滑块导轨的水平倾角 $\alpha = 20^\circ$,曲柄固定铰链 A_O 的位置为 $A_O = (-12,5)$。

解:将已知参数代入本节的设计步骤,用计算机计算的结果如下

滑块二杆组:$\alpha = 20^\circ$,$d = -74.4469$,$r_6 = 32.3071$,$\delta_0 = 203.969^\circ$;

$B_1 = (60.5212, 49.1244)$;

$B_2 = (88.9902, 59.4862)$;

$B_3 = (51.5068, 45.8434)$。

曲柄二杆组:$A_O = (-12,5)$,$r_2 = 34.7803$,$r_5 = 56.0076$,$\delta_0 = 72.8692^\circ$;

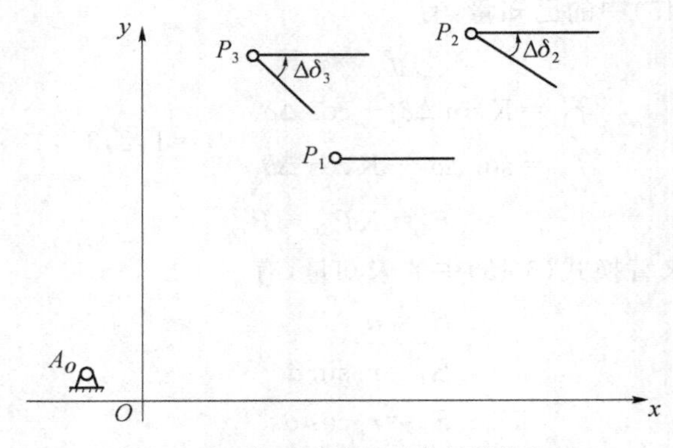

图 6.12 三位置刚体导引曲柄滑块机构

$A_1=(14.5027,-17.5228)$;

$A_2=(14.6448,27.3546)$;

$A_3=(-28.814,35.4461)$。

连杆长度：$r_3=\overline{A_1B_1}=80.991$。

6.8 刚体平面运动的基本矩阵

6.8.1 平面转动矩阵

刚体绕某一定轴作有限转动，转角为 θ，如图 6.13 所示。用位置矢量来表示刚体内的点。设刚体内某一点 P 在转动前的位置矢量是 $\boldsymbol{p}_1=(P_{1x},P_{1y})^{\mathrm{T}}$，转动后的位置矢量是 $\boldsymbol{p}=(P_x,P_y)^{\mathrm{T}}$。现在要求一个矩阵 $\boldsymbol{R}_0$，使其满足如下关系式

$$\boldsymbol{p}=\boldsymbol{R}_0\boldsymbol{p}_1 \tag{6.50}$$

式中，$\boldsymbol{R}_0$ 称为刚体的平面转动矩阵。

由图 6.13 可以看出：

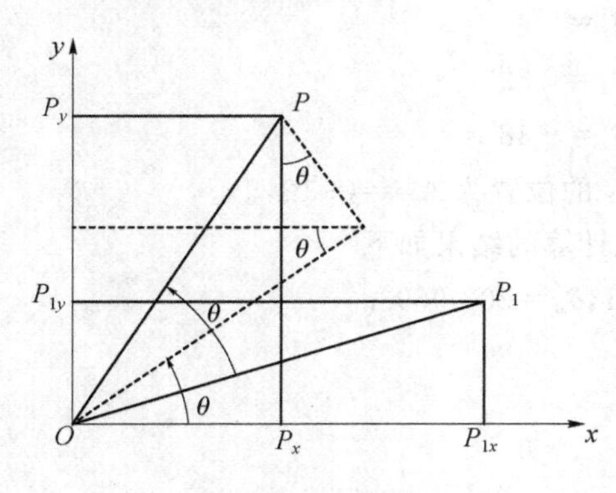

图 6.13 刚体转动

$$P_x=P_{1x}\cos\theta-P_{1y}\sin\theta$$

$$P_y=P_{1x}\sin\theta+P_{1y}\cos\theta$$

或写成矩阵形式

$$\begin{pmatrix}P_x\\P_y\end{pmatrix}=\begin{pmatrix}\cos\theta & -\sin\theta\\ \sin\theta & \cos\theta\end{pmatrix}\begin{pmatrix}P_{1x}\\P_{1y}\end{pmatrix} \tag{6.51}$$

式中，

$$\boldsymbol{R}_0=\begin{pmatrix}\cos\theta & -\sin\theta\\ \sin\theta & \cos\theta\end{pmatrix} \tag{6.52}$$

即为待求的平面转动矩阵。

6.8.2 平移矩阵

刚体在平面内作有限平移，其平移的距离为$(\Delta x,\Delta y)$，如图 6.14 所示。设刚体内某一点 P 在平移前的位置是 $\boldsymbol{p}_1=(P_{1x},P_{1y})^{\mathrm{T}}$，平移后的位置 $\boldsymbol{p}=(P_x,P_y)^{\mathrm{T}}$。现在要找出一个平移矩阵 $\boldsymbol{D}_T$，使其满足

$$\boldsymbol{p}=\boldsymbol{D}_T\boldsymbol{p}_1 \tag{6.53}$$

由图 6.14 可知

$$P_x=P_{1x}+\Delta x$$
$$P_y=P_{1y}+\Delta y$$

或写成矩阵的形式

$$\begin{pmatrix}P_x\\P_y\end{pmatrix}=\begin{pmatrix}P_{1x}\\P_{1y}\end{pmatrix}+\begin{pmatrix}\Delta x\\\Delta y\end{pmatrix} \tag{6.54}$$

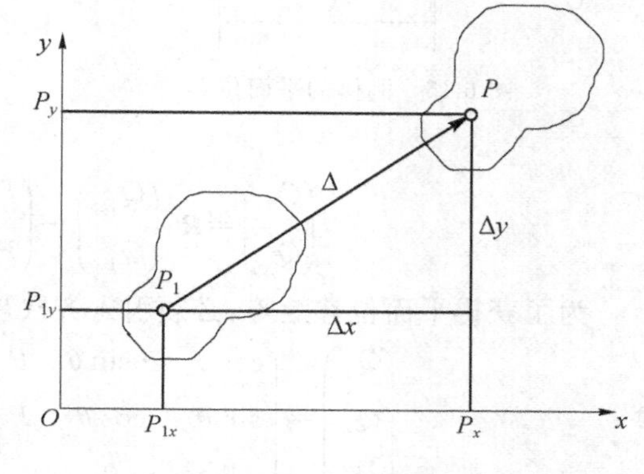

图 6.14 刚体平移

但这里未能得到式(6.51)的形式，即未能获得一个平移矩阵 $\boldsymbol{D}_T$。

为了获得一个平移矩阵，必须引入齐次坐标的概念，即对位置矢量 $\boldsymbol{p}$ 和 $\boldsymbol{p}_1$ 引入第三个坐标分量 w(并令 $w=1$)。即令 $\boldsymbol{p}=(P_x,P_y,1)^{\mathrm{T}}$，$\boldsymbol{p}_1=(P_{1x},P_{1y},1)^{\mathrm{T}}$。于是，式(6.54)就可以写作：

$$\begin{pmatrix}P_x\\P_y\\1\end{pmatrix}=\begin{pmatrix}1&0&\Delta x\\0&1&\Delta y\\0&0&1\end{pmatrix}\begin{pmatrix}P_{1x}\\P_{1y}\\1\end{pmatrix}$$

显然，式(6.53)中

$$\boldsymbol{D}_T=\begin{pmatrix}1&0&\Delta x\\0&1&\Delta y\\0&0&1\end{pmatrix} \tag{6.55}$$

就是刚体平面运动的平移矩阵。但它不是 2×2，而是 3×3 矩阵，而且式(6.54)中的位置矢量 $\boldsymbol{p}$ 和 $\boldsymbol{p}_1$，也必须以齐次坐标来表示。

6.8.3 平面位移矩阵

由运动学可知，刚体在平面内的任何一个有限位移，可以看作由两个基本的运动分量所合成：①以某一任选基点 P 的运动为代表的平移；②绕 P 点的有限转动。而有限转动的转角 θ 与所选基点 P 的位置无关。

设以线段$\overline{pq}$来代表作平面运动的刚体，并选择 P 为基点。刚体在位移前的位置是$\overline{p_1q_1}$，位移后的位置是$\overline{pq}$，基点 P 的位移为$(\Delta x,\Delta y)$，刚体的相对转角为 θ，如图 6.15 所示。

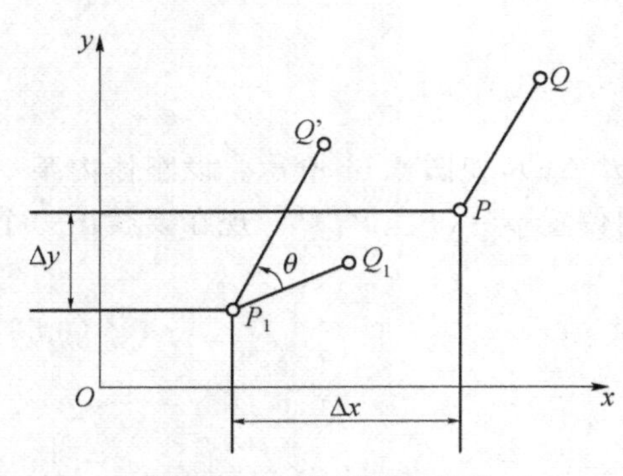

图 6.15　刚体的平面位移

根据上述的原理，刚体由$\overline{P_1Q_1}$到$\overline{PQ}$的位移可以看作：①绕基点 P_1 转过一个 θ 角以到达$\overline{P_1Q'}$；②以 P 点运动为代表的平移$(\Delta x, \Delta y)$，以到达$\overline{PQ}$。因此，可以写出上述的两个运动如下

$$\begin{pmatrix} Q'_x - P_{1x} \\ Q'_y - P_{1y} \end{pmatrix} = \boldsymbol{R}_0 \begin{pmatrix} Q_{1x} - P_{1x} \\ Q_{1y} - P_{1y} \end{pmatrix} \tag{6.56}$$

$$\begin{pmatrix} Q_x \\ Q_y \end{pmatrix} = \begin{pmatrix} Q'_x \\ Q'_y \end{pmatrix} + \begin{pmatrix} \Delta x \\ \Delta y \end{pmatrix} = \begin{pmatrix} Q'_x + P_x - P_{1x} \\ Q'_y + P_y - P_{1y} \end{pmatrix} \tag{6.57}$$

由以上两式消去 Q'_x 和 Q'_y，可得

$$\begin{pmatrix} Q_x \\ Q_y \end{pmatrix} = \boldsymbol{R}_0 \begin{pmatrix} Q_{1x} \\ Q_{1y} \end{pmatrix} + \begin{pmatrix} P_x - P_{1x}\cos\theta + P_{1y}\sin\theta \\ P_y - P_{1x}\sin\theta - P_{1y}\cos\theta \end{pmatrix} \tag{6.58}$$

为了获得平面位移矩阵，必须引入齐次坐标。在引入齐次坐标之后，式(6.58)可以写作

$$\begin{pmatrix} Q_x \\ Q_y \\ 1 \end{pmatrix} = \begin{pmatrix} \cos\theta & -\sin\theta & P_x - P_{1x}\cos\theta + P_{1y}\sin\theta \\ \sin\theta & \cos\theta & P_y - P_{1x}\sin\theta - P_{1y}\cos\theta \\ 0 & 0 & 1 \end{pmatrix} \begin{pmatrix} Q_{1x} \\ Q_{1y} \\ 1 \end{pmatrix} \tag{6.59}$$

或者写作

$$\begin{pmatrix} \boldsymbol{q} \\ 1 \end{pmatrix} = \boldsymbol{D} \begin{pmatrix} \boldsymbol{q}_1 \\ 1 \end{pmatrix}$$

式中，$\boldsymbol{D}$ 就是作平面运动刚体的位移矩阵

$$\boldsymbol{D} = \begin{pmatrix} \cos\theta & -\sin\theta & P_x - P_{1x}\cos\theta + P_{1y}\sin\theta \\ \sin\theta & \cos\theta & P_y - P_{1x}\sin\theta - P_{1y}\cos\theta \\ 0 & 0 & 1 \end{pmatrix} \tag{6.60}$$

6.8.4　位移矩阵的逆矩阵

(1) 转动矩阵 $\boldsymbol{R}_0$ 的逆矩阵 $\boldsymbol{R}_0^{-1}$

转动矩阵 $\boldsymbol{R}_0$ 是一个单位正交矩阵。因此，根据矩阵的性质，可以直接求得它的逆矩阵为

$$\boldsymbol{R}_0^{-1} = \boldsymbol{R}_0^{\mathrm{T}} = \begin{pmatrix} \cos\theta & \sin\theta \\ -\sin\theta & \cos\theta \end{pmatrix} \tag{6.61}$$

(2) 平移矩阵 $\boldsymbol{D}_T$ 的逆矩阵 $\boldsymbol{D}_T^{-1}$

矩阵 $\boldsymbol{D}_T$ 的行列式$|\boldsymbol{D}_T|=1$，因而它的逆矩阵就等于它的伴随矩阵，即

$$\boldsymbol{D}_T^{-1} = \begin{pmatrix} 1 & 0 & -\Delta x \\ 0 & 1 & -\Delta y \\ 0 & 0 & 1 \end{pmatrix} \tag{6.62}$$

(3) 平面位移矩阵 $\boldsymbol{D}$ 的逆矩阵 $\boldsymbol{D}^{-1}$

将位移矩阵 $\boldsymbol{D}$ 分块,可得

$$\boldsymbol{D}=\left(\begin{array}{cc|c} d_{11} & d_{12} & d_{13} \\ d_{21} & d_{22} & d_{23} \\ \hline 0 & 0 & 1 \end{array}\right)$$

$$=\left(\begin{array}{cc|c} 1 & 0 & d_{13} \\ 0 & 1 & d_{23} \\ \hline 0 & 0 & 1 \end{array}\right)\left(\begin{array}{cc|c} d_{11} & d_{12} & 0 \\ d_{21} & d_{22} & 0 \\ \hline 0 & 0 & 1 \end{array}\right)=\boldsymbol{D}_T\boldsymbol{D}_R$$

式中,$\boldsymbol{D}_T$ 为平移矩阵,而 $\boldsymbol{D}_R$ 为齐次转动矩阵。$\boldsymbol{D}_T$ 的逆矩阵 $\boldsymbol{D}_T^{-1}$ 即为式(6.62),而 $\boldsymbol{D}_R$ 由于是单位正交矩阵,其逆矩阵为

$$\boldsymbol{D}_R^{-1}=\boldsymbol{D}_R^{\mathrm{T}}=\begin{pmatrix} d_{11} & d_{21} & 0 \\ d_{21} & d_{22} & 0 \\ 0 & 0 & 1 \end{pmatrix} \tag{6.63}$$

根据矩阵的性质有

$$\boldsymbol{D}^{-1}=(\boldsymbol{D}_T\boldsymbol{D}_R)^{-1}=\boldsymbol{D}_R^{-1}\boldsymbol{D}_T^{-1}$$

将式(6.62)和式(6.63)代入上式,就得到平面位移矩阵的逆矩阵

$$\boldsymbol{D}^{-1}=\begin{pmatrix} d_{11} & d_{21} & -(d_{11}d_{13}+d_{21}d_{23}) \\ d_{12} & d_{22} & -(d_{12}d_{13}+d_{22}d_{23}) \\ 0 & 0 & 1 \end{pmatrix} \tag{6.64}$$

6.9 用矩阵—约束法建立刚体导引机构的综合方程式

6.9.1 定长约束方程式

在图 6.16 所示的连架杆中,以位置矢量来表示各点的位置。例如,以矢量 $\boldsymbol{A}_O(\boldsymbol{A}_{Ox},\boldsymbol{A}_{Oy})$ 表示定铰链,矢量 $\boldsymbol{A}_i(\boldsymbol{A}_{ix},\boldsymbol{A}_{iy})$ 表示动铰链 A 的相关点。连架杆 $\boldsymbol{r}_2$ 也以矢量表示,当机构运动时,这个矢量在不断变化

$$\boldsymbol{A}_O\boldsymbol{A}_1=\boldsymbol{A}_1-\boldsymbol{A}_O$$
$$\boldsymbol{A}_O\boldsymbol{A}_2=\boldsymbol{A}_2-\boldsymbol{A}_O$$
$$\vdots$$
$$\boldsymbol{A}_O\boldsymbol{A}_i=\boldsymbol{A}_i-\boldsymbol{A}_O$$

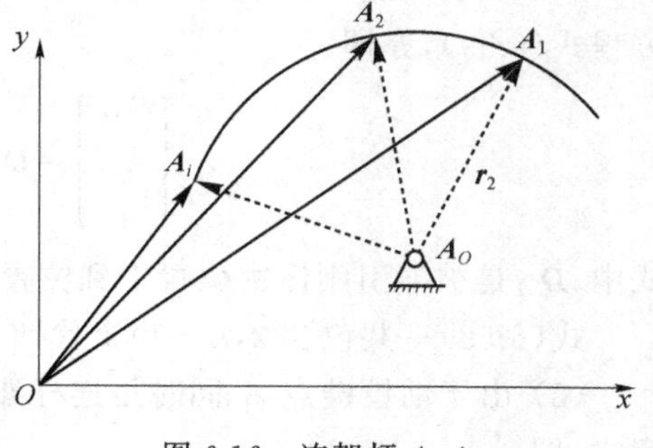

图 6.16 连架杆 $\boldsymbol{A}_O\boldsymbol{A}_i$

由于运动过程中连架杆 $\boldsymbol{r}_2$ 的长度不变,它在任何一个位置上的矢量 $\boldsymbol{A}_O\boldsymbol{A}_i=\boldsymbol{A}_i-\boldsymbol{A}_O$ 必定满足如下的方程式

$$(\boldsymbol{A}_i-\boldsymbol{A}_O)^{\mathrm{T}}(\boldsymbol{A}_i-\boldsymbol{A}_O)=(\boldsymbol{A}_1-\boldsymbol{A}_O)^{\mathrm{T}}(\boldsymbol{A}_1-\boldsymbol{A}_O)\quad i=2,3,\cdots,n \tag{6.65}$$

式(6.65)称为定长约束方程式。

6.9.2 定斜率约束方程式

设滑块导轨的倾角为 α，滑块上动铰链 B 的相关点 $B_i(B_{ix},B_{iy})$。运动时，B_i 点位于导轨直线上，如图 6.17 所示。因此，这些点必定满足

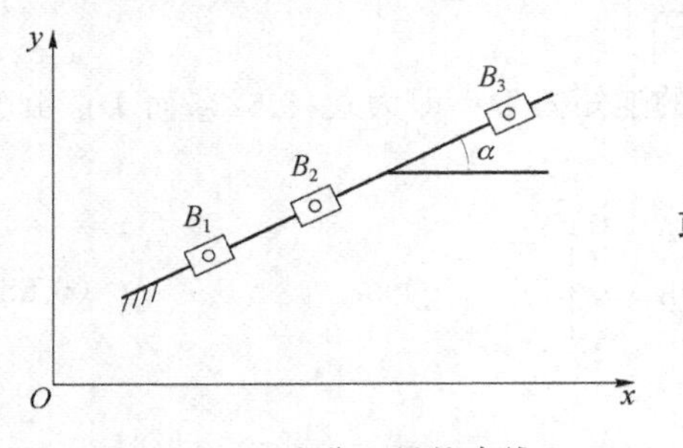

图 6.17　B_i 点位于导轨直线上

$$\det\begin{pmatrix} B_{1x} & B_{1y} & 1 \\ B_{2x} & B_{2y} & 1 \\ B_{ix} & B_{iy} & 1 \end{pmatrix}=0\quad i=3,4,\cdots,n \tag{6.66}$$

或者

$$\tan\alpha=\frac{B_{iy}-B_{1y}}{B_{ix}-B_{1x}}=\frac{B_{2y}-B_{1y}}{B_{2x}-B_{1x}}\quad i=3,4,\cdots,n \tag{6.67}$$

式(6.67)称为定斜率约束方程式。

6.9.3 铰链二杆组的综合方程式

在用矩阵—约束法综合刚体导引的铰链二杆组时，待求的参数是定铰链点 $A_O(A_{Ox},A_{Oy})$和动铰链 A 的相关点 $A_i(A_{ix},A_{iy})(i=1,2,\cdots,n)$，其中 n 是精确位置数。这与用矢量环法建立综合方程式中的待求参数(机构参数)有所不同。但是事实上，当我们求得 A_O 和 A_i 各点之后，二杆组的机构参数(r_2、r_5 和 δ_0 等)都可以求得。因而，实际上是殊途同归，只是方法不同而已。

设计时给定的已知条件仍然和 6.2 节相同，即被导引刚体的 n 个精确位置。这些位置以刚体内的某一基点 P 的 n 个相关点 $P_i(P_{ix},P_{iy})$和刚体的 n 个相对转角 $\Delta\delta_i(i=1,2,\cdots,n)$表示。

根据 6.9 节的分析，铰链二杆组中的特殊点 A_O，A_i 必须满足如下的二组约束方程式：

(1) 动铰链点 A 是被导引刚体中的一个点，因而它的各个相关点必须满足刚体的位移方程式(6.59)，亦即

$$\begin{pmatrix} A_{ix} \\ A_{iy} \\ 1 \end{pmatrix}=\boldsymbol{D}_{1i}\begin{pmatrix} A_{1x} \\ A_{1y} \\ 1 \end{pmatrix}\quad i=2,3,\cdots,n \tag{6.68}$$

式中，$\boldsymbol{D}_{1i}$ 是被导引刚体由位置 1 到位置 i 的位移矩阵。

式(6.68)一共包含 $2(n-1)$个代数方程式。

(2) 由于动铰链点 A 同时是连杆架上的一个点，它的各相关点也必须满足定长约束方程式，即

$$(\boldsymbol{A}_i-\boldsymbol{A}_O)^{\mathrm{T}}(\boldsymbol{A}_i-\boldsymbol{A}_O)=(\boldsymbol{A}_1-\boldsymbol{A}_O)^{\mathrm{T}}(\boldsymbol{A}_1-\boldsymbol{A}_O)\quad i=2,3,\cdots,n \tag{6.69}$$

式(6.69)共包含$(n-1)$个代数方程式。

以上两组一共包含 $3(n-1)$ 个约束方程式，而待求的设计参数则有 $2(n+1)$ 个，即：$A_O(A_{Ox},A_{Oy}),A_1(A_{1x},A_{1y}),\cdots,A_n(A_{nx},A_{ny})$。

由此，可以得出被导引刚体精确位置数 n 与任选参数个数的关系，如表 6.4 所示。这个结论显然与 6.3 节的结论完全一致。

表 6.4 用铰链二杆组导引刚体时，给定位置数与任选参数个数的关系

给定未知数 n	约束方程式个数 $3(n-1)$	待求设计参数 $2(n+1)$	任选参数个数	待求参数个数	解的个数
2	3	6	3	3	∞^3
3	6	8	2	6	∞^2
4	9	10	1	9	∞
5	12	12	0	12	有限个

6.10 用矩阵—约束法设计三位置刚体导引铰链四杆机构

与基于矢量环法进行刚体导引机构综合相同，在设计铰链四杆机构时，可以二杆组为单位，逐个地进行计算，然后再加以合成。为此，这一节着重研究一个铰链二杆组的设计。

根据 6.9 节的结论，当给定的被导引刚体的位置数为 3 时，有 6 个约束方程式和 8 个设计参数。这 8 个参数是 $A_{Ox},A_{Oy},A_{1x},A_{1y},\cdots,A_{3x},A_{3y}$。按照未知数个数与方程式个数相等的原则，可以任意给定其中的两个参数，设为 A_{Ox},A_{Oy}。

6 个设计方程式分为两组，表示如下：

第一组，刚体位移方程式，含有 4 个代数方程式

$$\begin{pmatrix}A_{ix}\\A_{iy}\\1\end{pmatrix}=\boldsymbol{D}_{1i}\begin{pmatrix}A_{1x}\\A_{1y}\\1\end{pmatrix}\quad i=2,3 \tag{6.70}$$

第二组，两个定长约束方程式

$$(\boldsymbol{A}_i-\boldsymbol{A}_O)^{\mathrm{T}}(\boldsymbol{A}_i-\boldsymbol{A}_O)=(\boldsymbol{A}_1-\boldsymbol{A}_O)^{\mathrm{T}}(\boldsymbol{A}_1-\boldsymbol{A}_O)\quad i=2,3 \tag{6.71}$$

式(6.70)中矩阵 $\boldsymbol{D}_{1i}$ 的元素都是已知的。根据式(6.60)，这些元素为

$$\begin{aligned}
&d_{11i}=\cos\Delta\delta_i \quad && d_{12i}=-\sin\Delta\delta_i \quad && d_{13i}=P_{ix}-P_{ix}\cos\Delta\delta_i+P_{iy}\sin\Delta\delta_i\\
&d_{21i}=\sin\Delta\delta_i && d_{22i}=\cos\Delta\delta_i && d_{23i}=P_{iy}-P_{ix}\sin\Delta\delta_i-P_{iy}\cos\Delta\delta_i\\
&d_{31i}=d_{32i}=0 && d_{33i}=1 && i=2,3
\end{aligned} \tag{6.72}$$

为了求解式(6.70)和式(6.71)的 6 个设计方程式，可以将式(6.70)代入式(6.71)以消去 $\boldsymbol{A}_2$ 和 $\boldsymbol{A}_3$，从而得到

$$(\boldsymbol{D}_{1i}\boldsymbol{A}_i-\boldsymbol{A}_O)^{\mathrm{T}}(\boldsymbol{D}_{1i}\boldsymbol{A}_i-\boldsymbol{A}_O)=(\boldsymbol{A}_1-\boldsymbol{A}_O)^{\mathrm{T}}(\boldsymbol{A}_1-\boldsymbol{A}_O)\quad i=2,3 \tag{6.73}$$

将式(6.73)展开，得到

$$(d_{11i}A_{1x}+d_{12i}A_{1y}+d_{13i}-A_{Ox})^2+(d_{21i}A_{1x}+d_{22i}A_{1y}+d_{23i}-A_{Oy})^2=(A_{1x}-A_{Ox})^2+(A_{1y}-A_{Oy})^2\quad i=2,3 \tag{6.74}$$

式(6.74)只含 A_{1x}、A_{1y} 两个未知数。将式(6.74)加以整理，并注意 $d_{11i}^2+d_{21i}^2=d_{12i}^2+d_{22i}^2=1$，可得

$$E_iA_{1x}+F_iA_{1y}=G_i \quad i=2,3 \tag{6.75}$$

式中，E_i、F_i 和 G_i 均为已知数，其值可由式(6.76)算出

$$\left.\begin{aligned} E_i&=d_{11i}d_{13i}+d_{21i}d_{23i}+(1-d_{11i})A_{Ox}-d_{21i}A_{Oy}\\ F_i&=d_{12i}d_{13i}+d_{22i}d_{23i}+(1-d_{22i})A_{Oy}-d_{12i}A_{Ox}\\ G_i&=d_{13i}A_{Ox}+d_{23i}A_{Oy}-\frac{1}{2}(d_{13i}^2+d_{23i}^2)\end{aligned}\right\} \quad i=2,3 \tag{6.76}$$

式(6.75)是线性的，极易求解。根据 Cramer 法则，有

$$A_{1x}=\frac{\begin{vmatrix}G_2 & F_2\\ G_3 & F_3\end{vmatrix}}{D} \qquad A_{1y}=\frac{\begin{vmatrix}E_2 & G_2\\ E_3 & G_3\end{vmatrix}}{D} \tag{6.77}$$

式中，$D=\begin{vmatrix}E_2 & F_2\\ E_3 & F_3\end{vmatrix}$。

在求得动铰链的第一个相关点 $A_1(A_{1x},A_{1y})$ 之后，其余两个相关点 A_2 和 A_3 可由式(6.70)求得。而铰链二杆组的机构参数可按式(6.78)计算。

$$\begin{aligned} r_2&=l_{A_OA_1}=\sqrt{(A_{1x}-A_{Ox})^2+(A_{1y}-A_{Oy})^2}\\ r_5&=l_{A_1P_1}=\sqrt{(P_{1x}-A_{1x})^2+(P_{1y}-A_{1y})^2}\\ \delta_0&=\arctan(P_{1x}-A_{1x},P_{1y}-A_{1y})\end{aligned} \tag{6.78}$$

【例 6.4】 用矩阵法计算例 6.1，即给定刚体的三位置为

$$P_1=(20.4,-3) \quad \Delta\delta_1=0°$$
$$P_2=(14.4,8) \quad \Delta\delta_2=22°$$
$$P_3=(3.4,10) \quad \Delta\delta_3=68°$$

给定两个定铰链位置为 $A_O=(0,0)$，$B_O=(3.4,-8.3)$。

解：两个平面位移矩阵分别为

$$\left.\begin{aligned} \boldsymbol{D}_{12}&=\begin{pmatrix}0.927\,184 & -0.374\,607 & -5.638\,37\\ 0.374\,607 & 0.927\,184 & 3.139\,58\\ 0 & 0 & 1\end{pmatrix}\\ \boldsymbol{D}_{13}&=\begin{pmatrix}0.374\,607 & -0.927\,184 & -7.023\,53\\ 0.927\,184 & 0.374\,607 & -7.790\,73\\ 0 & 0 & 1\end{pmatrix}\end{aligned}\right. \tag{6.79}$$

将已知参数代入本节介绍的设计步骤，算出的结果与例 6.1 的计算结果完全相同，这里将不再一一列出，读者可加以验证。

【例 6.5】 图 6.18 是一个矿用液压支架，其中铰链四杆机构 A_OABB_O 的作用是导引刚体。对导引机构的要求有二：一是连杆(即护架 L)应在托架升降过程中处于若干个给定位置；二是护架上的 P 点的运动轨迹应近似铅直线(只要求在 $1\leqslant P_y\leqslant 2$ 的范围内)。连杆上基点 P 与动铰链 A、B 共线(沿直线 L)。

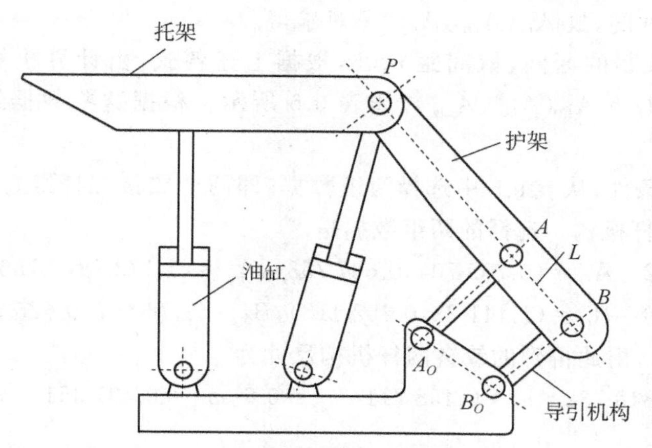

图 6.18　矿用液压支架的机构示意图

如图 6.18 所示,给定连杆(护架)的 3 个位置是

$$P_1=(0,1)\qquad \theta_1=-12°$$

$$P_2=(0,1.5)\qquad \theta_2=-26°$$

$$P_3=(0,2)\qquad \theta_3=-46°$$

为了求得合适的定铰链位置 A_O、B_O,试沿连杆上直线 L 选择一系列的动铰链点 A(即圆点),计算相应的定铰链点(即圆心点)。计算的范围为 $1\leqslant U\leqslant 2(U=l_{PA})$。

解:(1) 将护架 L(连杆)作为被导引刚体。由给定条件知,它的 3 个相对转角是:$\Delta\delta_1=0$,$\Delta\delta_2=-14°$,$\Delta\delta_3=-34°$。由此可算出刚体的两个位移矩阵

$$\boldsymbol{D}_{12}=\begin{pmatrix}0.970\,296 & 0.241\,922 & -0.241\,922\\ -0.241\,922 & 0.970\,296 & 0.529\,704\\ 0 & 0 & 1\end{pmatrix}$$

$$\boldsymbol{D}_{13}=\begin{pmatrix}0.829\,038 & 0.559\,193 & -0.559\,193\\ -0.559\,193 & 0.829\,038 & 1.170\,96\\ 0 & 0 & 1\end{pmatrix}$$

(2) 如图 6.19 所示,动铰链点 $A_1(A_{1x},A_{1y})$可以这样给出

$$A_{1x}=P_{1x}-U\cos\delta_0$$

$$A_{1y}=P_{1y}-U\sin\delta_0$$

式中,$\delta_0=168°$,U 的取值范围是 $1\leqslant U\leqslant 2$。

(3) 在本题中,已知量是 $A_1(A_{1x},A_{1y})$,待求量是 $A_O(A_{Ox},A_{Oy})$。根据式(6.75)可得

$$E'_iA_{Ox}+F'_iA_{Oy}=G'_i \tag{6.80}$$

式中,系数 E'_i,F'_i和 G'_i均为已知量,表示如下:

$$\begin{aligned}&E'_i=A_{1x}(d_{11i}-1)+d_{12i}A_{1y}+d_{13i}\\&F'_i=A_{1y}(d_{22i}-1)+d_{21i}A_{1x}+d_{23i}\\&G'_i=(d_{11i}d_{13i}+d_{21i}d_{23i})A_{1x}+(d_{12i}d_{13i}+d_{22i}d_{23i})A_{1y}+0.5(d_{13i}^2+d_{23i}^2)\\&i=2,3\end{aligned} \tag{6.81}$$

式(6.80)是线性的，故 $A_O(A_{Ox},A_{Oy})$ 不难求得。

(4) 在 $1 \leqslant U \leqslant 2$ 的区间，取间距 0.05，根据上述各式，由计算机算出一系列的圆点 $A_1(A_{1x},A_{1y})$ 和圆心点 $A_O(A_{Ox},A_{Oy})$，如表 6.5 所示。根据这些数据绘出的圆心曲线如图 6.19 所示。

(5) 根据具体条件，从表 6.5 中选择两组数据(即两个铰接二杆组)，以构成一个能满足本题要求的导引四杆机构。选择的两组数据是

$$U=1.2 \quad A_O=(0.709\,704, 0.684\,753), A_1=(1.173\,78, 0.750\,506);$$

$$U=1.8 \quad B_O=(1.441\,23, 0.252\,418), B_1=(1.760\,67, 0.625\,759)。$$

如图 6.20 所示，由此得到的铰链四杆机构尺寸为

$$r_1=0.849\,732 \quad r_2=0.468\,711 \quad r_3=0.6 \quad r_4=0.491\,351 \quad r_5=1.2$$

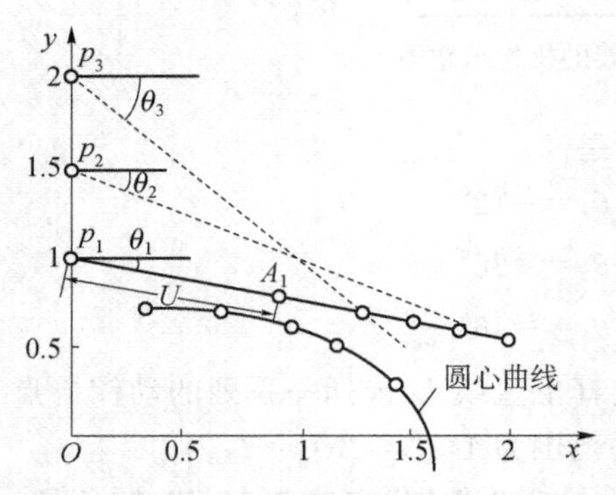

图 6.19　刚体导引机构的给定三位置

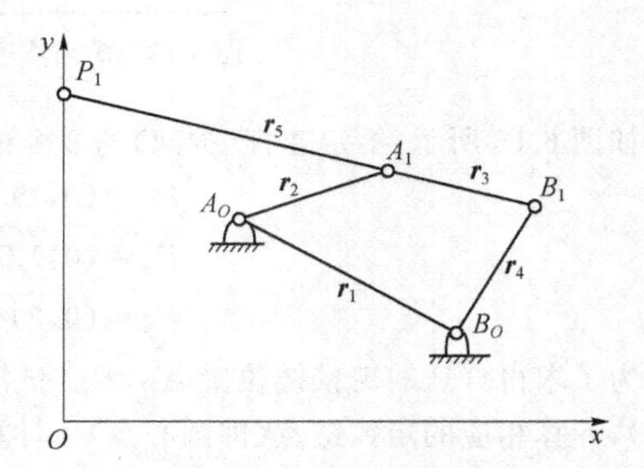

图 6.20　三位置刚体导引的一个铰链四杆机构

表 6.5　刚体三位置导引：圆点及圆心点的坐标

U	A_{1x}	A_{1y}	A_{Ox}	A_{Oy}
1	0.978 148	0.792 089	0.348 138	0.753 064
1.05	1.027 06	0.781 693	0.449 75	0.737 727
1.1	1.075 96	0.771 297	0.543 126	0.721 312
1.15	1.124 87	0.760 902	0.629 445	0.703 699
1.2	1.173 78	0.750 506	0.709 704	0.684 753
1.25	1.222 68	0.740 111	0.784 76	0.664 316
1.3	1.271 59	0.729 715	0.855 355	0.642 205
1.35	1.320 5	0.719 319	0.922 149	0.618 206
1.4	1.369 41	0.708 924	0.985 732	0.592 066
1.45	1.418 31	0.698 528	1.046 65	0.563 485
1.5	1.467 22	0.688 133	1.105 41	0.532 106
1.55	1.516 13	0.677 737	1.162 5	0.497 494
1.6	1.565 04	0.667 342	1.218 43	0.459 123
1.65	1.613 94	0.656 946	1.273 69	0.416 347

续 表

U	A_{1x}	A_{1y}	A_{Ox}	A_{Oy}
1.7	1.662 85	0.646 551	1.328 83	0.368 36
1.75	1.711 76	0.636 155	1.384 44	0.314 149
1.8	1.760 67	0.625 759	1.441 23	0.252 418
1.85	1.809 57	0.615 364	1.500 02	0.181 488
1.9	1.858 48	0.604 968	1.561 86	0.099 133 8
1.95	1.907 39	0.594 573	1.628 07	2.353 01E−03
2	1.956 3	0.584 177	1.700 45	−0.113 003

(6) 为了检验机构是否满足要求，即在 $1 \leqslant P_y \leqslant 2$ 的范围内，P 点的轨迹是否近似铅直线，计算 P 点的运动轨迹。计算结果如表 6.6 所示。由表可见，在 $1 \leqslant P_y \leqslant 2$ 的范围内，P_x 的最大偏移量为 0.037。

表 6.6 连杆点 P 的运动轨迹

r_2 转角	P_x	P_y	r_2 转角	P_x	P_y
8.064 33	2.145 77E−06	0.999 997	43.064 3	−7.477 05E−03	1.568 02
13.06 43	6.053 93E−03	1.097 08	48.064 3	−0.016 065 1	1.633 81
18.064 3	9.795 31E−03	1.187 57	53.064 3	−0.024 865 6	1.697 59
23.064 3	0.010 999 3	1.272 38	58.064 3	−0.032 626 7	1.760 3
28.064 3	9.651 42E−03	1.352 23	63.064 3	−0.037 313 7	1.823 5
33.064 3	0.005 903 6	1.427 76	68.064 3	−0.035 019 7	1.890 2
38.064 3	4.827 98E−05	1.499 52	73.064 3	−0.015 398 6	1.968 35

6.11 用矩阵—约束法设计四位置导引铰链二杆组

根据 6.9 节的结论，对于四位置导引问题，有 9 个代数方程式，即

$$\begin{pmatrix} A_{ix} \\ A_{iy} \\ 1 \end{pmatrix} = \boldsymbol{D}_{1i} \begin{pmatrix} A_{1x} \\ A_{1y} \\ 1 \end{pmatrix} \quad i=2,3,4 \tag{6.82}$$

$$(\boldsymbol{A}_i - \boldsymbol{A}_O)^{\mathrm{T}}(\boldsymbol{A}_i - \boldsymbol{A}_O) = (\boldsymbol{A}_1 - \boldsymbol{A}_O)^{\mathrm{T}}(\boldsymbol{A}_1 - \boldsymbol{A}_O) \quad i=2,3,4 \tag{6.83}$$

以及 10 个设计参数：$A_O(A_{Ox}, A_{Oy}), A_1(A_{1x}, A_{1y}), \cdots, A_4(A_{4x}, A_{4y})$。

因此，我们可以任意给定其中的一个设计参数，设为 A_{Ox}。

将式(6.82)代入式(6.83)以消去 $A_i(i=2,3,4)$，得到

$$(\boldsymbol{D}_{1i}\boldsymbol{A}_i - \boldsymbol{A}_O)^{\mathrm{T}}(\boldsymbol{D}_{1i}\boldsymbol{A}_i - \boldsymbol{A}_O) = (\boldsymbol{A}_1 - \boldsymbol{A}_O)^{\mathrm{T}}(\boldsymbol{A}_1 - \boldsymbol{A}_O) \quad i=2,3,4 \tag{6.84}$$

这个方程组含有未知数 A_{Oy}、A_{1x}、A_{1y}。将式(6.84)展开并整理，可得

$$C_iA_{1x}+B_iA_{1y}+(G_i+H_iA_{1x}+E_iA_{1y})A_{Oy}+F_i=0 \quad i=2,3,4 \tag{6.85}$$

式中，各系数均为已知，其值可按式(6.86)算出

$$\begin{aligned}
&C_i=d_{11i}d_{13i}+d_{21i}d_{23i}+(1-d_{11i})A_{Ox}\\
&B_i=d_{12i}d_{13i}+d_{22i}d_{23i}-d_{12i}A_{Ox}\\
&G_i=-d_{23i} \quad H_i=-d_{21i} \quad E_i=1-d_{22i}\\
&F_i=\frac{1}{2}(d_{13i}^2+d_{23i}^2)-d_{13i}A_{Ox} \quad i=2,3,4
\end{aligned} \tag{6.86}$$

式(6.85)是包含未知数 A_{Oy}、A_{1x} 和 A_{1y} 的非线性方程组，这里用之前介绍过的变量置换，逐步消元的方法来求解。为此，引入新的变量

$$\begin{aligned}
&S_0=A_{Oy}\\
&S_1=A_{1x}\\
&S_2=A_{1y}\\
&S_3=A_{Oy}A_{1x}\\
&S_4=A_{Oy}A_{1y}
\end{aligned} \tag{6.87}$$

并用如下记号代表式(6.85)中的已知量

$$\begin{aligned}
&f_{0i}=G_i\\
&f_{1i}=C_i\\
&f_{2i}=B_i\\
&f_{3i}=H_i\\
&f_{4i}=E_i
\end{aligned} \tag{6.88}$$

将式(6.87)和式(6.88)代入式(6.85)，得到

$$\sum_{j=0}^{4}f_{ji}S_j+F_i=0 \quad i=2,3,4 \tag{6.89}$$

式(6.89)具有线性的形式，但未知数个数(5 个)多于方程式个数(3 个)。从式(6.87)的最后两式，可以找到另外两个相容方程式

$$\begin{aligned}
&S_3=S_0S_1\\
&S_4=S_0S_2
\end{aligned} \tag{6.90}$$

将式(6.89)和式(6.90)联立，可以求解全部 5 个未知数。为此，将式(6.89)移项，得

$$\begin{pmatrix} f_{22} & f_{32} & f_{42}\\ f_{23} & f_{33} & f_{43}\\ f_{24} & f_{34} & f_{44}\end{pmatrix}\begin{pmatrix} S_2\\ S_3\\ S_4\end{pmatrix}=\begin{pmatrix} -f_{02} & -f_{12} & -F_2\\ -f_{03} & -f_{13} & -F_3\\ -f_{04} & -f_{14} & -F_4\end{pmatrix}\begin{pmatrix} S_0\\ S_1\\ 1\end{pmatrix} \tag{6.91}$$

线性求解式(6.91)，得到

$$\begin{pmatrix} S_2\\ S_3\\ S_4\end{pmatrix}=\begin{pmatrix} U_1 & V_1 & W_1\\ U_2 & V_2 & W_2\\ U_3 & V_3 & W_3\end{pmatrix}\begin{pmatrix} S_0\\ S_1\\ 1\end{pmatrix} \tag{6.92}$$

式中，U_i、V_i、W_i($i=1\sim3$)是已知常数。

将式(6.92)代入式(6.90)以消去 S_2、S_3 和 S_4，得到

$$U_2S_0+V_2S_1-S_0S_1+W_2=0 \tag{6.93}$$

$$(U_3-W_1)S_0+V_3S_1-U_1S_0^2-V_1S_0S_1+W_3=0 \tag{6.94}$$

将变量 S_0 压缩,使用 Sylvester 结式对式(6.93)和式(6.94)进行消元求解,可得只含 S_1 的一元三次方程式:

$$K_1S_1^3+K_2S_1^2+K_3S_1+K_4=0 \tag{6.95}$$

式中,各系数均为已知,其值可按式(6.96)算出

$$\begin{aligned}
&K_1=V_3-V_1V_2\\
&K_2=-U_1V_2^2+U_2(V_1V_2-2V_3)+W_3+L_2\\
&K_3=U_2(U_2V_3-2W_3-L_2)+W_2(L_1-2U_1V_2)\\
&K_4=-U_1W_2^2+U_2(U_2W_3-W_2L_1)
\end{aligned} \tag{6.96}$$

式中,$L_1=U_3-W_1$,$L_2=V_2L_1-V_1W_2$。

解一元三次方程式(6.95),可以求得 S_1 的 m 个实根($m=1$ 或 3)。在求得 S_1(m 个)之后,代入式(6.93),线性求解到 m 个 S_0;接着将 m 组 S_0 和 S_1 代入式(6.92),得到 $S_2\sim S_4$ 的 m 组值。

在求得 S_0、S_1 和 S_2 之后,A_O 点和 A_1 点的坐标,可由式(6.87)求得,即

$$\begin{aligned}
A_{Oy}&=S_0\\
A_{1x}&=S_1\\
A_{1y}&=S_2
\end{aligned}$$

各相关点 $A_i(i=2,3,4)$ 的坐标,可由式(6.82)求得。

机构参数 r_2、r_5 和 δ_0 可由式(6.78)求解得到。

6.12 用矩阵—约束法设计五位置导引铰链二杆组

根据 6.9 节的结论,对于五位置导引问题,有 12 个代数方程式,即

$$\begin{pmatrix}A_{ix}\\A_{iy}\\1\end{pmatrix}=\boldsymbol{D}_{1i}\begin{pmatrix}A_{1x}\\A_{1y}\\1\end{pmatrix}\quad i=2,3,4,5 \tag{6.97}$$

$$(\boldsymbol{A}_i-\boldsymbol{A}_O)^{\mathrm{T}}(\boldsymbol{A}_i-\boldsymbol{A}_O)=(\boldsymbol{A}_1-\boldsymbol{A}_O)^{\mathrm{T}}(\boldsymbol{A}_1-\boldsymbol{A}_O)\quad i=2,3,4,5 \tag{6.98}$$

以及 12 个设计参数:$A_O(A_{Ox},A_{Oy})$,$A_1(A_{1x},A_{1y})$,…,$A_5(A_{5x},A_{5y})$。

此时,有 12 个代数方程式,12 个设计参数,因此,不需要任选参数。

将式(6.97)代入式(6.98)以消去 $\boldsymbol{A}_i(i=2,3,4,5)$,得到

$$(\boldsymbol{D}_{1i}\boldsymbol{A}_i-\boldsymbol{A}_O)^{\mathrm{T}}(\boldsymbol{D}_{1i}\boldsymbol{A}_i-\boldsymbol{A}_O)=(\boldsymbol{A}_1-\boldsymbol{A}_O)^{\mathrm{T}}(\boldsymbol{A}_1-\boldsymbol{A}_O)\quad i=2,3,4,5 \tag{6.99}$$

式(6.99)含有未知数 A_{Ox}、A_{Oy}、A_{1x}、A_{1y}。将式(6.99)展开并整理,可得

$$C_iA_{Ox}+B_iA_{Oy}+G_iA_{1x}+H_iA_{1y}+E_i(A_{Ox}A_{1x}+A_{0y}A_{1y})+J_i(A_{Oy}A_{1x}-A_{Ox}A_{1y})+F_i=0\quad i=2,3,4,5 \tag{6.100}$$

式中,各系数均为已知,其值可按式(6.101)算出

$$C_i=-d_{13i}\qquad B_i=-d_{23i}$$

$$G_i=d_{11i}d_{13i}+d_{21i}d_{23i}$$

$$H_i=d_{12i}d_{13i}+d_{22i}d_{23i}$$
$$E_i=1-d_{11i} \quad J_i=-d_{21i}$$
$$F_i=\frac{1}{2}(d_{13i}^2+d_{23i}^2) \quad i=2,3,4,5 \tag{6.101}$$

式(6.101)是包含未知数 A_{Ox}、A_{Oy}、A_{1x} 和 A_{1y} 的非线性方程组，这里仍用之前介绍过的变量置换，逐步消元的方法来求解。为此，引入新的变量

$$\begin{aligned}
S_0&=A_{Ox}\\
S_1&=A_{Oy}\\
S_2&=A_{1x}\\
S_3&=A_{1y}\\
S_4&=A_{Ox}A_{1x}+A_{Oy}A_{1y}\\
S_5&=A_{Oy}A_{1x}-A_{Ox}A_{1y}
\end{aligned} \tag{6.102}$$

并用如下记号代表式(6.100)中的已知量

$$\begin{aligned}
f_{0i}&=C_i\\
f_{1i}&=B_i\\
f_{2i}&=G_i\\
f_{3i}&=H_i\\
f_{4i}&=E_i\\
f_{5i}&=J_i
\end{aligned} \tag{6.103}$$

将式(6.102)和式(6.103)代入式(6.100)，得到

$$\sum_{j=0}^{5} f_{ji}S_j+F_i=0 \quad i=2,3,4,5 \tag{6.104}$$

式(6.104)具有线性的形式，但未知数个数(6 个)多于方程式个数(4 个)。从式(6.102)的最后两式，可以找到另外两个相容方程式

$$\begin{aligned}
S_4&=S_0S_2+S_1S_3\\
S_5&=S_1S_2-S_0S_3
\end{aligned} \tag{6.105}$$

将式(6.104)和式(6.105)联立，可以求解全部 5 个未知数。为此，将式(6.104)移项，得

$$\begin{pmatrix} f_{52} & f_{42} & f_{32} & f_{22}\\ f_{53} & f_{43} & f_{33} & f_{23}\\ f_{54} & f_{44} & f_{34} & f_{24}\\ f_{55} & f_{45} & f_{35} & f_{25}\end{pmatrix}\begin{pmatrix} S_5\\ S_4\\ S_3\\ S_2\end{pmatrix}=\begin{pmatrix} -f_{12} & -f_{02} & -F_2\\ -f_{13} & -f_{03} & -F_3\\ -f_{14} & -f_{04} & -F_4\\ -f_{15} & -f_{05} & -F_5\end{pmatrix}\begin{pmatrix} S_1\\ S_0\\ 1\end{pmatrix} \tag{6.106}$$

线性求解式(6.106)，得到

$$\begin{pmatrix} S_5\\ S_4\\ S_3\\ S_2\end{pmatrix}=\begin{pmatrix} U_1 & V_1 & W_1\\ U_2 & V_2 & W_2\\ U_3 & V_3 & W_3\\ U_4 & V_4 & W_4\end{pmatrix}\begin{pmatrix} S_0\\ S_1\\ 1\end{pmatrix} \tag{6.107}$$

式中，U_i，V_i，W_i($i=1\sim4$)是已知常数。

将式(6.107)代入式(6.105)以消去 $S_2 \sim S_5$，得到

$$U_4S_0^2+V_3S_1^2+(U_3+V_4)S_0S_1+(W_4-U_2)S_0+(W_3-V_2)S_1-W_2=0 \tag{6.108}$$

$$-U_3S_0^2+V_4S_1^2+(U_4-V_3)S_0S_1-(W_3+U_1)S_0+(W_4-V_1)S_1-W_1=0 \tag{6.109}$$

将变量 S_0 压缩，使用 Sylvester 结式对式(6.108)和式(6.109)进行消元求解，可得只含 S_1 的一元四次方程式：

$$K_1S_1^4+K_2S_1^3+K_3S_1^2+K_4S_1+K_5=0 \tag{6.110}$$

式中，各系数均为已知。

解一元四次方程式(6.110)，可以求得 S_1 的 m 个实根($m=0,2$ 或 4)。在求得S_1(m 个)之后，代入式(6.108)和式(6.109)，辗转相除得到 m 个 S_0；接着将 m 组 S_0 和 S_1 代入式(6.107)，得到 $S_2 \sim S_5$ 的 m 组值。

在求得 $S_0 \sim S_3$ 之后，A_O 点和 A_1 点的坐标，可由式(6.87)求得，即

$$A_{Ox}=S_0$$

$$A_{Oy}=S_1$$

$$A_{1x}=S_2$$

$$A_{1y}=S_3$$

各相关点 $A_i(i=2,3,4,5)$的坐标，可由式(6.97)求得。

机构参数 r_2、r_5 和 δ_0 可由式(6.78)求解得到。

6.13 用矩阵—约束法设计三位置导引的滑块二杆组

6.13.1 滑块二杆组的综合方程式

用滑块二杆组来实现刚体导引时，我们也可以得到二组约束方程式。

(1) 滑块上的动铰链点 B 同时也是连杆(被导引刚体)上的一点，因而它的 n 个相关点 $B_i(B_{ix},B_{iy})(i=1,2,\cdots,n)$必须满足刚体的位移方程式(6.59)，即

$$\begin{pmatrix} B_{ix} \\ B_{iy} \\ 1 \end{pmatrix}=\boldsymbol{D}_{1i}\begin{pmatrix} B_{1x} \\ B_{1y} \\ 1 \end{pmatrix} \quad i=2,3,\cdots,n \tag{6.111}$$

式中，n 是给定的精确位置数。

(2) 运动过程中，动铰链 B 始终位于导轨直线上，因此，它的 n 个相关点应满足定斜率约束方程式(6.67)，

$$\tan\alpha=\frac{B_{iy}-B_{1y}}{B_{ix}-B_{1x}}=\frac{B_{2y}-B_{1y}}{B_{2x}-B_{1x}} \quad i=3,4,\cdots,n \tag{6.112}$$

当被导引刚体给定的位置数为 3 时($n=3$)，以上两组公式共包含 5 个代数方程式，6 个设计参数(即 $B_{1x},B_{1y},B_{2x},B_{2y},B_{3x},B_{3y}$)。因此，其中的一个设计参数可以任选。

下面我们研究三位置导引的情形。将式(6.111)展开，并代入式(6.112)以消去 B_2、B_3。经整理之后，可以得到

$$A(B_{1x}^2+B_{1y}^2)+DB_{1x}+EB_{1y}+F=0 \tag{6.113}$$

式中，系数 A、D、E、F 均为已知，其值可由如下公式算出

$$A=Cd_{212}-Gd_{213}$$
$$G=1-d_{112} \quad C=1-d_{113}$$
$$D=Cd_{232}-Gd_{233}+d_{132}d_{213}-d_{133}d_{212}$$
$$E=Gd_{133}-Cd_{132}+d_{232}d_{213}-d_{233}d_{212}$$
$$F=d_{132}d_{233}-d_{133}d_{232} \tag{6.114}$$

式(6.113)的意义是：满足该式的 $B_1(B_{1x},B_{1y})$ 点，均可以作为三位置导引的滑块二杆组的动铰链点。由解析几何学可知，式(6.113)中 B_1 点的轨迹是一个圆。也就是说，被导引刚体内可以作为滑块动铰链点的集合是一个圆。这个圆就称为滑块圆，或称刚体有限分离位置的拐点圆。

为了求得滑块圆的圆心位置和半径，可以将式(6.113)加以改写，得到

$$\left(B_{1x}+\frac{D}{2A}\right)^2+\left(B_{1y}+\frac{E}{2A}\right)^2=\frac{D^2+E^2-4AF}{4A^2} \tag{6.115}$$

由此可知，滑块圆的圆心坐标 C_{Ox}、C_{Oy} 和半径 R 为

$$C_{Ox}=-\frac{D}{2A}$$
$$C_{Oy}=-\frac{E}{2A}$$
$$R=\frac{\sqrt{D^2+E^2-4AF}}{2A} \tag{6.116}$$

6.13.2 给定导轨方向设计滑块二杆组

由上可知，对于三位置导引滑块二杆组，有一个设计参数可以任选，设为导轨倾角 α（或斜率 K）。

由式(6.112)知

$$(B_{2y}-B_{1y})=K(B_{2x}-B_{1x})$$

将式(6.111)代入上式以消去 B_{2x}、B_{2y}，得到

$$MB_{1x}+HB_{1y}+L=0 \tag{6.117}$$

式中：

$$M=K(1-d_{112})+d_{212}$$
$$H=d_{222}-1-Kd_{122}$$
$$L=d_{232}-Kd_{132} \tag{6.118}$$

将式(6.115)与式(6.117)联立，可以解得

$$B_{1x}=\frac{-\beta\pm\sqrt{\beta^2-4\alpha\gamma}}{2\alpha}$$
$$B_{1y}=V_1B_{1x}+V_2 \tag{6.119}$$

式中：

$$V_1=-\frac{M}{H}\quad V_2=-\frac{L}{H}$$
$$V_3=V_2-C_{Oy}$$
$$\alpha=1+V_1^2$$
$$\beta=2(V_1V_3-C_{Ox})$$
$$\gamma=V_3^2+C_{Ox}^2-R^2 \tag{6.120}$$

在求得 B_1 点之后，B_2 和 B_3 两点可由式(6.111)求得。滑块二杆组的机构参数，如图 6.11 所示，可以由式(6.121)求得。

$$r_6=\sqrt{(P_{1x}-B_{1x})^2+(P_{1y}-B_{1y})^2}$$
$$d=B_{1x}-\frac{B_{1y}}{K}$$
$$\delta_0=\arctan(P_{1x}-B_{1x},P_{1y}-B_{1y}) \tag{6.121}$$

6.13.3 滑块圆退化为直线的情形

当给定的刚体相对转角 $\Delta\delta_2$ 和 $\Delta\delta_3$ 之一为零时，滑块圆方程式(6.115)成为

$$DB_{1x}+EB_{1y}+F=0 \tag{6.122}$$

亦即，滑块圆退化为一根直线。直线在 x、y 轴上的截距分别为 $-F/D$ 和 $-F/E$。这时，滑块动铰链点 B_1 可以选在直线上的任一点。

【例 6.6】 用矩阵法设计三位置刚体导引的双滑块机构。给定刚体的 3 个位置为

$$P_1=(10,70),\qquad \Delta\delta_1=0°$$
$$P_2=(40,59.5),\qquad \Delta\delta_2=38°$$
$$P_3=(68,70),\qquad \Delta\delta_3=-58°。$$

两根导轨倾角分别为：$\alpha_1=10°$，$\alpha_2=100°$。

解：将已知参数代入本节介绍的设计步骤，得到

位移矩阵

$$\boldsymbol{D}_{12}=\begin{pmatrix}0.788\,011 & -0.615\,662 & 75.2162\\ 0.615\,662 & 0.788\,011 & -1.817\,37\\ 0 & 0 & 1\end{pmatrix}$$

$$\boldsymbol{D}_{13}=\begin{pmatrix}0.529\,919 & 0.848\,048 & 3.337\,44\\ -0.848\,048 & 0.529\,919 & 41.3861\\ 0 & 0 & 1\end{pmatrix}$$

滑块圆

$$C_O=(80.4256,62.4364)$$
$$R=60.9835$$

第一个滑块二杆组($\alpha=10°$)：

$$B_1=(28.0369,31.2209)$$

$$B_2=(78.0881,40.0463)$$
$$B_3=(44.6715,34.1541)$$
$$r_6=42.7686 \qquad \delta_0=114.944°$$
$$d=-149.026$$

第二个滑块二杆组($\alpha=100°$):

$$B_1'=(132.814,93.652)$$
$$B_2'=(122.217,153.75)$$
$$B_3'=(153.14,-21.6188)$$
$$r_6'=125.071 \qquad \delta_0'=190.9°$$
$$d'=149.328$$

连杆长度:$r_3=121.967$。

第7章 平面四杆机构的精确点轨迹生成综合

比较连杆机构尺度综合的三类问题可以发现，轨迹生成综合是三类问题中最复杂和困难的问题。其可以简单地表述为，要求连杆上的某一点经过一个特定的轨迹，综合这个连杆机构的类型和尺寸。在机器的实际应用中，可能有两种情况：①要求轨迹必须封闭，因此，要求轨迹生成机构的曲柄必须能作整周回转，即应具备“曲柄条件”；②只要求某一段轨迹，则这时机构可以不具备曲柄条件。目前对这一问题的研究主要从精确实现轨迹综合和近似实现轨迹综合两方面展开。

精确实现轨迹生成综合是一个较为复杂的问题，研究者从最简单的直线轨迹开始对这一问题进行了研究。先后提出了可精确实现直线、椭圆、抛物线、双扭线等不同阶次曲线的机构，最后 Kemp 给出了一个重要定理：任何代数曲线都可以只用转动副（不用滑动副）组成的运动链来实现[47]。但按照 Kemp 理论综合出的机构虽然能够得到精确的满足设计要求的轨迹，但是由于杆件数量太多而无法实际应用，因此就有了近似实现轨迹综合的问题。近似实现轨迹综合是要求机构生成轨迹尽可能逼近目标轨迹点或轨迹曲线，应用常见的平面四杆、五杆等连杆机构就可以生成满足工程实际需要的轨迹。目前，近似轨迹综合的方法主要有代数法、优化法和图谱法。

代数法进行轨迹综合的核心思想是把无穷多个精确点简化成为有限多个精确点，即在目标轨迹上选取若干个精确点，以回路约束或位移矩阵为基础建立综合设计方程，求解得到机构设计参数。本章主要介绍这部分内容，即平面四杆机构五精确点轨迹生成综合的代数求解。

一般来说，精确点数目越多，综合出的连杆曲线越接近目标要求，但同时求解的约束方程数目会越多，综合过程也会越复杂，而且当精确点数大于机构设计参数时，该方法将无法对机构进行综合。优化法是在给定目标轨迹的前提下，在机构参数和其他因素的限制范围内，按照某种设计准则（目标函数），通过迭代反复改变设计变量，寻求最佳设计方案[125]。整个过程不需要建立和求解综合设计方程，不再受精确点数目限制，但其也存在求解受初值选取、目标函数性能及寻优方法等因素的影响，有时无法得到稳定全局最优解的不足。图谱法根据机构轨迹—特征参数—机构型和尺寸的映射关系预先建立连杆曲线数值图谱，实际设计时从数值图谱中搜索出与给定目标相匹配的设计方案[105]。与代数法和优化法相比，数值图谱法具有解的多样性强、适用范围广的优点，但也存在建立完备连杆机构数值图谱库难度大的不足。从上述分析可以发现，现有综合方法虽然能够较好地完成机构的轨迹综合，但其在综合结果的准确程度、求解过程的复杂程度等方面存在着一定的不足。因此,为了解决上述代数法、优化法以及图谱法的问题,第10章介绍课题组提出的基于傅里叶级数的平面四杆机构轨迹生成综合的代数求解新方法。

7.1 连杆曲线

7.1.1 连杆曲线方程式

图7.1是一个铰链四杆机构,各杆的尺寸如图所示。A_O、B_O 是定铰链,A、B 是动铰链。任选一个固定的参考坐标系 xOy。但为了简单起见,将坐标系的原点选在固定铰链 A_O 处,且令 x 轴沿机架 r_1 的方向。P 点是连杆平面上的一个点,它的坐标是 $\boldsymbol{p}=(x,y)$。当机构运动时,P 点在平面上的运动轨迹称为"连杆曲线"(Coupler Curve)。接下来推导连杆曲线的方程式。

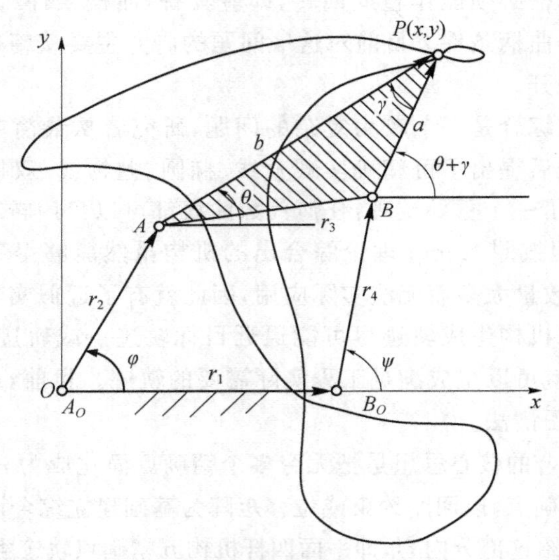

图7.1 平面铰链四杆机构示意图

由图7.1所示铰链四杆机构的左、右两侧二杆组列出矢量环方程式,得到

$$\boldsymbol{r}_2+\boldsymbol{b}-\mathbf{OP}=\boldsymbol{0} \tag{7.1}$$

$$\boldsymbol{r}_1+\boldsymbol{r}_4+\boldsymbol{a}-\mathbf{OP}=\boldsymbol{0} \tag{7.2}$$

将式(7.1)分别向 x 和 y 轴投影,得到

$$\begin{aligned} r_2\cos\varphi&=x-b\cos\theta \\ r_2\sin\varphi&=y-b\sin\theta \end{aligned} \tag{7.3}$$

式中,φ 表示 A_OA 杆与 X 轴之间的夹角,θ 表示 AP 杆与 X 轴之间的夹角。

将式(7.3)中的两个等式联立,消去 φ 角,得到

$$2bx\cos\theta+2by\sin\theta=x^2+y^2+b^2-r_2^2 \tag{7.4}$$

将式(7.2)分别向 x 和 y 轴投影，得到

$$r_4\cos\psi = x - r_1 - a\cos(\theta+\gamma)$$
$$r_4\sin\psi = y - a\sin(\theta+\gamma) \tag{7.5}$$

式中，ψ 表示 B_OB 杆与 X 轴之间的夹角，γ 表示三角形内角，即 $\gamma=\angle \mathrm{APB}$。

将式(7.5)中的两个等式联立，消去 ψ 角，得到

$$2a(x-r_1)\cos(\theta+\gamma)+2ay\sin(\theta+\gamma)=(x-r_1)^2+y^2+a^2-r_4^2 \tag{7.6}$$

由式(7.4)和式(7.6)消去 θ 角，就可得到如下形式的连杆曲线方程式

$$U^2+V^2=W^2 \tag{7.7}$$

式中：

$U=a((x-r_1)\cos\gamma+y\sin\gamma)(x^2+y^2+b^2-r_2^2)-bx((x-r_1)^2+y^2+a^2-r_4^2)$,

$V=a((x-r_1)\sin\gamma-y\cos\gamma)(x^2+y^2+b^2-r_2^2)+by((x-r_1)^2+y^2+a^2-r_4^2)$,

$W=2ab\sin\gamma(x(x-r_1)+y^2-r_1y\,\mathrm{ctan}\,\gamma)$。

因此，最后得到连杆曲线的方程式为

$$a^2((x-r_1)^2+y^2)(x^2+y^2+b^2-r^2)^2+b^2(x^2+y^2)((x-r_1)^2+y^2+a^2-r_4^2)^2-$$
$$2ab((x^2+y^2-r_1x)\cos\gamma+r_1y\sin\gamma)(x^2+y^2+b^2-r_2^2)((x-r_1)^2+y^2+a^2-r_4^2)-$$
$$4a^2b^2((x^2+y^2-r_1x)\sin\gamma-r_1y\cos\gamma)^2=0 \tag{7.8}$$

将式(7.8)重新改写，得到

$$K_1(x^2+y^2)^3+(K_2x+K_3y)(x^2+y^2)^2+(K_4x^2+K_5xy+K_6y^2)(x^2+y^2)+$$
$$K_7x^3+K_8x^2y+K_9xy^2+K_{10}y^3+K_{11}x^2+K_{12}xy+K_{13}y^2+K_{14}x+K_{15}y+K_{16}=0 \tag{7.9}$$

式中：

$K_1=r_3^2$

$K_2=-r_1(3r_3^2+b^2-a^2)$

$K_3=-2r_1ab\sin\gamma$

$K_4=4r_1^2ab\sin\gamma$

$K_5=r_3^4-r_3^2b^2-r_3^2r_4^2-b^2r_4^2-r_3^2a^2+r_4^2a^2+r_1(3r_3^2+3b^2-2a^2)-r_2^2(r_3^2-b^2+a^2)$

$K_6=r_3^4-r_3^2b^2-r_3^2r_4^2-b^2r_4^2-r_3^2a^2+r_4^2a^2+r_1(r_3^2+b^2)-r_2^2(r_3^2-b^2+a^2)$

$K_7=r_1(-2r_3^4+r_3^2b^2+b^4+r_3^2r_4^2+3b^2r_4^2+3r_3^2a^2-r_4^2a^2-a^4+r_1^2(-r_3^2-3b^2+a^2)+$
$r_2^2(3r_3^2-3b^2+a^2))$

$K_8=2r_1(r_2^2-r_1^2-2r_3^2+b^2+r_4^2+a^2)ab\sin\gamma$

$K_9=K_8$

$K_{10}=K_7$

$K_{11}=r_1^4b^2+r_2^4a^2+r_2^2(-b^2r_4^2-b^2a^2-r_4^2a^2+a^4+r_3^2(r_4^2-a^2)+$
$r_1^2(-3r_3^2+3b^2+a^2))+b^2(s_4(b^2+r_4^2-a^2)+r_3^2(-r_4^2+a^2))+$
$r_1^2(r_3^4-2b^4+a^4+r_3^2(b^2-2a^2)-b^2(2r_4^2+a^2))$

$$
\begin{aligned}
K_{12}= & r_1^4 b^2+r_2^4 a^2+b^2(r_4^2(b^2+r_4^2-a^2)+r_3^2(-s_4+a^2))+ \\
& r_3^2(-b^2 r_4^2-b^2 a^2-r_4^2 a^2+a^4+r_3^2(r_4^2-a^2)+r_1^2(-r_3^2+b^2-a^2))- \\
& r_1^2(r_3^4+2b^4+a^4-r_3^2(3b^2+2a^2)+b^2(2r_4^2-a^2))
\end{aligned}
$$

$$K_{13}=-4r_1^2(r_2^2-r_3^2+a^2)ab\sin\gamma$$

$$K_{14}=-r_1(r_2^2-b^2)(-b^2 r_4^2+2r_2^2 a^2-b^2 a^2-r_4^2 a^2+a^4+r_3^2(r_4^2-a^2)+r_1^2(-r_3^2+b^2+a^2))$$

$$K_{15}=2r_1(r_2^2-b^2)(r_1^2-r_4^2+a^2)ab\sin\gamma$$

$$K_{16}=r_1^2(r_2^2-b^2)^2 a^2$$

由此可见,铰链四杆机构的连杆曲线是一条相当复杂的六次曲线。式(7.8)和式(7.9)表示的连杆曲线对一般的连杆曲线进行了简化,只含有 6 个设计变量 a、b、γ、r_1、r_2、r_4。一般的连杆曲线除了上述 6 个设计变量,还包含另外 3 个设计变量,分别为铰链点 A_O 的坐标 (A_{Ox},A_{Oy})以及 $A_O B_O$ 杆与 x 轴之间的夹角 α。

接下来将研究连杆曲线的某些特性。

7.1.2 尖点

有时候,连杆曲线会出现所谓"尖点"(Cusp)。所谓尖点就是在该点处,曲线是由具有公共切线的两条支线组成,而这两条支线在其公共法线的同侧。在其公共切线的异侧者称为第一种尖点,在其公共切线的同侧者称为第二种尖点。现在研究尖点形成的规律。

运动物体内某一点的轨迹出现尖点最常见的例子是:当一个圆沿一条固定的直线作纯滚动时,圆周上任一点的轨迹是一条摆线。在这一点与直线接触之处,其轨迹就形成一个第一种尖点(如图 7.2 所示)。这个圆称为"发生圆",而直线称为"基线"。

由理论力学得知:刚体的平面运动总可以抽象为动瞬心轨迹沿定瞬心轨迹的纯滚动。在上述这种情形中,发生圆的圆周实际上是动瞬心轨迹,而基线是定瞬心轨迹。也就是说:当运动物体的动瞬心轨迹沿定瞬心轨迹作纯滚动时,在接触点处就形成一个尖点。

对于铰链四杆机构来说,如果在连杆平面上取其动瞬心轨迹的任一点作为连杆曲线的发生点,则当该点与定瞬心轨迹相接触时,其轨迹在这个接触点处就形成一个尖点(如图 7.3 所示)。

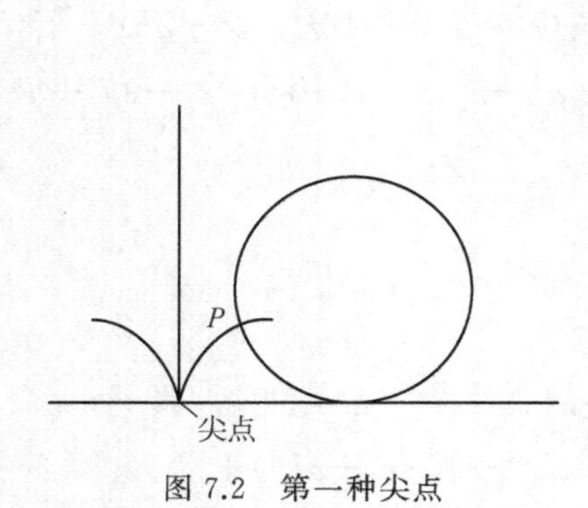

图 7.2 第一种尖点

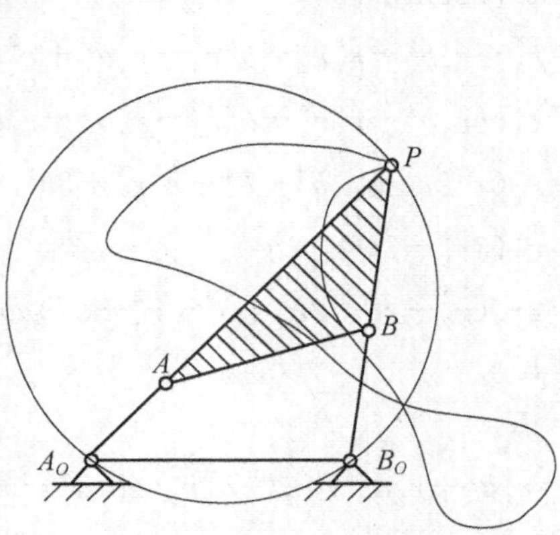

图 7.3 铰链四杆机构的第一种尖点

7.1.3 结点

有时候，连杆曲线会出现所谓“结点”(Crunode)，即：连杆平面上的轨迹发生点，当机构处于两个不同位置时，却通过固定平面上的同一个点，也就是说，连杆曲线在该点处发生交叉，曲线在此点有两条不同的切线，这个点就称为“结点”。现在来研究产生结点的条件。

在图 7.4 中，假定连杆点 P 是产生结点的轨迹发生点。即：P 点在机构的第一位置($A_OA_1B_1B_O$)和第二位置($A_OA_2B_2B_O$)均通过固定平面中的同一点。则由图 7.4 可知

$$\overline{PA_O}\text{是}\overline{A_1A_2}\text{的垂直平分线，且}\angle A_1PA_O=\alpha$$

$$\overline{PB_O}\text{是}\overline{B_1B_2}\text{的垂直平分线，且}\angle B_1PB_O=\beta$$

在连杆平面中，$\angle APB$ 是固定不变的，即 $\angle A_1PB_1=\angle A_2PB_2$，因此，由等式两边各减去 γ 角可得 $2\alpha=2\beta$。因而

$$\angle A_OPB_O=\alpha+\beta+\gamma=2\alpha+\gamma=2\beta+\gamma=\angle APB$$

这样一来，我们就得到连杆平面内产生结点的轨迹发生点 P 的条件

$$\angle A_OPB_O=\angle APB$$

根据这一条件，我们可以过 A_O、B_O 两点作一个圆，令这个圆的圆周角等于连杆平面内的 $\angle APB$(P 是轨迹发生点)。这个圆称为“焦点圆”(如图 7.5 所示)。这样，我们可以得到如下的结论：

当机构运动时，如果连杆平面上的轨迹发生点 P 通过焦点圆，则 P 点所发生的连杆曲线必有结点，且结点必位于焦点圆上。

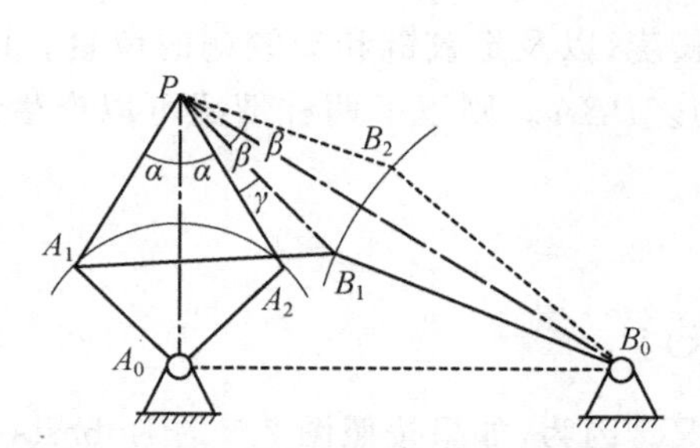

图 7.4 铰链四杆机构中结点 P 存在的条件

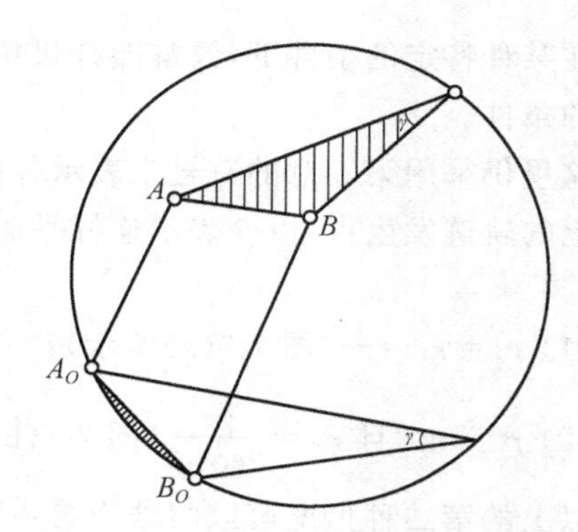

图 7.5 焦点圆

如果 P 点的轨迹不通过焦点圆，则由它所发生的连杆曲线没有结点。

最后，我们可以通过图 7.6，将上述的规律作一总结：铰链四杆机构中连杆平面的运动，可以看作该连杆的动瞬心轨迹相对于定瞬心轨迹的纯滚动。

(1) 若以连杆平面的动瞬心轨迹上的任何一点(如图 7.6 中的 P_1)作为轨迹发生点，则该点所发生的连杆曲线必有尖点。

(2) 动瞬心轨迹以外的任何连杆点(如图 7.6 中的 P_2)，其所产生的连杆曲线的形状如图所示。

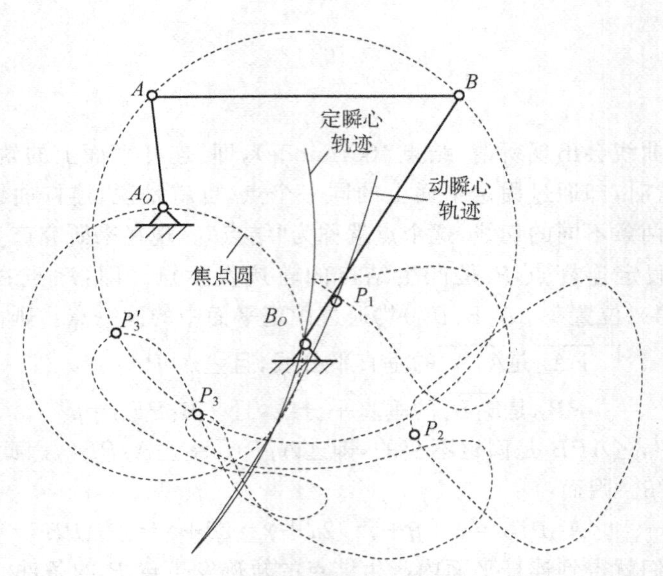

图 7.6　平面铰链四杆机构不同的连杆曲线

(3) 动瞬心轨迹以内的连杆点(如图 7.6 中的 P_3)所产生的连杆曲线具有结点,结点位于焦点圆之上。

7.1.4 对称连杆曲线

在某种特定的条件下,铰链四杆机构会产生对称的连杆曲线。现在研究对称连杆曲线形成的条件。

这里仍采用第 6 章的符号来表示各杆的长度,以及定铰链和动铰链的位置。以 P 代表连杆上的轨迹发生点,以 β 表示连杆平面上的$\angle PBA$。则以下两种情况可以产生对称连杆曲线:

(1) $r_3=r_4=r_6$(图 7.7(a)所示);

(2) $r_2=r_4$,且 $r_6=\dfrac{r_3}{2\cos\beta}$(图 7.7(b)所示)。

以上的第二种情况可以归结为第一种情况。因为,如果按照图 7.5 的 Roberts 定理作出第二种情况的曲线同源机构,可以发现其同源机构实际上就是第一种情况。例如,图 7.8 画出了图 7.7(b)机构的曲线同源机构 $A_OA'PCC_O$。由图可见,这个机构满足第一种情况的条件,即$\overline{A'C}=\overline{CP}=\overline{C_OC}$。因此,我们只需研究第一种情况即可。

图 7.7(a)所示的铰链四杆机构,由于 $r_3=r_4=r_6=R$,点 P 所形成的连杆曲线将是对称的。其对称轴$\overline{B_OC}$通过定铰链 B_O 点,且与直线$\overline{A_OB_O}$成$\beta/2$ 的交角。

为了证明这一点,以 B 点为圆心,以 R 为半径作圆,则圆弧必通过 P、A、B_O 三点。由于圆心角$\angle PBA=\beta$,其同弧圆周角$\angle PB_OA=\beta/2$,且不论机构处于任何位置,这个角始终保持不变。因此,有

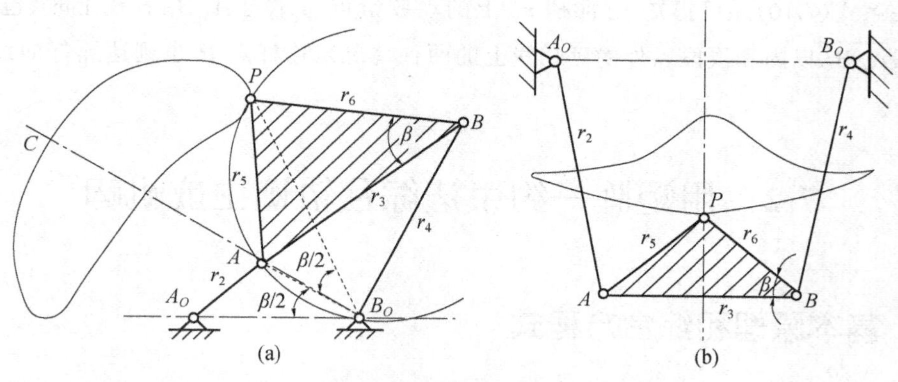

图 7.7　两种不同的对称连杆曲线生成机构

$$\angle PB_OC = \angle AB_OA_O \tag{7.10}$$

同样道理，不论机构处于什么位置，这个关系也永远成立。

当曲柄 $r_2 = \overline{A_OA}$ 作整周回转时，动铰链 A 到达相对于 $\overline{A_OB_O}$ 线的两个对称位置，如图 7.9 中的 A_1 点和 A_2 点，具有如下的关系

$$\angle A_1B_OA_O = \angle A_2B_OA_O$$

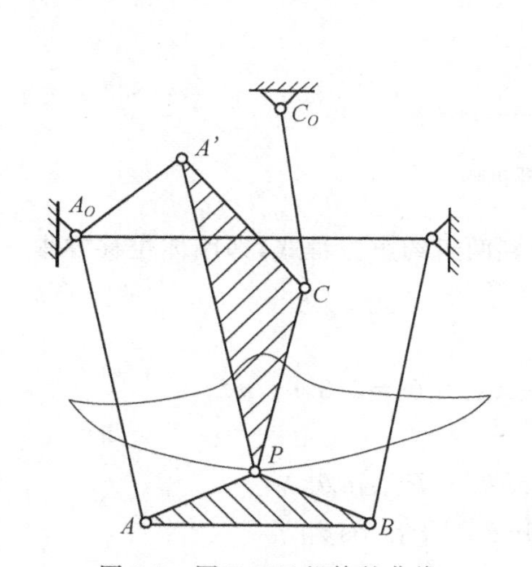

图 7.8　图 7.7(b)机构的曲线同源机构 $A_OA'PCC_O$

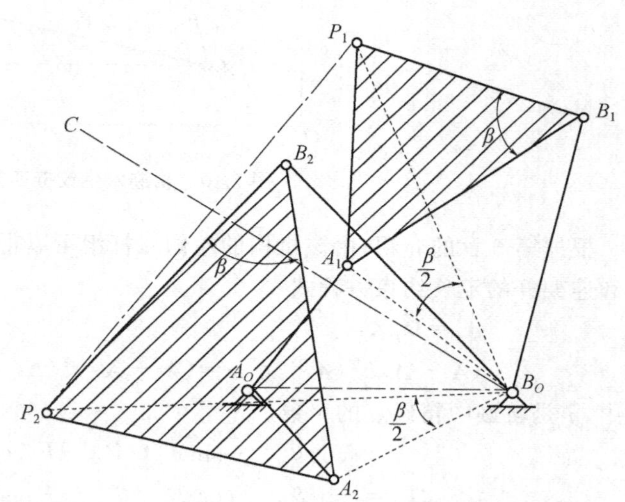

图 7.9　图 7.7(a)机构对称连杆曲线证明示意图

按照上述的关系式(7.10)，与 A_1、A_2 点相对应连杆点 P 的两个相关点 P_1 和 P_2，也必有

$$\angle P_1B_OC = \angle P_2B_OC$$

且

$$\overline{B_OP_1} = \overline{B_OP_2}$$

这就说明：由 P 点所产生的连杆曲线是对称的，其对称轴为 $\overline{B_OC}$。

由关系式(7.10)还可得知，当曲柄 r_2 上的动铰链点 A 位于$\overline{A_O B_O}$直线上时(包括 A 点位于线段$\overline{A_O B_O}$以内和线段以外的延长线上的两种情况)，连杆点 P 也到达连杆曲线的对称轴$\overline{B_O C}$上。

7.2 用矩阵—约束法综合轨迹生成机构

7.2.1 基本原理和综合方程式

设图 7.10 所示的铰链四杆机构是一个轨迹生成机构。A_0 和 B_0 为给定固定铰链，A_i 和 B_i 为动铰链，P_i 为连杆平面上的一个点。该机构的杆长 r_1、r_2、r_3、r_4 未知。

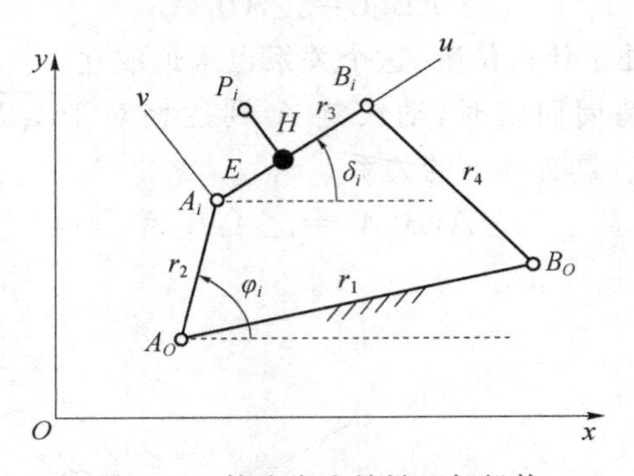

图 7.10　轨迹发生铰链四杆机构

根据第 6 章的介绍，由该机构的左侧二杆组可以得到两组约束方程式，即刚体位移方程式和连架杆的定长约束方程式

$$\boldsymbol{A}_i=\boldsymbol{D}_{1i}\boldsymbol{A}_1$$

$$(\boldsymbol{A}_i-\boldsymbol{A}_O)^{\mathrm{T}}(\boldsymbol{A}_i-\boldsymbol{A}_O)=(\boldsymbol{A}_1-\boldsymbol{A}_O)^{\mathrm{T}}(\boldsymbol{A}_1-\boldsymbol{A}_O)\quad(i=2,3,\cdots,n)$$

式中，n 是轨迹中精确点的个数。

$$\boldsymbol{D}_{1i}=\begin{pmatrix}\cos\theta_{1i} & -\sin\theta_{1i} & P_{ix}-P_{1x}\cos\theta_{1i}+P_{1y}\sin\theta_{1i}\\ \sin\theta_{1i} & \cos\theta_{1i} & P_{iy}-P_{1x}\sin\theta_{1i}-P_{1y}\cos\theta_{1i}\\ 0 & 0 & 1\end{pmatrix}$$

式中，$\theta_{1i}=\theta_i-\theta_1$，为刚体从位置 1 到位置 i 的相对转角。

将第一组方程式代入第二组方程式以消去 $\boldsymbol{A}_i$ 得到

$$(\boldsymbol{D}_{1i}\boldsymbol{A}_1-\boldsymbol{A}_O)^{\mathrm{T}}(\boldsymbol{D}_{1i}\boldsymbol{A}_1-\boldsymbol{A}_O)=(\boldsymbol{A}_1-\boldsymbol{A}_O)^{\mathrm{T}}(\boldsymbol{A}_1-\boldsymbol{A}_O)\quad(i=2,3,\cdots,n)\tag{7.11}$$

同理，由右侧的二杆组可以得到

$$(\boldsymbol{D}_{1i}\boldsymbol{B}_i-\boldsymbol{B}_O)^{\mathrm{T}}(\boldsymbol{D}_{1i}\boldsymbol{B}_i-\boldsymbol{B}_O)=(\boldsymbol{B}_1-\boldsymbol{B}_O)^{\mathrm{T}}(\boldsymbol{B}_1-\boldsymbol{B}_O)\quad(i=2,3,\cdots,n)\tag{7.12}$$

式(7.11)和式(7.12)共含有 $2(n-1)$ 个方程式。在这些方程式中，除了 $P_i(P_{ix},P_{iy})$ 是给定的已知数外，还包含有 $(n+7)$ 个设计参数：A_{Ox}，A_{Oy}，A_{1x}，A_{1y}，B_{Ox}，B_{Oy}，B_{1x}，B_{1y}，$\Delta\delta_i\,(i=2,3,\cdots,n)$。

应当注意的一点是,由于上述两组方程式中含有公共的未知数 $\Delta\delta_i$,故在综合轨迹生成机构时,上述两组方程必须联立求解。也就是说,无法将左右两侧二杆组单独求解。

7.2.2 给定精确点数与任选参数的关系

根据方程式个数应该和未知数个数相等的原则,轨迹发生机构设计中,精确点个数 n 与任选参数个数的关系,如表 7.1 所示。

表 7.1 铰链四杆轨迹发生机构,精确点个数与任选参数个数的关系

轨迹精确点数 n	方程式个数 $2(n-1)$	设计参数个数 $(n+7)$	任选参数个数	待求未知数
3	4	10	6	4
4	6	11	5	6
5	8	12	4	8
6	10	13	3	10
7	12	14	2	12
8	14	15	1	14
9	16	16	0	16

根据上述的关系可知,以铰链四杆机构作为轨迹生成机构,最多可以给定 9 个精确点,但这时必需求解 16 阶的非线性联立方程组。

由于求解高阶的非线性联立方程组相当困难,因而,在实际应用上,一般只能做到给定 5～6 个精确点。更多的点数,不仅难以求解,而且往往没有实解。有时候综合出来的机构,虽能满足所有的数学条件,但可能毫无实用价值(由于杆长比,传动角等因素)。

如果要求给定较多的精确轨迹点,可以采用六杆机构,并采用优化技术来进行综合。

7.3 计时轨迹发生机构的设计

7.3.1 基本原理

7.2 节中的综合方程式(7.11)和式(7.12)中的设计参数不包含曲柄转角 φ,但在实际应用中,往往要求给定的精确点与某一曲柄转角相对应。在大多数机器中,曲柄的输入运动是匀速旋转。亦即,曲柄转角 φ 正比于时间。因此,这类机构亦称"计时轨迹发生机构"(Path Generator with Timing)。下面介绍这种机构的设计。

设图 7.11 所示的铰链四杆机构是计时轨迹发生机构,n 是给定的精确点数。

图 7.11 所示铰链四杆机构其左侧二杆组的矢量环方程式及其两个投影式分别为

$$\mathbf{OA}_O+\boldsymbol{r}_2+\boldsymbol{r}_5-\mathbf{OP}_i=\boldsymbol{0}$$

$$A_{Ox}+r_2\cos(\varphi_0+\Delta\varphi_i)+r_5\cos(\delta_0+\Delta\delta_i)-P_{ix}=0$$
$$A_{Oy}+r_2\sin(\varphi_0+1\varphi_i)+r_3\sin(\delta_0+\Delta\delta_i)-P_{iy}=0$$

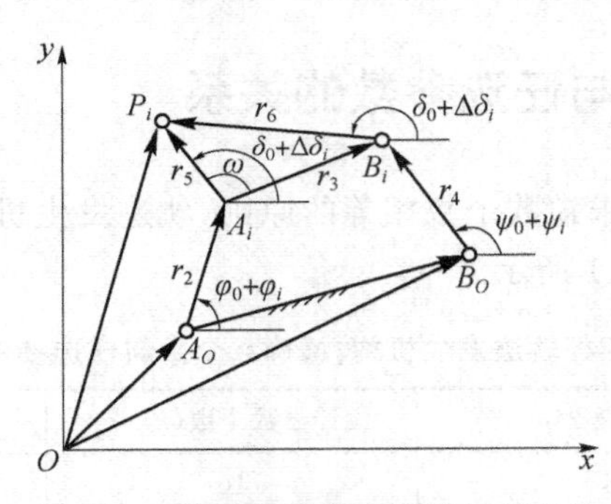

图 7.11 计时轨迹发生铰链四杆机构

由以上两式消去$(\delta_0+\Delta\delta_i)$之后得到

$$\begin{aligned}&-r_2\cos\varphi_0(P_{ix}\cos\Delta\varphi_i+P_{iy}\sin\Delta\varphi_i)+r_2\sin\varphi_0(P_{ix}\sin\Delta\varphi_i-P_{iy}\cos\Delta\varphi_i)-\\&A_{Ox}P_{ix}-A_{Oy}P_{iy}+\frac{1}{2}(A_{Ox}^2+A_{Oy}^2+r_2^2-r_5^2)+\\&\cos\Delta\varphi_i(r_2\cos\varphi_0A_{Ox}+r_2\sin\varphi_0A_{Oy})+\\&\sin\Delta\varphi_i(r_2\cos\varphi_0A_{Oy}-r_2\sin\varphi_0A_{Ox})+\frac{1}{2}(P_{ix}^2+P_{iy}^2)=0\\&i=1,2,\cdots,n\end{aligned}\tag{7.13}$$

若给定精确点$P_i(P_{ix},P_{iy})$及其相应的曲柄转角$\Delta\varphi_i$，则上式中所含的位置设计参数为5个，即$A_{Ox},A_{Oy},r_2,r_5,\varphi_0$。也就是说，在这种情况下，最多只能给定5个精确点。

7.3.2 五个精确点计时轨迹发生机构的设计

1. 左侧二杆组的设计

当$n=5$时，式(7.13)是一个非线性方程组。接下来使用第6章提到的变量替换，逐步消元的代数方法求解该方程组。

引入新的未知量

$$\begin{aligned}&S_0=r_2\cos\varphi_0,\qquad S_1=r_2\sin\varphi_0\\&S_2=A_{Ox},\qquad S_3=A_{Oy}\\&S_4=\frac{1}{2}(A_{Ox}^2+A_{Oy}^2+r_2^2-r_5^2)\\&S_5=A_{Ox}r_2\cos\varphi_0+A_{Oy}r_2\sin\varphi_0\\&S_6=A_{Oy}r_2\cos\varphi_0-A_{Ox}r_2\sin\varphi_0\end{aligned}\tag{7.14}$$

用如下的符号代表式(7.13)中的已知量

$$f_{0i}=-(P_{ix}\cos\Delta\varphi_i+P_{iy}\sin\Delta\varphi_i)$$
$$f_{1i}=P_{ix}\sin\Delta\varphi_i-P_{iy}\cos\Delta\varphi_i$$

$$
\begin{aligned}
&f_{2i}=-P_{ix},\quad f_{3i}=-P_{iy}\\
&f_{4i}=1,\quad f_{5i}=\cos\Delta\varphi_i\\
&f_{6i}=\sin\Delta\varphi_i\\
&F_i=\frac{1}{2}(P_{ix}^2+P_{iy}^2)\\
&i=1,2,\cdots,5
\end{aligned}
\tag{7.15}
$$

则方程组(7.13)可重新写为

$$
\sum_{j=0}^{6} f_{ji}S_j+F_i=0\quad(i=1,2,\cdots,5) \tag{7.16}
$$

方程组(7.16)是线性的,但它的未知数(7 个)多于方程式的个数(5 个)。但从式(7.14)的最后两式中,我们可以发现新未知量之间存在如下的关系

$$
\begin{aligned}
S_5&=S_0S_2+S_1S_3\\
S_6&=S_0S_3-S_1S_2
\end{aligned}
\tag{7.17}
$$

将式(7.16)和式(7.17)联立,可以求解全部 7 个未知数。式(7.17)是式(7.16)的“相容方程式”。

将方程组(7.16)移项,并写成矩阵形式

$$
\begin{pmatrix}
f_{21} & f_{31} & f_{41} & f_{51} & f_{61}\\
f_{22} & f_{32} & f_{42} & f_{52} & f_{62}\\
f_{23} & f_{33} & f_{43} & f_{53} & f_{63}\\
f_{24} & f_{34} & f_{44} & f_{54} & f_{64}\\
f_{25} & f_{35} & f_{45} & f_{55} & f_{65}
\end{pmatrix}
\begin{pmatrix} S_2\\ S_3\\ S_4\\ S_5\\ S_6\end{pmatrix}
=
\begin{pmatrix}
-f_{01} & -f_{11} & -F_1\\
-f_{02} & -f_{12} & -F_2\\
-f_{03} & -f_{13} & -F_3\\
-f_{04} & -f_{14} & -F_4\\
-f_{05} & -f_{15} & -F_5
\end{pmatrix}
\begin{pmatrix} S_0\\ S_1\\ 1\end{pmatrix}
\tag{7.18}
$$

线性求解式(7.18),得到

$$
\begin{pmatrix} S_2\\ S_3\\ S_4\\ S_5\\ S_6\end{pmatrix}
=
\begin{pmatrix}
A_1 & B_1 & C_1\\
A_2 & B_2 & C_2\\
A_3 & B_3 & C_3\\
A_4 & B_4 & C_4\\
A_5 & B_5 & C_5
\end{pmatrix}
\begin{pmatrix} S_0\\ S_1\\ 1\end{pmatrix}
\tag{7.19}
$$

式中,A_i,B_i,C_i($i=1,2,\cdots,5$)是已知常数。

将式(7.19)代入式(7.17)消去 $S_2\sim S_6$,可得

$$
\begin{aligned}
&A_1S_0^2+((B_1+A_2)S_1+(C_1-A_4))S_0+B_2S_1^2+(C_2-B_4)S_1-C_4=0\\
&A_2S_0^2+((B_2-A_1)S_1+(C_2-A_5))S_0-B_1S_1^2-(C_1+B_5)S_1-C_5=0
\end{aligned}
\tag{7.20}
$$

将式(7.20)的两式分别乘以 S_0,得到

$$
\begin{aligned}
&A_1S_0^3+((B_1+A_2)S_1+(C_1-A_4))S_0^2+(B_2S_1^2+(C_2-B_4)S_1-C_4)S_0=0\\
&A_2S_0^3+((B_2-A_1)S_1+(C_2-A_5))S_0^2+(-B_1S_1^2-(C_1+B_5)S_1-C_5)S_0=0
\end{aligned}
\tag{7.21}
$$

联立式(7.20)和式(7.21),写成矩阵表达式如下

$$
\boldsymbol{DX}=\boldsymbol{0}_{4\times1} \tag{7.22}
$$

式中,$\boldsymbol{X}=(1,S_0,S_0^2,S_0^3)^{\mathrm{T}}$ 为一个含有未知量的列向量,$\boldsymbol{D}$ 是一个关于变量 S_1 的 4×4 阶系数矩阵,其为

$$D=\begin{pmatrix} A_1 & (B_1+A_2)S_1+(C_1-A_4) & B_2S_1^2+(C_2-B_4)S_1-C_4 & 0 \\ A_2 & (B_2-A_1)S_1+(C_2-A_5) & -B_1S_1^2-(C_1+B_5)S_1-C_5 & 0 \\ 0 & A_1 & (B_1+A_2)S_1+(C_1-A_4) & B_2S_1^2+(C_2-B_4)S_1-C_4 \\ 0 & A_2 & (B_2-A_1)S_1+(C_2-A_5) & -B_1S_1^2-(C_1+B_5)S_1-C_5 \end{pmatrix}$$

由 Cramer 法则可知，方程组(7.22)存在非零解的条件是其系数行列式等于零，即有

$$\det(\boldsymbol{D})=0 \tag{7.23}$$

式中，det(·)表示矩阵 $\boldsymbol{D}$ 的行列式。

将式(7.23)展开可得到关于 S_1 的一元四次方程：

$$G_1S_1^4+G_2S_1^3+G_3S_1^2+G_4S_1+G_5=0 \tag{7.24}$$

式中，系数 $G_1\sim G_5$ 均为已知，其值可由式(7.25)计算

$$\begin{aligned} &G_1=A_1D_1^2+B_2D_4^2+W_1D_1D_4 \\ &G_2=D_4(2B_2D_3+W_2D_1+W_3D_4)+2A_1D_1D_2+W_1W_4 \\ &G_3=A_1(D_2^2+2D_1D_5)+D_3(B_2D_3+2W_3D_4)-C_4D_4^2+W_2W_4+W_1W_5 \\ &G_4=D_3(W_3D_3-2C_4D_4)+D_5(2A_1D_2+W_1D_3)+W_2W_5 \\ &G_5=D_3(W_2D_5-C_4D_3)+A_1D_5^2 \end{aligned} \tag{7.25}$$

式中：

$W_1=A_2+B_1$，$W_2=C_1-A_4$，$W_3=C_2-B_4$，$W_4=D_1D_3+D_2D_4$，$W_5=D_2D_3+D_4D_5$，
$D_1=-(A_1B_1+A_2B_2)$，$D_2=A_2(B_4-C_2)-A_1(B_5+C_1)$，$D_3=A_1(A_5-C_2)-A_2(A_4-C_1)$，
$D_4=A_1(A_1-B_2)+A_2(A_2+B_1)$，$D_5=A_2C_4-A_1C_5$。

由方程式解出 S_1 的 m 个实根($m=0,2,4$)，然后代入式(7.20)，通过辗转相除得到对应 S_0 的 m 组解，将 S_0 和 S_1 代入式(7.19)，求得 $S_2\sim S_6$ 的 m 组解，从而可由式(7.26)求得待求的机构参数

$$\begin{aligned} &A_{Ox}=S_2,\quad A_{Oy}=S_3 \\ &r_2=\sqrt{S_0^2+S_1^2} \\ &r_5=\sqrt{A_{Ox}^2+A_{Oy}^2+r_2^2-2S_4} \\ &\varphi_0=\arctan 2(S_1/S_0) \end{aligned} \tag{7.26}$$

因此，平面铰链四杆机构的五精确点计时轨迹生成综合的设计步骤如下：

给定轨迹上的 5 个精确点 $P_i(P_{ix},P_{iy})$ 及相应的曲柄转角 $\Delta\varphi_i$ ($i=1,2,\cdots,5$)。

(1) 根据式(7.15)计算系数 $f_{0i},f_{1i},\cdots,f_{6i},F_i$ ($i=1,2,\cdots,5$)；

(2) 对式(7.18)线性求解，求得 A_i,B_i,C_i ($i=1,2,\cdots,5$)；

(3) 根据式(7.25)计算常数 D_i 和系数 G_i ($i=1,2,\cdots,5$)；

(4) 解 S_1 的四次方程式(7.24)，求得 S_1 的 m 个实根($m=0,2,4$)；

(5) 根据式(7.20)和式(7.19)计算 S_0、$S_2\sim S_6$ 的 m 组解；

(6) 根据式(7.26)计算 m 组机构参数 A_{Ox}、A_{Oy}、r_2、r_5 和 φ_0。

2. 右侧二杆组的设计

列出图 7.11 所示右侧二杆组的矢量环方程式，得到

$$\mathbf{OA}_i+\boldsymbol{r}_3-\boldsymbol{r}_4-\mathbf{OB}_O=\boldsymbol{0}$$

将其分别向 x 和 y 轴投影,得到

$$A_{1x}+r_3\cos(\delta_i-\omega)-r_4\cos\psi_i-B_{Ox}=0$$
$$A_{1y}+r_3\sin(\delta_i-\omega)-r_4\sin\psi_i-B_{Oy}=0$$

由以上两式消去 ψ_i,得

$$r_3\sin\omega(A_{ix}\sin\delta_i-A_{iy}\cos\delta_1)+r_3\cos\omega(A_{ix}\cos\delta_i+A_{iy}\sin\delta_i)-A_{ix}B_{Ox}-A_{iy}B_{Oy}-$$
$$\sin\delta_i r_3(B_{Ox}\sin\omega+B_{Oy}\cos\omega)+\cos\delta_i r_3(B_{Oy}\sin\omega-B_{Ox}\cos\omega)+$$
$$\frac{1}{2}(B_{Ox}^2+B_{Oy}^2+r_3^2-r_4^2)+\frac{1}{2}(A_{ix}^2+A_{iy}^2)=0$$
$$i=1,2,\cdots,5 \tag{7.27}$$

式中,A_{ix}、A_{iy}和δ_i 均为已知值,可以由左侧二杆组已求得的机构参数算出

$$A_{ix}=A_{Ox}+r_2\cos(\varphi_0+\Delta\varphi_i)$$
$$A_{iy}=A_{Oy}+r_2\sin(\varphi_0+\Delta\varphi_i) \qquad i=1,2,\cdots,5 \tag{7.28}$$
$$\delta_i=\arctan((P_{iy}-A_{iy})/(P_{ix}-A_{ix}))$$

因此,方程组(7.27)中的待求未知数 B_{Ox}、B_{Oy}、r_3、r_4 及 ω,即方程式个数与未知数个数相等。

式(7.27)是非线性方程组,这里仍采用变量替换,逐步消元的代数方法来求解。为此,引入新的未知数

$$S_0=r_3\sin\omega,\quad S_1=r_3\cos\omega$$
$$S_2=B_{0x},\quad S_3=B_{0y}$$
$$S_4=\frac{1}{2}(B_{Ox}^2+B_{Oy}^2+r_3^3-r_4^2)$$
$$S_5=r_3(B_{Ox}\sin\omega+B_{Oy}\cos\omega)$$
$$S_6=r_3(B_{Oy}\sin\omega-B_{Ox}\cos\omega) \tag{7.29}$$

用如下符号表示方程组(7.27)中的已知量

$$f_{01}=A_{ix}\sin\delta_i-A_{iy}\cos\delta_i$$
$$f_{1i}=A_{ix}\cos\delta_i+A_{iy}\sin\delta_i$$
$$f_{2i}=-A_{ix},\quad f_{3i}=-A_{iy}$$
$$f_{4i}=1$$
$$f_{5i}=-\sin\delta_i,\quad f_{6i}=\cos\delta_i$$
$$F_i=-\frac{1}{2}(A_{ix}^2+A_{iy}^2)$$
$$i=1,2,\cdots,5 \tag{7.30}$$

于是,方程组(7.27)可以改写为

$$\sum_{j=0}^{6}f_{ji}S_j+F_i=0\quad(i=1,2,\cdots,5) \tag{7.31}$$

此外,从式(7.29)的最后两式可以得到如下的两个相容方程

$$S_5 = S_0 S_2 + S_1 S_3$$
$$S_6 = S_0 S_3 - S_1 S_2 \tag{7.32}$$

由方程组(7.31)和方程组(7.32)联立,可以解出 $S_0, S_1, \cdots, S_6$ 这 7 个未知数。值得注意的是:式(7.31)和式(7.32)的形式与上述左侧二杆组的式(7.16)和式(7.17)完全相同。因此,其求解过程完全可以借用左侧二杆组的相应公式。

在求得 $S_0, S_1, \cdots, S_6$ 之后,右侧二杆组的机构参数,可以由式求得

$$B_{Ox} = S_2$$
$$B_{Oy} = S_3$$
$$r_3 = \sqrt{S_0^2 + S_1^2}$$
$$r_4 = \sqrt{B_{Ox}^2 + B_{Oy}^2 + r_3^2 - 2S_4}$$
$$\omega = \arctan(S_0 / S_1) \tag{7.33}$$

综上所述,平面四杆机构五精确点计时轨迹发生机构的设计问题和五精确点刚体导引综合的设计问题一致。需要注意的是,五精确点刚体导引综合的设计问题最终推导出的是一个一元四次方程,而五精确点计时轨迹发生机构的设计问题最终推导出的是两个一元四次方程,因此其解的个数为 $4 \times 4 = 16$。

7.4 五精确点轨迹发生机构的设计

7.4.1 设计公式

用矩阵—约束法来设计轨迹发生机构,当轨迹精确点数 $n=5$ 时,由式(7.11)和式(7.12)可以得到 8 个非线性方程式,式中含有 12 个设计参数。求解这 8 个非线性方程式时,无法应用第 6 章介绍的变量置换和逐步消元方法。这节将使用 Gröbner 基和 Sylvester 结合的方法求解该问题。

令 $c_i = \cos\theta_{1i}, s_i = \sin\theta_{1i}$,将平面位移矩阵的表达式及各坐标值代入式(7.11)和式(7.12),并展开得

$$\alpha_{i1} c_i + \alpha_{i2} s_i + \alpha_{i3} = 0 \tag{7.34}$$
$$\beta_{i1} c_i + \beta_{i2} s_i + \beta_{i3} = 0 \tag{7.35}$$
$$c_i^2 + s_i^2 = 1 \tag{7.36}$$

式中:

$$\alpha_{i1} = -A_{Ox}A_{1x} - A_{Oy}A_{1y} + A_{Ox}P_{1x} + A_{Oy}P_{1y} + A_{1x}P_{ix} - P_{1x}P_{ix} + A_{1y}P_{iy} - P_{1y}P_{iy}$$
$$\alpha_{i2} = -A_{Oy}A_{1x} + A_{Ox}A_{1y} + A_{Oy}P_{1x} - A_{Ox}P_{1y} - A_{1y}P_{ix} + P_{1y}P_{ix} + A_{1x}P_{iy} - P_{1x}P_{iy}$$
$$\alpha_{i3} = A_{Ox}A_{1x} + A_{Oy}A_{1y} - A_{1x}P_{1x} - A_{1y}P_{1y} - A_{Ox}P_{ix} - A_{Oy}P_{iy} + \frac{1}{2}(P_{1x}^2 + P_{1y}^2 + P_{ix}^2 + P_{iy}^2)$$
$$\beta_{i1} = -B_{Ox}B_{1x} - B_{Oy}B_{1y} + B_{Ox}P_{1x} + B_{Oy}P_{1y} + B_{1x}P_{ix} - P_{1x}P_{ix} + B_{1y}P_{iy} - P_{1y}P_{iy}$$
$$\beta_{i2} = -B_{Oy}B_{1x} + B_{Ox}B_{1y} + B_{Oy}P_{1x} - B_{Ox}P_{1y} - B_{1y}P_{ix} + P_{1y}P_{ix} + B_{1x}P_{iy} - P_{1x}P_{iy}$$

$$\beta_{i3}=B_{Ox}B_{1x}+B_{Oy}B_{1y}-B_{1x}P_{1x}-B_{1y}P_{1y}-B_{Ox}P_{ix}-B_{Oy}P_{iy}+\frac{1}{2}(P_{1x}^2+P_{1y}^2+P_{ix}^2+P_{iy}^2)$$

$i=2,3,4,5$

对式(7.34)和式(7.35)应用 Cramer 法则,求出 c_i 和 s_i 并代入式(7.36)得到

$$\begin{vmatrix}\alpha_{i2} & \alpha_{i3}\\ \beta_{i2} & \beta_{i3}\end{vmatrix}^2+\begin{vmatrix}\alpha_{i3} & \alpha_{i1}\\ \beta_{i3} & \beta_{i1}\end{vmatrix}^2-\begin{vmatrix}\alpha_{i1} & \alpha_{i2}\\ \beta_{i1} & \beta_{i2}\end{vmatrix}^2=0 \quad (i=2,3,4,5) \tag{7.37}$$

式(7.37)为平面铰链四杆机构五精确点轨迹综合的数学模型,其中 8 个未知量为:A_{Ox}、A_{Oy}、A_{1x}、A_{1y}、B_{Ox}、B_{Oy}、B_{1x}、B_{1y}。根据方程式个数应该和未知量个数相等的原则,8 个未知量需要已知 4 个才能求出其他 4 个。因此根据已知参数,四杆机构五精确点轨迹综合问题分成以下 4 种情况:

(1) 已知机架上两固定铰链的坐标(A_{Ox},A_{Oy})和(B_{Ox},B_{Oy});

(2) 已知同一连架杆上两个铰链的坐标,即固定铰链坐标(A_{Ox},A_{Oy})和活动铰链坐标(A_{1x},A_{1y});

(3) 已知连杆上两个活动铰链的坐标(A_{1x},A_{1y})和(B_{1x},B_{1y});

(4) 已知机架上一固定铰链及其不相邻连架杆上铰链的坐标,即固定铰链坐标(A_{Ox},A_{Oy})和活动铰链坐标(B_{1x},B_{1y})。

对类型 1,展开式(7.37)可得

$$f_{1n}(A_{1x},A_{1y},B_{1x},B_{1y})=\sum_{\substack{i,j,k=0,\cdots,4\\ i+j+k+h\leqslant 4}} q_{1n-ijkh}A_{1x}^iA_{1y}^jB_{1x}^kB_{1y}^h,\quad n=1,2,3,4 \tag{7.38}$$

对类型 2,式(7.37)展开如下

$$f_{2n}(B_{Ox},B_{Oy},B_{1x},B_{1y})=\sum_{\substack{i,j,k=0,\cdots,4\\ i+j+k+h\leqslant 4}} q_{2n-ijkh}B_{Ox}^iB_{Oy}^jB_{1x}^kB_{1y}^h,\quad n=1,2,3,4 \tag{7.39}$$

对类型 3,式(7.37)展开如下

$$f_{3n}(A_{Ox},A_{Oy},B_{Ox},B_{Oy})=\sum_{\substack{i,j,k=0,\cdots,4\\ i+j+k+h\leqslant 4}} q_{3n-ijkh}A_{Ox}^iA_{Oy}^jB_{Ox}^kB_{Oy}^h,\quad n=1,2,3,4 \tag{7.40}$$

对类型 4,式(7.37)展开如下

$$f_{4n}(A_{1x},A_{1y},B_{Ox},B_{Oy})=\sum_{\substack{i,j,k=0,\cdots,4\\ i+j+k+h\leqslant 4}} q_{4n-ijkh}A_{1x}^iA_{1y}^jB_{Ox}^kB_{Oy}^h,\quad n=1,2,3,4 \tag{7.41}$$

式中,$q_{mn-ijkh}(m=1,2,3,4)$是与输入数据有关的常系数。

式(7.38)~式(7.41)这四组方程除参变量有差异外,其方程结构型式一致。式(7.38)~式(7.41)均为 4 元 4 次非线性多项式方程组,其总次数为 $4^4=256$,若直接应用结式消元法,如 Sylvester 结式法和 Dixon 结式法,均难以得到求解。本章采用两步消元的方法求解:(1)分别求解式(7.38)~式(7.41)的 Gröbner 基;(2)分析所生成基的变量以及由变量不同次幂组成的项,通过压缩合适的变量(即把某个变量与已知量组成的代数式用一个简单的标示符表示)使基的个数与项的个数相等,构造 Sylvester 结式,同时,为减少计算机符号运算时间,运用线性代数中行列式的相关性质,对构造的 Sylvester 进行分析,缩小结式的阶数,进而得到一元高次方程式。

7.4.2 约化与求解

1. 求解 Gröbner 基

(1) 类型 1 的 Gröbner 基

针对类型 1，若按照式(7.38)直接用计算机代数系统 Mathematica 软件中提供的 GröbnerBasis 命令求 Gröbner 基，无法从所得基中构造结式。为此，直接对式(7.34)～式(7.36)求 Gröbner 基。此时，这 12 个方程含有 12 个变量 $c_i, s_i, A_{1x}, A_{1y}, B_{1x}, B_{1y}\ (i=2,3,4,5)$，按变量的分次逆字典序排列 $c_2>s_2>c_3>s_3>c_4>s_4>c_5>s_5>A_{1x}>A_{1y}>B_{1x}>B_{1y}$，计算式(7.34)～式(7.36)的 Gröbner 基，得到一个含有 92 个多项式方程的分次逆字典序 Gröbner 基。将 B_{1y} 作为压缩变量，得到的分次逆字典序 Gröbner 基可以看作关于 92 个假想变元的线性方程组。但是，通过分析可知，系数矩阵的某些列中(例如第 j 列)只有一个元素为常数 m_{ij}，该列其他的元素均为 0，即只有第 i 个方程与第 j 个假想变元有关，而其他方程与该变元无关，因此，可以舍弃第 i 个方程，而不影响线性方程组求解。

同理，可以划去 56 个多项式方程，则只剩下分次逆字典序 Gröbner 基中第 56～78 共 23 个多项式方程，将这 23 个多项式方程组成 Sylvester 结式，写成矩阵形式为

$$\boldsymbol{M}_{23\times 23}\boldsymbol{T}_1=\boldsymbol{0}_{23\times 1} \tag{7.42}$$

式中，$\boldsymbol{M}_{23\times 23}$ 是一个关于 B_{1y} 的 23×23 阶系数矩阵，$\boldsymbol{T}_1$ 是一个含有 23 个假想变元的列阵，表示如下：

$$\boldsymbol{T}_1=(1, A_{1x}, A_{1y}, A_{1x}A_{1y}, A_{1y}^2, B_{1x}, A_{1x}B_{1x}, A_{1y}B_{1x}, B_{1x}^2, c_2, c_3, c_4, c_5, A_{1y}c_5, s_2, B_{1x}s_2, s_3, B_{1x}s_3, s_4, B_{1x}s_4, s_5, A_{1y}s_5, B_{1x}s_5)^{\mathrm{T}}$$

(2) 类型 2 的 Gröbner 基

针对类型 2，若直接运用计算机代数系统 Mathematica 软件中提供的 GröbnerBasis 命令，以 B_{Ox}、B_{Oy}、B_{1x}、B_{1y} 为变量，按照原有的项序，计算式(7.39)的 Gröbner 基，很难从这些基中找到合适的多项式组构造结式。所以，本章使用了第 2 章介绍的分组分次逆字典序这一新的项序，即通过提高 B_{1x} 的幂次数，使得含 B_{1x} 为变元的首项优先降幂或消去，并同时把其他 3 个变元按照分次逆字典序求出 Gröbner 基。它的原理步骤在 2.7 节已经作了介绍，这里不再赘述。这里将 B_{1x} 的幂次数至少提高到 2 次(即 $B_{1x}=B_{1x}^2$)，再以单项式的分组分次逆字典序排列 $B_{1x}^2>B_{1y}>B_{Ox}>B_{Oy}$，计算式(7.39)的分次逆字典序 Gröbner 基，得到一个含有 35 个多项式方程的分次逆字典序 Gröbner 基，将 B_{Oy} 作为压缩变量，取 Gröbner 基中第 1～5、第 18～32 和第 35 共 22 个多项式方程，写成矩阵形式为

$$\boldsymbol{M}_{22\times 22}\boldsymbol{T}_2=\boldsymbol{0}_{22\times 1} \tag{7.43}$$

式中，$\boldsymbol{M}_{22\times 22}$ 是一个关于 B_{Oy} 的 22×22 阶系数矩阵，$\boldsymbol{T}_2$ 是一个含有 22 个假想变元的列阵，表示如下：

$$\boldsymbol{T}_2=(1, B_{1x}^2, B_{1x}^4, B_{1y}, B_{1x}^2B_{1y}, B_{1y}^2, B_{1x}^2B_{1y}^2, B_{1y}^3, B_{1y}^4, B_{Ox}, B_{1x}^2B_{Ox}, B_{1y}B_{Ox}, B_{1x}^2B_{1y}B_{Ox}, B_{1y}^2B_{Ox}, B_{1y}^3B_{Ox}, B_{Ox}^2, B_{1x}^2B_{Ox}^2, B_{1y}B_{Ox}^2, B_{1y}^2B_{Ox}^2, B_{Ox}^3, B_{1y}B_{Ox}^3, B_{Ox}^4)^{\mathrm{T}}$$

(3) 类型 3 的 Gröbner 基

针对类型 3,和类型 2 类似,使用分组分次逆字典序这一新项序求解式(7.40)的 Gröbner 基。将 A_{Ox} 的幂次数至少提高到 3 次(即 $A_{Ox}=A_{Ox}^3$),再以单项式的分组分次逆字典序排列 $A_{Ox}^3>A_{Oy}>B_{Ox}>B_{Oy}$,计算式(7.40)的分次逆字典序 Gröbner 基,得到一个含有 39 个多项式方程的分次逆字典序 Gröbner 基,将 B_{Oy} 作为压缩变量,取 Gröbner 基中第 1 和第 14~39 共 27 个多项式方程,写成矩阵形式为

$$\boldsymbol{M}_{27\times27}\boldsymbol{T}_3=\boldsymbol{0}_{27\times1} \tag{7.44}$$

式中,$\boldsymbol{M}_{27\times27}$ 是一个关于 B_{Oy} 的 27×27 阶系数矩阵,$\boldsymbol{T}_3$ 是一个含有 27 个假想变元的列阵,可表示为

$$\boldsymbol{T}_3=(1,A_{Ox}^3,A_{Oy},A_{Ox}^3A_{Oy},A_{Oy}^2,A_{Ox}^3A_{Oy}^2,A_{Oy}^3,A_{Oy}^4,A_{Oy}^5,B_{Ox},A_{Ox}^3B_{Ox},A_{Oy}B_{Ox},A_{Ox}^3A_{Oy}B_{Ox},A_{Oy}^2B_{Ox},A_{Oy}^3B_{Ox},A_{Oy}^4B_{Ox},B_{Ox}^2,A_{Ox}^3B_{Ox}^2,A_{Oy}B_{Ox}^2,A_{Oy}^2B_{Ox}^2,A_{Oy}^3B_{Ox}^2,B_{Ox}^3,A_{Oy}B_{Ox}^3,A_{Oy}^2B_{Ox}^3,B_{Ox}^4,A_{Oy}B_{Ox}^4,B_{Ox}^5)^{\mathrm{T}}$$

(4) 类型 4 的 Gröbner 基

针对类型 4,和类型 2 的情况也类似,使用分组分次逆字典序这一新项序求解式(7.41)的 Gröbner 基。将 A_{1x} 的幂次数至少提高到 4 次(即 $A_{1x}=A_{1x}^4$),再以单项式的分组分次逆字典序排列 $A_{1x}^4>A_{1y}>B_{Ox}>B_{Oy}$,计算式(7.41)的分组分次逆字典序 Gröbner 基,得到一个含有 35 个多项式方程的 Gröbner 基,将 B_{Oy} 作为压缩变量,取 Gröbner 基中第 1、2、13~34 共 24 个多项式方程,写成矩阵形式为

$$\boldsymbol{M}_{24\times24}\boldsymbol{T}_4=\boldsymbol{0}_{24\times1} \tag{7.45}$$

式中,$\boldsymbol{M}_{24\times24}$ 是一个关于 B_{Oy} 的 24×24 阶系数矩阵,$\boldsymbol{T}_4$ 是一个含有 24 个假想变元的列阵,可表示为

$$\boldsymbol{T}_4=(1,A_{1x}^4,A_{1y},A_{1x}^4A_{1y},A_{1y}^2,A_{1y}^3,A_{1y}^4,A_{1y}^5,B_{Ox},A_{1x}^4B_{Ox},A_{1y}B_{Ox},A_{1y}^2B_{Ox},A_{1y}^3B_{Ox},A_{1y}^4B_{Ox},B_{Ox}^2,A_{1y}B_{Ox}^2,A_{1y}^2B_{Ox}^2,A_{1y}^3B_{Ox}^2,B_{Ox}^3,A_{1y}B_{Ox}^3,A_{1y}^2B_{Ox}^3,B_{Ox}^4,A_{1y}B_{Ox}^4,B_{Ox}^5)^{\mathrm{T}}$$

2. 获取一元高次方程

由 Cramer 法则可知,方程组(7.42)~方程组(7.45)有解的充要条件是其系数行列式等于 0,即

$$\det(\boldsymbol{M}_{23\times23})=0 \tag{7.46}$$

$$\det(\boldsymbol{M}_{22\times22})=0 \tag{7.47}$$

$$\det(\boldsymbol{M}_{27\times27})=0 \tag{7.48}$$

$$\det(\boldsymbol{M}_{24\times24})=0 \tag{7.49}$$

为准确得到解的数目,在展开行列式前判断方程的次数十分重要。

(1) 类型 1 的一元高次方程

矩阵 $\boldsymbol{M}_{23\times23}$ 每列关于变量 B_{1y} 的最高次数为 3、2、2、1、1、2、1、1、1、2、2、2、2、1、2、1、2、1、2、1、2、1、1,其总和为 36。根据行列式的运算法则可知,展开式(7.46)后得到只含变量 B_{1y} 的多项式最高次数不会超过 36。

展开式(7.46),不需要提取任何公因式,直接得到的关于变量 B_{1y} 的一元 36 次输入输出方程

$$\sum_{i=0}^{36} s_{1i} B_{1y}^{i} = 0 \tag{7.50}$$

式中,s_{1i}是由输入参数确定的实系数。

由于$\boldsymbol{M}_{23\times 23}$的阶数较大,若直接展开行列式求解,会耗费很长机时,因此使用2.8节提到的广义矩阵特征值方法求解B_{1y},将在复数域内得到该问题的36个解。

(2) 类型2的一元高次方程

矩阵$\boldsymbol{M}_{22\times 22}$每列关于变量$B_{Oy}$的最高次数为7、4、1、5、3、4、1、3、1、5、3、4、1、3、1、4、2、3、2、3、2、2,其总和为64。根据行列式的运算法则可知,展开式(7.47)后得到只含变量B_{Oy}的多项式最高次数不会超过64。

展开式(7.47),不需要提取任何公因式,直接得到的关于变量B_{Oy}的一元64次输入输出方程

$$\sum_{i=0}^{64} s_{2i} B_{Oy}^{i} = 0 \tag{7.51}$$

式中,s_{2i}是由输入参数确定的实系数。

由于$\boldsymbol{M}_{22\times 22}$的阶数较大,若直接展开行列式求解,会耗费很长机时,因此使用2.8节提到的广义矩阵特征值方法求解B_{Oy},将在复数域内得到该问题的64个解。

实际上类型2不需要使用Gröbner基消元法求解。由于A_{Ox}、A_{Oy}、A_{1x}、A_{1y}四个变量已知,因此根据式(7.34)和式(7.36),分别解析求解得到2组θ_{1i}($i=2,3,4,5$),将其代入式(7.35),此时轨迹生成综合问题变成了五精确点刚体导引问题,因此根据第6章的内容可知,针对每一组θ_{1i}($i=2,3,4,5$),可以得到4组B_{Ox}、B_{Oy}、B_{1x}、B_{1y},故而对于该问题一共可以得到$2\times2\times2\times2\times4=64$。通过分析可知,该问题存在16组退化解。

(3) 类型3的一元高次方程

矩阵$\boldsymbol{M}_{27\times 27}$每列关于变量$B_{Oy}$的最高次数为7、4、6、3、5、1、4、3、2、6、3、5、2、4、3、2、5、2、4、3、2、4、3、2、3、2、2,其总和为92。根据行列式的运算法则可知,展开式(7.48)后得到只含变量B_{Oy}的多项式最高次数不会超过92。

展开式(7.48),不需要提取任何公因式,直接得到的关于变量B_{Oy}的一元92次输入输出方程

$$\sum_{i=0}^{92} s_{3i} B_{Oy}^{i} = 0 \tag{7.52}$$

式中,s_{3i}是由输入参数确定的实系数。

由于$\boldsymbol{M}_{27\times 27}$的阶数较大,若直接展开行列式求解,会耗费很长机时,因此使用2.8节提到的广义矩阵特征值方法求解B_{Oy},将在复数域内得到该问题的92个解。

(4) 类型3的一元高次方程

矩阵$\boldsymbol{M}_{24\times 24}$每列关于变量$B_{Oy}$的最高次数为7、3、6、1、5、4、3、1、6、2、5、4、3、2、5、4、3、2、4、3、2、3、2、2,其总和为82。根据行列式的运算法则可知,展开式(7.49)后得到只含变量B_{Oy}的多项式最高次数不会超过82。

展开式(7.49),不需要提取任何公因式,直接得到的关于变量B_{Oy}的一元82次输入输出方程

$$\sum_{i=0}^{82} s_{4i} B_{Oy}^{i} = 0 \tag{7.53}$$

式中，s_{4i}是由输入参数确定的实系数。

由于$\boldsymbol{M}_{24\times 24}$的阶数较大，若直接展开行列式求解，会耗费很长机时，因此使用 2.8 节提到的广义矩阵特征值方法求解 B_{Oy}，将在复数域内得到该问题的 82 个解。

3. 求解其他变量

对类型 1，将所求得的 36 个 B_{1y} 值代入 23 个多项式中任何 22 个式中，则这 22 个式子变成除假想变元 1 之外的 22 个假想变元的线性方程组，解此方程组，可求得对应于 B_{1y} 的 A_{1x}、A_{1y}、B_{1x} 值。

对类型 2，将所求得的 64 个 B_{Oy} 值代入 22 个多项式中任何 21 个式中，线性求解这 21 个方程，得到对应于 B_{Oy} 的 B_{Ox}、B_{1x}、B_{1y} 值。

对类型 3，将所求得的 92 个 B_{Oy} 值代入 27 个多项式中任何 26 个式中，线性求解这 26 个方程，得到对应于 B_{Oy} 的 A_{Ox}、A_{Oy}、B_{Ox} 值。

对类型 4，将所求得的 82 个 B_{Oy} 值代入 24 个多项式中任何 23 个式中，线性求解这 23 个方程，得到对应于 B_{Oy} 的 A_{1x}、A_{1y}、B_{Ox} 值。

7.4.3 数值实例

采用该方法对平面铰链四杆五点轨迹综合的 4 种类型分别求解，并通过 SolidWorks 与 SAM 软件的联合仿真对结果进行验证。因篇幅所限计算结果只列出实数解。

1. 数值实例 1

针对类型 1，输入参数：$A_{Ox}=0$，$A_{Oy}=0$，$B_{Ox}=18$，$B_{Oy}=0$，$P_{1x}=12$，$P_{1y}=10$，$P_{2x}=12$，$P_{2y}=11$，$P_{3x}=10$，$P_{3y}=12$，$P_{4x}=9$，$P_{4y}=11$，$P_{5x}=8$，$P_{5y}=10$。

计算结果：36 组解，其中 18 组实数解和 18 组复数解，因篇幅所限本章只列出变量 A_{1x}、A_{1y}、B_{1x}、B_{1y} 的 18 组实数解，如表 7.2 所示。

表 7.2 类型 1 的 18 组实数解

NO.	A_{1x}	A_{1y}	B_{1x}	B_{1y}
1	0.384 553	18.524 7	34.751 3	32.468 9
2	0.798 97	5.350 5	17.591	-10.557 8
3	-4.349 42	3.154 94	14.078	-1.279 82
4	18.643 8	-3.086 95	-22.141 8	2.012 89
5	17.664 5	-2.747 29	81.380 5	-7.398 23
6	2.314 38	-2.547 57	21.302 7	-1.936 61
7	15.621 8	-2.134 65	-95.593 3	9.937 85
8	0.183 45	2.028 56	17.754 7	-1.614 06

续表

NO.	A_{1x}	A_{1y}	B_{1x}	B_{1y}
9	2.201 64	−1.948 16	20.775 5	−1.888 68
10	14.045 2	−1.827 68	−161.162	14.651 1
11	−0.002 48	1.816 28	17.620 1	−1.601 83
12	12.685 3	−1.741 65	−330.248	30.022 5
13	6.234 62	1.505 01	17.118 2	−1.556 2
14	1.949 4	−1.439 4	19.642 2	−0.822 22
15	5.576 99	1.349 45	21.072	−2.734 8
16	1.920 61	−1.134 07	19.439 2	−0.947 86
17	1.800 74	−0.364 20	19.711 7	−0.213 24
18	2.061 75	−0.255 14	19.861 4	0.047 37

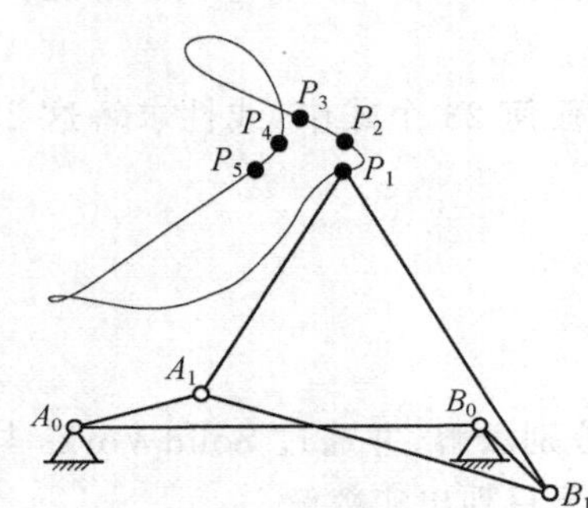

图 7.12 类型 1 序号 15 的仿真结果

仿真结果：表中 18 组数据都满足通过五精确点的要求。但是按照 Grashof 条件，序号 1、4、6、9、1、3、15，不受回路缺陷影响，满足 5 个精确点在同一回路上，例如序号 15 的仿真结果图 7.12 所示。其余数据 5 个精确点在其两个不同的回路上，例如序号 2 的仿真结果如图 7.13 所示。

2. 数值实例 2

针对类型 2，输入参数：$A_{Ox}=18\,235/96$，$A_{Oy}=153/122$，$A_{1x}=8787/98$，$A_{1y}=15\,276/97$，$P_{1x}=346/25$，$P_{1y}=18\,847/100$，$P_{2x}=-(3107/100)$，$P_{2y}=3516/25$，$P_{3x}=-(1291/25)$，$P_{3y}=9633/100$，$P_{4x}=2237/50$，$P_{4y}=2279/20$，$P_{5x}=6627/100$，$P_{5y}=21\,507/100$。

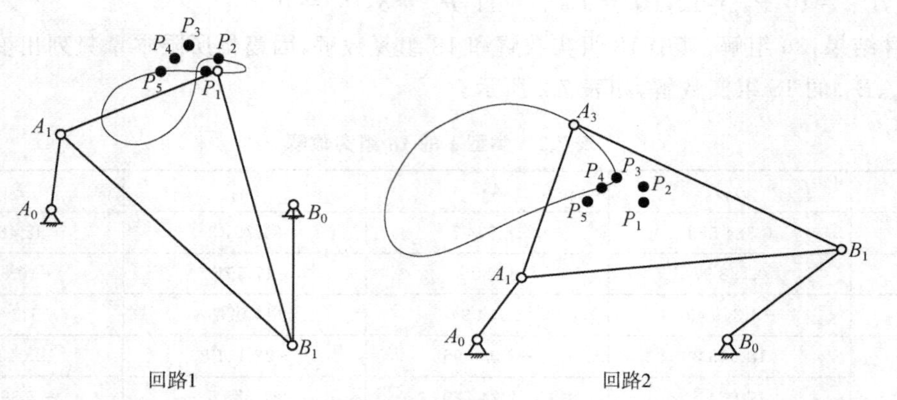

图 7.13 类型 1 序号 2 的仿真结果

计算结果：64 组解，其中有 16 组退化解（所求 B_O、B_1 分别与 A_O、A_1 重合），剩下的 48 组解中有 24 组实数解，结果如表 7.3 所示。

表 7.3 类型 2 的 24 组实数解

NO.	B_{1x}	B_{1y}	B_{Ox}	B_{Oy}	NO.	B_{1x}	B_{1y}	B_{Ox}	B_{Oy}
1	−84.25	71.066 3	−1.309 64	0.082 68	13	234.393	200.849	−374.659	368.137
2	347.274	406.918	309.649	908.134	14	−274.499	324.058	−105.492	144.071
3	276.539	487.623	75.7646	1 771.27	15	49.119 9	−5.374 91	−64.489 3	15.875 1
4	59.115 8	163.87	46.062 7	113.587	16	−109.125	256.654	−14.092 1	158.977
5	124.532	149.175	322.909	−154.538	17	36.822 1	231.672	55.507 5	157.762
6	−6.717 42	136.303	−162.992	211.623	18	70.711 3	181.643	25.885 8	157.222
7	117.899	216.229	89.7631	168.117	19	59.1513	163.632	44.932 3	114.359
8	−186.192	330	−7.532 65	106.97	20	−740.501	1 158.9	−96.598 9	238.472
9	171.021	69.448 3	52.215 6	191.504	21	952.22	−9.465 37	58.691 4	165.463
10	−132.317	241.723	−2.884 94	93.868 8	22	−56.767 4	151.437	41.682 6	44.656 9
11	−100.889	251.454	−3.883 24	149.025	23	72.290 9	257.46	79.677 6	187.471
12	64.142 1	89.270 7	3.529 07	77.808 7	24	56.561 1	145.695	17.188 5	118.582

仿真结果：表中 24 组数据全部满足通过五精确点的要求。按照 Grashof 条件，序号 1、2、5、6、8、10、12～15,17、18、21、22、24，不受回路缺陷影响，满足 5 个精确点在同一回路上，例如序号 1 的仿真结果如图 7.14 所示。其他组数据 5 个精确点分别位于不同的回路，例如序号 7 仿真结果如图 7.15 所示。

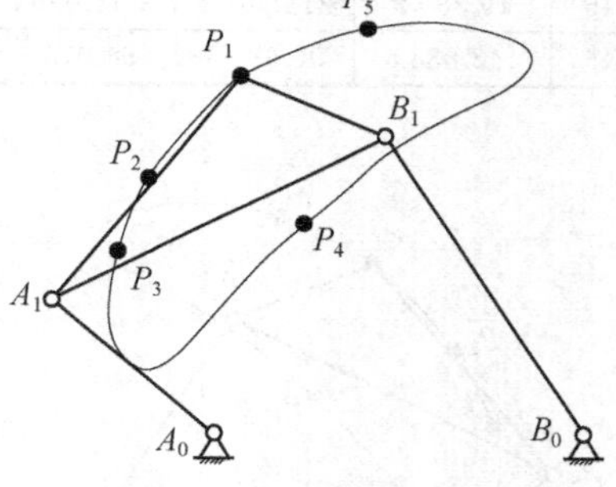

图 7.14 类型 2 序号 1 的仿真结果

3. 数值实例 3

针对类型 3，输入参数：$A_{1x}=-85$，$A_{1y}=71$，$B_{1x}=90$，$B_{1y}=158$，$P_{1x}=14$，$P_{1y}=188$，$P_{2x}=-31$，$P_{2y}=141$，$P_{3x}=-52$，$P_{3y}=96$，$P_{4x}=45$，$P_{4y}=114$，$P_{5x}=66$，$P_{5y}=215$。

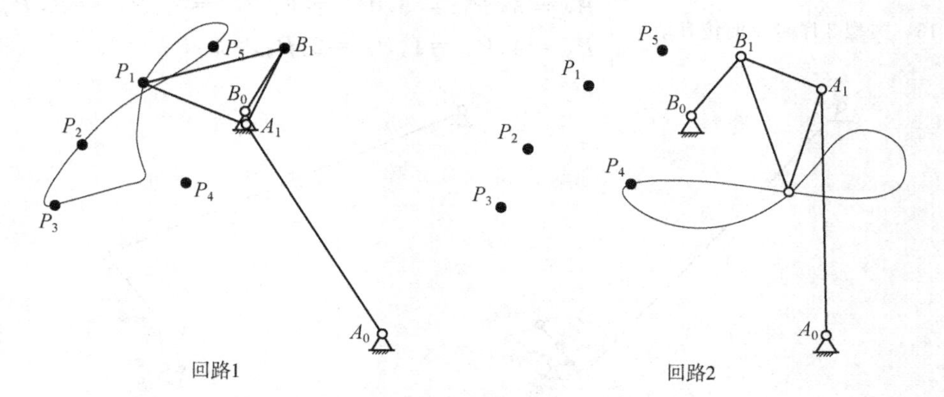

图 7.15 类型 2 序号 7 的仿真结果

计算结果：92 组解，其中包含 32 组实数解和 60 组复数解。32 组实数解如表 7.4 所示。

表 7.4　类型 3 的 32 组实数解

NO.	A_{Ox}	A_{Oy}	B_{Ox}	B_{Oy}	NO.	A_{Ox}	A_{Oy}	B_{Ox}	B_{Oy}
1	-0.388 0	4.050 2	197.787 6	-16.140 3	17	55.467 03	134.951 25	34.775 75	107.912 9
2	-687.110 1	710.880 7	-12.753 5	97.383 3	18	53.650 04	188.523 98	-3.455 56	87.974 9
3	31.017 8	61.099 4	37.581 4	233.769 6	19	46.300 96	137.336 88	30.420 81	114.764 1
4	12.479 0	146.471 9	13.767 6	146.882 9	20	15.904 62	28.757 44	13.036 61	248.107 8
5	86.467 0	125.241 5	50.637 9	86.304 6	21	112.369 5	162.161 3	21.503 5	31.513 9
6	104.981 8	130.656 4	2.821 7	58.842 6	22	107.214 0	165.630 5	31.348 9	14.006 5
7	27.666 7	61.992 4	-221.390 5	2 149.904 9	23	-154.007 9	168.197 2	561.714 5	-296.476 2
8	29.453 9	65.310 0	-35.489 7	1 155.754 3	24	103.711 1	167.624 5	39.662 2	-8.062 2
9	323.667 9	136.616 5	84.391 3	83.188 9	25	53.143 6	134.993 5	-6.416 1	80.076 5
10	146.394 1	157.622 6	55.882 8	95.950 0	26	50.007 7	128.134 4	5.379 6	44.483 8
11	125.679 4	161.795 3	49.796 5	101.699 5	27	67.626 1	118.918 5	20.523 2	-2.845 3
12	57.161 8	185.692 1	27.235 6	130.729 9	28	-146.241 6	132.654 9	27.944 5	100.266 6
13	33.127 2	199.078 9	13.745 5	105.068 2	29	-164.646 9	138.587 3	6.404 7	124.181 1
14	42.235 4	193.254 2	15.925 5	94.398 7	30	-50.082 6	183.128 4	243.022 3	-214.424 0
15	19.880 9	213.467 4	-11.099 2	105.578 4	31	-67.729 5	178.491 0	1 046.454 4	-1 143.410 1
16	142.838 5	96.687 5	84.015 4	63.698 1	32	71.294 0	90.378 9	70.602 8	-249.519 4

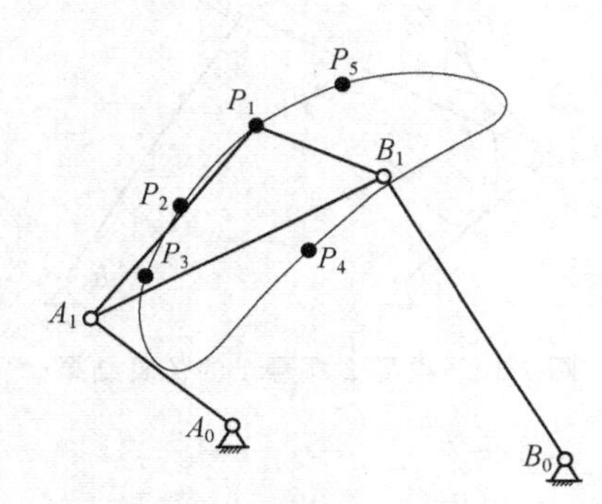

图 7.16　类型 3 序号 1 的仿真结果

仿真结果：表中 32 组数据全部满足通过五精确点要求。按照 Grashof 条件，序号 1、7～26、28～32 不受回路缺陷影响，满足 5 个精确点在同一回路上，例如序号 1 的仿真结果图 7.16 所示。其余数据 5 个精确点在其两个不同的回路上，例如序号 2 的仿真结果如图 7.17 所示。

4. 数值实例 4

针对类型 4，输入参数：$A_{Ox}=0$，$A_{Oy}=0$，$B_{1x}=6$，$B_{1y}=5$，$P_{1x}=5$，$P_{1y}=6$，$P_{2x}=3$，$P_{2y}=5$，$P_{3x}=2$，$P_{3y}=4$，$P_{4x}=1$，$P_{4y}=2$，$P_{5x}=2$，$P_{5y}=3$。

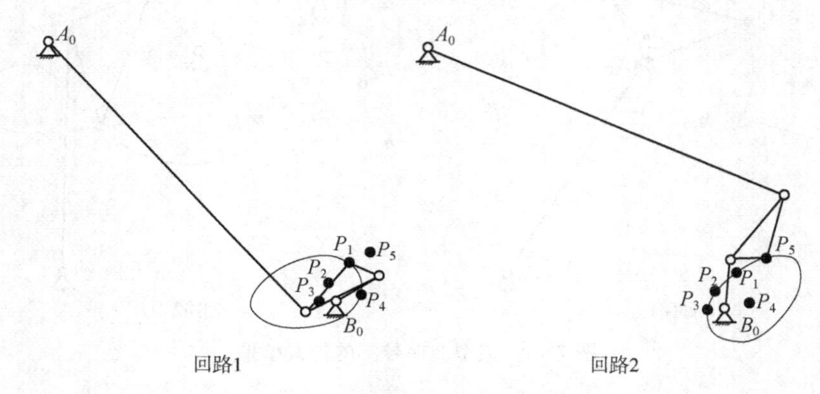

图 7.17　类型 3 序号 2 的仿真结果

计算结果:可求得 82 组解,其中有 16 组为退化解,即所求 A_1、B_O 分别与 B_1、A_O 重合。剩下的 66 组数据中有 6 组实数解和 60 组复数解,6 组实数解如表 7.5 所示。

表 7.5 类型 4 数值实例的 6 组实数解

NO.	A_{1x}	A_{1y}	B_{Ox}	B_{Oy}
1	0.572 69	3.218 96	7.818 68	−1.066 34
2	2.658 02	1.342 25	6.609 6	0.378 942
3	2.847 22	3.076 13	9.630 41	−6.076 64
4	3.883 19	2.912 59	5.186 97	0.236 608
5	2.051 42	1.997 07	5.701	1.633 13
6	4.407 08	2.702 75	6.022 42	−2.283 15

仿真结果:表中 6 组数据全部满足通过五精确点的要求。按照 Grashof 条件,6 组数据都满足在同一回路上通过五精确点的要求,例如序号 1 的仿真结果如图 7.18 所示。

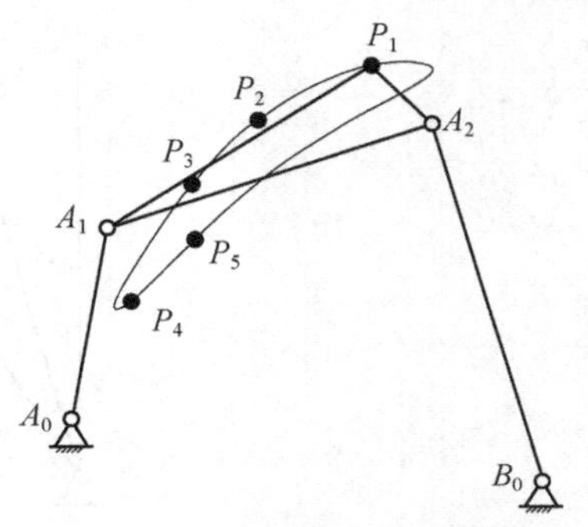

图 7.18 类型 4 序号 1 的仿真结果

本节根据平面四杆机构五精确点轨迹综合的已知参数,将综合问题分为 4 种类型。按照杆长条件,采用平面位移矩阵对 4 种类型建立统一的数学模型;使用分组分次逆字典序来求 Gröbner 基,结合 Sylvester 结式对方程约化与求解。通过数值实例,使用 SolidWorks 和 SAM 软件对计算结果进行仿真,结果表明该方法的正确性,并得出类型 1 存在 36 组解,类型 2 不含退化解存在 48 组解,类型 3 存在 92 组解,类型 4 不含退化解存在 66 组解。

7.5 曲线同源机构和 Roberts 定理

7.5.1 曲线同源机构

具有相同的运动结构型式(即杆数相同,组成的阶数相同),并能生成相同连杆曲线的不同机构,称为曲线同源机构(Curve Cognate)。

图 7.19 中的 A_OABB_O 是一个铰链四杆机构,P 点是连杆平面上的一个轨迹发生点(连杆点)。我们将这个机构称为“原始机构”。Roberts 定理指出,一共有 3 个不同的铰链四杆机构,能够在 P 点处产生相同的连杆曲线。这 3 个铰链四杆机构就称为“曲线同源机构”。这 3 个曲线同源机构是:A_OABB_O、$A_OA'C'C_O$ 和 $B_OB''C''C_O$。

同源机构的优点是:有时候,原始机构的运动特性,或传动角,或位置空间(如定铰链的位置)可能不满足实际应用的要求。这时,可以用它的两个同源机构之一来代替。

由原始机构求它另外的两个曲线同源机构的步骤是：

(1) 作平行四边形 A_OAPA'；

(2) 作△$A'C'P$，并使它与△APB 相似；

(3) 作平行四边形 B_OBPB''；

(4) 作△$PC''B''$，并使它与△APB 相似；

(5) 作平行四边形 $PC''C_OC'$，则 C_O 即为另外两个曲线同源机构的固定铰链。

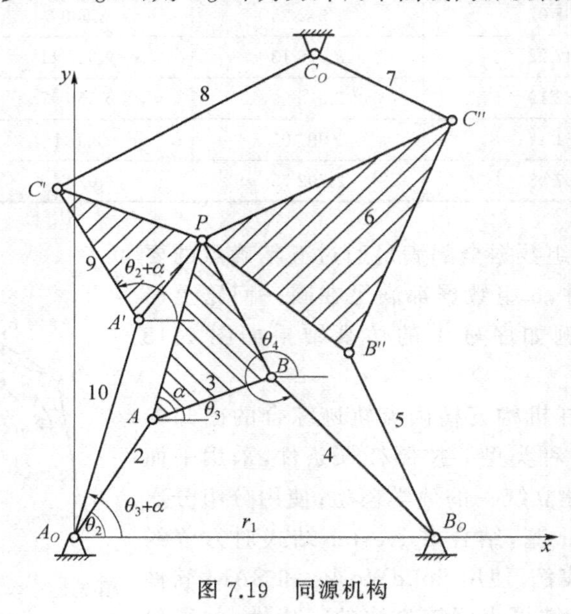

图 7.19 同源机构

7.5.2 Roberts 定理的证明

把图 7.19 所示的 3 个同源机构看作是一个整体机构，且认为 C_O 点并不是固定铰链，以此来分析机构的自由度。由图 7.19 可知，机构的构件数 $n=10$，而低副个数 $p_l=13$，高副个数 $p_h=0$。根据计算平面机构自由度的公式知

$$m=3(n-1)-2p_l-p_h=3(10-1)-2\times13-0=1$$

即机构的自由度为 1。

在图 7.19 中，将各杆看作矢量，则由矢量多边形的关系，有

$$\begin{aligned}\boldsymbol{A_OC_O}&=\boldsymbol{A_OA'}+\boldsymbol{A'C'}+\boldsymbol{C'C_O}=\boldsymbol{AP}+\boldsymbol{A'C'}+\boldsymbol{PC''}\\&=\left(\frac{l_{AP}}{l_{AB}}\right)r_3\mathrm{e}^{\mathrm{i}(\theta_3+\alpha)}+\left(\frac{l_{A'C'}}{l_{A'P}}\right)r_2\mathrm{e}^{\mathrm{i}(\theta_2+\alpha)}+\left(\frac{l_{AP}}{l_{AB}}\right)r_4\mathrm{e}^{\mathrm{i}(\theta_4+\alpha)}\\&=\left(\frac{l_{AP}}{l_{AB}}\right)r_1\mathrm{e}^{\mathrm{i}\alpha}=\text{常数}\end{aligned}$$

这一推导证明，上述这个整体机构在运动过程中，C_O 点的位置始终保持固定不动。因此，若将 C_O 点作为固定铉链，并将 $A_OA'C'C_O$（或者 $B_OB''C''C_O$）独立出来，作为单独的铰链四杆机构，则其上的连杆点 P 所画出的连杆曲线，显然与原始机构 A_OABB_O 的 P 点所画出的连杆曲线完全一致。这就证明了 Roberts 定理。

在运动过程中，由于平行的各杆的角速度相等，故在各同源机构中，各杆的角速度具有如下的关系

$$\omega_9=\omega_2=\omega_7$$
$$\omega_{10}=\omega_3=\omega_5$$
$$\omega_8=\omega_4=\omega_6$$

7.5.3　曲线同源机构各杆尺寸的求法

由原始机构求它的两个曲线同源机构各杆尺寸的一个简单方法如下：设想将图 7.19 中 3 个定铰链 A_O、B_O、C_O 释放，并将它们彼此拉开，直至每个铰链四杆机构(除机架外)的 3 根运动杆成一直线。于是，得到图 7.20 的图形。在图 7.20 中，3 个铰链四杆机构除了机架之外，其余各可动杆均反映了它们的真实尺寸。

这样一来，给定任一铰链四杆机构及其上的一个连杆点，就可以按图 7.20 所示的方法作图，以获得其余两个同源机构各杆的尺寸。这一方法称为 Cayley 作图法。

机架 $l_{A_OC_O}$ 和 $l_{B_OC_O}$ 尺寸的求法如下：由于定铰链点 A_O 和 B_O 已知，因而只需求得 C_O 点的位置。而 C_O 点的位置，可以由$\triangle A_oB_oC_o \backsim \triangle ABP$ 的相似关系求得。

当连杆点 P 位于直线 AB 上或它的延长线上时，由 Cayley 作图法无法求得它的同源机构各杆的尺寸，因为这时 3 个定铰链点 A_O、B_O、C_O 位于同一直线上。这时，同源机构的求法如下(参看图 7.21 的例子，连杆点 P 位于 AB 的延长线上)：

(1) 按如下比例关系，求定铰链 C_O

$$\frac{l_{A_OB_O}}{l_{B_OC_O}}=\frac{l_{AB}}{l_{BP}}$$

(2) 作平行四边形 A_OAPA' 和 B_OBPB''。

(3) 作平行四边形 $C_OC'PC''$。

最后，可得两个同源机构 $A_OA'C'C_O$ 和 $B_OB''C''C_O$。

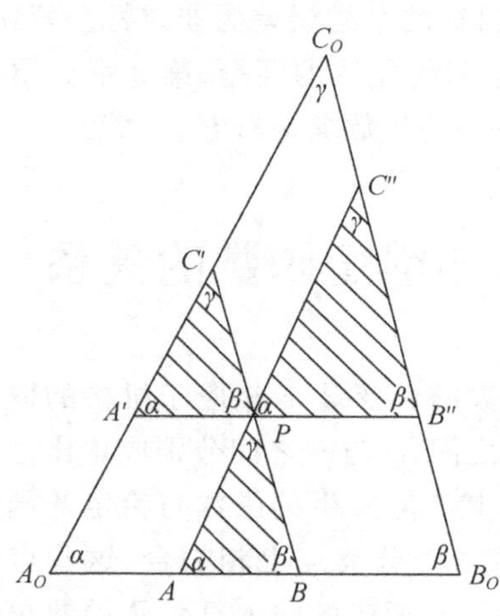

图 7.20　Cayley 作图求解曲线同源机构的各杆尺寸

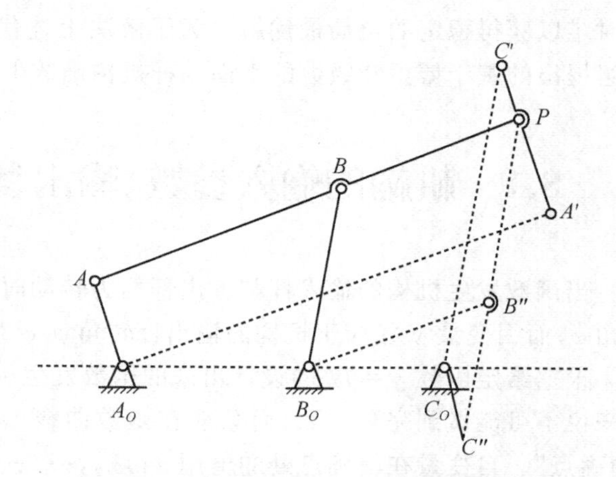

图 7.21　三个定铰链共线时同源机构的求法

第8章

平面四杆机构的精确点函数生成综合

函数生成综合问题是连杆机构尺度综合三类基本问题之一，其任务是综合连杆机构使其输入和输出构件间角度满足预定函数关系 $y=f(x)$。对于输入和输出均为转动的平面四杆机构而言，函数的自变量 x 对应于输入杆转角 φ，因变量 y 对应于输出杆转角 ψ、φ 与 x 之间，ψ 与 y 之间成正比例关系。

对于函数生成综合问题，目前研究主要从少点位精确综合和多点位的优化综合两方面展开。精确综合是通过求解非线性方程组确定机构的结构尺寸，即在确定输入和输出构件3～5个精确位置的基础上，将机构的设计参数表示为预期函数与输出函数的误差，并令误差为零，从而得到若干含有设计参数的非线性方程，求解方程组可得到在给定位置误差为零时机构的设计尺寸。本章主要介绍这部分内容，即平面四杆机构精确点函数生成综合的代数求解。

使用该方法进行函数综合，受机构独立设计参数的限制，所能实现的精确位置数不能超过机构未知参数的数目，无法获得更多的精确点，以平面四杆机构作为函数生成机构最多可实现 5 个精确位置。优化综合可实现多点位的函数生成，其综合过程是将机构实际生成的函数曲线与预定目标函数曲线间的结构误差作为求优目标，通过优化综合得到满足设计要求的机构。使用这一方法进行函数综合，由于作为优化目标的结构误差为非线性多峰函数，有时难以获得稳定的全局最优解。为了解决上述代数法和优化法的问题，第 9 章介绍本课题组提出的基于傅里叶级数的平面四杆机构函数生成综合的代数求解新方法。

8.1 机构的输入参数、输出参数与给定函数的关系

当函数发生机构的输入杆与输出杆均为转动时，函数的自变量 x 相应于机构的输入杆转角 φ，而因变量 y 相应于机构的输出杆转角 ψ，φ 与 x 之间，ψ 与 y 之间分别成正比。

根据给定函数 $y=f(x)$设计出来的函数发生机构，其实际发生的函数与给定的函数一般来说不可能做到完全一致，而只能在函数曲线上的若干个分离点上相吻合，这些点称为“精确点”。自变量在精确点处的值用 $x_1,x_2,\cdots,x_n$ 表示，其相应的输入杆位置的幅角记作 $\varphi_1,\varphi_2,\cdots,\varphi_n$。精确点处的函数值用 $y_1,y_2,\cdots,y_n$ 表示，而相应的输出杆位置的幅角则为 $\psi_1,\psi_2,\cdots,\psi_n$，如图 8.1 所示。其中，$n$ 是精确点的个数。

函数自变量的变化范围为 $x_0 \leqslant x \leqslant x_{n+1}$，相应的函数值 $y_0 \leqslant y \leqslant y_{n+1}$，与此相对应的机构输入杆和输出杆的工作范围分别为 $\varphi_0 \leqslant \varphi \leqslant \varphi_{n+1}$ 和 $\psi_0 \leqslant \psi \leqslant \psi_{n+1}$。

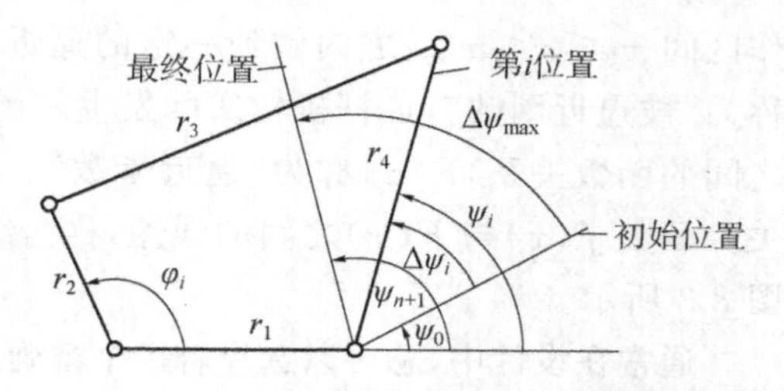

图 8.1　输出杆不同精确点位置的幅角

本书引用如下的记号

Δx_{max}：函数自变量的变化区间，$\Delta x_{max} = x_{n+1} - x_0$。

Δy_{max}：函数值的变化区间，$\Delta y_{max} = y_{n+1} - y_0$。

$\Delta \varphi_{max}$：机构输入杆的工作区间，$\Delta \varphi_{max} = \varphi_{n+1} - \varphi_0$。

$\Delta \varphi_{max}$：机构输出杆的工作区间，$\Delta \psi_{max} = \psi_{n+1} - \psi_0$。

其中，φ_0、ψ_0 表示机构输入杆和输出杆初始位置的幅角，称为初始角；φ_{n+1}、ψ_{n+1} 表示机构输入杆和输出杆最终位置的幅角。

输入杆的增量角，即输入杆在第 i 个位置上相对其初始位置的转角，用 $\Delta\varphi_i$ 表示；输出杆的增量角则用 $\Delta\psi_i$ 表示，即

$$
\begin{array}{ll}
\Delta\varphi_1 = \varphi_1 - \varphi_0 & \Delta\psi_1 = \psi_1 - \psi_0 \\
\Delta\varphi_2 = \varphi_2 - \varphi_0 & \Delta\psi_2 = \psi_2 - \psi_0 \\
\vdots & \vdots \\
\Delta\varphi_n = \varphi_n - \varphi_0 & \Delta\psi_n = \psi_n - \psi_0
\end{array}
\tag{8.1}
$$

由于 φ 正比于 x，ψ 正比于 y，故有

$$
\frac{\Delta\varphi_i}{x_i - x_0} = \frac{\Delta\varphi_{max}}{\Delta x_{max}}, \quad \frac{\Delta\psi_i}{y_1 - y_0} = \frac{\Delta\psi_{max}}{\Delta y_{max}}, \quad i = 1, 2, \cdots, n \tag{8.2}
$$

或者

$$
\Delta\varphi_i = \frac{\Delta\varphi_{max}}{\Delta x_{max}}(x_i - x_0), \quad \Delta\psi_i = \frac{\Delta\varphi_{max}}{\Delta y_{max}}(y_i - y_0), \quad i = 1, 2, \cdots, n \tag{8.3}
$$

用比例因子 R_φ、R_ψ 表示式(8.2)和式(8.3)中的常数

$$
R_\varphi = \frac{\Delta\varphi_{max}}{\Delta x_{max}}, \quad R_\psi = \frac{\Delta\psi_{max}}{\Delta y_{max}} \tag{8.4}
$$

则式(8.3)变为

$$
\Delta\varphi_i = R_\varphi(x_i - x_0), \quad \Delta\psi_i = R_\psi(y_i - y_0) \tag{8.5}
$$

8.2 切比雪夫精确点位置配置法以及 Freudenstein 方法

8.2.1 精确点与结构误差

函数机构所发生的实际函数与给定的函数 $f(x)$ 一般不可能做到完全一致，而只能在工

作区间 $x_0 \leqslant x \leqslant x_{n+1}$ 之内做到一定的逼近。通常把给定的函数(即希望实现的函数)$f(x)$ 称为"被逼近函数",连杆机构实际发生的函数(例如铰链四杆机构从动杆转角与主动杆转角之间的函数关系)$F(x)$ 称为"逼近函数"。显然,机构实际发生的函数与机构的尺寸参数有关。函数 $f(x)$ 与 $F(x)$ 之间的误差,称为结构误差,以 $R(x)$ 表示,$R(x)=f(x)-F(x)$,如图 8.2 所示。

通常在设计中,总可以选择若干个精确点 $x_1, x_2, \cdots, x_n$,使设计出来的机构在这些点处的结构误差为零(如图 8.2(b)所示)。精确点的个数与机构综合中待确定的参数个数相等。对于铰链四杆函数发生机构来说,最多的精确点个数是 5 个。这个道理将在下一节加以说明。

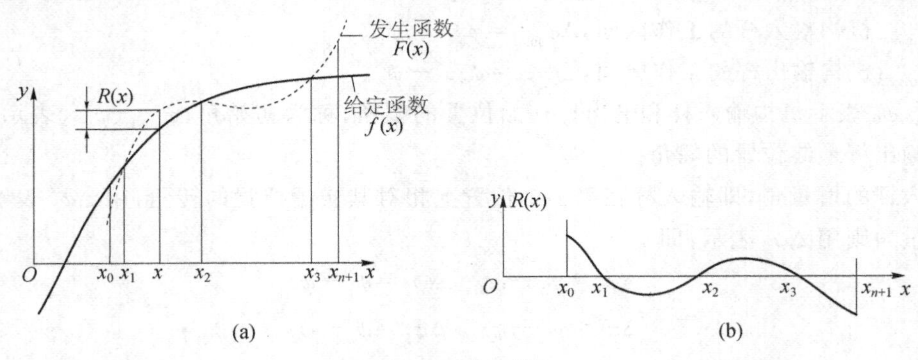

图 8.2　结构误差

8.2.2　结构误差的切比雪夫多项式

虽然结构误差不可避免,但却可以设法把它降低到最低程度。结构误差的大小与设计时精确点 $x_1, x_2, \cdots, x_n$ 位置选择的是否恰当有很大的关系。因此,怎样在工作区间 $x_0 \leqslant x \leqslant x_{n+1}$ 内合理配置精确点的位置,便是函数机构综合中首先需要解决的一个重要问题。

一般说来,相对于自变量 x 的结构误差曲线的形状如图 8.2(b)所示(图中是 3 个精确点的情形),即在精确点 $x_1, x_2, \cdots, x_n$ 处的误差为零,而在每两个精确点之间的误差达到最大和最小值。

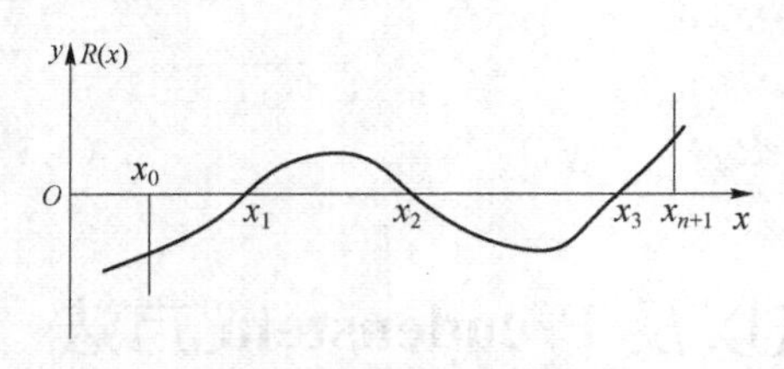

图 8.3　误差最小曲线

在整个工作区间内,若要求误差 $R(x)$ 保持最小,则各精确点位置的配置,应使得误差曲线具有形如图 8.3 所示的形状。即:所有误差最大值、最小值及区间的两个端点处的误差值,其绝对值的大小相等。要真正做到这一点比较复杂,因为它与具体的给定函数和机构有关。但是,作为第一步的逼近,可以采用如下的方法。

首先,假定被逼近的函数 $f(x)$ 是 n 次多项式,逼近函数 $F(x)$ 是 $n-1$ 次多项式,则两者之差也就是结构误差 $R(x)$,也必定是一个 n 次多项式,则可以表达为

$$R(x)=KP(x)$$

式中,K 为常数,而

$$P(x)=(x-x_1)(x-x_2)\cdots(x-x_n) \tag{8.6}$$

式中,$x_1,x_2,\cdots,x_n$ 是精确点。

这样一来,精确点位置配置的问题,就归结为如何寻找一个误差多项式 $P(x)$,使它在各精确点处具有零值,而在各精确点之间处的最大值和最小值,以及在整个工作区间的两端处的值的绝对值大小相等。采用三角多项式作为 $P(x)$ 可以大体满足这一要求。1853 年,俄国机构学家切比雪夫首次引用三角多项式 $T_n(x)$ 作为结构误差的多项式,故这种误差多项式称为切比雪夫多项式

$$T_n(x)=(x_{n+1}-x_0)^n 2^{1-n}\cos\left(n\arccos\frac{x-a}{x_{n+1}-x_0}\right) \tag{8.7}$$

式中,$a=\frac{1}{2}(x_0+x_{n+1})$。

8.2.3 精确点位置配置的切比雪夫公式

在采用切比雪夫多项式 $T_n(x)$ 作为误差多项式,即 $P(x)=T_n(x)$ 的情况下,切比雪夫多项式的 n 个根就是我们要求的 n 个精确点的位置,即

$$x_i=\frac{1}{2}(x_0+x_{n+1})-\frac{1}{2}(x_{n+1}-x_0)\cos\frac{\pi(2i-1)}{2n}\quad i=1,2,\cdots,n \tag{8.8}$$

这就是我们要求得到的精确点位置的计算公式。这种精确点位置的求法就称为"切比雪夫精确点位置配置法"(Chebyshev Spacing)。切比雪夫多项式及其求解的详细推导,可参看文献[139]。

切比雪夫方法在推导中假定被逼近函数 $f(x)$ 和逼近函数 $F(x)$ 分别是 n 次和 $n-1$ 次多项式,这和实际情况可能有出入。但是可以这样来设想:函数 $f(x)$ 和 $F(x)$ 不管具有什么形式,它们总可以展开成泰勒级数。作为初步的逼近,可以略去 $f(x)$ 泰勒展开式中次数高于 n 的项和 $F(x)$ 中次数高于 $n-1$ 的项。因而问题仍然可以归结为上述假定的情况。

用切比雪夫法求精确点位置(式(8.8))的几何方法非常简便(如图 8.4 所示)。其步骤是:沿 x 轴取工作区间 $[x_0,x_{n+1}]$ 的中间点 $(x_0+x_{n+1})/2$ 为圆心,以区间的一半为半径 $R=(x_{n+1}-x_0)/2$ 作圆。然后在圆内作一个边数为 $2n$ 的内接正多边形。注意多边形的一对边应与 y 轴相垂直。则该多边形各顶点在 x 轴上的投影,就是各精确点 $x_1,x_2,\cdots,x_n$ 的位置。

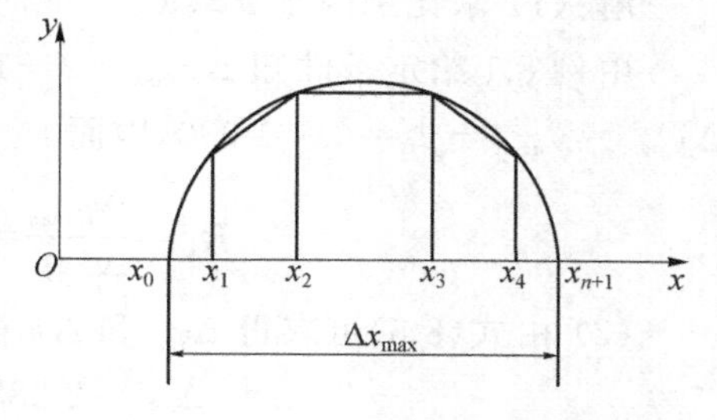

图 8.4 切比雪夫法求精确点位置的几何方法

8.2.4 获得最优结构误差的 Freudenstein 方法

切比雪夫方法是一种初步逼近的方法,它不能完全保证设计结果的误差最小。要真正实现把结构误差降到最小,还必须进行反复的试验计算。其过程是

(1) 先用切比雪夫方法确定精确点的位置;

(2) 进行机构的尺寸综合;

(3) 对机构进行分析,即比较 $f(x)$ 与 $F(x)$ 之间的差值,也就是结构误差;

(4) 画出结构误差线图(如图 8.2(b)所示),在误差最大的地方将两个精确点适当靠近,然后再返回上述第 2 步。

这一过程可以重复多次,直至所有的最大和最小的结构误差,以及工作区间两端处的结构误差的绝对值都相等为止。这个计算过程相当麻烦而冗长,需编成程序,由计算机自动进行。

美国机构学家 Freudenstein 曾就上述的综合过程编写成完整的计算机程序,对若干种给定函数进行 5 个精确点的函数机构综合。在综合过程中,计算机能够自动地多次调整精确点的位置间隔,直到机构的整个结构误差最小为止。详细内容可参看文献[52]。

【例 8.1】 设要求发生的函数为 $y=\log x$,自变量的变化范围是 $1\leqslant x\leqslant 2$,4 个精确点。试用切比雪夫方法确定 4 个精确点的位置。

解:根据精确点位置的计算公式(8.8),将 $n=4$,$x_0=1$,$x_{n+1}=2$ 代入式(8.8),可以求得 4 个精确点的位置 x_i 及其相应的函数值 y_i 如下:

$$x_1=1.03806 \qquad y_1=0.016222$$
$$x_2=1.308658 \qquad y_2=0.116826$$
$$x_3=1.691342 \qquad y_3=0.228231$$
$$x_4=1.9619398 \qquad y_4=0.2926857$$

【例 8.2】 在例 8.1 中,假定要设计的函数机构是一个铰链四杆机构,输入杆的运动范围 $\Delta\varphi_{\max}=60°$,输出杆运动范围 $\Delta\psi_{\max}=90°$,试求机构输入杆和输出杆在各精确位置上相对初始位置的相对转角 $\Delta\varphi_i$ 和 $\Delta\psi_i(i=1,2,3,4)$。

解:(1) 求比例因子 R_φ、R_ψ

由例 8.1 给定条件知 $\Delta x_{\max}=2-1=1$,$y_0=\log x_0=0$,$y_{n+1}=\log x_{n+1}=0.301\,030$,故 $\Delta y_{\max}=y_{n+1}-y_0=0.301\,030$,因而

$$R_\varphi=\frac{\Delta\varphi_{\max}}{\Delta x_{\max}}=60,\quad R_\psi=\frac{\Delta\psi_{\max}}{\Delta y_{\max}}=298.97$$

(2) 由式(8.5)可求得 $\Delta\varphi_i$ 和 $\Delta\psi_i(i=1,2,3,4)$ 为

$$\Delta\varphi_1=2.2836° \qquad \Delta\psi_1=4.849891°$$
$$\Delta\varphi_2=18.51948° \qquad \Delta\psi_2=34.927469°$$
$$\Delta\varphi_3=41.48052° \qquad \Delta\psi_3=68.234222°$$
$$\Delta\varphi_4=57.716388° \qquad \Delta\psi_4=87.504244°$$

8.3 函数发生铰链四杆机构的综合方程式和精确点个数

图 8.5 是一个函数发生的铰链四杆机构。连架杆 r_2 是输入杆,其幅角为 φ,连架杆 r_4 是

输出杆,其幅角为 ψ。用 φ_1 和 ψ_1 表示第 1 个精确点位置的幅角,φ_i 和 ψ_i 所表示在第 i 个精确点位置的幅角。用 $\Delta\varphi_i$ 和 $\Delta\psi_i$ 表示第 i 个精确位置相对于初始位置的增量角。

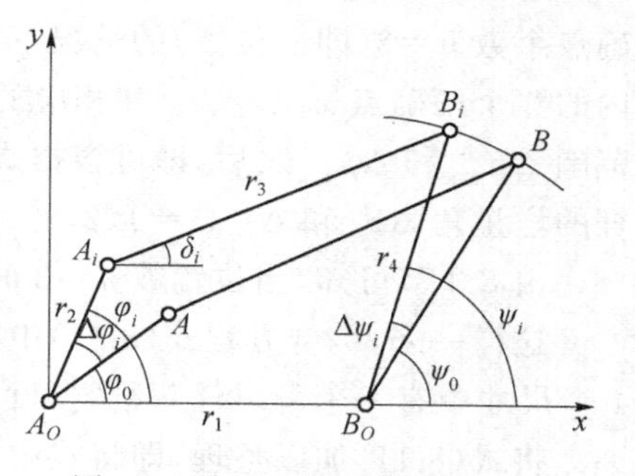

图 8.5 铰链 4 杆函数发生机构

如图 8.5 所示,坐标系 xA_Oy,x 轴沿机架 r_1 的方向。根据矢量环封闭方程式,得到

$$\boldsymbol{r}_2+\boldsymbol{r}_3-\boldsymbol{r}_4-\boldsymbol{r}_1=\boldsymbol{0} \tag{8.9}$$

当机构处在第 i 个精确点的位置时,式(8.9)在 x、y 轴上的投影分别是

$$\begin{aligned} r_2\cos(\varphi_0+\Delta\varphi_i)+r_3\cos\delta_i-r_4\cos(\psi_0+\Delta\psi_i)-r_1=0 \\ r_2\sin(\varphi_0+\Delta\varphi_i)+r_3\sin\delta_i-r_4\sin(\psi_0+\Delta\psi_i)=0 \end{aligned} \quad i=1,2,\cdots,n \tag{8.10}$$

由式(8.10)消去连杆 r_3 的幅角 δ_i,可得

$$\frac{r_3^2-r_1^2-r_2^2-r_4^2}{2r_2r_4}-\frac{r_1}{r_4}\cos(\varphi_0+\Delta\varphi_i)+\frac{r_1}{r_2}\cos(\psi_0+\Delta\psi_i)-\cos(\varphi_0-\psi_0+\Delta\varphi_i-\Delta\psi_i)=0$$
$$i=1,2,\cdots,n \tag{8.11}$$

式(8.11)就是函数发生机构的综合方程式。

在式(8.11)中,增量角 $\Delta\varphi_i$ 和 $\Delta\psi_i$ 可以根据给定的函数关系,通过切比雪夫方法求得精确点的位置,然后由式(8.11)求得。式(8.11)中的未知数有各杆长度和两个连架杆的初始角 φ_0 和 ψ_0。由于机构发生的函数只与各杆的杆长比有关而与各杆的绝对尺寸无关,故 4 个杆长尺寸(r_1,r_2,r_3,r_4)中只有 3 个是独立的。因此,式(8.11)中的未知数共有 5 个。

表 8.1 函数发生铰链四杆机构综合中,精确点个数与任选参数个数的关系

精确点数	方程式数	机构参数	任选参数个数	待求参数
3	3	5	2(φ_0,ψ_0)	3
4	4	5	1(φ_0 或 ψ_0)	4
5	5	5	0	5

当精确点数 $n=3$ 时,由式(8.11)可得到 3 个方程式,因此,方程组中的 5 个未知数中有两个可以任意给定(一般选 φ_0 和 ψ_0);当精确点数 $n=4$ 时,由式(8.11)可以得到 4 个方程式,因此方程组中的 5 个未知数只能任意给定一个(例如 φ_0 或 ψ_0);当精确点数 $n=5$ 时,式(8.11)中有 5 个方程式,包含 5 个未知数,故没有可以任选的参数。表 8.1 列出了上述推论的结果。

由上述的推论可知:用铰链四杆机构作为函数发生机构,最多可以给定 5 个精确位置。

8.4 三精确点函数发生铰链四杆机构的综合

假定要设计一个铰链四杆机构,来实现给定的函数 $y=f(x)$,$x_0\leqslant x\leqslant x_{n+1}$,在给定精

确点个数 $n=3$(即三位置)的情况下,可以按照 8.2 节中介绍的切比雪夫方法,求得工作区间内的 3 个精确点 x_1、x_2、x_3 和相应的函数值 y_1、y_2、y_3。在适当选择输入杆与输出杆的工作范围 $\Delta\varphi_{max}$ 和 $\Delta\psi_{max}$ 之后,即可根据式(8.4)和式(8.5)求得在 3 个精确位置处输入杆与输出杆的增量角 $\Delta\varphi_i$ 和 $\Delta\psi_i(i=1,2,3)$。

由 8.3 节可知,当位置数 $n=3$ 时,初始角 φ_0 和 ψ_0 可以任意选择。

这样一来,综合方程式(8.11)中的未知数是 4 个杆长尺寸 r_1、r_2、r_3 和 r_4 中的 3 个。这 4 个尺寸中有一个可以任意给定,设为机架 r_1。

将式(8.11)加以整理,即将式中的已知量和未知量加以分开,可得

$$-\frac{r_1}{r_4}\cos(\varphi_0+\Delta\varphi_i)+\frac{r_1}{r_2}\cos(\psi_0+\Delta\psi_i)-\frac{r_3^2-r_1^2-r_2^2-r_4^2}{2r_2r_4}=\cos(\varphi_0-\psi_0+\Delta\varphi_i-\Delta\psi_i)$$
$$(i=1,2,3) \tag{8.12}$$

引入新的未知量

$$K_1=\frac{r_1}{r_4},K_2=\frac{r_1}{r_2},K_3=\frac{-r_3^2+r_1^2+r_2^2+r_4^2}{2r_2r_4} \tag{8.13}$$

将式(8.13)代入式(8.12),则式(8.12)变为

$$-K_1\cos(\varphi_0+\Delta\varphi_i)+K_2\cos(\psi_0+\Delta\psi_i)+K_3=\cos(\varphi_0-\psi_0+\Delta\varphi_i-\Delta\psi_i)\quad(i=1,2,3) \tag{8.14}$$

式(8.14)是一个线性方组,称为 Freudenstein 方程式。

用如下的符号表示式(8.14)中的已知量

$$\begin{aligned}&f_{1i}=-\cos(\varphi_0+\Delta\varphi_i)\\&f_{2i}=\cos(\psi_0+\Delta\psi_i)\\&f_{3i}=1\\&F_i=\cos(\varphi_0-\psi_0+\Delta\varphi_i-\Delta\psi_i)\end{aligned}\quad i=1,2,3 \tag{8.15}$$

则式(8.14)可以写作

$$\begin{pmatrix}f_{11}&f_{21}&f_{31}\\f_{12}&f_{22}&f_{32}\\f_{13}&f_{23}&f_{33}\end{pmatrix}\begin{pmatrix}K_1\\K_2\\K_2\end{pmatrix}=\begin{pmatrix}F_1\\F_2\\F_3\end{pmatrix} \tag{8.16}$$

式(8.16)可以进行线性求解。在求得 K_1、K_2 和 K_3 之后,按照式(8.13),可以得到

$$r_4=\frac{r_1}{K_1},r_2=\frac{r_1}{K_2},r_3=\sqrt{r_1^2+r_2^2+r_4^2-2r_2r_4K_3} \tag{8.17}$$

【例 8.3】 设计一个 3 个精确位置的铰链四杆机构来发生函数 $y=\sin x$,其中 $0°\leqslant x\leqslant 90°$。主动杆 r_2 的运动范围是 $\Delta\varphi_{max}=120°$,从动杆 r_4 的运动范围 $\Delta\psi_{max}=60°$。取机架长度为一个单位,即 $r_1=1$。

由本节可知,对于 3 个精确点的设计,还应给定主动杆和从动杆的初始角 φ_0 和 ψ_0。设取 $\varphi_0=97°$,$\psi_0=60°$。

解:(1) 用切比雪夫方法确定在区间 $0°\leqslant x\leqslant 90°$ 内各精确点的位置(在本例子中 $n=3$,$x_0=0°$,$x_{n+1}=x_4=90°$),根据式(8.8)得各精确点位置 x_i 及相应的函数值 y_i 如下($i=1,2,3$):

$$x_1=6.02886^\circ \quad \Delta y_1=0.105029$$
$$x_2=45^\circ \quad \Delta y_2=0.707107$$
$$x_3=83.9712^\circ \quad \Delta y_3=0.994469$$

(2) 根据式(8.4)和式(8.5)计算主动杆、从动杆在各精确位置处的增量角 $\Delta\varphi_i$ 和 $\Delta\psi_i$，得到：

$$\Delta\varphi_1=8.03848^\circ \quad \Delta y_1=6.30176^\circ$$
$$\Delta\varphi_2=60^\circ \quad \Delta y_2=42.4264^\circ$$
$$\Delta\varphi_3=111.962^\circ \quad \Delta y_3=59.6682^\circ$$

(3) 根据式(8.15)计算系数 f_{1i}、f_{2i}、f_{3i} 和 $F_i(i=1,2,3)$ 得到线性方程组

$$\begin{pmatrix} 0.259467 & 0.40191965 & 1 \\ 0.92050485 & -0.21518532 & 1 \\ 0.87494105 & -0.49497649 & 1 \end{pmatrix} \begin{pmatrix} K_1 \\ K_2 \\ K_3 \end{pmatrix} = \begin{pmatrix} 0.78002954 \\ 0.57965669 \\ 0.012325203 \end{pmatrix}$$

(4) 解以上线性方程组，求得

$$K_1=1.38002, \quad K_2=1.80296, \quad K_3=0.302686$$

(5) 按式(8.17)计算各杆尺寸(给定 $r_1=1$)

$$r_2=0.554643, \quad r_3=1.26072, \quad r_4=0.724628$$

这个机构综合的结果，精确度究竟如何？亦即，在多大程度上实现了给定函数的要求？可以用一个分析子程序对它进行分析(详见下节)。在工作范围 $0^\circ\leqslant x\leqslant 90^\circ$ 之内取 21 个点进行算，其结果如表 8.2 所示。

表 8.2　3 个精确点正弦函数发生机构的误差分析

$x/(^\circ)$	$\varphi/(^\circ)$	$\psi/(^\circ)$	$\sin x$	$y_{\max}$	$y_{\max}-\sin x$
0	97	59.16	0.0000	−0.0140	−0.0140
4.5	103	64.53	0.0785	0.0756	−0.0029
9	109	69.66	0.1564	0.1610	0.0046
13.5	115	74.55	0.2334	0.2424	0.0090
18	121	79.21	0.3090	0.3202	0.0112
22.5	127	83.65	0.3827	0.3942	0.0115
27	133	87.87	0.4540	0.4645	0.0105
31.5	139	91.86	0.5225	0.5310	0.0085
36	145	95.62	0.5878	0.5937	0.0059
40.5	151	99.15	0.6494	0.6525	0.0030
45	157	102.43	0.7071	0.7101	0.0000
49.5	163	105.45	0.7604	0.7575	−0.0029
54	169	108.22	0.8090	0.8037	−0.0053
58.5	175	110.73	0.8526	0.8455	−0.0072
63	181	112.96	0.8910	0.8827	−0.0083
67.5	187	114.91	0.9239	0.9152	−0.0087

续表

$x/(°)$	$\varphi/(°)$	$\psi/(°)$	$\sin x$	y_{max}	$y_{max}-\sin x$
72	193	116.59	0.9511	0.9432	-0.0078
76.5	199	117.99	0.9724	0.9664	-0.0059
81	205	119.09	0.9877	0.9849	-0.0028
85.5	211	119.91	0.9969	0.9986	0.0017
90	217	120.44	1.0000	1.0074	0.0074

表 8.2 中最后一列是结构误差，即由机构产生的函数 y_{max} 与要求的函数值 $\sin x$ 的差值，由表 8.2 可见，在精确点处误差为零。最大的结构误差发生在 $x=0°$ 处，其值为 0.0140 相当于 y 值变化范围的 1.4%。

用解析法综合机构，在计算上可以达到任意的准确度，消除了作图法的误差，但是，解析法不能消除结构误差以及机构中因间隙及杆件变形造成的误差。

【例 8.4】 设计一个 3 个精确点的铰链四杆机构来发生函数 $y=\log x$，$1\leqslant x\leqslant 2$，取主动杆和从动杆的运动范围 $\Delta\varphi_{max}=60°$ 和 $\Delta\psi_{max}=60°$，机架长度 $r_1=1$。

解：首先，由切比雪夫方法，根据式(8.8)算出 3 个精确点及其相应的函数值为

$$x_1=1.06699,\quad y_1=0.0281592$$
$$x_2=1.5,\quad y_2=0.176092$$
$$x_3=1.93301,\quad y_3=0.286235$$

接着，根据式(8.5)计算主动杆及从动杆的增量角为

$$\Delta\varphi_1=4.01924°\quad \Delta\psi_1=5.61257°$$
$$\Delta\varphi_2=30°\quad \Delta\psi_2=35.0978°$$
$$\Delta\varphi_3=55.9808°\quad \Delta\psi_3=57.0511°$$

最后，对于 3 个精确点的函数机构综合问题，必须给定主动杆和从动杆的初始角。假定取 $\varphi_0=0°$ 和 $\psi_0=0°$，则根据式(8.17)计算机构的尺寸为

$$r_1=1,\quad r_2=11.4361,\quad r_3=0.643\,453,\quad r_4=11.0411$$

由计算结果得到的这个机构具有两根很长的杆和两根相对很短的杆，杆长比很悬殊(最长杆与最短杆之比将近 18)，力的传递质量极差，不能应用。

重新选择主动杆与从动杆的初始角。令 $\varphi_0=41°$，$\psi_0=-6°$，重新进行计算，可得机构的尺寸为 $r_1=1$，$r_2=0.989\,375$，$r_3=2.645\,23$，$r_4=2.246\,17$。

对这个机构的精确度的分析结果如表 8.3 所示。由表 8.3 可知：机构在 3 个精确点的结构误差确实为零。最大的结构误差发生在 $x=1$ 处，其值为 0.0031。这个结构误差是 y 值变化范围的 1.03%。

表 8.3　3 个精确点对数函数发生机构的误差分析

$x/(°)$	$\varphi/(°)$	$\psi/(°)$	$\log x$	y_{max}	$y_{max}-\log x$
1	41	-6.62	0.0000	-0.0031	-0.0031
1.05	44	-1.89	0.0212	0.0206	-0.0006

续 表

$x/(°)$	$\varphi/(°)$	$\psi/(°)$	$\log x$	$y_{\max}$	$y_{\max}-\log x$
1.1	47	2.42	0.0414	0.0422	0.0008
1.15	50	6.41	0.0607	0.0623	0.0016
1.2	53	10.14	0.0792	0.0810	0.0018
1.25	56	13.67	0 0969	0.0987	0.0018
1.3	59	17.01	0.1139	0.1155	0.0015
1.35	62	20.21	0.1303	0.1315	0.0012
1.4	65	23.27	0.1461	0.1469	0.0007
1.45	68	26.24	0.1614	0.1617	0.0004
1.5	71	29.10	0.1761	0.1761	0.0000
1.55	74	31−88	0.1903	0.1900	−0.0003
1.6	77	34.58	0.2041	0.2036	−0.0005
1.65	80	37.20	0.2175	0.2168	−0.0007
1.7	83	39.77	0.2304	0.2296	−0.0008
1.75	86	42 28	0.2430	0.2422	−0.0008
1.8	89	44.74	0.2553	0.2546	−0.0007
1.85	92	47.15	0.2672	0.2667	−0.0005
1.9	95	49.51	0.2788	0.2785	−0.0902
1.95	98	51.83	0.2900	0.2902	0.0001
2	101	54.11	0.3010	0.3016	0.0006

8.5 四精确点函数发生铰链四杆机构的综合

增加机构的精确点个数,可以指望能提高函数的逼近精度,减小结构误差。与刚体导引机构的综合相同,当精确点的个数不大于3时,得到的综合方程式(8.14)是线性的。但当精确点个数大于3时,综合方程式将是非线性的。当精确点个数为4时,由8.3节可知,有一个机构参数(φ_0 或 ψ_0)可以任选,设为主动杆的初始角 φ_0。待求的机构参数是 r_2、r_3、r_4 和 ψ_0。

与8.4节相同,根据给定的函数 $y=f(x)(x_0\leqslant x\leqslant x_{n+1})$,可以由切比雪夫方法计算出4个精确点的位置 x_i,及其相应的函数值 y_i,并由式(8.5)求得输入杆及输出杆的增量角 $\Delta\varphi_i$ 和 $\Delta\psi_i(i=1,2,3,4)$。

将综合方程式(8.11)改写成

$$
\begin{aligned}
&r_2\cos(\varphi_0+\Delta\varphi_i)-r_4\cos\psi_0\cos\Delta\psi_i+r_4\sin\psi_0\sin\Delta\psi_i+\frac{r_3^2-r_2^2-r_4^2-1}{2}+\\
&r_2r_4\cos\psi_0\cos(\Delta\psi_i-\Delta\varphi_i-\varphi_0)-r_2r_4\sin\psi_0\sin(\Delta\psi_i-\Delta\varphi_i-\varphi_0)=0\quad(i=1,2,3,4)
\end{aligned}
\tag{8.18}
$$

这就是 4 个精确点函数机构的综合方程式，是包含 4 个方程式的非线性联立方程组。为了解这个非线性方程组，这里采用第 6 章提到的变量置换、逐步消元的方法。

首先，引入新的变量，以置换式(8.18)中的未知量及其组合

$$
\begin{aligned}
S_0 &= r_2 \\
S_1 &= r_4 \cos\psi_0 \\
S_2 &= r_4 \sin\psi_0 \\
S_3 &= \frac{r_3^2 - r_2^2 - r_4^2 - 1}{2} \\
S_4 &= r_2 r_4 \cos\psi_0 \\
S_5 &= r_2 r_4 \sin\psi_0
\end{aligned}
\tag{8.19}
$$

并用如下的符号代表式(8.18)中的已知量

$$
\left.
\begin{aligned}
f_{0i} &= \cos(\varphi_0 + \Delta\varphi_i) \\
f_{1i} &= -\cos\Delta\psi_i \\
f_{2i} &= \sin\Delta\psi_i \\
f_{3i} &= 1 \\
f_4 &= \cos(\Delta\psi_i - \Delta\varphi_i - \varphi_0) \\
f_{5i} &= -\sin(\Delta\psi_i - \Delta\varphi_i - \varphi_0)
\end{aligned}
\right\} \quad i = 1,2,3,4
\tag{8.20}
$$

则方程组(8.18)可以写成

$$
\sum_{j=0}^{5} f_{ji} S_j = 0 \quad i = 1,2,3,4 \tag{8.21}
$$

原来的未知量有 4 个，而新的未知量却有 6 个，可见这 6 个新未知量并非完全独立。由式(8.19)的最后两式，可以看出它们之间存在如下的关系

$$
\begin{aligned}
S_4 &= S_0 S_1 \\
S_5 &= S_0 S_2
\end{aligned}
\tag{8.22}
$$

式(8.22)是式(8.21)的相容方程式。将式(8.21)和式(8.22)联立求解，即可求得全部 6 个未知数 $S_0, S_1, \cdots, S_5$。

将方程组(8.21)移项并写成矩阵形式

$$
\begin{pmatrix}
f_{31} & f_{21} & f_{41} & f_{51} \\
f_{32} & f_{22} & f_{42} & f_{52} \\
f_{33} & f_{23} & f_{43} & f_{53} \\
f_{34} & f_{24} & f_{44} & f_{54}
\end{pmatrix}
\begin{pmatrix} S_3 \\ S_2 \\ S_4 \\ S_5 \end{pmatrix}
=
\begin{pmatrix}
-f_{01} & -f_{11} \\
-f_{02} & -f_{12} \\
-f_{03} & -f_{13} \\
-f_{\omega} & -f_{14}
\end{pmatrix}
\begin{pmatrix} S_0 \\ S_1 \end{pmatrix}
\tag{8.23}
$$

线性求解得到

$$
\begin{pmatrix} S_3 \\ S_2 \\ S_4 \\ S_5 \end{pmatrix}
=
\begin{pmatrix}
A_1 & B_1 \\
A_2 & B_2 \\
A_3 & B_3 \\
A_4 & B_4
\end{pmatrix}
\begin{pmatrix} S_0 \\ S_1 \end{pmatrix}
\tag{8.24}
$$

式中，$A_i, B_i (i=1,2,3,4)$ 均为已知实数。

将式(8.24)的 S_2、S_4、S_5 式代入式(8.22)消去 S_4,S_5,可得

$$A_3S_0+B_3S_1=S_0S_1$$
$$A_4S_0+B_4S_1=A_2S_0^2+B_2S_0S_1 \tag{8.25}$$

使用 Sylvester 结式求解式(8.25),消去变量 S_1,最后得到只含未知数 S_0 的一元二次方程式

$$G_1S_0^2+G_2S_0+G_3=0 \tag{8.26}$$

式中,G_1、G_2、G_3 均为已知实数,其值可由下式算出

$$G_1=A_2, G_2=A_3B_2-A_2B_3-A_4, G_3=A_4B_3-A_3B_4。$$

解一元二次方程式(8.26),可以得到 S_0 的 m 个根($m=0$ 或 2)。将求得的 S_0 值代入式(8.25)和式(8.24),即可求得其余 5 个未知数 S_1,S_2,…,S_5 的 m 组解。

在求得全部新未知数 S_0,S_1,…,S_5 之后,即可根据式(8.19),按式(8.27)来求所要求的 m 组机构参数

$$r_2=S_0$$
$$r_4=\sqrt{S_1^2+S_2}$$
$$r_3=\sqrt{2S_3+r_2^2+r_4^2+1}$$
$$\psi_0=\arctan(S_2/S_1) \tag{8.27}$$

根据以上步骤求得的 m 组机构参数并不一定都有意义,其中可能有的不切实用,甚至全部都不切实用。如果出现了这种情况,需要改变原来选择的初始角 φ_0,或改变输入杆和输出杆的工作范围 $\Delta\varphi_{\max}$、$\Delta\psi_{\max}$,重新进行计算。

【例 8.5】 试设计一个 4 个精确点的函数发生铰链四杆机构。给定函数 $y=\sin x$($0°\leqslant x\leqslant 90°$),取输入杆与输出杆的运动范围 $\Delta\varphi_{\max}=90°$,$\Delta\psi_{\max}=90°$。取 $\varphi_0$116°,$r_1=1$。

解:用切比雪夫方法,根据式(8.8)得到 4 个精确点位置及增量角为

i	x_i	y_i	$\Delta\varphi_i$	$\Delta\psi_i$
1	3.42542°	0.0597492	3.42542°	5.37743°
2	27.7792°	0.466066	27.7792°	41.946°
3	62.2208°	0.884 75	62.2208°	79.6275°
4	86.5746°	0.998 214	86.5746°	89.8392°

将上述精确点位置及增量角代入式(8.19)~式(8.27),计算的机构参数为($m=2$)

	r_2	r_3	r_4	ψ_0
第一组解	2.0357	2.428 93	0.721 175	70.3068°
第二组解	-16.0752	2.991 68	12.8116	-73.4565°

由以上计算结果可以看出,只有第一组解的机构参数有意义。

表 8.4 是该机构结构误差分析的结果。由表 8.4 可知,最大的结构误差为 0.0037。

表 8.4 4 个精确点正弦函致发生机构的误差分析

x/(°)	φ/(°)	ψ/(°)	$\sin x$	$y_{\max}$	$y_{\max}-\sin x$
0	116	70.05	0.0000	0.0029	-0.0029
4.5	120.5	77.43	0.0785	0.0791	0.0006
9	125	84.59	04564	0.1587	0.0023

续表

$x/(°)$	$\varphi/(°)$	$\psi/(°)$	$\sin x$	y_{max}	$y_{max}-\sin x$
13.5	129.5	91,55	0.2334	0.2360	0.0026
18	134	98.30	0.3090	0.3110	0.0020
22.5	138.5	104.85	0.3827	0.3838	0.0011
27	143	111.18	0.4540	0.4541	0.0001
31.5	147.5	117.28	0.5225	0.5219	−0.0006
36	152	123.12	0.5878	0.5868	−0.0009
40.5	156.5	128.68	0.6494	0.6486	−0.0009
45	161	133.90	0.7071	0.7066	−0.0005
49.5	165.5	138.74	0.7604	0.7604	0.0000
54	170	143.15	0.8090	0.8094	0.0004
58.5	174.5	147.08	0.8526	0.8530	0.0004
63	179	150.49	0.8910	0.8909	−0.0001
67.5	183.5	153.35	0.9239	0.9227	−0.0011
72	188	155.69	0.9511	0.9488	−0.0023
76.5	192.5	157.54	0.9724	0.9693	−0.0031
81	197	158.94	0.9877	0.9848	−0.0029
85.5	23.5	159.96	0.9969	0.5961	−0.0008
90	206	160.64	1.0000	1.0037	0.0037

8.6　五精确点函数发生铰链四杆机构的综合

由 8.3 节可知，铰链四杆函数发生机构最多可以给定 5 个精确点。当 $n=5$ 时，函数发生机构的综合方程式(8.11)中的 5 个未知参数($r_2, r_3, r_4, \varphi_0, \psi_0$)都不能任意给定。

设要求逼近的函数为 $y=f(x)$，$x_0 \leqslant x \leqslant x_{n+1}$。给定输入杆与输出杆的工作范围 $\Delta\varphi_{max}$ 和 $\Delta\psi_{max}$，取 $r_1=1$。

由切比雪夫方法及式(8.5)，可以求得 5 个精确点的位置 x_i，相应的函数 y_i，增量角 $\Delta\varphi_i$ 和 $\Delta\psi_i$($i=1,2,\cdots,5$)。

将综合方程式(8.11)展开，并写成

$$
\begin{aligned}
&r_2\cos\varphi_0\cos\Delta\varphi_i - r_2\sin\varphi_0\sin\Delta\varphi_i - r_4\cos\psi_0\cos\Delta\psi_i + r_4\sin\psi_0\sin\Delta\psi_i + \frac{r_3^2-r_2^2-r_4^2-1}{2} + \\
&\cos(\Delta\psi_i-\Delta\varphi_i)(r_2r_4(\cos\psi_0\cos\varphi_0+\sin\psi_0\sin\varphi_0)) + \\
&\sin(\Delta\psi_i-\Delta\varphi_i)(-r_2r_4(\sin\psi_0\cos\varphi_0-\cos\psi_0\sin\varphi_0))=0 \\
&i=1,2,\cdots,5
\end{aligned}
\tag{8.28}
$$

这是一个非线性方程组。这里仍然采取变量置换，逐步消元的方法来求解。首先，引入

新的变量来置换式(8.28)中的未知量及其组合

$$
\begin{aligned}
&S_0=r_2\cos\varphi_0\\
&S_1=-r_2\sin\varphi_0\\
&S_2=-r_4\cos\psi_0\\
&S_3=r_4\sin\psi_0\\
&S_4=\frac{1}{2}(r_3^2-r_2^2-r_4^2-1)\\
&S_5=r_2r_4(\cos\psi_0\cos\varphi_0+\sin\psi_0\sin\varphi_0)\\
&S_6=-r_2r_4(\sin\psi_0\cos\varphi_0-\cos\psi_0\sin\varphi_0)
\end{aligned}
\tag{8.29}
$$

其次,将式(8.28)中的已知量用如下的符号表示

$$
\begin{cases}
f_{0i}=\cos\Delta\varphi_i\\
f_{1i}=\sin\Delta\varphi_i\\
f_{2i}=\cos\Delta\psi_i\\
f_{3i}=\sin\Delta\psi_i & i=1,2,\cdots,5\\
f_{4i}=1\\
f_{5i}=\cos(\Delta\psi_i-\Delta\varphi_i)\\
f_{6i}=\sin(\Delta\psi_i-\Delta\varphi_i)
\end{cases}
\tag{8.30}
$$

则方程组(8.28)可以写作

$$
\sum_{j=0}^{6}f_{ji}S_j=0\quad i=1,2,\cdots,5 \tag{8.31}
$$

原来的未知量有 5 个,而新的未知量却有 7 个,可见这 7 个新未知量并非完全独立。由式(8.29)的最后两式,可以看出它们之间存在如下的关系

$$
\begin{aligned}
&S_5=-(S_0S_2+S_1S_3)\\
&S_6=S_1S_2-S_0S_3
\end{aligned}
\tag{8.32}
$$

式(8.32)称为方程组(8.31)的相容方程。式(8.31)与式(8.32)共有 7 个独立的方程式,因此可以解出 $S_0,S_1,\cdots,S_6$ 全部 7 个未知数。

为了逐步消元,将方程组(8.31)移项,并写成矩阵形式

$$
\begin{pmatrix}
f_{41} & f_{31} & f_{21} & f_{51} & f_{61}\\
f_{42} & f_{32} & f_{22} & f_{52} & f_{62}\\
f_{43} & f_{33} & f_{23} & f_{53} & f_{63}\\
f_{44} & f_{34} & f_{24} & f_{54} & f_{64}\\
f_{45} & f_{35} & f_{25} & f_{55} & f_{65}
\end{pmatrix}
\begin{pmatrix}S_4\\S_3\\S_2\\S_5\\S_6\end{pmatrix}
=
\begin{pmatrix}
-f_{01} & -f_{11}\\
-f_{02} & -f_{12}\\
-f_{03} & -f_{13}\\
-f_{04} & -f_{14}\\
-f_{05} & -f_{15}
\end{pmatrix}
\begin{pmatrix}S_0\\S_1\end{pmatrix}
\tag{8.33}
$$

线性求解得到

$$
\begin{pmatrix}S_4\\S_3\\S_2\\S_5\\S_6\end{pmatrix}
=
\begin{pmatrix}
A_1 & B_1\\
A_2 & B_2\\
A_3 & B_3\\
A_4 & B_4\\
A_5 & B_5
\end{pmatrix}
\begin{pmatrix}S_0\\S_1\end{pmatrix}
\tag{8.34}
$$

式中,A_i,B_i($i=1,2,\cdots,5$)是已知实常数。

将式(8.34)代入式(8.32)，可以得到只含 S_0、S_1 的两个方程式

$$A_3S_0^2+B_2S_1^2+(A_2+B_3)S_0S_1+A_4S_0+B_4S_1=0 \tag{8.35}$$

$$-A_2S_0^2+B_3S_1^2+(A_3-B_2)S_0S_1-A_5S_0-B_5S_1=0 \tag{8.36}$$

对式(8.35)和式(8.36)使用 Sylvester 结式消元，消去 S_0，最后得到只含未知数 S_1 的一元三次方程式

$$G_1S_1^3+G_2S_1^2+G_2S_1+G_4=0 \tag{8.37}$$

式中，系数 G_1、G_2、G_3、G_4 均为已知，其值可按式(8.38)算出

$$\begin{aligned}
&G_1=A_3D_1^2+B_2D_4^2-D_1D_4(A_2+B_3)\\
&G_2=D_4(B_4D_4+2B_2D_3)-(A_2+B_3)(D_1D_3+D_2D_4)+D_1(2A_3D_2-A_4D_4)\\
&G_3=A_3D_2^2+D_3(B_2D_3+2B_4D_4)-D_2D_3(A_2+B_3)-A_4(D_1D_3+D_2D_4)\\
&G_4=D_3(B_4D_3-A_4D_2)
\end{aligned} \tag{8.38}$$

式中，$D_1=A_2B_2+A_3B_3$，$D_2=A_2B_4-A_3B_5$，$D_3=A_2A_4-A_3A_5$，$D_4=A_2(A_2+B_3)+A_3(A_3-B_2)$。

解一元三次方程式(8.37)，可以求得 S_1 的 m 组实根($m=1$ 或 3)。

将求得的 m 个 S_1 的值，代入式(8.35)和式(8.36)，使用辗转相除得到对应的 S_0 值，将 S_0 和 S_1 代入式(8.34)，可以求得其余五个未知数 $S_2\sim S_6$ 的 m 组值。

在求得全部未知数 $S_0,S_1,\cdots,S_6$ 之后，可以根据式(8.29)求解得到 m 组 5 个机构参数：

$$\begin{aligned}
&r_2=\sqrt{S_0^2+S_1^2}\\
&r_4=\sqrt{S_3^2+S_3^2}\\
&r_3=\sqrt{2S_4+r_2+r_4^2+1}\\
&\varphi_0=\arctan(-S_1/S_0)\\
&\psi_0=\arctan(-S_1/S_2)
\end{aligned} \tag{8.39}$$

求得的 m 组机构参数不一定都有意义。如果计算的结果得不到实用的参数，可以改变下原来给定的 $\Delta\varphi_{\max}$ 和 $\Delta\psi_{\max}$，重新进行计算。

【例 8.6】 给定函数 $y=\sin x$，$0°\leqslant x\leqslant 90°$。取输入杆与输出杆的运动范围 $\Delta\varphi_{\max}=90°$，$\Delta\psi_{\max}=90°$，$r_1=1$。试设计 5 个精确点的函数发生铰链四杆机构。

解：用切比雪夫方法，根据式(8.8)得到 5 个精确点位置及增量角为

i	x_i	y_i	$\Delta\varphi_i$	$\Delta\psi_i$
1	2.202 46°	0.038 430 7	2.202 46°	3.458 76°
2	18.5497°	0.318 127	18.5497°	28.6314°
3	45°	0.707 107	45°	63.6396°
4	71.4504°	85.3244	71.4504°	85.3244°
5	87.7976°	0.999 261	87.7976°	89.9335°

将上述精确点位置及增量角代入式(8.30)～式(8.39)，计算结果的机构参数为($m=1$)

$r_2=2.075\,19$，　$r_3=2.410\,68$，　$r_4=0.756\,647$，　$\varphi_0=116.244°$，　$\psi_0=74.0431°$

表 8.5 是对该机构进行误差分析的结果，由表 8.5 可知，最大的结构误差为 0.0032。

表 8.5 五个精确点正弦函数发生机构的误差分析

$x/(°)$	$\varphi/(°)$	$\psi/(°)$	$\sin x$	$y_{\max}$	$y_{\max}-\sin x$
0	116.244	73.92	0.0000	-0.0013	-0.0013
4.5	120.744	81.19	0.0785	0.0794	0.0009
9	125.244	88.26	0.1564	0.1580	0.0015
13.5	129.744	95.15	0.2334	0.2346	0.0011
18	134.245	101.87	0.3090	0.3092	0.0001
22.5	138.745	108.40	0.3827	0.3817	-0.0010
27	143.245	114.74	0.4540	0.4521	-0.0018
31.5	147.745	120.86	0.5225	0.5202	-0.0023
36	152.245	126.76	0.5878	0.5857	-0.0021
40.5	156.745	132.38	0.6494	0.6482	-0.0013
45	161.245	137.68	0.7071	0.7071	0.0000
49.5	165.745	142 61	0.7604	0.7618	0.0014
54	170.245	147.09	0.8090	0.3116	0.0026
58.5	174.745	151.07	0.8526	0.8558	0.0032
63	179.245	154.49	0.8910	0.8939	0.0028
67.5	183.745	157.33	0.9239	0.9255	0.0016
72	188.245	159.62	0.9511	0.9508	-0.0002
76.5	192.745	161.38	0.9724	0.9704	-0.0019
81	197.245	162.70	0.9877	0.9850	-0.0027
85.5	201.745	163.63	0.9969	0.9954	-0.0015
90	206.245	164.24	1.0000	1.0022	0.0022

第9章 基于傅里叶级数的平面四杆机构函数生成综合

本章提出了一种求解平面连杆机构函数综合问题的新思路，建立一种基于傅里叶级数的平面四杆机构函数综合代数求解新方法。该方法的综合设计方程不再以位移矩阵或回路约束为基础，而是根据机构输出转角函数傅里叶系数与机构设计参数间函数关系所建立，有效地克服第8章介绍的代数法受机构未知量个数限制，无法实现多点位函数生成的不足。通过消元和化简综合设计方程，将平面四杆机构函数综合问题简化成了一元三次方程求解问题，并根据方程的解析解，建立了平面四杆机构函数综合设计参数计算的通用公式。利用参数计算通用公式，可直接根据预定目标转角函数的傅里叶系数计算机构的设计参数，方便、快捷地完成函数综合。通过综合实例验证发现，该方法有效、可行，与已有函数综合方法相比，在设计精度、综合速度、解的数量等方面都具有一定的先进性，该方法的提出为开发连杆机构函数综合设计软件提供了理论依据。

9.1 平面四杆机构函数综合设计方程

如图9.1所示为平面四杆机构函数生成示意图，机构中各构件杆长尺寸分别为a、b、c、d、φ、ψ分别为机构的输入杆和输出杆转角，φ_0、ψ_0分别为机构输入杆和输出杆的初始位置转角。

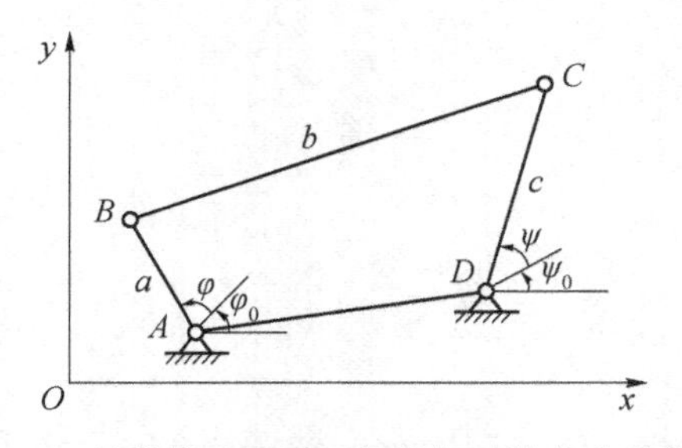

图9.1 任意位置平面四杆机构函数生成示意图

应用复数—矢量法，建立机构输入输出方程，即有

$$F(a\mathrm{e}^{\mathrm{i}(\varphi+\varphi_0)},c\mathrm{e}^{\mathrm{i}(\psi+\psi_0)})=0 \tag{9.1}$$

由 2.4.2 节研究可知，输出转角函数 $e^{i\psi}$ 傅里叶级数展开的复指数形式为

$$e^{i\psi}=x(t)+iy(t)=\sum_{n=-\infty}^{+\infty}c'_n e^{in\omega t}=\sum_{n=-\infty}^{+\infty}c'_n e^{in\varphi} \tag{9.2}$$

式中，c'_n 的离散数值解表达式为

$$c'_n=\frac{1}{M}\sum_{m=0}^{M-1}e^{i\psi_m}\left(\cos\left(nm\frac{2\pi}{M}\right)-i\sin\left(nm\frac{2\pi}{M}\right)\right) \tag{9.3}$$

式中，$m=0,\pm1,\pm2,\pm3,\cdots,\pm(M-1)$；$n=0,\pm1,\pm2,\pm3,\cdots,\pm(M-1)$；$M$ 为机构输出转角函数采样点的个数。

9.1.1 函数综合设计方程的建立

如图 9.1 所示，应用矢量分析法，建立机构封闭矢量方程为

$$(\boldsymbol{D}-\boldsymbol{A})+\boldsymbol{c}=\boldsymbol{a}+\boldsymbol{b} \tag{9.4}$$

将封闭矢量方程表示为复数—矢量形式为

$$(\boldsymbol{D}-\boldsymbol{A})+c\,e^{i(\psi_0+\psi)}-a\,e^{i(\varphi_0+\varphi)}=b\,e^{i\theta} \tag{9.5}$$

取式(9.5)的共轭可得

$$(\bar{\boldsymbol{D}}-\bar{\boldsymbol{A}})+c\,e^{-i(\psi_0+\psi)}-a\,e^{-i(\varphi_0+\varphi)}=b\,e^{-i\theta} \tag{9.6}$$

将式(9.5)与式(9.6)相乘，化简消去 θ 可得

$$h_{-3}e^{-i\psi}+h_{-2}e^{-i\psi}e^{i\varphi}+h_{-1}e^{-i\varphi}+h_0+h_1e^{i\varphi}+h_2e^{i\psi}e^{-i\varphi}+h_3e^{i\psi}=0 \tag{9.7}$$

式中，

$h_{-3}=(\boldsymbol{D}-\boldsymbol{A})c\,e^{-i\psi_0}$，$h_{-2}=-ac\,e^{i(\varphi_0-\psi_0)}$，$h_{-1}=-(\boldsymbol{D}-\boldsymbol{A})a\,e^{-i\varphi_0}$，

$h_0=(\boldsymbol{D}-\boldsymbol{A})(\bar{\boldsymbol{D}}-\bar{\boldsymbol{A}})+c^2+a^2-b^2$，$h_1=-(\bar{\boldsymbol{D}}-\bar{\boldsymbol{A}})a\,e^{i\varphi_0}$，

$h_2=-ac\,e^{i(\psi_0-\varphi_0)}$，$h_3=(\bar{\boldsymbol{D}}-\bar{\boldsymbol{A}})c\,e^{i\psi_0}$

根据式(9.2)将 $e^{i\psi}$，$e^{-i\psi}$ 展成傅里叶级数。由第 2 章研究可知，对于四杆机构输出转角函数，取有限几项低次谐波，就已非常接近原函数，此处取 3 次谐波，即 $n=-3\sim3$。

$$e^{i\psi}=c'_{-3}e^{-3i\varphi}+c'_{-2}e^{-2i\varphi}+c'_{-1}e^{-i\varphi}+c'_0+c'_1e^{i\varphi}+c'_2e^{2i\varphi}+c'_3e^{3i\varphi} \tag{9.8}$$

$$e^{-i\psi}=\bar{c}'_{-3}e^{3i\varphi}+\bar{c}'_{-2}e^{2i\varphi}+\bar{c}'_{-1}e^{i\varphi}+\bar{c}'_0+\bar{c}'_1e^{-i\varphi}+\bar{c}'_2e^{-2i\varphi}+\bar{c}'_3e^{-3i\varphi} \tag{9.9}$$

将式(9.8)和式(9.9)代入式(9.7)可得

$$\begin{aligned}&h_{-3}\bar{c}'_3e^{-3i\varphi}+h_{-3}\bar{c}'_2e^{-2i\varphi}+h_{-3}\bar{c}'_1e^{-i\varphi}+h_{-3}\bar{c}'_0+h_{-3}\bar{c}'_{-1}e^{i\varphi}+h_{-3}\bar{c}'_{-2}e^{2i\varphi}+h_{-3}\bar{c}'_{-3}e^{3i\varphi}\\&\quad+h_{-2}\bar{c}'_3e^{-2i\varphi}+h_{-2}\bar{c}'_2e^{-i\varphi}+h_{-2}\bar{c}'_1+h_{-2}\bar{c}'_0e^{i\varphi}+h_{-2}\bar{c}'_{-1}e^{2i\varphi}+h_{-2}\bar{c}'_{-2}e^{3i\varphi}+h_{-2}\bar{c}'_{-3}e^{4i\varphi}\\&\quad+h_{-1}e^{-i\varphi}+h_0+h_1e^{i\varphi}\\&h_2c'_{-3}e^{-4i\varphi}+h_2c'_{-2}e^{-3i\varphi}+h_2c'_{-1}e^{-2i\varphi}+h_2c'_0e^{-i\varphi}+h_2c'_1+h_2c'_2e^{i\varphi}+h_2c'_2e^{2i\varphi}\\&\quad+h_3c'_{-3}e^{-3i\varphi}+h_3c'_{-2}e^{-2i\varphi}+h_3c'_{-1}e^{-i\varphi}+h_3c'_0+h_3c'_1e^{i\varphi}+h_3c'_2e^{2i\varphi}+h_3c'_3e^{3i\varphi}=0\end{aligned}$$

整理可得

$$H_{-4}e^{-4i\varphi}+H_{-3}e^{-3i\varphi}+H_{-2}e^{-2i\varphi}+H_{-1}e^{-i\varphi}+H_0+H_1e^{i\varphi}+H_2e^{2i\varphi}+H_3e^{3i\varphi}+H_4e^{4i\varphi}=0 \tag{9.10}$$

式中：

$H_{-4}=h_2c'_{-3}$，$H_{-3}=h_{-3}\bar{c}'_3+h_2c'_{-2}+h_3c'_{-3}$，　$H_{-2}=h_{-3}\bar{c}'_2+h_{-2}\bar{c}'_3+h_2c'_{-1}+h_3c'_{-2}$

$H_{-1}=h_{-3}\bar{c}'_1+h_{-2}\bar{c}'_2+h_{-1}+h_2c'_0+h_3c'_{-1}$，　$H_0=h_{-3}\bar{c}'_0+h_{-2}\bar{c}'_1+h_0+h_2c'_1+h_3c'_0$

$H_1=h_{-3}\bar{c}'_{-1}+h_{-2}\bar{c}'_0+h_1+h_2c'_2+h_3c'_1$，　$H_2=h_{-3}\bar{c}'_{-2}+h_{-2}\bar{c}'_{-1}+h_2c'_3+h_3c'_2$

$H_3=h_{-3}\bar{c}'_{-3}+h_{-2}\bar{c}'_{-2}+h_3c'_3$，　$H_4=h_{-2}\bar{c}'_{-3}$

分析可以发现，当 $e^{i\varphi}$、$e^{-i\varphi}$ 取更高次谐波时，式(9.10)中 $e^{in\varphi}(n=-2,\cdots,2)$ 的系数表达式不再发生变化，即 H_{-2}、H_{-1}、H_0、H_1、H_2 为完整系数表达式，由复指数性质可知，其值应为0，由此可以得到如下方程式：

$$h_{-3}\bar{c}'_2+h_{-2}\bar{c}'_3+h_2c'_{-1}+h_3c'_{-2}=0 \tag{9.11}$$

$$h_{-3}\bar{c}'_1+h_{-2}\bar{c}'_2+h_{-1}+h_2c'_0+h_3c'_{-1}=0 \tag{9.12}$$

$$h_{-3}\bar{c}'_0+h_{-2}\bar{c}'_1+h_0+h_2c'_1+h_3c'_0=0 \tag{9.13}$$

$$h_{-3}\bar{c}'_{-1}+h_{-2}\bar{c}'_0+h_1+h_2c'_2+h_3c'_1=0 \tag{9.14}$$

$$h_{-3}\bar{c}'_{-2}+h_{-2}\bar{c}'_{-1}+h_2c'_3+h_3c'_2=0 \tag{9.15}$$

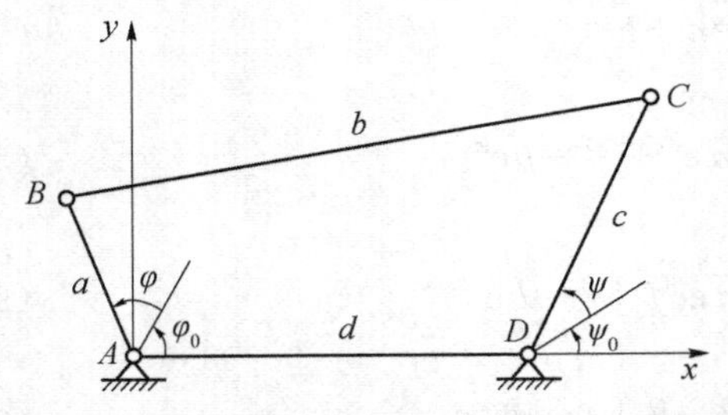

图 9.2　标准位置平面四杆机构函数生成示意图

由于平面四杆机构的函数生成综合主要涉及输入和输出构件间的角度关系，与机构在坐标系中的位置和各构件的具体尺寸无关，且两个对应杆长成比例的四杆机构输出角度是相同的。因此，为进一步简化计算，取坐标系原点与机构的 A 点重合，x 轴沿 AD 方向，如图 9.2 所示，同时，将机构的各杆件的尺寸除以机架长度，通过归一化处理统一对应杆长尺寸成比例的机构。

令 $d=1$，$ce^{i\psi_0}=x$，$ce^{-i\psi_0}=y$，$ae^{i\varphi_0}=u$，$ae^{-i\varphi_0}=v$，$1+c^2+a^2-b^2=w$。将 x、y、u、v、w 和 $d=1$ 代入 $h_i(i=-3,-2,\cdots 2,3)$，则有 $h_3=x$，$h_{-3}=y$，$h_2=-xv$，$h_{-2}=-yu$，$h_1=-u$，$h_{-1}=-v$，$h_0=w$，代入式(9.11)～式(9.15)可得到如下方程组：

$$xc'_{-2}+y\bar{c}'_2-xvc'_{-1}-yu\bar{c}'_3=0 \tag{9.16}$$

$$xc'_{-1}+y\bar{c}'_1-xvc'_0-yu\bar{c}'_2-v=0 \tag{9.17}$$

$$xc'_0+y\bar{c}'_0-xvc'_1-yu\bar{c}'_1+w=0 \tag{9.18}$$

$$xc'_1+y\bar{c}'_{-1}-xvc'_2-yu\bar{c}'_0-u=0 \tag{9.19}$$

$$xc'_2+y\bar{c}'_{-2}-xvc'_3-yu\bar{c}'_{-1}=0 \tag{9.20}$$

方程组(9.16)～(9.20)即为平面四杆机构的函数综合设计方程，式中的 x、y、u、v、w 为含有机构设计参数的未知变量，$c'_n(n=-3,-2,\cdots 2,3)$ 为机构输出转角函数的傅里叶系数，可根据要实现的目标函数通过式(9.3)计算得到。

9.1.2　函数综合设计方程的求解

应用 Sylvester 结式消元法求解综合设计方程，将方程组中的式(9.16)、式(9.17)、式(9.19)和式(9.20)分别乘以 y 构造4个新的方程，并将其与原方程组合可得到线性方程组，其矩阵形式表示如下：

$$\boldsymbol{D}_{8\times 8}\boldsymbol{X}_{8\times 1}=\boldsymbol{0}_{8\times 1} \tag{9.21}$$

式中，$\boldsymbol{X}_{8\times1}=(1,u,v,y,yu,yv,y^2,y^2u)^{\mathrm{T}}$ 为一个含有未知量的列向量，$\boldsymbol{D}_{8\times8}$ 是一个关于变量 x 的 8×8 阶系数矩阵，其为

$$\boldsymbol{D}_{8\times8}=\begin{pmatrix} xc'_{-2} & 0 & -xc'_{-1} & \bar{c}'_{2} & -\bar{c}'_{3} & 0 & 0 & 0 \\ xc'_{-1} & 0 & -xc'_{0}-1 & \bar{c}'_{1} & -\bar{c}'_{2} & 0 & 0 & 0 \\ xc'_{1} & -1 & -xc'_{-2} & \bar{c}'_{-1} & -\bar{c}'_{0} & 0 & 0 & 0 \\ xc'_{2} & 0 & -xc'_{3} & \bar{c}'_{-2} & -\bar{c}'_{-1} & 0 & 0 & 0 \\ 0 & 0 & 0 & xc'_{-2} & 0 & -xc'_{-1} & \bar{c}'_{2} & -\bar{c}'_{3} \\ 0 & 0 & 0 & xc'_{-1} & 0 & -xc'_{0}-1 & \bar{c}'_{1} & -\bar{c}'_{2} \\ 0 & 0 & 0 & xc'_{1} & -1 & -xc'_{-2} & \bar{c}'_{-1} & -\bar{c}'_{0} \\ 0 & 0 & 0 & xc'_{2} & 0 & -xc'_{3} & \bar{c}'_{-2} & -\bar{c}'_{-1} \end{pmatrix}$$

由 Cramer 法则可知，方程组(9.21)存在非零解的条件是其系数行列式等于零，即有

$$\det(\boldsymbol{D}_{8\times8})=0 \tag{9.22}$$

式中，$\det(\cdot)$表示矩阵 $\boldsymbol{D}_{8\times8}$ 的行列式，将式(9.22)展开可得到关于 x 的一元四次方程：

$$k_4x^4+k_3x^3+k_2x^2+k_1x=0 \tag{9.23}$$

式中，$k_i(i=1,\cdots,4)$是由给定目标转角函数的傅里叶系数 c'_n、$\bar{c}'_n(n=-3,-2,\cdots,2,3)$构成的已知量。由 $x=c\mathrm{e}^{\mathrm{i}\psi_0}$ 分析可知，当 $x=0$ 时机构输出杆 CD 的杆长 $c=0$，该解所对应的机构退化，因此可将式(9.23)的 $x=0$ 解舍去，得到如下方程：

$$k_4x^3+k_3x^2+k_2x+k_1=0 \tag{9.24}$$

求解方程(9.24)可得到 x 的 3 个非零解析解，将所得 x 的 3 个解代入式(9.21)可得到对应的 y、u、v 的解，再将所得 x、y、u、v 的解代入式(9.18)得到对应 w 解。求得 x、y、u、v、w 的解后，由下列公式可计算得到对应 a、b、c、φ_0、ψ_0 的解。

$$a=\pm\sqrt{uv},\quad c=\pm\sqrt{xy},\quad b=\pm\sqrt{1+xy+uv-w},\quad \varphi_0=-\mathrm{i}\ln\frac{u}{a},\quad \psi_0=-\mathrm{i}\ln\frac{x}{c}$$

分析可以发现，上述方程求解过程均是通过符号运算完成的，因此，设计变量 a、b、c、φ_0、ψ_0 的解最终可转化为仅含有 c'_n，$\bar{c}'_n(n=-3,-2,\cdots,2,3)$的解析计算公式，将这些公式称为平面四杆机构函数综合设计参数计算通用公式。

9.2 目标函数的离散化处理

连杆机构函数综合的预定目标函数多是以连续函数 $y(x)$或输入输出关系曲线的形式给出，对于以连续函数形式给出的目标函数，首先需要对其进行离散化采样，以便进行离散傅里叶变换得到其转角函数的傅里叶系数。对于一个周期为 T 的连续函数 $y(x)$，可采用式(9.25)的方式对其进行采样。

$$\psi(m)=y(m\Delta t) \tag{9.25}$$

式中：$m=0,\pm1,\pm2,\pm3,\cdots,\pm(M-1)$，$\Delta t=\dfrac{2\pi}{M}$。

通常情况下以 $\Delta t=\frac{2\pi}{M}$ 为采样周期确定离散点，综合所得机构能够满足设计要求，但研究发现有时也会出现综合所得结果满足所有数学条件，理论上机构存在，但由于杆长比、传动角等因素不满足工程要求而无法在实际中应用。

由 2.4.2 节研究可知，平面四杆机构的输出转角函数曲线与机构的连杆曲线相似，在平面内是一条二维曲线。由文献[118]的研究可知，对平面内的二维曲线利用傅里叶级数进行描述时，可选取不同采样点来计算傅里叶系数，不同采样点的选取仅会改变采样点在曲线上的位置，对曲线整体形状没有影响。因此，可通过改变目标函数采样点获取不同转角函数傅里叶系数的方法，解决综合所得机构无法满足实际应用的问题，为此，对采样周期进行如下形式的调整：

$$\Delta t'=\frac{2\pi}{M\pm\Delta M} \tag{9.26}$$

式中，ΔM 定义为调整参数。

当综合所得结果无法满足实际应用时，可按式(9.26)的方式对采样周期进行调整，然后再利用式(9.25)计算新的目标函数采样点，依据所得新的采样点计算得到新的转角函数傅里叶系数，将其代入平面四杆机构函数综合设计参数计算通用公式，得到新的综合机构。进一步研究发现，利用这一方法综合所得新的机构虽然能够满足实际应用要求，但综合结果的精度会有所降低。由此可知，通过改变采样点优化综合结果方法的实质是通过牺牲综合精度来提高机构的实用性。因此，调整参数的大小可以根据综合设计精度和机构的实用性要求来综合确定。

9.3 平面四杆机构函数综合步骤和误差分析

9.3.1 函数综合的步骤

根据前面的理论分析，可以总结出通过基于傅里叶级数的代数方法进行平面四杆机构函数综合的步骤，如图 9.3 所示为使用该方法进行函数生成机构综合的流程图。图中各步骤的具体内容如下：

(1) 分析目标函数，如果函数是以连续函数 $y(x)$ 的形式给出，确定采样周期 Δt，将目标函数 $y(x)$ 进行离散化处理，按照式(9.25)计算目标函数采样点。

(2) 计算离散化后目标函数采样点所对应的转角函数 $e^{i\psi_m}$ 的数值，利用式(9.3)进行离散傅里叶变换，得到目标转角函数的傅里叶系数 c_n'。

(3) 将所得 c_n' 代入平面四杆机构函数综合设计参数计算通用公式，得到设计参数 a、b、c、φ_0、ψ_0 的值。

(4) 将综合结果代入运动仿真程序，验证综合所得机构是否满足杆长条件，是否存在分支和顺序缺陷。如果综合设计结果不满足要求，可引入调整参数，改变采样周期后重复上述步骤进行重新设计。

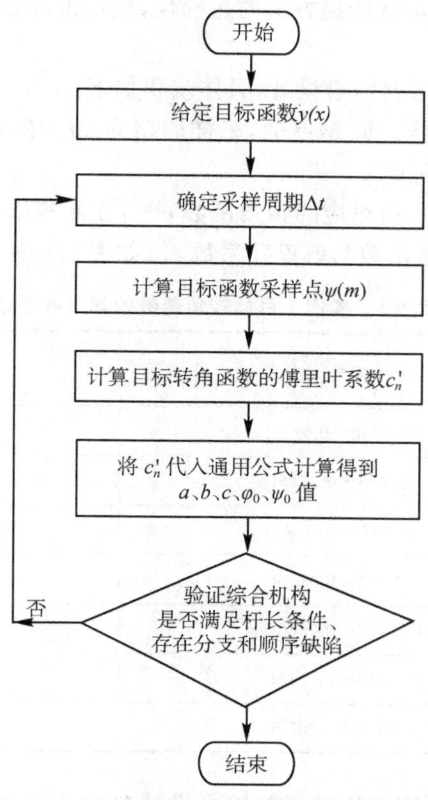

图 9.3　平面四杆机构函数综合流程图

9.3.2　函数综合的误差分析

为有效评价基于傅里叶级数代数法进行平面四杆机构函数综合的精度，定量的比较该方法与其他方法的综合效果，对函数综合误差进行如下定义：

$$\mathrm{SE}=\frac{1}{M}\Big(\sum_{j=1}^{M}|\psi_d^j-\psi_g^j|\Big) \tag{9.27}$$

式中，ψ_d^j 为目标函数第 j 点的角度值，ψ_g^j 为综合机构的输出构件在对应第 j 点的角度值。

9.4　平面四杆机构函数综合实例

9.4.1　综合实例 1

综合一平面四杆机构使输入、输出满足如下三角函数关系：

$$y=\theta_0+\lambda\sin(x),\quad 0°\leqslant x\leqslant 360°$$

式中，$\theta_0=20$，$\lambda=30$，为验证本章所提方法的正确性，实例的综合设计条件与文献[123]中实例 3.3.1 相同。

按照图 9.3 所列的流程进行综合设计，具体步骤如下：

(1) 对目标函数进行采样。取 $M=64$，采样周期为 $\Delta t=2\pi/64$，根据式(9.25)计算得到目标函数的 64 个离散采样点 ψ_m。

(2) 计算目标函数采样点所对应的转角函数 $e^{i\psi_m}$，在此基础上，利用式(9.3)进行离散傅里叶变换，计算得到目标转角函数的傅里叶系数 c'_n，如表 9.1 中的第 2 列所示。

表 9.1　实例 1 目标转角函数的傅里叶系数

n	$c'_n\left(\Delta t=\dfrac{2\pi}{64}\right)$	$c'_n\left(\Delta t'=\dfrac{2\pi}{64.05}\right)$
-3	-0.0028-0.0010i	-0.0029-0.0010i
-2	0.0315+0.0115i	0.0312+0.0115i
-1	-0.2377-0.0865i	-0.2376-0.0871i
0	0.8764+0.3190i	0.8763+0.3190i
1	0.2377+0.0865i	0.2379+0.0860i
2	0.0315+0.0115i	0.0318+0.0114i
3	0.0028+0.0010i	0.0029+0.0010i

(3) 将所得 c'_n 代入平面连杆机构函数综合设计参数计算通用公式，求解可得到的机构的设计参数 a、b、c、φ_0、ψ_0，如表 9.2 所示。

(4) 分析表中数据可以发现，综合所得的 3 个机构均不满足设计要求，机构 1 和机构 2 的部分设计参数接近零，杆长比太大，机构 3 不满足杆长条件。因此，改变目标函数采样点进行重新综合。将采样周期调整为 $\Delta t=2\pi/64.05$，对目标函数进行重新采样，计算得到转角函数新的傅里叶系数 c'_n，如表 9.1 中的第 3 列所示。

(5) 将所得新的 c'_n 代入平面连杆机构函数综合设计参数计算通用公式，求解得到新的机构设计参数 a、b、c、φ_0、ψ_0，如表 9.3 所示。

(6) 将表 9.3 中所得的综合结果代入运动仿真程序，验证机构是否满足杆长条件，是否存在分支和顺序缺陷，综合误差是否满足设计要求。经验证发现机构 1 和机构 2 均满足设计要求，其综合设计结果如表 9.3 所示。

表 9.2　实例 1 的综合设计结果

设计变量	机构 1	机构 2	机构 3
a	$1.452\,05\times10^{-8}$	$1.452\,10\times10^{-8}$	0.268 0
b	0.999 999 96	1.000 000 03	0.268 7
c	$1.902\,584\times10^{-8}$	$1.902\,583\times10^{-8}$	1.035 1
d	1	1	1

续 表

设计变量	机构 1	机构 2	机构 3
φ_0	3.137 7	−0.003 9	3.141 6
ψ_0	−0.343 2	2.798 4	2.792 5

表 9.3 采样周期调整后综合所得结果

设计变量	机构 1	机构 2	机构 3	图谱法[123]
a	0.0332	0.0328	0.2679	0.1505
b	0.9946	0.9946	0.2689	0.9023
c	0.0658	0.0650	1.0354	0.3044
d	1	1	1	1
φ_0	1.6319	−1.6359	3.1391	1.8596
ψ_0	1.3452	−2.0431	2.7925	2.0813
SE	0.2429°	0.2405°	—	0.5519°

如图 9.4 所示为利用本章提出的代数法和文献[123]中数值图谱法综合所得机构输出函数曲线与目标函数曲线的比较图，从图中可以发现使用本章提出的代数方法综合所得平面四杆机构的输出函数曲线与目标函数曲线十分接近，说明该机构能够较好地实现目标函数。图 9.5 所示为综合所得机构输出函数曲线与目标函数曲线间的综合误差比较图，从图中可以发现，与数值图谱法相比，本章提出的代数法综合所得机构产生的误差有较大幅度下降，这说明本章提出的代数求解方法具有较高的综合精度。

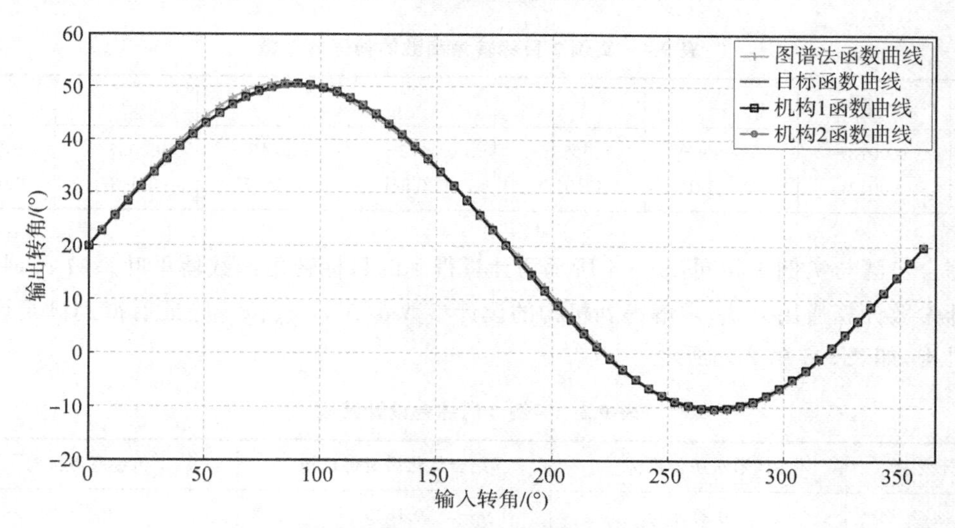

图 9.4 综合机构生成函数曲线与目标函数曲线比较图

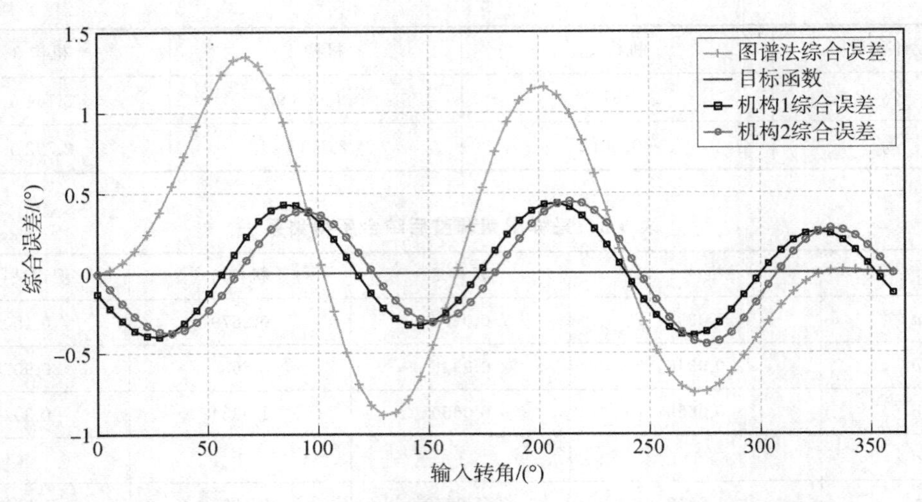

图 9.5 综合机构输出函数曲线与目标函数曲线间综合误差比较图

9.4.2 综合实例 2

综合一平面四杆机构使其输出、输入间满足如下分段函数关系。

$$y=\begin{cases}\theta_0(1-\cos\lambda x) & 0°\leqslant x\leqslant 90° \\ \lambda\theta_0 & 90°< x\leqslant 270° \\ \theta_0(1-\cos\lambda x) & 270°< x\leqslant 360°\end{cases}$$

式中，$\theta_0=12$，$\lambda=2$，本例综合目标与文献[88]中的实例 1 相同。

表 9.4 实例 2 目标转角函数的傅里叶系数

n	−3	−2	−1	0	1	2	3
c'_n	−0.0073−0.0014i	0.0059−0.0434i	0.0253−0.1017i	0.9472+0.2764i	0.0245−0.1027i	0.0087−0.0437i	0.0000−0.0003i

综合步骤与实例 1 相同，表 9.4 所示为计算得到的目标转角函数傅里叶系数 c'_n，将其代入设计参数计算通用公式，求解得到机构的设计参数 a、b、c、φ_0、ψ_0，验证后得到满足设计要求的机构，如表 9.5 第 2 列所示。

表 9.5 实例 2 的综合设计结果

设计变量	代数法所得机构	结合优化后所得机构	优化法所得机构[88]
a	0.2108	0.1839	0.1992
b	0.2112	0.1840	0.2216
c	0.9997	1	0.9975

续表

设计变量	代数法所得机构	结合优化后所得机构	优化法所得机构[88]
d	1	1	1
φ_0	1.4578	1.4078	1.4217
ψ_0	2.7222	2.7226	2.6613
SE	1.7747°	1.3152°	2.1732°

如图 9.6 所示为利用本章提出的代数法和文献[88]中优化法综合所得机构输出函数曲线与目标函数曲线的比较图，从图中可以发现本章提出的代数法综合所得机构的输出函数曲线，在中间函数段与目标函数十分接近，优于优化法的综合结果，但是其前后两段的函数曲线与目标函数相差较大，误差大于优化法所得机构生成函数。

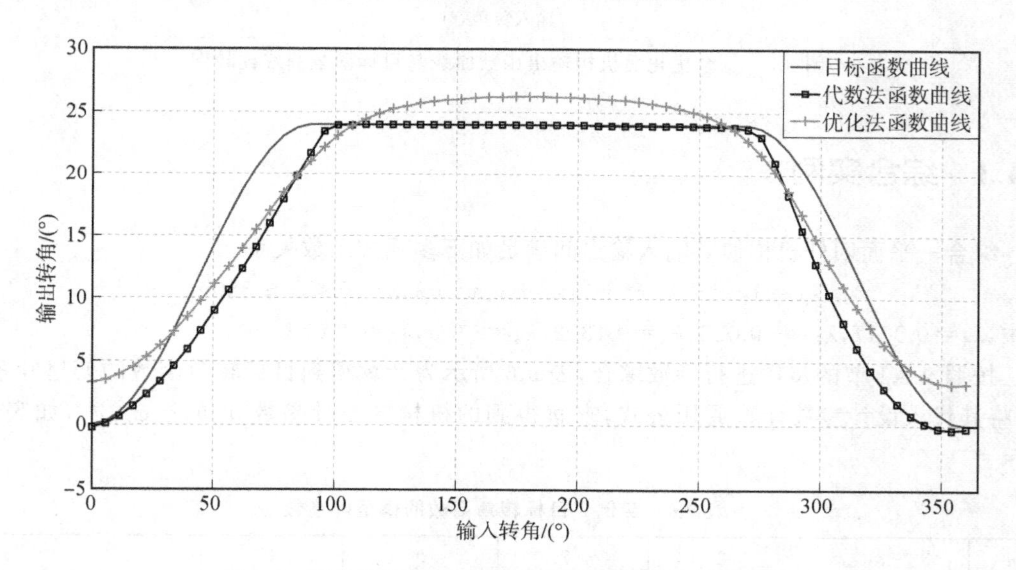

图 9.6　综合机构输出函数曲线与目标函数曲线比较图

为进一步降低综合误差，提高综合精度，将代数法与优化法相结合对机构进行综合，即以代数法综合所得结果为优化初值，在此基础上再进行优化综合，由于代数法所得机构已能较好地生成目标函数曲线，将其作为优化初值相对准确、合理，因此，优化很快地就得到最终结果，如表 9.5 第 3 列所示。

图 9.7 所示为以代数法所得结果为初值，进行优化综合所得机构生成函数曲线与目标函数曲线的比较图。从图中可以发现，结合优化后所得机构生成函数曲线与目标函数曲线更加接近，在中间函数仍与目标曲线十分接近，前后两段的误差明显减少。由此可知，若应用本章提出的代数法综合所得结果的精度无法满足设计要求时，可进一步以代数法所得结果为初值，进行优化综合，获得更好的综合设计结果。

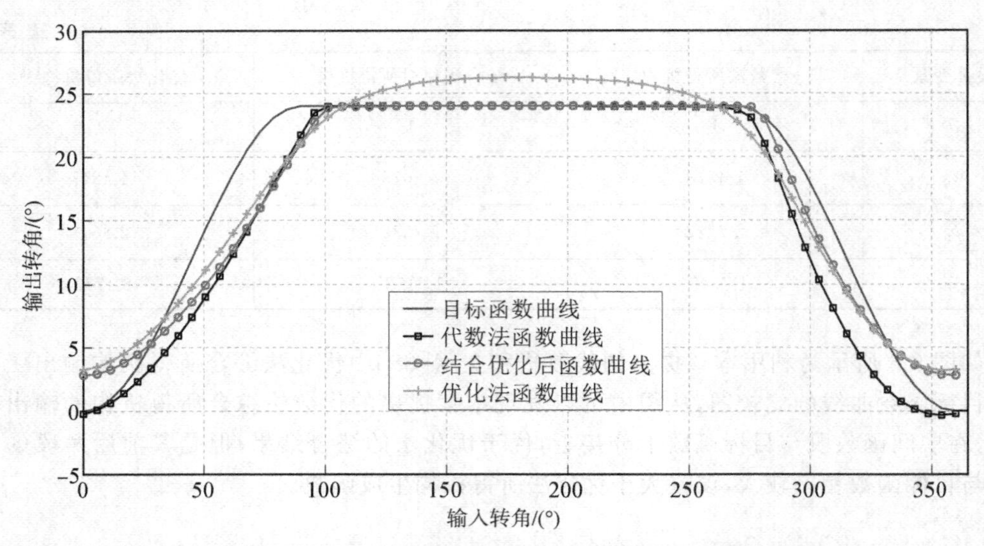

图 9.7　结合优化后机构输出函数曲线与目标函数曲线比较图

9.4.3　综合实例 3

综合一平面四杆机构使其输入输出间满足如下多项式函数关系。

$$y=\lambda_1 x^5+\lambda_2 x^4+\lambda_3 x^3+\lambda_4 x^2+\lambda_5 x \quad 0°\leqslant x\leqslant 360°$$

式中，$\lambda_1=0.0017$，$\lambda_2=-0.023$，$\lambda_3=0.1302$，$\lambda_4=-0.5$，$\lambda_5=2.058$

按照 9.3.1 节的步骤进行函数综合，表 9.6 所示为计算得到目标转角函数的傅里叶系数 c'_n，将其代入设计参数计算通用公式，求解得到的机构的设计参数 a、b、c、φ_0、ψ_0，如表 9.7 所示。

表 9.6　实例 3 目标转角函数的傅里叶系数

n	−3	−2	−1	0	1	2	3
c'_n	−0.0035−0.0029i	−0.0084−0.0034i	−0.0389−0.0091i	−0.1121−0.2159i	0.8554+0.3881i	0.2160−0.0727i	0.0568−0.0295i

表 9.7　综合实例 3 的综合设计结果

设计变量	机构 1	机构 2	机构 3
a	5.3422	4.3113	2.2977
b	8.7424	1.0981	2.0920
c	4.5071	4.2619	2.3112
d	1	1	1
φ_0	0.4710	−0.7945	−0.2489
ψ_0	−2.1817	−1.1725	−1.5691
SE	0.7046	—	0.3363

通过运动仿真程序验证综合结果，发现机构 1 和机构 3 都是无分支和顺序缺陷的双曲柄机构，均能较好地生成目标函数曲线。如图 9.8 所示，为综合所得机构输出函数曲线与目标函数曲线的比较图。从图中可以发现，机构 1 和机构 3 的输出函数曲线与目标函数曲线均十分接近。图 9.9 所示为机构生成函数曲线与目标函数曲线间误差的比较图，从图中可进一步发现，两机构的综合误差均满足设计要求，机构 3 的误差更小，为最优机构。比较表 9.7 中两机构的尺寸参数，可以发现两机构的杆长尺寸差别较大，这为进一步优化机构位置空间等其他性能提供了更多的选择。

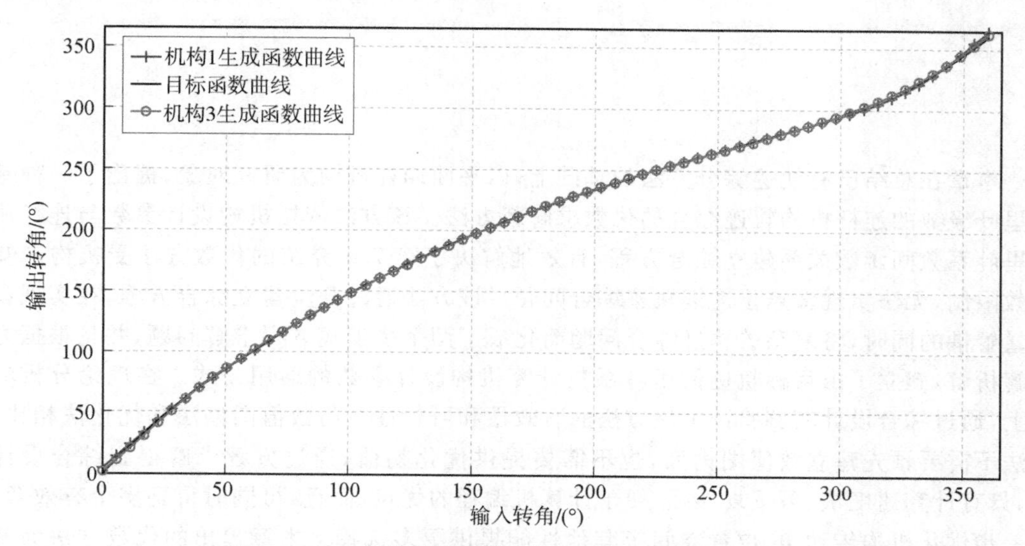

图 9.8 综合机构输出函数曲线与目标函数曲线比较图

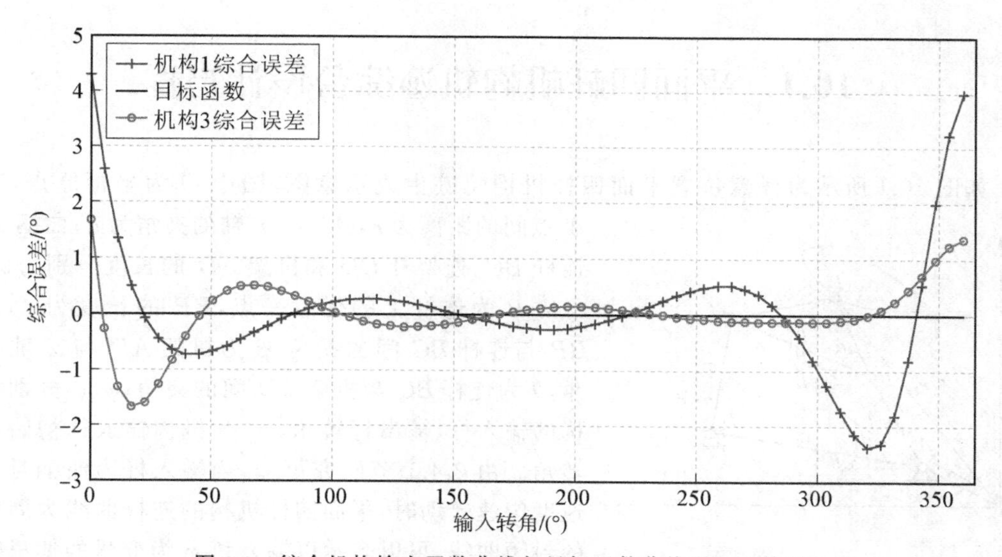

图 9.9 综合机构输出函数曲线与目标函数曲线误差比较图

第10章 基于傅里叶级数的平面四杆机构轨迹生成综合

本章在总结已有轨迹综合方法的基础上，以平面四杆机构为研究对象，提出了一种基于傅里叶级数的连杆机构轨迹综合的代数求解新方法。该方法依据机构设计参数与连杆曲线傅里叶系数间函数关系建立综合方程，有效地解决了第7章介绍的代数方法受机构未知量个数限制，无法实现多点位连续轨迹综合问题。该方法通过分步建立综合方程，在实现设计变量解耦的同时，将复杂的轨迹综合问题简化成了两个多项式方程求解问题，并且根据方程的解析解，建立了由目标轨迹傅里叶系数计算机构设计参数的通用公式。在理论分析的基础上，通过综合设计实例验证了该方法的有效性和可行性。与数值图谱法和优化法相比，该方法不需要预先建立数值图谱库，也不需要提供优化初值，通过方程求解得到综合设计结果，具有计算速度快、可重复性强、便于计算机编程的优点，而且，可同时得到多个有效解，为进一步优化机构传动角、位置空间等其他性能提供更多选择。本章提出的代数方法为开发方便快捷的机构综合软件提供了理论支持。

10.1 平面四杆机构轨迹综合设计方程

如图10.1所示为任意位置平面四杆机构轨迹生成示意图，图中O为坐标原点，其与A点间的距离为r，OA与x轴的夹角为μ；曲柄AB、连杆BC、连架杆CD和机架AD的长度分别为a、b、c、d；P为连杆上的任意一点，BP的长度为f，α为BP与连杆BC间的夹角；β为机架AD与x轴的夹角，θ为连杆BC与机架AD间的夹角；φ、ψ分别为机构的输入杆、输出杆转角，φ_0为机构输入杆初始位置转角。由2.4.1节研究可知，当输入杆为曲柄且以ω速度匀速转动时，平面四杆机构的连杆曲线为周期性的封闭曲线，可以表示以输入角φ为变量的傅里叶级数之和，即有

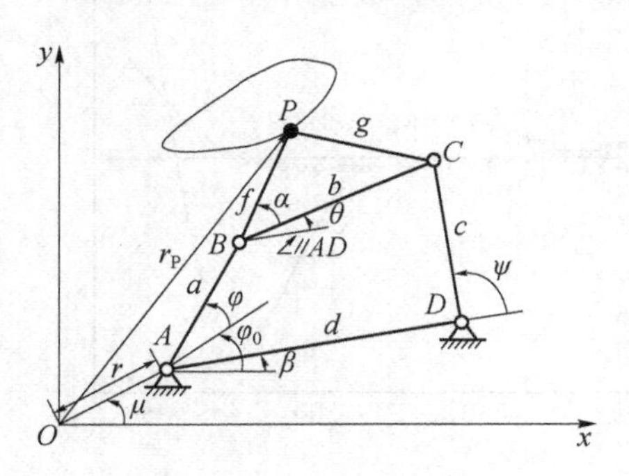

图10.1 任意位置平面四杆机构轨迹生成示意图

$$\boldsymbol{r}_P = x(t) + \mathrm{i}y(t) = \sum_{n=-\infty}^{+\infty} c_n \mathrm{e}^{\mathrm{i}n\omega t} = \sum_{n=-\infty}^{+\infty} c_n \mathrm{e}^{\mathrm{i}n\varphi} \tag{10.1}$$

式中，c_n 为机构连杆曲线傅里叶级数展开的傅里叶系数，其离散数值解计算公式为

$$c_n = \frac{1}{M}\sum_{m=0}^{M-1}(x_m + \mathrm{i}y_m)\left(\cos\left(nm\frac{2\pi}{M}\right) - \mathrm{i}\sin\left(nm\frac{2\pi}{M}\right)\right) \tag{10.2}$$

式中，$m=0,\pm1,\pm2,\pm3,\cdots,\pm(M-1)$；$n=0,\pm1,\pm2,\pm3,\cdots,\pm(M-1)$。

由图 10.1 可知，完成平面四杆机构轨迹综合需要确定 a、b、c、d、r、f、μ、β、α 这 9 个设计变量和输入杆的初始相位角 φ_0。由文献[59]的研究可知，如果将平面四杆机构作为一个整体进行研究，由于未知变量较多，综合过程中需要求解复杂的非线性方程组，为此，可将平面四杆机构拆分为二杆组，对设计变量进行解耦，分两步建立轨迹综合设计方程。

10.1.1 求解变量 r、a、f、μ、φ_0 的综合设计方程

如图 10.2 所示为机构左侧二杆组示意图，建立左侧二杆组封闭矢量方程：

$$\boldsymbol{r} + \boldsymbol{a} + \boldsymbol{f} = \boldsymbol{r}_P \tag{10.3}$$

将封闭矢量方程表示为复数矢量形式为

$$\boldsymbol{r}_P - r\mathrm{e}^{\mathrm{i}\mu} - a\mathrm{e}^{\mathrm{i}(\varphi_0+\varphi)} = f\mathrm{e}^{\mathrm{i}(\alpha+\theta+\beta)} \tag{10.4}$$

取式(10.4)的共轭可得

$$\bar{\boldsymbol{r}}_P - r\mathrm{e}^{-\mathrm{i}\mu} - a\mathrm{e}^{-\mathrm{i}(\varphi_0+\varphi)} = f\mathrm{e}^{-\mathrm{i}(\alpha+\theta+\beta)} \tag{10.5}$$

将式(10.4)与式(10.5)相乘，消去变量 α、θ、β 化简整理可得

$$\boldsymbol{r}_P\bar{\boldsymbol{r}}_P - l\boldsymbol{r}_P - v\mathrm{e}^{-\mathrm{i}\varphi}\boldsymbol{r}_P - s\bar{\boldsymbol{r}}_P + ls + sv\mathrm{e}^{-\mathrm{i}\varphi} - u\mathrm{e}^{\mathrm{i}\varphi}\bar{\boldsymbol{r}}_P + lu\mathrm{e}^{\mathrm{i}\varphi} + uv - w^2 = 0 \tag{10.6}$$

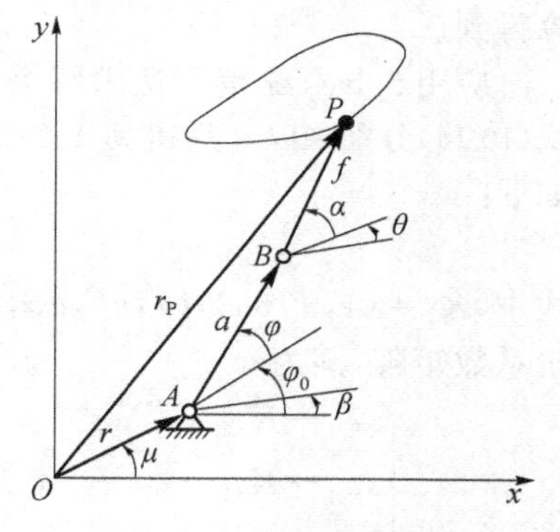

图 10.2 平面四杆机构左侧二杆组示意图

式中，$s=r\mathrm{e}^{\mathrm{i}\mu}$，$l=r\mathrm{e}^{-\mathrm{i}\mu}$，$u=a\mathrm{e}^{\mathrm{i}\varphi_0}$，$v=a\mathrm{e}^{-\mathrm{i}\varphi_0}$，$w=f$。由式(10.1)可知 $\boldsymbol{r}_P$、$\bar{\boldsymbol{r}}_P$ 可展成以输入转角 φ 为变量的傅里叶级数，即有

$$\boldsymbol{r}_P = \sum_{n=-\infty}^{+\infty} c_n\mathrm{e}^{\mathrm{i}n\varphi} = c_0 + c_{-1}\mathrm{e}^{-\mathrm{i}\varphi} + c_1\mathrm{e}^{\mathrm{i}\varphi} + c_{-2}\mathrm{e}^{-2\mathrm{i}\varphi} + c_2\mathrm{e}^{2\mathrm{i}\varphi} + \cdots + c_{-n}\mathrm{e}^{-n\mathrm{i}\varphi} + c_n\mathrm{e}^{n\mathrm{i}\varphi} \tag{10.7}$$

$$\bar{\boldsymbol{r}}_P = \sum_{n=-\infty}^{+\infty} \bar{c}_n\mathrm{e}^{-\mathrm{i}n\varphi} = \bar{c}_0 + \bar{c}_{-1}\mathrm{e}^{\mathrm{i}\varphi} + \bar{c}_1\mathrm{e}^{-\mathrm{i}\varphi} + \bar{c}_{-2}\mathrm{e}^{2\mathrm{i}\varphi} + \bar{c}_2\mathrm{e}^{-2\mathrm{i}\varphi} + \cdots + \bar{c}_{-n}\mathrm{e}^{n\mathrm{i}\varphi} + \bar{c}_n\mathrm{e}^{-n\mathrm{i}\varphi} \tag{10.8}$$

将式(10.7)和式(10.8)代入式(10.6)整理可得

$$\sum_{n=-\infty}^{+\infty} H_n\mathrm{e}^{\mathrm{i}n\varphi} = H_0 + H_{-1}\mathrm{e}^{-\mathrm{i}\varphi} + H_1\mathrm{e}^{\mathrm{i}\varphi} + H_{-2}\mathrm{e}^{-2\mathrm{i}\varphi} + H_2\mathrm{e}^{2\mathrm{i}\varphi} + \cdots + H_{-n}\mathrm{e}^{-n\mathrm{i}\varphi} + H_n\mathrm{e}^{n\mathrm{i}\varphi} = 0 \tag{10.9}$$

式中：

$H_0 = vc_1 + lc_0 - uv - ls + w^2 + s\bar{c}_0 + u\bar{c}_1 - K_0$，$H_{-1} = vc_0 + lc_{-1} - sv + s\bar{c}_1 + u\bar{c}_2 - K_{-1}$，

$H_1 = vc_2 + lc_1 - lu + s\bar{c}_{-1} + u\bar{c}_0 - K_1$，$H_{-j} = vc_{1-j} + lc_{-j} + s\bar{c}_j + u\bar{c}_{j+1} - K_{-j}$，

$$H_j = vc_{1+j} + lc_j + s\bar{c}_{-j} + u\bar{c}_{1-j} - K_j, \quad j=2,3,\cdots,n$$

$$K_{-j} = \sum_{m=0}^{\frac{M}{2}-j} c_m \bar{c}_{m+j}, K_j = \sum_{m=0}^{\frac{M}{2}-j} c_m \bar{c}_{m-j}, \quad m=0,\pm 1,\pm 2,\cdots \pm k,\cdots,\pm\left(\frac{M}{2}-j\right)$$

分析式(10.9)可知，H_{-j}、H_{-1}、H_0、H_1、H_j 为含有机构设计参数和连杆曲线傅里叶系数的表达式，由复指数的性质可知，其值应为0。由2.4.1节的研究可知，利用傅里叶级数表示连杆曲线时低次谐波项的影响更大，因此，根据综合设计所要求解未知量个数，选取含低次谐波项的表达式建立综合设计方程，求解设计变量：

$$vc_{-1} + lc_{-2} + s\bar{c}_2 + u\bar{c}_3 - K_{-2} = 0 \tag{10.10}$$

$$vc_0 + lc_{-1} - sv + s\bar{c}_1 + u\bar{c}_2 - K_{-1} = 0 \tag{10.11}$$

$$vc_1 + lc_0 - uv - ls + w^2 + s\bar{c}_0 + u\bar{c}_1 - K_0 = 0 \tag{10.12}$$

$$vc_2 + lc_1 - lu + s\bar{c}_{-1} + u\bar{c}_0 - K_1 = 0 \tag{10.13}$$

$$vc_3 + lc_2 + s\bar{c}_{-2} + u\bar{c}_{-1} - K_2 = 0 \tag{10.14}$$

方程组(10.10)～(10.14)即为求解设计变量 a、r、f、μ、φ_0 的综合设计方程。其中的 s、l、u、v、w 为含有机构设计参数的未知变量，c_n、$\bar{c}_n$ 为目标轨迹傅里叶级数，可由式(10.2)计算得到。

应用 Sylvester 消元法求解综合设计方程，将方程组中的式(10.10)、式(10.11)、式(10.13)、式(10.14)分别乘以 u 后得到4个新的方程，将其与原有方程组成新的方程组，其矩阵形式表示如下：

$$\boldsymbol{D}_1 \boldsymbol{X}_1 = \boldsymbol{0}_{8\times 1} \tag{10.15}$$

式中，$\boldsymbol{X}_1 = (1,u,v,l,lu,u^2,uv,lu^2)^{\mathrm{T}}$ 为含有未知量的列向量，$\boldsymbol{D}_1$ 是含有未知量 s 的 8×8 阶系数矩阵，其为

$$\boldsymbol{D}_1 = \begin{pmatrix} s\bar{c}_2 - K_{-2} & \bar{c}_3 & c_{-1} & c_{-2} & 0 & 0 & 0 & 0 \\ s\bar{c}_1 - K_{-1} & \bar{c}_2 & c_0 - s & c_{-1} & 0 & 0 & 0 & 0 \\ s\bar{c}_{-1} - K_1 & \bar{c}_0 & c_2 & c_1 & -1 & 0 & 0 & 0 \\ s\bar{c}_{-2} - K_2 & \bar{c}_{-1} & c_3 & c_2 & 0 & 0 & 0 & 0 \\ 0 & s\bar{c}_2 - K_{-2} & 0 & 0 & c_{-2} & \bar{c}_3 & c_{-1} & 0 \\ 0 & s\bar{c}_1 - K_{-1} & 0 & 0 & c_{-1} & \bar{c}_2 & c_0 - s & 0 \\ 0 & s\bar{c}_{-1} - K_1 & 0 & 0 & c_1 & \bar{c}_0 & c_2 & -1 \\ 0 & s\bar{c}_{-2} - K_2 & 0 & 0 & c_2 & \bar{c}_{-1} & c_3 & 0 \end{pmatrix}$$

由 Cramer 法则可知，方程组(10.15)存在非零解条件是其系数矩阵行列式等于0，即

$$\det(\boldsymbol{D}_1) = 0 \tag{10.16}$$

将式(10.16)展开可得到一个含有未知量 s 的一元四次方程：

$$k_4 s^4 + k_3 s^3 + k_2 s^2 + k_1 s + k_0 = 0 \tag{10.17}$$

式中，$k_i\,(i=0,1,\cdots,4)$ 是由目标轨迹傅里叶系数 c_n 构成的已知量。

方程(10.17)的最高次数为4，方程(10.12)的最高次数为2，因此，方程组(10.10)～(10.14)共有 $4\times 2=8$ 组解。求解方程得到 s 的4个非零解析解，将所得 s 的解代入式(10.15)可求解得到对应 l、u、v 的解，再将所得 s、l、u、v 的解代入式(10.12)可得到对应 w 的解。求解得到 s、l、u、v、w 解后，设计变量 r、a、f、μ、φ_0 可根据下列公式计算得到。

$$r=\pm\sqrt{ls},\quad a=\pm\sqrt{uv},\quad f=w,\mu=2\arctan\left(\mathrm{i}\frac{r-s}{r+s}\right),\quad \varphi_0=2\arctan\left(\mathrm{i}\frac{a-u}{a+u}\right)$$

10.1.2 求解变量 $\boldsymbol{b}$、$\boldsymbol{c}$、$\boldsymbol{d}$、$\boldsymbol{\beta}$、$\boldsymbol{\alpha}$ 的综合设计方程

在设计变量 r、a、f、μ、φ_0 为已知的情况下，建立含有变量 b、c、d、α、β 的矢量环方程。为简化计算，如图 10.3 所示，取坐标系原点 O 与 A 点重合，x 轴沿机架 AD 方向，建立封闭矢量方程为

$$\boldsymbol{a}+\boldsymbol{b}=\boldsymbol{d}+\boldsymbol{c} \tag{10.18}$$

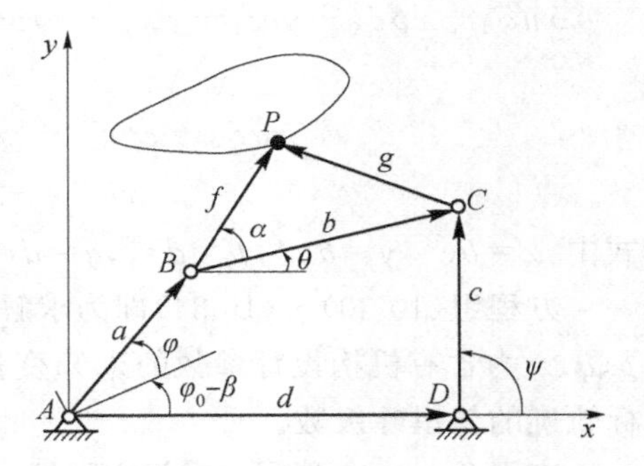

图 10.3 标准位置平面四杆机构轨迹生成示意图

将方程(10.18)表示为复数矢量形式

$$a\mathrm{e}^{\mathrm{i}(\varphi+\varphi_0-\beta)}+b\mathrm{e}^{\mathrm{i}\theta}-d=c\mathrm{e}^{\mathrm{i}\psi} \tag{10.19}$$

取式(10.19)的共轭可得

$$a\mathrm{e}^{-\mathrm{i}(\varphi+\varphi_0-\beta)}+b\mathrm{e}^{-\mathrm{i}\theta}-d=c\mathrm{e}^{-\mathrm{i}\psi} \tag{10.20}$$

将式(10.19)与式(10.20)相乘消去变量 ψ，化简整理可得

$$h_{-3}\mathrm{e}^{-\mathrm{i}\theta}+h_{-2}\mathrm{e}^{-\mathrm{i}\theta}\mathrm{e}^{\mathrm{i}\varphi}+h_{-1}\mathrm{e}^{-\mathrm{i}\varphi}+h_0+h_1\mathrm{e}^{\mathrm{i}\varphi}+h_2\mathrm{e}^{\mathrm{i}\theta}\mathrm{e}^{-\mathrm{i}\varphi}+h_3\mathrm{e}^{\mathrm{i}\theta}=0 \tag{10.21}$$

式中，$h_{-3}=bd$，$h_{-2}=ba\mathrm{e}^{\mathrm{i}(\varphi_0-\beta)}$，$h_{-1}=-da\mathrm{e}^{-\mathrm{i}(\varphi_0-\beta)}$，$h_0=a^2+b^2+d^2-c^2$，$h_1=-da\mathrm{e}^{\mathrm{i}(\varphi_0-\beta)}$，$h_2=ba\mathrm{e}^{-\mathrm{i}(\varphi_0-\beta)}$，$h_3=-bd$。

由 2.4.2 节研究可知，式(10.21)中的连杆转角函数 $\mathrm{e}^{\mathrm{i}\theta}$ 可以表示为以输入转角 φ 为变量的傅里叶级数之和，且取有限几项低次谐波就能够较好的拟合原函数。因此，此处取 3 次谐波即 $n=-3$ 到 3，将 $\mathrm{e}^{\mathrm{i}\theta}$ 和 $\mathrm{e}^{-\mathrm{i}\theta}$ 展开可得

$$\mathrm{e}^{\mathrm{i}\theta}=c''_{-3}\mathrm{e}^{-3\mathrm{i}\varphi}+c''_{-2}\mathrm{e}^{-2\mathrm{i}\varphi}+c''_{-1}\mathrm{e}^{-\mathrm{i}\varphi}+c''_0+c''_1\mathrm{e}^{\mathrm{i}\varphi}+c''_2\mathrm{e}^{2\mathrm{i}\varphi}+c''_3\mathrm{e}^{3\mathrm{i}\varphi} \tag{10.22}$$

$$\mathrm{e}^{-\mathrm{i}\theta}=\bar{c}''_{-3}\mathrm{e}^{3\mathrm{i}\varphi}+\bar{c}''_{-2}\mathrm{e}^{2\mathrm{i}\varphi}+\bar{c}''_{-1}\mathrm{e}^{\mathrm{i}\varphi}+\bar{c}''_0+\bar{c}''_1\mathrm{e}^{-\mathrm{i}\varphi}+\bar{c}''_2\mathrm{e}^{-2\mathrm{i}\varphi}+\bar{c}''_3\mathrm{e}^{-3\mathrm{i}\varphi} \tag{10.23}$$

将式(10.22)和式(10.23)代入式(10.21)化简整理可得

$$H'_{-4}\mathrm{e}^{-4\mathrm{i}\varphi}+H'_{-3}\mathrm{e}^{-3\mathrm{i}\varphi}+H'_{-2}\mathrm{e}^{-2\mathrm{i}\varphi}+H'_{-1}\mathrm{e}^{-\mathrm{i}\varphi}+H'_0+H'_1\mathrm{e}^{\mathrm{i}\varphi}+H'_2\mathrm{e}^{2\mathrm{i}\varphi}+H'_3\mathrm{e}^{3\mathrm{i}\varphi}+H'_4\mathrm{e}^{4\mathrm{i}\varphi}=0 \tag{10.24}$$

式中：

$H'_{-4}=h_2c''_{-3}$，$H'_{-3}=h_{-3}\bar{c}''_3+h_2c''_{-2}+h_3c''_{-3}$，$H'_{-2}=h_{-3}\bar{c}''_2+h_{-2}\bar{c}''_3+h_2c''_{-1}+h_3c''_{-2}$

$H'_{-1}=h_{-3}\bar{c}''_1+h_{-2}\bar{c}''_2+h_{-1}+h_2c''_0+h_3c''_{-1}$，$H'_0=h_{-3}\bar{c}''_0+h_{-2}\bar{c}''_1+h_0+h_2c''_1+h_3c''_0$

$H'_1=h_{-3}\bar{c}''_{-1}+h_{-2}\bar{c}''_0+h_1+h_2c''_2+h_3c''_1$，$H'_2=h_{-3}\bar{c}''_{-2}+h_{-2}\bar{c}''_{-1}+h_2c''_3+h_3c''_2$

$H'_3=h_{-3}\bar{c}''_{-3}+h_{-2}\bar{c}''_{-2}+h_3c''_3$，$H'_4=h_{-2}\bar{c}''_{-3}$

分析可以发现，当 $\mathrm{e}^{\mathrm{i}\theta}$ 取更高次谐波时，H'_{-2}、H'_{-1}、H'_0、H'_1，H'_2 不再发生变化，为完整系数表达式，由复指数性质可知，其值应为 0，由此得到如下方程：

$$h_{-3}\bar{c}''_2+h_{-2}\bar{c}''_3+h_2c''_{-1}+h_3c''_{-2}=0 \tag{10.25}$$

$$h_{-3}\bar{c}''_1+h_{-2}\bar{c}''_2+h_{-1}+h_2c''_0+h_3c''_{-1}=0 \tag{10.26}$$

$$h_{-3}\bar{c}''_0+h_{-2}\bar{c}''_1+h_0+h_2c''_1+h_3c''_0=0 \tag{10.27}$$

$$h_{-3}\bar{c}''_{-1}+h_{-2}\bar{c}''_0+h_1+h_2c''_2+h_3c''_1=0 \tag{10.28}$$

$$h_{-3}\bar{c}''_{-2}+h_{-2}\bar{c}''_{-1}+h_2c''_3+h_3c''_2=0 \tag{10.29}$$

由 2.5 节研究可知，连杆曲线的傅里叶系数 c_n 与连杆转角函数傅里叶系数 c''_n 满足式(2.120)～式(2.122)的函数关系，将式(2.120)～式(2.122)代入式(10.25)～式(10.29)化简整理可得

$$xu\bar{c}_3-xp\bar{c}_2+yvc_{-1}-yqc_{-2}=0 \tag{10.30}$$

$$xu\bar{c}_2-xp\bar{c}_1+yvc_0-yqc_{-1}+xvp-vwp-yvs=0 \tag{10.31}$$

$$xu\bar{c}_1-xp\bar{c}_0+yvc_1-yqc_0-xuv+pqw-z^2w+uvw+xyw-yvu+xpl+yqs=0 \tag{10.32}$$

$$xu\bar{c}_0-xp\bar{c}_{-1}+yvc_2-yqc_1-uwq+yuq-xul=0 \tag{10.33}$$

$$xu\bar{c}_{-1}-xp\bar{c}_{-2}+yvc_3-yqc_2=0 \tag{10.34}$$

式中，$x=be^{i\alpha}$，$y=be^{-\alpha}$，$p=de^{i\beta}$，$q=de^{-i\beta}$，$z=c$。

方程组(10.30)～(10.34)即为求解设计变量 b、c、d、α、β 的综合设计方程。其中，x、y、p、q、z 为含有机构设计参数的未知变量，u、v、w 为求解得到的已知设计变量，c_n、$\bar{c}_n$ 为目标轨迹的傅里叶级数。

应用 Sylvester 消元法求解方程组，将方程(10.30)、方程(10.31)、方程(10.33)、方程(10.34)分别乘以 q 构造 4 个新的方程，将其与原方程组合得到一个新的线性方程组：

$$\boldsymbol{D}_2\boldsymbol{X}_2=\boldsymbol{0}_{8\times1} \tag{10.35}$$

式中，$\boldsymbol{X}_2=(1,y,p,q,yq,pq,q^2,yq^2)^{\mathrm{T}}$ 为一个含有未知量的列向量，$\boldsymbol{D}_2$ 是含有变量 x 的 8×8 阶系数矩阵，其为

$$\boldsymbol{D}_2=\begin{pmatrix} xu\bar{c}_3 & vc_{-1} & -x\bar{c}_2 & 0 & -c_{-2} & 0 & 0 & 0\\ xu\bar{c}_2 & vc_0-vs & -x\bar{c}_1+xv-vw & 0 & -c_{-1} & 0 & 0 & 0\\ xu\bar{c}_0-xul & vc_2 & -x\bar{c}_{-1} & -uw & -c_1+u & 0 & 0 & 0\\ xu\bar{c}_{-1} & vc_3 & -x\bar{c}_{-2} & 0 & -c_2 & 0 & 0 & 0\\ 0 & 0 & 0 & xu\bar{c}_3 & vc_{-1} & -x\bar{c}_2 & 0 & -c_{-2}\\ 0 & 0 & 0 & xu\bar{c}_2 & vc_0-vs & -x\bar{c}_1+xv-vw & 0 & -c_{-1}\\ 0 & 0 & 0 & xu\bar{c}_0-xul & vc_2 & -x\bar{c}_{-1} & -uw & -c_1+u\\ 0 & 0 & 0 & xu\bar{c}_{-1} & vc_3 & -x\bar{c}_{-2} & 0 & -c_2 \end{pmatrix}$$

根据 Cramer 法则可知，式(10.35)有非零解的条件是当且仅当其系数矩阵行列式为零，即有

$$\det(\boldsymbol{D}_2)=0 \tag{10.36}$$

将式(10.36)展开可得到关于 x 的一元四次方程：

$$k'_4x^4+k'_3x^3+k'_2x^2+k'_1x=0 \tag{10.37}$$

式中，$k'_i(i=1,\cdots,4)$是由目标轨迹的傅里叶系数 c_n 和已知设计变量 u、v、w 构成的已知量；由 $x=be^{i\alpha}$ 可知，当 $x=0$ 时机构连杆 BC 的长度为零，该解所对应的机构退化，因此将 $x=0$ 的解舍去，进一步化简方程可得

$$k'_4x^3+k'_3x^2+k'_2x+k'_1=0 \tag{10.38}$$

方程(10.38)的最高次数为3,方程(10.32)的最高次数为2,因此,方程组(10.30)~(10.34)有3×2=6组解。求解方程得到x的3个非零解析解,将所得x的解代入方程(10.36)可对应求解得到y、p、q的值,进一步将所得x、y、p、q代入方程(10.32)可求解得到变量z的值。求解得到x、y、p、q、z的值,可根据下列公式计算设计变量b、c、d、α、β的值。

$$b=\pm\sqrt{xy},\quad c=z,\quad d=\pm\sqrt{pq},\quad \alpha=2\arctan\left(\mathrm{i}\frac{b-x}{b+x}\right),\quad \beta=2\arctan\left(\mathrm{i}\frac{d-p}{d+p}\right)$$

分析上述机构设计参数求解过程可以发现,a、b、c、d、r、f、μ、β、α的解最终可以转化为仅含有目标轨迹傅里叶系数c_n的计算公式,将这些公式定义为平面四杆机构轨迹综合设计参数计算通用公式。利用公式可计算得到平面四杆机构轨迹综合的8×6=48组解,去除杆长为负值的解,可得到4×3=12组有意义的解。

10.2 目标轨迹的预处理

分析设计参数计算通用公式的推导过程可以发现,通用公式的建立是以目标轨迹是时间t的函数为前提的,且各轨迹点间所对应的时间间隔是相同的,即$\Delta\varphi_j=\omega(t_j-t_{j-1})$,因此,要利用通用公式计算平面四杆机构轨迹综合的设计参数,需要保证目标轨迹上各点之间所对应的输入转角差$\Delta\varphi_j$相同。

10.2.1 计时轨迹综合任务目标轨迹的预处理

平面连杆机构轨迹综合的任务分为计时轨迹综合和非计时轨迹综合两种。计时轨迹综合要求给定目标轨迹点(P_{xd}^j, P_{yd}^j)与机构的输入转角(φ_j)相对应。对于此类轨迹生成任务,如果综合目标给定的输入转角是均匀的,满足使用通用公式计算设计参数的条件,可根据给定的目标轨迹点坐标,利用式(10.3)计算得到目标轨迹的傅里叶系数c_n,直接求解机构的设计参数。

如果给定的输入转角是非均匀,不满足使用通用公式计算设计参数的条件,可利用复函数最小二乘法[140],近似求取目标轨迹的傅里叶系数c_n,具体计算公式如下:

$$\boldsymbol{C}=(\bar{\boldsymbol{D}}_3^{\mathrm{T}}\boldsymbol{D}_3)^{-1}\bar{\boldsymbol{D}}_3^{\mathrm{T}}\boldsymbol{X}_3 \tag{10.39}$$

式中,$\boldsymbol{C}=(c_0,c_1,c_{-1},\cdots,c_{N-1},c_{-N-1})^{\mathrm{T}}$,$N\in\left(0,\frac{M}{2}\right)$是一个由目标轨迹傅里叶系数$c_n$组成列向量;$\boldsymbol{X}_3=(P_{xd}^1+\mathrm{i}P_{yd}^1,\cdots,P_{xd}^M+\mathrm{i}P_{yd}^M)^{\mathrm{T}}$是由复数形式的目标轨迹点坐标组成的列向量;$\boldsymbol{D}_3$是由一个包含输入转角$\varphi_j$的$M\times 2N$阶矩阵,其为

$$\boldsymbol{D}_3=\begin{pmatrix}1 & \mathrm{e}^{\mathrm{i}\varphi_1} & \mathrm{e}^{-\mathrm{i}\varphi_1} & \cdots & \mathrm{e}^{N\mathrm{i}\varphi_1} & \mathrm{e}^{-N\mathrm{i}\varphi_1}\\ 1 & \mathrm{e}^{\mathrm{i}\varphi_2} & \mathrm{e}^{-\mathrm{i}\varphi_2} & \cdots & \mathrm{e}^{N\mathrm{i}\varphi_2} & \mathrm{e}^{-N\mathrm{i}\varphi_2}\\ \vdots & \vdots & \vdots & & \vdots & \vdots\\ 1 & \mathrm{e}^{\mathrm{i}\varphi_M} & \mathrm{e}^{-\mathrm{i}\varphi_M} & \cdots & \mathrm{e}^{N\mathrm{i}\varphi_M} & \mathrm{e}^{-N\mathrm{i}\varphi_M}\end{pmatrix}$$

利用式(10.39)计算得到目标轨迹的傅里叶系数 c_n 后，将其代入通用公式，可计算得到机构设计参数。

10.2.2 非计时轨迹综合任务目标轨迹的预处理

非计时轨迹综合对于给定目标轨迹点(P_{xd}^j, P_{yd}^j)与机构的输入转角(φ_j)间没有严格的对应要求，这类轨迹生成任务通常只给出目标轨迹点坐标，因此，若要想利用通用公式求解机构设计参数，首先需要确定目标轨迹点与机构输入转角间的对应关系，并在目标轨迹上找到与均匀的输入转角相对应的轨迹点。这一工作可以借助二自由度辅助机构来完成。

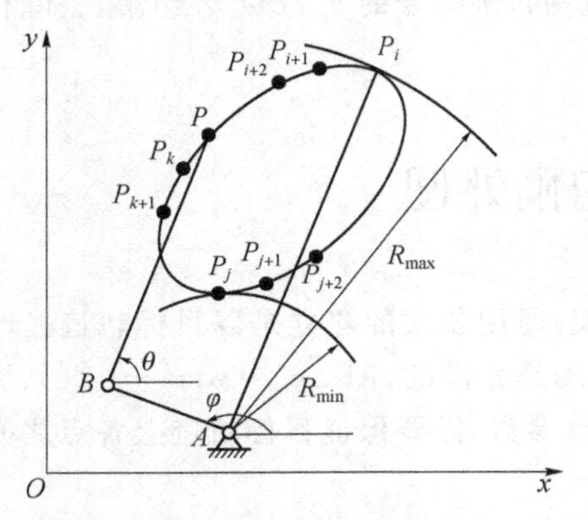

图 10.4　二自由度辅助机构示意图

如图 10.4 所示为由机架、连架杆 AB 和浮动连杆 BP 组成的二自由度辅助机构，其中，连架杆 AB 是可绕 A 点整周回转的曲柄，其与 x 轴的夹角为 φ。由于该机构为二自由度机构，若令曲柄 AB 沿顺时针或逆时针的方向匀速旋转，浮动连杆 BP 上的点P 将依次通过图中轨迹 PP_iP_j 上的点。因此，可利用该机构建立目标轨迹点与机构输入转角间的对应关系。

要利用二自由度辅助机构确定轨迹点与输入转角间对应关系，首先需要确定曲柄中心 A 的坐标(A_x, A_y)、曲柄 AB 和浮动连杆 BP 的长度 l_{AB}、l_{BP}。根据曲柄存在的条件可知，曲柄 AB 旋转一周，浮动连杆 BP 上 P 点应恰好走完全部的封闭轨迹，在这一过程中，曲柄 AB 与连杆 BP 出现两次共线，一是 P 点处于距离 A 点最远处的 P_i 点，此时有 $R_{max}=l_{AB}+l_{BP}$；二是 P 点处于距离 A 点最近处的 P_j 点，此时有 $R_{min}=|l_{BP}-l_{AB}|$。因而，若过 P_i 和 P_j 点作轨迹 PP_iP_j 的法线，两条法线的交点必然为 A 点。基于这一性质，可通过在目标轨迹取两点，作其法线交点的方法确定 A 点位置，即在目标轨迹上任取两点定义为 P_i 和 P_j，并过两点作目标轨迹的法线，其交点为 E 点，计算目标轨迹上其余各点 $P_k(k=1,2,\cdots,M,k\neq i,k\neq j,i\neq j)$与 E 点间的距离 $|P_kE|$，如果 $|P_iE|>|P_kE|$ 并且 $|P_jE|<|P_kE|$，则 E 点可选为曲柄AB 的旋转中心点A，如果 $|P_kE|$ 不满足上述条件，则需要重新选取目标轨迹上的点作为 P_i 和P_j 点，重复上述过程。因此，为能够准确地确定中心点 A 的位置，需要具有足够的目标轨迹点，对于给定目标轨迹点较少的综合任务，可根据第 2 章的研究，通过傅里叶级数拟合给定的目标轨迹，利用傅里叶级数表达式得到更多的目标轨迹点。通过这种点点组合的方法可以得到多个满足条件的二自由度辅助机构。确定曲柄旋转中心 A 点的坐标(A_x, A_y)后，同时也得到了 R_{max}和 R_{min}的值，在此基础上，利用下面的公式可计算得到二自由度辅助机构曲柄 AB 和连杆 BP 的长度：

$$l_{AB}=\frac{R_{max}-R_{min}}{2} \tag{10.40}$$

$$l_{BP}=\frac{R_{max}+R_{min}}{2} \tag{10.41}$$

在得到二自由度辅助机构的参数后，将曲柄 AB 按一定方向匀速转过一定角度，可依次得到浮动连杆 BP 与目标轨迹的交点，将所得的交点作为轨迹综合任务新的目标轨迹点。此时，这些新目标轨迹点坐标(P_{xd}^j,P_{yd}^j)与曲柄转角(φ_j)严格对应，满足通用公式的使用条件。因此，将由这些坐标点计算得到目标轨迹傅里叶系数 c_n 代入通用公式，可计算得到机构设计参数。

10.3 平面四杆机构轨迹综合误差分析与综合步骤

10.3.1 轨迹综合误差分析

为定量评价基于傅里叶级数代数方法进行平面四杆机构轨迹综合的精度，对轨迹综合误差进行如下定义：

$$TE=\sum_{j=1}^{M}((P_{xd}^j-P_x^j)^2+(P_{yd}^j-P_y^j)^2) \tag{10.42}$$

式中，M 为给定目标轨迹点的个数，(P_{xd}^j,P_{yd}^j)为第 j 个给定目标轨迹点坐标，在计时轨迹综合中，(P_x^j,P_y^j)为综合机构对应生成的第 j 个轨迹点坐标，在非计时轨迹综合中，(P_x^j,P_y^j)为综合机构生成轨迹上距离第 j 个给定目标轨迹点最近点的坐标。

由文献[94]研究可知，平面四杆机构轨迹点的坐标可由式(10.43)计算得到：

$$\begin{pmatrix}P_x\\P_y\end{pmatrix}=\begin{pmatrix}r\cos\mu\\r\sin\mu\end{pmatrix}+\begin{pmatrix}\cos\varphi & -\sin\varphi\\\sin\varphi & \cos\varphi\end{pmatrix}\begin{pmatrix}a\cos\varphi_0\\a\sin\varphi_0\end{pmatrix}+\begin{pmatrix}\cos\beta & -\sin\beta\\\sin\beta & \cos\beta\end{pmatrix}\begin{pmatrix}\cos\theta & -\sin\theta\\\sin\theta & \cos\theta\end{pmatrix}\begin{pmatrix}f\cos\alpha\\f\sin\alpha\end{pmatrix} \tag{10.43}$$

式中，r、a、f、μ、φ、β、α 为已知变量，未知量 θ 可有式(10.44)计算得到：

$$\theta=2\arctan\left(\frac{-F\pm\sqrt{F^2+L^2-H^2}}{L-H}\right) \tag{10.44}$$

式中：$F=2ab\sin(\varphi+\varphi_0-\beta)$，$L=2ab\cos(\varphi+\varphi_0-\beta)-2bd$，

$H=a^2+b^2+d^2-c^2-2ad\cos(\varphi+\varphi_0-\beta)$。

对于计时轨迹综合，根据对应输入转角，利用式(10.43)计算得到与给定目标轨迹点相对应的生成轨迹点坐标，代入式(10.42)可直接计算得到机构轨迹综合误差。对于非计时轨迹综合，则需要先确定生成轨迹上与目标轨迹点距离最近点所对应的输入转角，由文献[94]可知，对应输入转角可通过对误差函数求导取极值的方法计算得到：

$$(P_{xd}-P_x)P_x'+(P_{yd}-P_y)P_y'=0 \tag{10.45}$$

式中，$P_x'=-a\sin(\varphi+\varphi_0)-f\sin(\beta+\theta+\alpha)\theta'$，$P_y'=a\cos(\varphi+\varphi_0)+f\cos(\beta+\theta+\alpha)\theta'$，

$\theta'=\dfrac{d\theta}{d\varphi}=\dfrac{a(b\sin(\theta-\varphi-\varphi_0+\beta)+d\sin(\varphi+\varphi_0-\beta))}{b(a\sin(\theta-\varphi-\varphi_0+\beta)-d\sin\theta)}$。

求解方程(10.45)可得到与目标轨迹点距离最近点对应的输入转角 φ_j，将其代入式(10.43)计算得到对应的轨迹点坐标，进而可得到机构轨迹综合误差。

10.3.2 轨迹综合步骤

总结前面的理论分析，可以得到利用基于傅里叶级数代数方法进行平面四杆机构轨迹综合的步骤，如图 10.5 所示为利用该方法完成平面四杆机构轨迹综合的流程。

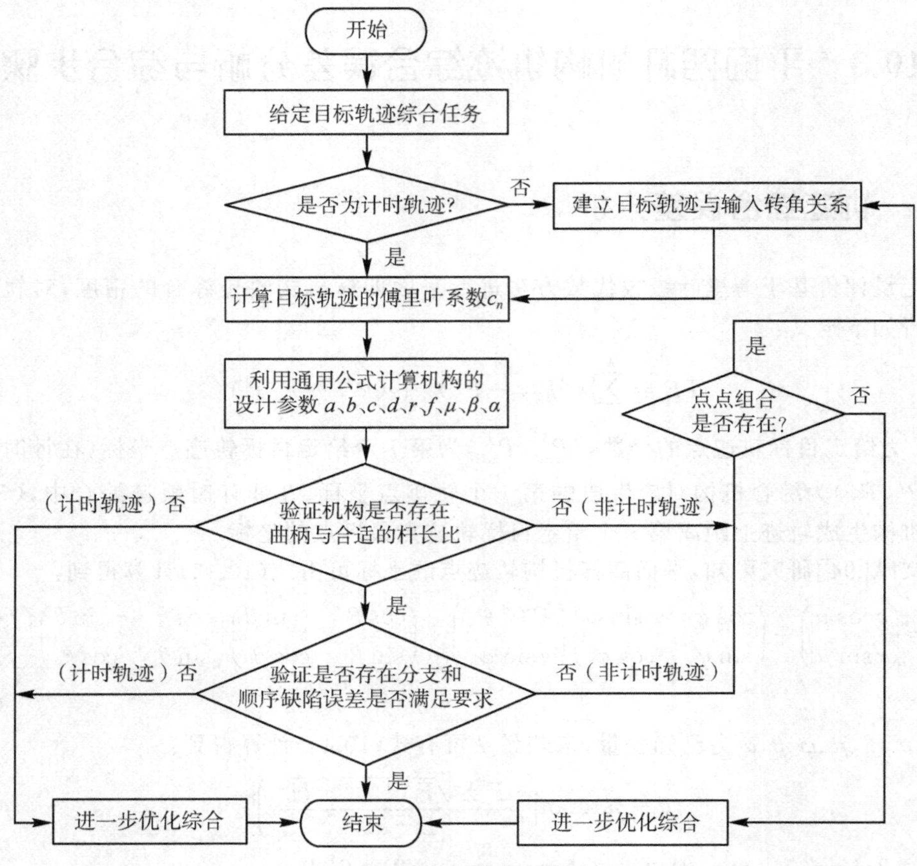

图 10.5 平面四杆机构轨迹综合流程图

图 10.5 中各主要步骤的具体内容如下：

(1) 给定目标轨迹曲线，如果是非计时轨迹综合任务，利用点点组合方法找到合适的二自由度辅助机构，建立目标轨迹与输入转角间关系，确定新的目标轨迹点。

(2) 区分不同情况，利用式(10.2)或式(10.39)，计算目标轨迹的傅里叶系数 c_n。

(3) 将计算得到的 c_n 代入平面四杆机构设计参数计算通用公式，得到机构设计参数 a、b、c、d、r、f、μ、β、α 和初始相位角 φ_0。

(4) 计算分析综合所得机构是否满足存在曲柄条件，杆长比例是否合适。如果上述条件不满足，对于计时轨迹综合任务，以所得综合结果为初值，利用优化法进行综合；对于非计时轨迹综合任务，利用点点组合方法重新寻找二自由度辅助机构，确定新的目标轨迹点，再次进行综合。

(5) 通过运动仿真程序验证满足上述条件的机构,检验是否存在分支和顺序缺陷,轨迹综合误差是否满足设计要求。如果不满足上述要求,则重复步骤 4 中否定条件步骤。对于非计时轨迹综合任务,如果目标轨迹点全部试完,仍未得到满意的综合结果,则以综合所得最优结果为初值,再利用优化法进行综合。

10.4 平面四杆机构轨迹综合实例

为验证本章所提出的基于傅里叶级数平面四杆机构轨迹综合代数方法的正确性和有效性,利用该方法进行轨迹综合,完成综合实例的设计任务。

10.4.1 综合实例 1

综合设计一平面四杆机构使其生成如图 10.7 所示"8"字形轨迹,各轨迹点坐标如表 10.1 所示,各轨迹点所对应的输入转角如下式所示:

$$\varphi_j=\varphi_0+\frac{\pi}{32}(j-1) \quad j=1,2,\cdots,64$$

为验证本章所建立方法的正确性,综合实例 1 采用的目标轨迹与文献[123]中应用数值图谱法进行综合的算例 4.3.2 相同。

表 10.1 给定目标轨迹点坐标值

	1	2	3	4	5	6	7	8
P_{xd}	293.0388	293.1004	291.5017	288.4310	284.1348	278.8828	272.9450	266.5770
P_{yd}	275.42299	259.439110	242.848211	225.934912	208.901313	191.879914	174.952115	158.165316
P_{xd}	260.0130	253.4630	247.1129	241.1251	235.6407	230.7813	226.6505	223.3357
P_{yd}	141.547617	125.119118	108.899919	92.916220	77.203921	61.811122	46.799423	32.244824
P_{xd}	220.9089	219.4282	218.9375	219.4670	221.0320	223.6320	227.2483	231.8409
P_{yd}	18.238725	4.887326	-7.687827	-19.350328	-29.950329	-39.326130	-47.308321	-53.724932
P_{xd}	237.3452	243.6689	250.6895	258.2551	266.1871	274.2868	282.3446	290.1495
P_{yd}	-58.409733	-61.211734	-62.007535	-60.711536	-57.284437	-51.737938	-44.132939	-34.574840
P_{xd}	297.4988	304.2059	310.1062	315.0609	318.9588	321.7179	323.2852	232.6364
P_{yd}	-23.204841	-10.190842	4.281343	20.015444	36.810245	54.464446	72.779247	91.561248
P_{xd}	322.7765	320.7385	317.5839	313.4028	308.3135	302.4635	296.0295	289.2180
P_{yd}	110.623549	129.787850	148.85351	167.757652	186.257553	204.249254	221.608455	238.220956
P_{xd}	282.2648	275.4347	269.0178	263.3239	258.6709	255.3654	253.6735	253.7803
P_{yd}	253.981157	268.788158	282.540159	295.127460	306.421961	316.266162	324.463163	330.772564
P_{xd}	255.7424	259.4420	264.5614	270.5936	276.9020	282.8166	287.7403	291.2308
P_{yd}	334.9177	336.6132	335.6112	331.7921	325.0678	315.7062	304.0132	290.4282

按照10.3.2节的步骤进行机构综合，表10.2所示为计算所得的目标轨傅里叶系数 c_n。表10.3所示为利用通用公式计算得到12组综合设计结果，通过分析计算发现，综合所得12组解中的6组(第3和第8～12组)由于不满足杆长条件，曲柄不存在而无法生成目标轨迹。

表10.2　综合实例1目标轨迹的傅里叶系数

n	−3	−2	−1	0	1	2	3
c_n	0.0590+0.0030i	0.1392+0.0868i	0.5704+0.6001i	2.7122+1.3165i	−0.6597+0.8976i	0.0782−0.1353i	0.0034−0.0021i

表10.3　综合实例1求解得到的12组设计解

设计变量	1	2	3	4	5	6
r	28.3947	458.257	317.821	7641.03	28.3947	458.257
a	99.9467	178.776	117.457	191.623	99.9467	178.776
b	233.822	410.854	135.883	11703.4	179.823	838.610
c	6104.27	321.654	11996.7	448.296	229.695	194.138
d	5975.42	482.699	12025.8	11456.4	269.859	826.637
f	299.931	383.108	88.6892	7830.12	299.932	383.108
u	0.7868	5.8203	0.4915	4.5056	0.7868	5.8203
β	0.2045	2.0359	1.6615	0.8640	0.8725	1.3679
α	4.2990	0.5829	2.8131	0.4980	4.8879	0.5539
$\varphi_0-\beta$	1.1915	0.5235	0.5235	1.1915	0.5235	1.1915
设计变量	7	8	9	10	11	12
r	317.821	7641.03	28.3947	458.257	317.821	7641.03
a	117.457	191.623	99.9467	178.776	117.457	191.623
b	127.551	19571.8	352.262	735.099	122.413	16103.9
c	550.972	221.684	104.164	15024.2	413.977	787.923
d	543.104	19619.4	341.508	14463.8	401.338	15503.2
f	88.6892	7830.12	299.932	383.108	88.6892	7830.12
u	0.4915	4.5056	0.7868	5.8203	0.4915	4.5056
β	0.9934	1.5320	1.8306	2.9939	2.6195	2.4900
α	4.0700	6.0841	4.9157	1.4528	0.9852	5.0983
$\varphi_0-\beta$	1.1915	0.5235	5.8486	5.8486	5.8486	5.8486

应用运动仿真程序进一步验证，发现满足杆长条件的六组解中第2和第5组解对应的连杆机构能够很好地生成目标轨迹，且为无分支和顺序缺陷的曲柄摇杆机构，如图10.6所

示为综合所得机构的运动仿真图。进一步分析综合所得机构杆长尺寸发现，机构 2 与机构 5 为曲线同源机构，根据 Roberts-Chebyshev 定理可知，同一条连杆曲线可由 3 个曲线同源机构产生，以机构 5 为原始机构，计算另一曲线同源机构发现，该机构为双摇杆机构，不能连续生成目标轨迹，因此，其未能通过文中方法求解得到。

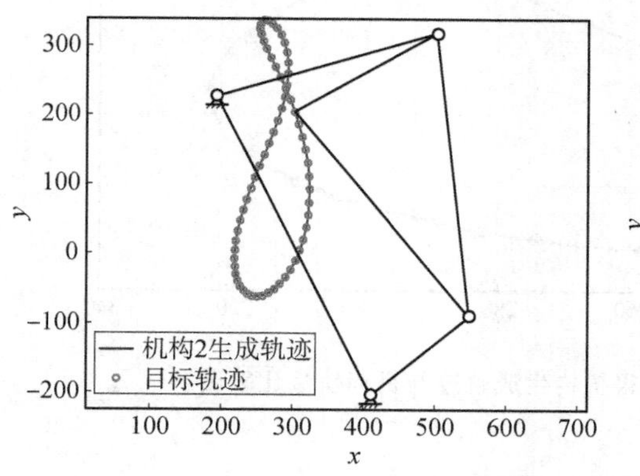

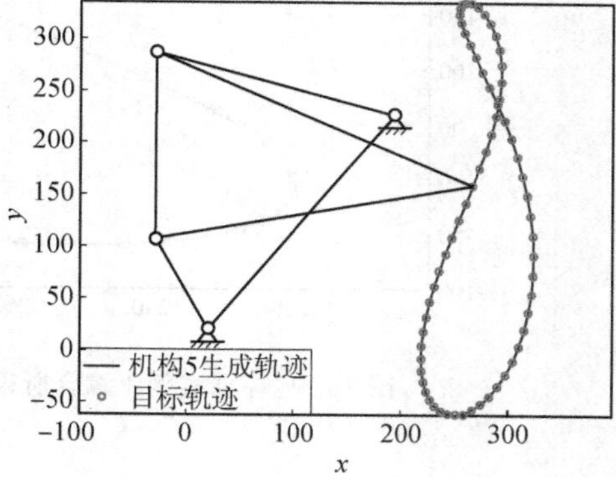

图 10.6 综合实例 1 综合所得机构的运动仿真图

表 10.4 所示为应用文中代数法和文献中数值图谱法综合所得机构的设计参数和综合误差。从表中可以发现，代数法综合所得原始机构（机构 5）的各设计参数与数值图谱法综合所得结果相近，这说明文中建立的代数求解方法是正确和可行的。进一步比较综合误差可以发现，与数值图谱法相比，代数法所得结果的综合误差明显减小，精度更高。如图 10.7 所示为综合机构生成轨迹与目标轨迹比较图，从图中也可以发现代数法综合所得机构生成的曲线与目标轨迹更为接近。

表 10.4 综合实例 1 的综合设计结果比较

设计变量	机构 2	机构 5	图谱法[123]
r	458.257	28.3947	31.80
a	178.776	99.9467	100.2
b	410.854	179.823	177.9
c	321.654	229.695	227.3
d	482.699	269.859	266.8
f	383.108	299.932	295.9
u	5.8203	0.7868	0.6582
β	2.0359	0.8725	0.8779
α	0.5829	4.8879	4.8904
$\varphi_0-\beta$	0.5235	0.5235	0.5196
TE	1.2249	1.2249	125.6116

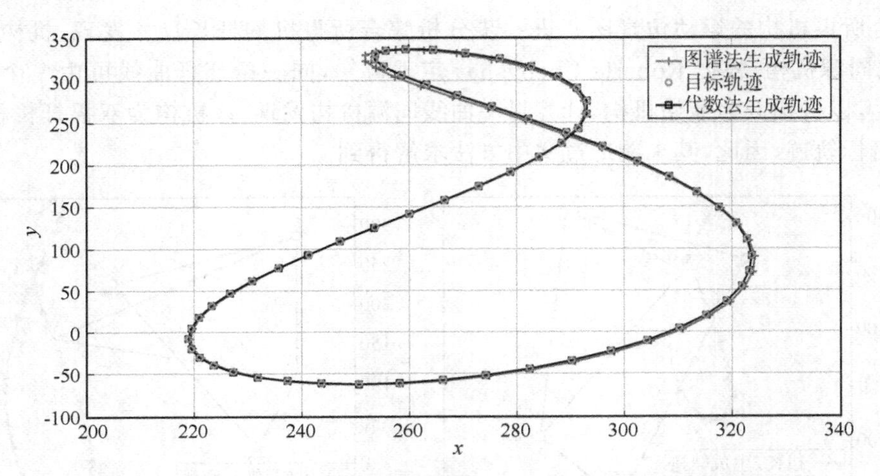

图 10.7　综合实例 1 综合所得机构生成轨迹与目标轨迹比较图

10.4.2　综合实例 2

综合可生成如图 10.9 所示轨迹的平面四杆机构，目标轨迹的各点坐标如表 10.5 所示，各轨迹点所对应的输入转角如下式所示：

$$\varphi_j=\varphi_0+\frac{\pi}{9}(j-1)\quad j=1,2,\cdots,18$$

本例是一个典型计时轨迹综合算例，由 Kunjur 等在文献[141]中最早提出，并应用遗传算法(GA)、精确梯度算法(EG)进行了优化综合。此后文献又采用自适应差分进化算法(IOA)[93]、组合变异差分进化算法(CMDE)[94]、改进磷虾群算法(MKH)[97]和马拉加大学机构综合算法(MUMSA)[142]等优化方法对其进行了研究。

表 10.5　综合实例 2 给定目标轨迹点坐标值

	1	2	3	4	5	6	7	8	9
P_{xd}	0.5	0.4	0.3	0.2	0.1	0.05	0.02	0	0
P_{yd}	1.1	1.1	1.1	1	0.9	0.75	0.6	0.5	0.4
	10	11	12	13	14	15	16	17	18
P_{xd}	0.03	0.1	0.15	0.2	0.3	0.4	0.5	0.6	0.6
P_{yd}	0.3	0.25	0.2	0.3	0.4	0.5	0.7	0.9	1

综合步骤与综合实例 1 相同，验证发现综合所得的 12 组解中存在 2 组有效解，如图 10.8 所示为综合所得连杆机构的运动仿真图，从图中可以发现，两机构均能较好地生成目标轨迹，且无分支和顺序缺陷，机构 2 为机构 1 的曲线同源机构。

表 10.6 所示应用文中代数方法及文献中优化算法综合所得机构的设计参数和综合误差，比较表中数据可以发现，与 GA、IOA、MUMSA、EG 等优化算法相比，文中代数法的综合精度显著提高，综合误差与 4 种算法相比，分别减少了 72%、65%、38%和 29%。如图 10.9

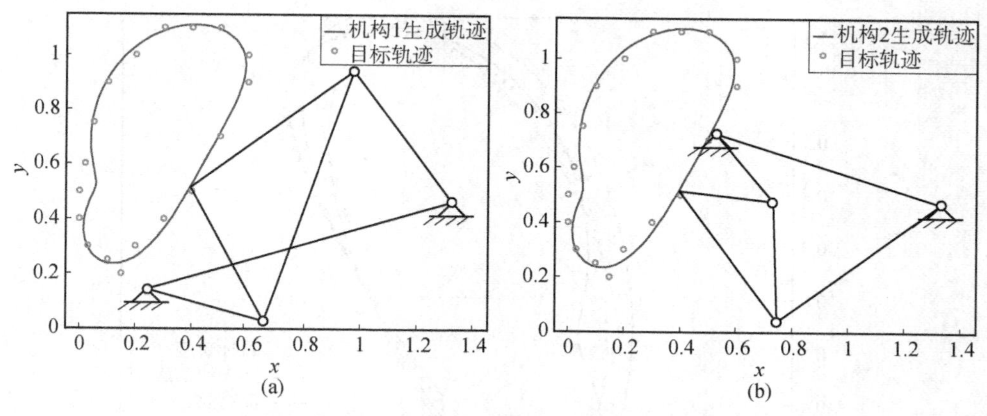

图 10.8 综合实例 2 综合所得机构的运动仿真图

所示为综合所得机构生成轨迹与目标轨迹比较图，从图中也可以发现，文中代数法综合所得机构生成的连杆曲线与目标轨迹更为接近。

表 10.6 综合实例 2 的综合设计结果比较

设计变量	GA[141]	IOA[93]	MUMSA[142]	EG[141]	MKH[97]	CMDE[94]	机构 1	机构 2	优化结果
r	1.312139	2.039255	3.097283	1.53352	0.32197	0.3091209	0.2801	0.8951	0.3080
a	0.274853	0.245216	0.297057	0.36355	0.42180	0.4238746	0.4326	0.3214	0.4232
b	1.180253	6.382940	3.913095	2.91374	0.87821	0.9142544	0.9709	0.4402	0.9239
c	2.138209	2.620532	0.849372	0.49374	0.58013	0.5989154	0.5934	0.7253	0.5974
d	1.879660	4.040435	4.453772	2.85452	1.00429	1.0539460	1.1309	0.8427	1.0610
f	0.915610	2.186304	2.651983	2.00328	0.52340	0.5448152	0.5556	0.3399	0.5522
u	0.530091	−0.382608	2.007226	−0.89498	0.58260	0.5239194	0.5355	0.9418	0.4975
β	4.354224	1.187751	2.7387359	0.76393	0.29294	0.2848279	0.2878	−0.3082	0.2906
α	3.568085	1.022752	2.4647339	1.03006	0.81477	0.8227224	0.8263	−1.7142	0.8270
$\varphi_0-\beta$	2.558625	0.00000	4.8535543	1.27566	0.88595	0.8915534	0.8622	0.8555	0.8878
TE	0.04300	0.03490	0.01960	0.016789	0.00911	0.0090289	0.01195	0.01195	0.00903

同时，从表 10.6 中也可以发现，文中代数法的综合误差高于 MKH、CMD 等优化算法的综合结果。为进一步提高综合精度，以代数法综合所得结果为初值，利用 MATLAB 软件进行优化综合，由于给定初值已十分接近最优解，优化综合很快就得到最终结果。如图 10.10 所示为优化综合后所得机构生成轨迹与目标轨迹的比较图，从图中可以发现，与 MKH、CMD 等算法的综合结果相同，优化后所得机构生成连杆曲线与目标轨迹十分接近。由此可知，当应用文中代数方法综合所得结果不能满足设计要求时，可进一步以代数法所得结果为初值，进行优化综合，获得更为精确的综合结果。由于代数法提供了相对准确、合理的初值，优化综合可以快速地得到最终结果。

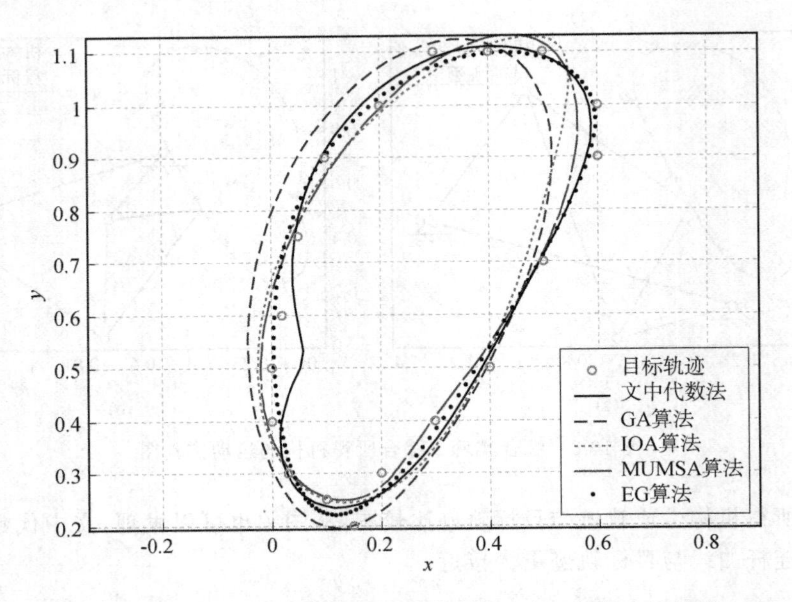

图 10.9 综合实例 2 综合所得机构生成轨迹与目标轨迹比较图

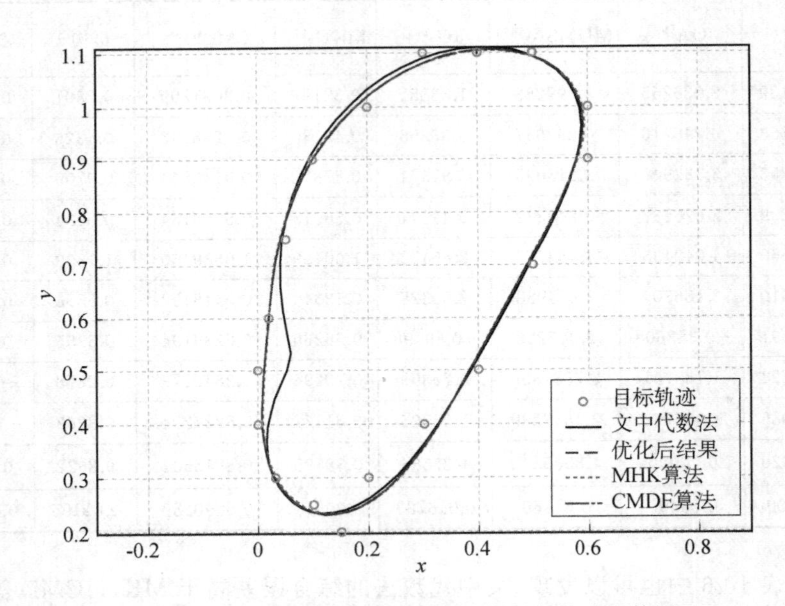

图 10.10 优化后所得机构生成轨迹与目标轨迹比较图

10.4.3 综合实例 3

综合平面四杆机构，使其生成如图 10.12 中所示的“D”字形轨迹，各轨迹点坐标及对应的输入转角如表 10.7 所示。

表 10.7 综合实例 3 给定目标轨迹点坐标和对应曲柄输入转角值

	1	2	3	4	5	6	7	8
P_{xd}	15.21	15.53	15.95	16.44	17.25	17.80	18.58	19.04
P_{yd}	-2.33	-2.94	-3.29	-3.41	-3.20	-2.83	-1.96	-1.20
$\varphi_j-\varphi_0$	0	$\frac{\pi}{16}$	$\frac{\pi}{8}$	$\frac{3\pi}{16}$	$\frac{9\pi}{32}$	$\frac{11\pi}{32}$	$\frac{7\pi}{16}$	$\frac{\pi}{2}$
	9	10	11	12	13	14	15	16
P_{xd}	19.58	19.89	19.95	19.74	19.05	18.27	17.71	17.11
P_{yd}	0.16	1.73	3.34	5.15	7.29	8.64	9.35	9.87
$\varphi_j-\varphi_0$	$\frac{19\pi}{32}$	$\frac{11\pi}{16}$	$\frac{25\pi}{32}$	$\frac{7\pi}{8}$	π	$\frac{35\pi}{32}$	$\frac{37\pi}{32}$	$\frac{39\pi}{32}$
	17	18	19	20	21	22	23	24
P_{xd}	16.26	15.56	15.12	14.90	14.90	14.90	14.90	14.90
P_{yd}	10.21	9.92	8.91	7.13	4.71	2.08	0.47	-0.87
$\varphi_j-\varphi_0$	$\frac{21\pi}{16}$	$\frac{45\pi}{32}$	$\frac{3\pi}{2}$	$\frac{51\pi}{32}$	$\frac{27\pi}{16}$	$\frac{59\pi}{32}$	$\frac{61\pi}{32}$	$\frac{63\pi}{32}$

本例为非均匀输入转角的计时轨迹综合任务，应用式(10.39)计算目标轨迹的傅里叶系数 c_n，并将其代入通用公式计算得到机构设计参数。经验证，得到了满足设计要求的4组有效解，如表10.8所示。图10.11所示为四组有效解对应连杆机构的运动仿真图。

表 10.8 综合实例 3 的综合设计结果

设计变量	机构1	机构2	机构3	机构4
r	3.8347	11.0696	6.2401	11.0696
a	2.5557	5.0812	2.7086	5.0812
b	13.2088	16.4507	11.0916	14.8734
c	8.2733	26.2605	7.9289	20.8090
d	9.5195	18.9250	8.7865	16.4840
f	15.9775	10.0078	13.9993	10.0078
u	1.1810	-0.3350	0.9534	-0.3350
β	-2.9081	2.8751	-2.8524	2.7546
α	2.2342	-0.4075	1.9465	-0.5188
$\varphi_0-\beta$	0.6015	-5.6817	0.7220	-5.5612
TE	0.0050	0.0050	0.0046	0.0046

从图中可以发现，综合所得4个连杆机构均为无分支和顺序缺陷的曲柄摇杆机构，且能

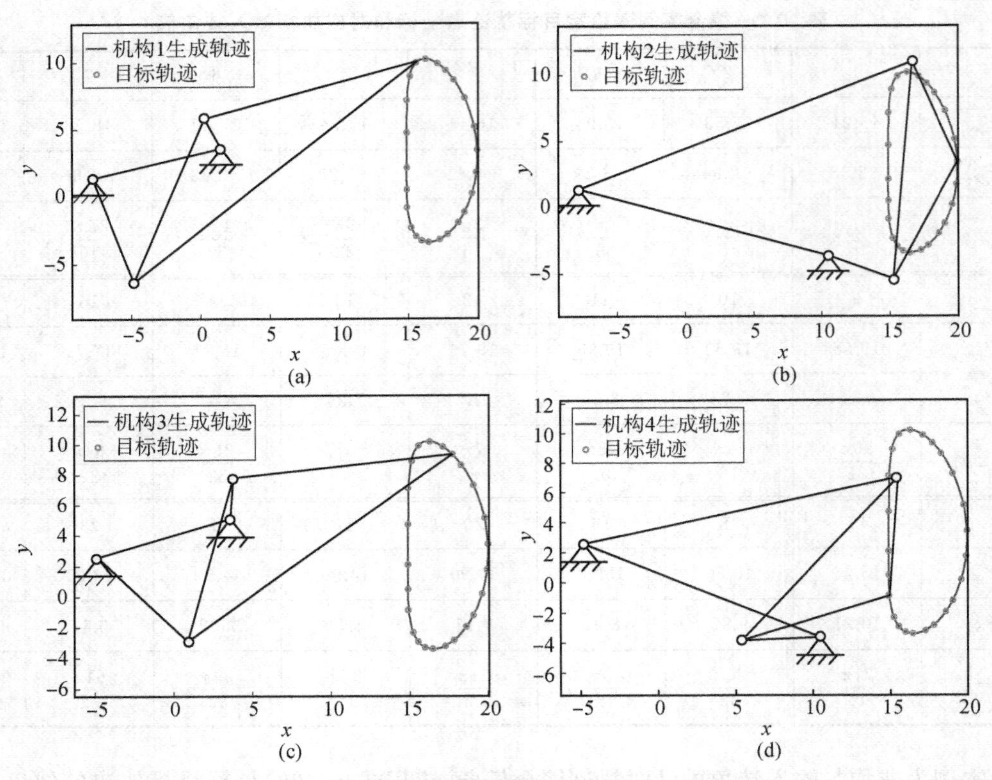

图 10.11　综合实例 3 综合所得机构的运动仿真图

很好的生成目标轨迹，其中机构 2、机构 4 分别是机构 1 和机构 3 的曲线同源机构。图 10.12、图 10.13 所示为综合所得原始机构 1 和机构 3 生成轨迹与目标轨迹比较图，从图可以发现，综合所得机构生成的连杆曲线与目标轨迹十分接近，综合精度较高。说明应用文中代数方法求解非均匀输入转角的计时轨迹综合问题可以取得较好效果。

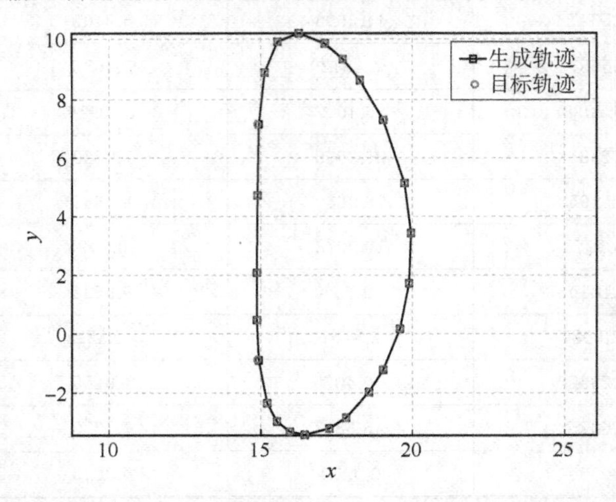

图 10.12　综合实例 3 综合所得机构 1 生成轨迹与目标轨迹比较图

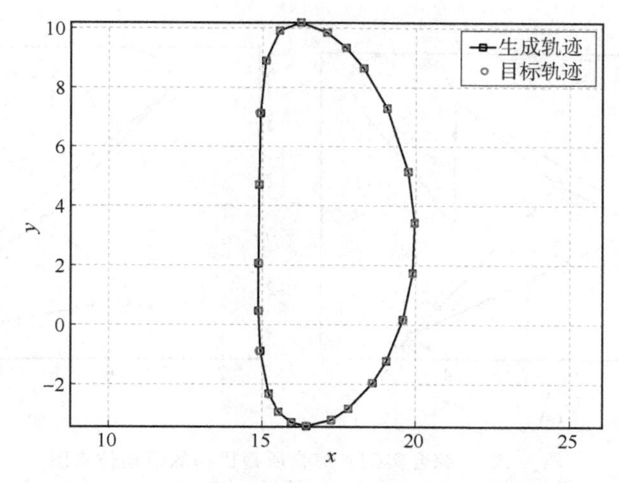

图 10.13 综合实例 3 综合所得机构 3 生成轨迹与目标轨迹比较图

10.4.4 综合实例 4

综合平面四杆机构使其生成如图 10.15 所示的轨迹,图中 25 个轨迹点坐标如表 10.9 所示。

表 10.9 综合实例 4 给定目标轨迹点坐标

	1	2	3	4	5	6	7	8	9	10	11	12	13
P_{xd}	7.03	6.95	6.77	6.40	5.91	5.43	4.93	4.67	4.38	4.04	3.76	3.76	3.76
P_{yd}	5.99	5.45	5.03	4.60	4.03	3.56	2.94	2.60	2.20	1.67	1.22	1.97	2.78
	14	15	16	17	18	19	20	21	22	23	24	25	
P_{xd}	3.76	3.76	3.76	3.76	3.80	4.07	4.53	5.07	5.45	5.89	6.41	6.92	
P_{yd}	3.56	4.34	4.91	5.47	5.98	6.40	6.75	6.85	6.84	6.83	6.80	3.56	

本例是一个典型非计时轨迹综合算例,综合目标是应用于包装机械中的特定轨迹。不同文献已利用基于模糊逻辑的遗传算法(GA-FL)[100]、蚁群梯度算法(AG)[143]、差分进化算法(DE)[68]、改进的磷虾群算法(MKH)[97]等优化方法对其进行了研究。

按照 10.3.2 节步骤进行轨迹综合,首先,利用二自由度辅助机构确定新的目标轨迹点坐标,计算目标轨迹的傅里叶系数 c_n,如表 10.10 所示。然后,将 c_n 代入通用公式计算得到机构设计参数。如图 10.14 所示为综合所得连杆机构的运动仿真图,从图中可以发现,综合所得两个连杆机构均能够较好地生成目标轨迹,且为无分支和顺序缺陷的曲柄摇杆机构,机构 2 为机构 1 的曲线同源机构。

表 10.10 综合实例 4 目标轨迹的傅里叶系数

n	−3	−2	−1	0	1	2	3
c_n	0.0596−0.0112i	−0.0180+0.0424i	1.2948+1.6137i	4.9933+4.6102i	0.1590+0.7184i	0.2156−0.3363i	−0.0393+0.0657i

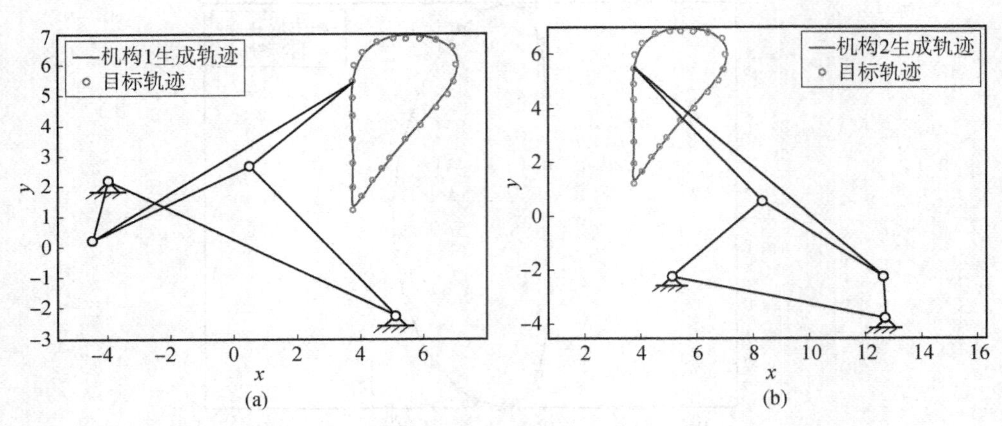

图 10.14 综合实例 4 综合所得机构的运动仿真图

应用 10.3.1 节的方法，计算轨迹综合误差，如表 10.11 所示为与目标轨迹点距离最近的点所对应的输入转角。表 10.12 所示为应用文中代数法和文献中优化方法综合所得机构设计参数和轨迹综合误差。

表 10.11 距离目标轨迹点最近点所对应的输入转角

	1	2	3	4	5	6	7	8	9
φ_j	0.9827	1.2970	1.4977	1.7129	1.9636	2.1673	2.3986	2.5224	2.6699
	10	11	12	13	14	15	16	17	18
φ_j	2.8860	3.1743	3.5932	−2.3862	−2.1079	−1.8184	−1.5890	−1.3419	−1.1008
	19	20	21	22	23	24	25		
φ_j	−0.8524	−0.5646	−0.3086	−0.1360	0.0659	0.3083	0.5967		

表 10.12 综合实例 4 的综合设计结果比较

设计变量	GA-FL[100]	AG[143]	DE[68]	MKH[97]	机构 1	机构 2
r	4.66	8.85	1.6507	3.67973	4.5409	13.2781
a	3.01	1.89	2.7476	1.93027	2.0144	1.5490
b	8.80	8.41	5.8867	4.57242	5.5497	5.1631
c	8.80	6.75	9.9987	7.36674	6.7142	4.2677
d	9	13.08	9.5962	9.99432	10.1086	7.7733
f	11.1	14.45	8.3490	8.04253	9.7418	11.7856
u	4.1720	3.0056	3.5176	2.25052	2.6408	−0.2902
β	0.4887	−0.3815	−0.0232	−0.61763	−0.4526	2.9396
α	5.6025	0.1946	−0.0232	0.18743	0.1088	−0.1417
TE	0.9022	0.5504	0.1490	0.03916	0.0943	0.0943

比较表 10.12 中数据可以发现，文中代数法的轨迹综合误差接近 MKH 算法，与 GA-FL、AG 和 DE 等算法相比明显减小，说明该方法能够有效地求解非计时轨迹综合问题，且具有较高的综合精度。图 10.15 所示为综合所得机构生成轨迹与目标轨迹比较图。

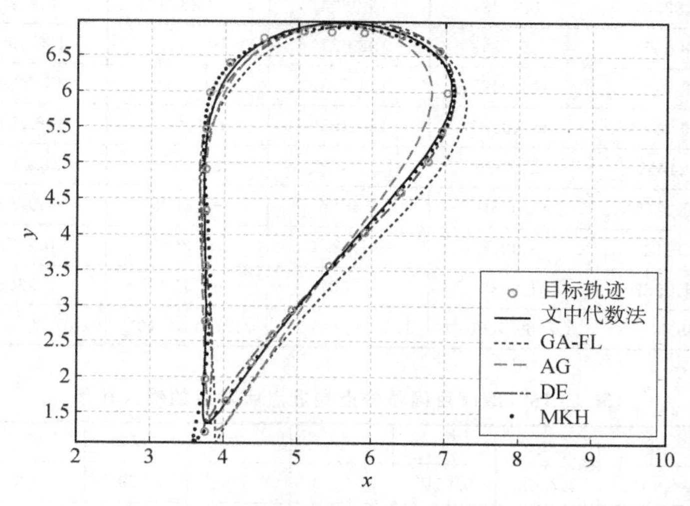

图 10.15 综合实例 4 综合所得机构生成轨迹与目标轨迹比较图

10.4.5 综合实例 5

综合设计平面四杆机构使其实现如图 10.17 所示的椭圆轨迹，椭圆中心点位于(10，10)，长轴和短轴长分别为 20 和 16，轨迹点坐标如表 10.13 所示。

表 10.13 综合实例 5 给定目标轨迹点坐标

	1	2	3	4	5	6	7	8	9	10
P_{xd}	20	17.66	11.736	5	0.603 07	0.603 07	5	11.736	17.66	20
P_{yd}	10	15.142	17.878	16.928	12.736	7.263 8	3.071 8	2.121 5	4.857 7	10

本算例最早由 Acharyya 等在文献[144]中提出，已多次被研究者在文献中应用教学优化算法(SAP-TLBO)[145]、参数自适应差分进化算法(IOA)[93]、马拉加大学机构综合算法(MUMSA)[142]、粒子群优化算法(AIW-PSO)[96]、混合差分进化算法(GA-DE)[103]、组合变异差分进化算法(CMDE)[94]等优化方法进行求解。

综合步骤与综合实例 4 相同，最终得到满足设计要求的 6 组有效解，如表 10.14 所示。图 10.16 所示为综合所得机构的运动仿真图，从图中可以看出，综合所得 6 个机构均能够很好地生成目标轨迹，且都是无分支和顺序缺陷的曲柄摇杆机构，其中机构 2、4、6 分别为机构 1、3、5 的曲线同源机构。表 10.15 所示为 3 个原始机构生成曲线上与目标轨迹点距离最近点所对应的输入转角，计算所得各机构的综合误差如表 10.14 所示。

表 10.14 综合实例 5 的综合设计结果比较

设计变量	机构 1	机构 2	机构 3	机构 4	机构 5	机构 6
r	23.4929	35.3743	10.2064	23.4929	35.3743	10.2064
a	8.8355	8.2123	9.9204	8.8355	8.2123	9.9204
b	109.0051	109.7892	102.6211	101.8211	105.4908	105.4551
c	118.0160	101.0993	114.7752	91.7518	87.0609	127.2110
d	199.3538	185.3121	185.1599	164.8468	166.2510	200.7520
f	20.4649	22.2379	18.3671	20.4649	22.2379	18.3671
u	−0.2535	1.0765	2.4696	−0.2535	1.0765	2.4696
β	2.8291	3.0078	−1.2214	−1.3655	0.9678	0.9330
α	−1.0982	1.8636	0.8407	−2.1537	2.9605	−0.1481
TE	1.7369×10^{-4}	1.7369×10^{-4}	1.7724×10^{-4}	1.7724×10^{-4}	2.0122×10^{-4}	2.0122×10^{-4}

表 10.15 距离目标轨迹点最近点所对应的输入转角

φ_j	1	2	3	4	5	6	7	8	9	10
机构 1	3.3383	4.0310	4.7303	5.4345	6.1393	0.5599	1.2599	1.9567	2.6482	3.3383
机构 3	1.2560	1.9486	2.6470	3.3500	4.0570	4.7608	5.4608	6.1557	0.5644	1.2560
机构 5	5.3802	6.0743	0.4895	1.1928	1.8981	2.6024	3.3033	3.9980	4.6900	5.3802

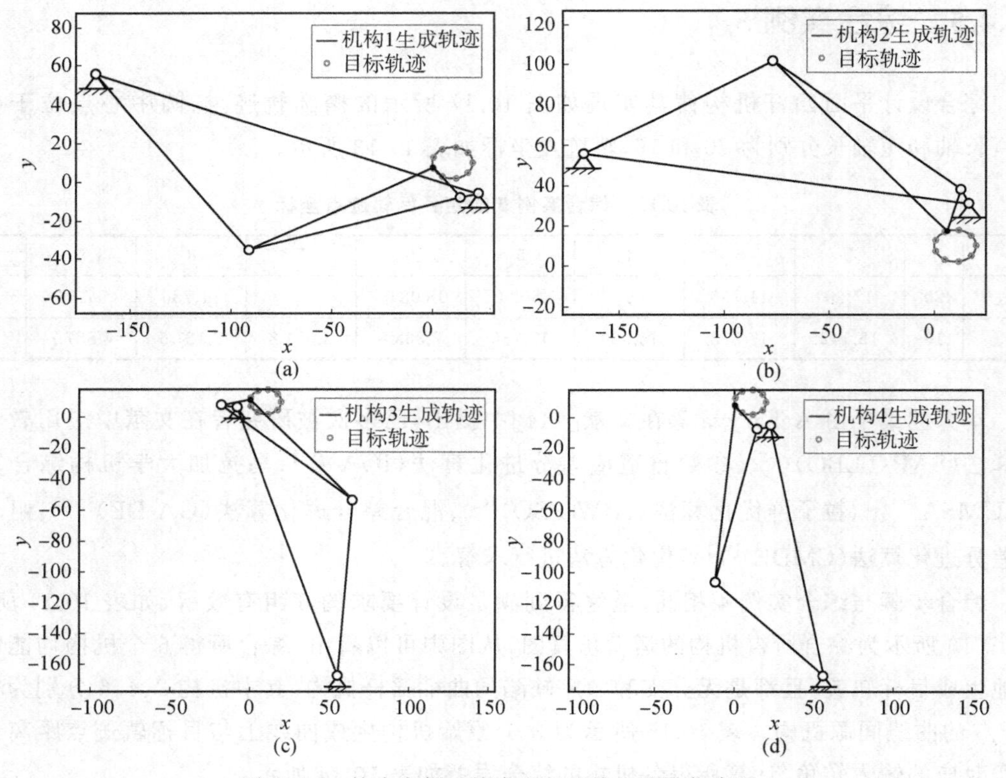

图 10.16 综合实例 5 综合所得机构的运动仿真图

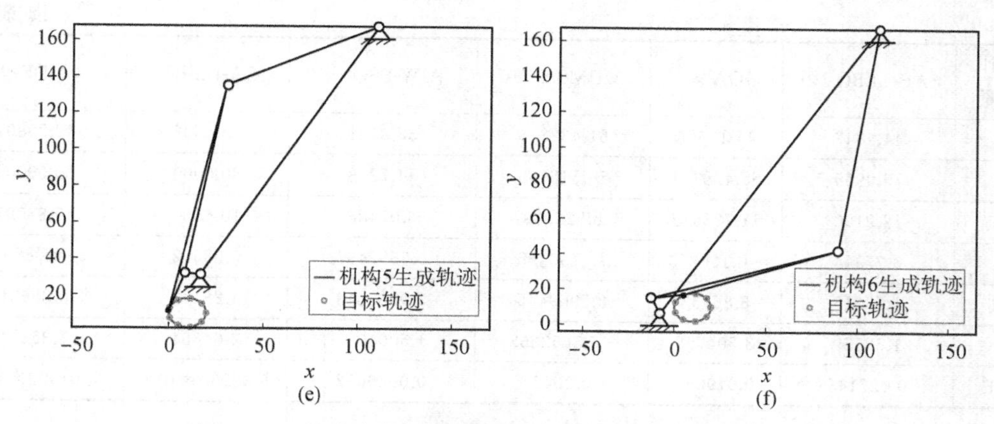

图 10.16　综合实例 5 综合所得机构的运动仿真图(续图)

图 10.17 至图 10.19 所示为综合所得机构生成曲线与目标轨迹的比较图。表 10.16 所示为应用文献中优化方法综合所得结果。比较表 10.14 和表 10.16 可以发现,文中代数法的综合结果明显优于文献中的优化方法,与优化法中效果最好的 CMDE 算法相比,代数法的综合误差减少 50%。这说明利用文中代数法进行轨迹综合,可以同时得到多个具有较高精度的综合结果。进一步比较发现,这些设计参数间相差较大,这为下游设计进一步优化机构其他性能提供了条件。

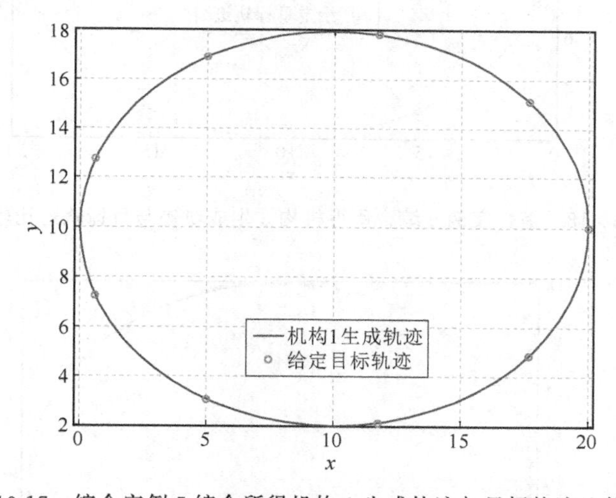

图 10.17　综合实例 5 综合所得机构 1 生成轨迹与目标轨迹比较图

表 10.16　综合实例 5 文献中优化法所得综合结果

设计变量	SAP-TLBO[145]	IOA[93]	MUMSA[142]	AIW-PSO[96]	GA-DE[103]	CMDE[94]
r	26.9505	10.7666	13.370231	8.79064	5.55426	8.52856
a	9.0752	8.016387	9.723973	8.53201	8.42032	8.045662
b	60.8107	47.221655	45.842524	31.4848	51.3246	50.81902

续 表

设计变量	SAP-TLBO[145]	IOA[93]	MUMSA[142]	AIW-PSO[96]	GA-DE[103]	CMDE[94]
c	44.4347	44.13656	51.432848	33.2131	42.4532	42.20801
d	79.9985	65.428771	79.516068	54.7218	80.0000	80.00000
f	12.9160	11.726612	8.728939	6.01486	10.6530	10.88091
u	0.77914	−0.156253	1.4190498	0.5897467	0.08602	−0.08899
β	1.75615	3.86733	5.5969445	0.0965143	4.28177	3.88921
α	1.58559	3.304759	−0.3452263	1.5004021	2.64654	3.35374
TE	0.027145	0.019097	0.0047	0.0029672	6.02203×10^{-4}	4.01992×10^{-4}

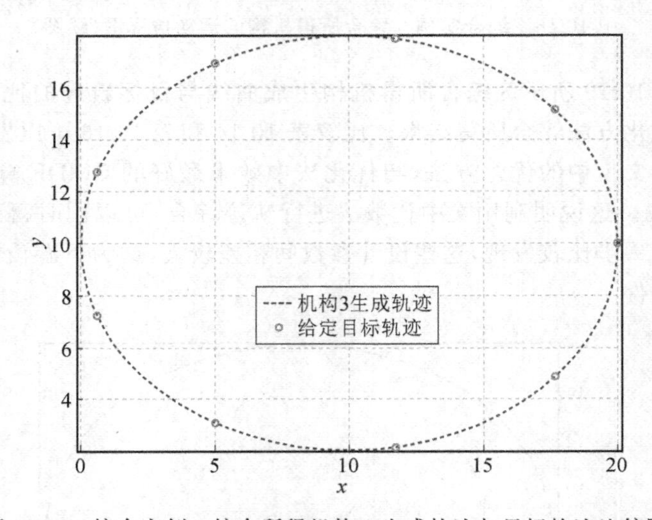

图 10.18 综合实例 5 综合所得机构 3 生成轨迹与目标轨迹比较图

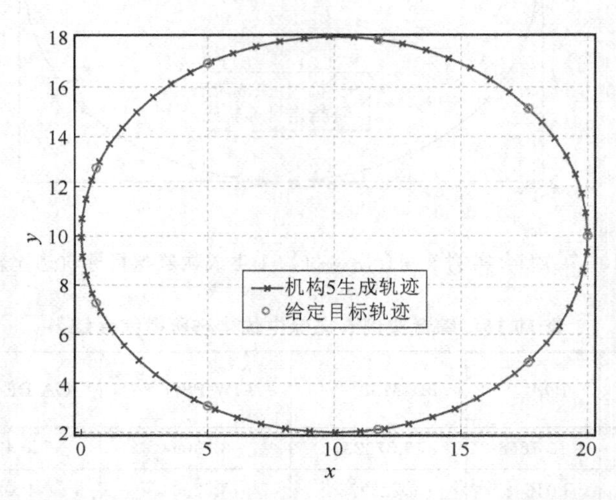

图 10.19 综合实例 5 综合所得机构 5 生成轨迹与目标轨迹比较图

第11章

基于傅里叶级数的平面四杆机构刚体导引综合

本章在已建立的基于傅里叶级数函数综合和轨迹综合代数求解方法的基础上，继续深入研究，首先，建立了带预定时标平面四杆机构刚体导引综合的代数方法。其次，进一步建立了带预定时标和不带预定时标两类刚体导引综合任务均适用的刚体导引综合方法。

针对平面四杆机构刚体导引综合的上述两类任务，本章建立了基于傅里叶级数的平面四杆机构刚体导引综合的代数求解方法。首先依据刚体导引标线转角函数傅里叶系数与机构基本尺寸参数间的函数关系，建立综合设计方程，求解得到由刚体导引标线转角函数的傅里叶系数计算机构基本尺寸的通用公式，建立了一种直接进行带预定时标刚体导引综合的代数求解方法。在此基础上，通过矢量分析进一步得到了刚体导引位置轨迹与机构设计参数间的函数关系，并根据这些关系分两步建立了综合设计方程，求解得到由刚体导引位置轨迹和标线转角函数的傅里叶系数计算机构设计参数的通用公式，建立了一种两类刚体导引综合任务均适用的代数求解方法。通过综合实例验证了该方法的有效性和可行性。

11.1 平面四杆机构刚体导引的数学描述

如图11.1所示为平面四杆机构刚体导引的示意图，图中 O 为坐标原点，OA 长度为 r，与 x 轴的夹角为 μ，曲柄 AB、连杆 BC、摇杆 CD 和机架 AD 的长度分别为 a、b、c、d，PE 为连杆 BC 上的标线，与 BC 的夹角为 δ，BP 长度为 f，与 BC 夹角为 α，φ 为曲柄 AB 输入转角，φ_0 为曲柄初始位置转角，θ 为的连杆 BC 与机架间转角，β 为机架 AD 与 x 轴的夹角，γ 为机构刚体导引标线转角。

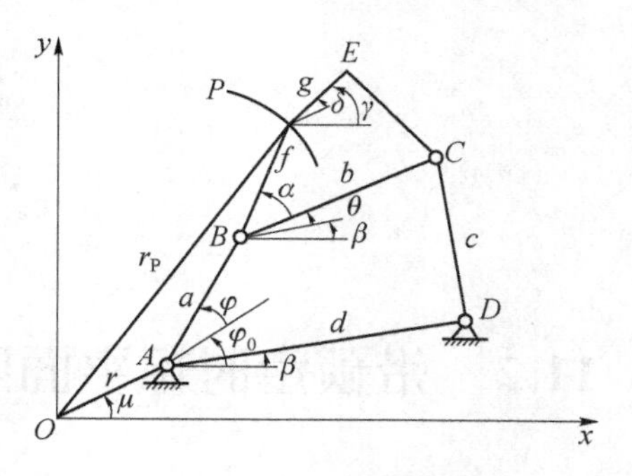

图11.1 任意位置平面四杆机构刚体导引示意图

由第2章的研究可知，当曲柄 AB 以 ω 速度匀速转动时，θ、γ 均为以时间 t 为变量的周期性函数，机构刚体导引的位置轨迹 $\boldsymbol{r}_P$ 为一条二维平面曲线，其扩展成复指数形式的傅里叶级数为

$$\boldsymbol{r}_{\mathrm{P}}(t)=x(t)+\mathrm{i}y(t)=\sum_{n=-\infty}^{+\infty}c_n\mathrm{e}^{\mathrm{i}n\omega t}=\sum_{n=-\infty}^{+\infty}c_n\mathrm{e}^{\mathrm{i}n\varphi} \tag{11.1}$$

式中，c_n 为刚体导引位置轨迹展成傅里叶级数的傅里叶系数，其数值解表达式为

$$c_n=\frac{1}{M}\sum_{m=0}^{M-1}(x_m+\mathrm{i}y_m)\left(\cos\left(nm\frac{2\pi}{M}\right)-\mathrm{i}\sin\left(nm\frac{2\pi}{M}\right)\right) \tag{11.2}$$

式中，$n=0,\pm1,\pm2,\pm3,\cdots,\pm(M-1)$；$m=0,\pm1,\pm2,\pm3,\cdots,\pm(M-1)$，$M$ 为离散点个数。

在连杆机构运动过程中，刚体导引标线与机构连杆一同运动，如图 11.1 所示，刚体导引标线转角函数 $\mathrm{e}^{\mathrm{i}\gamma}$ 与连杆转角函数 $\mathrm{e}^{\mathrm{i}\theta}$ 满足如下关系：

$$\mathrm{e}^{\mathrm{i}\gamma}=\mathrm{e}^{\mathrm{i}(\delta+\beta)}\mathrm{e}^{\mathrm{i}\theta} \tag{11.3}$$

因此，刚体导引标线转角函数 $\mathrm{e}^{\mathrm{i}\gamma}$ 也可以展成傅里叶级数，其展开的复指数形式为

$$\mathrm{e}^{\mathrm{i}\gamma(t)}=x(t)+\mathrm{i}y(t)=\sum_{n=-\infty}^{+\infty}c'''_n\mathrm{e}^{\mathrm{i}n\omega t}=\sum_{n=-\infty}^{+\infty}c'''_n\mathrm{e}^{\mathrm{i}n\varphi} \tag{11.4}$$

式中，c'''_n 为刚体导引标线转角函数的傅里叶系数。其数值解表达式为

$$c'''_n=\frac{1}{M}\sum_{m=0}^{M-1}\mathrm{e}^{\mathrm{i}\gamma_m}\left(\cos\left(nm\frac{2\pi}{M}\right)-\mathrm{i}\sin\left(nm\frac{2\pi}{M}\right)\right) \tag{11.5}$$

式中，$n=0,\pm1,\pm2,\pm3,\cdots,\pm(M-1)$；$m=0,\pm1,\pm2,\pm3,\cdots,\pm(M-1)$，$M$ 为离散点个数。

将式(11.4)和展成傅里叶级数后的 $\mathrm{e}^{\mathrm{i}\theta}$ 代入式(11.3)可得

$$\mathrm{e}^{\mathrm{i}\gamma}=\sum_{n=-\infty}^{+\infty}c'''_n\mathrm{e}^{\mathrm{i}n\varphi}=\sum_{n=-\infty}^{+\infty}c''_n\mathrm{e}^{\mathrm{i}(\delta+\beta)}\mathrm{e}^{\mathrm{i}n\varphi} \tag{11.6}$$

将式(11.6)展开合并后比较等号左右两侧，可得两者傅里叶系数之间的关系：

$$c'''_n=c''_n\mathrm{e}^{\mathrm{i}(\delta+\beta)}\quad(n=0,\pm1,\pm2,\cdots\pm M) \tag{11.7}$$

由 2.5 节研究可知，机构连杆曲线和连杆转角函数的傅里叶系数间存在函数关系，将式(2.120)～式(2.122)代入式(11.7)，可进一步得到刚体导引位置轨迹和标线转角函数的傅里叶系数间关系：

$$c'''_0=\frac{c_0-r\mathrm{e}^{\mathrm{i}\mu}}{f}\mathrm{e}^{\mathrm{i}(\delta-\alpha)}$$

$$c'''_1=\frac{c_1-a\mathrm{e}^{\mathrm{i}\varphi_0}}{f}\mathrm{e}^{\mathrm{i}(\delta-\alpha)}$$

$$c'''_n=\frac{c_n}{f}\mathrm{e}^{\mathrm{i}(\delta-\alpha)}\ (n\neq0,1)$$

11.2 带预定时标平面四杆机构刚体导引综合的代数求解

由 11.1 节的研究可知，刚体导引标线转角函数与连杆转角函数间存在着内在联系，因此，将带有预定时标的刚体导引标线转角函数向连杆转角函数进行转化，建立综合设计方程，求解带预定时标平面四杆机构刚体导引综合问题。

11.2.1 综合设计方程的建立与求解

由于仅需要分析角度间关系，不涉及位置参数，为简化计算，取坐标系原点与 A 点重合，x 轴沿 AD 方向，并将机构杆长做无量纲处理，设 $d'=d/d=1, a'=a/d, b'=b/d, c'=c/d$，如图 11.2 所示，图中 $\delta'=\delta+\beta, \varphi_0'=\varphi_0-\beta$。

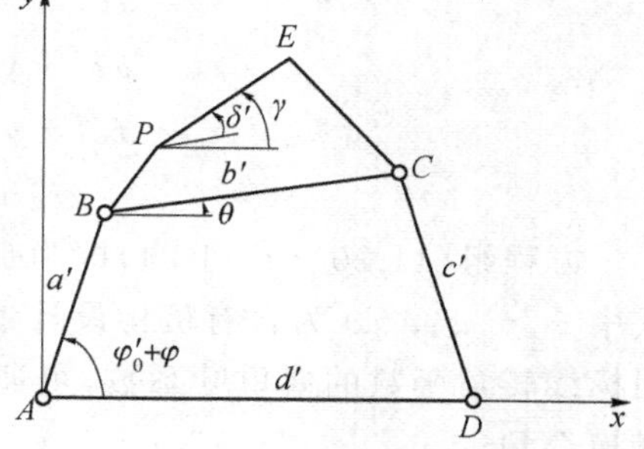

图 11.2 标准位置平面 4 杆刚体导引机构示意图

使用矢量环法，得到机构矢量方程为

$$\boldsymbol{a}'+\boldsymbol{b}'=\boldsymbol{c}'+\boldsymbol{d}' \tag{11.8}$$

将机构矢量方程表示为复数矢量形式为

$$a'\mathrm{e}^{\mathrm{i}(\varphi_0'+\varphi)}+b'\mathrm{e}^{\mathrm{i}\theta}-1=c'\mathrm{e}^{\mathrm{i}\psi} \tag{11.9}$$

取式(11.9)共轭可得

$$a'\mathrm{e}^{-\mathrm{i}(\varphi_0'+\varphi)}+b'\mathrm{e}^{-\mathrm{i}\theta}-1=c'\mathrm{e}^{-\mathrm{i}\psi} \tag{11.10}$$

将(11.9)式与式(11.10)相乘，化简可得

$$h_{-3}\mathrm{e}^{-\mathrm{i}\theta}+h_{-2}\mathrm{e}^{-\mathrm{i}\theta}\mathrm{e}^{\mathrm{i}\varphi}+h_{-1}\mathrm{e}^{-\mathrm{i}\varphi}+h_0+h_1\mathrm{e}^{\mathrm{i}\varphi}+h_2\mathrm{e}^{\mathrm{i}\theta}\mathrm{e}^{-\mathrm{i}\varphi}+h_3\mathrm{e}^{\mathrm{i}\theta}=0 \tag{11.11}$$

式中，$h_{-3}=-b'$，$h_{-2}=a'b'\mathrm{e}^{\mathrm{i}\varphi_0'}$，$h_{-1}=-a'\mathrm{e}^{-\mathrm{i}\varphi_0'}$，$h_0=1+a'^2+b'^2-c'^2$，$h_1=-a'\mathrm{e}^{\mathrm{i}\varphi_0'}$，$h_2=a'b'\mathrm{e}^{-\mathrm{i}\varphi_0'}$，$h_3=-b'$。

根据 2.4.2 节研究，取 $n=-3$ 到 3，将 $\mathrm{e}^{\mathrm{i}\theta}$、$\mathrm{e}^{-\mathrm{i}\theta}$ 展成傅里叶级数为

$$\mathrm{e}^{\mathrm{i}\theta}=c''_{-3}\mathrm{e}^{-3\mathrm{i}\varphi}+c''_{-2}\mathrm{e}^{-2\mathrm{i}\varphi}+c''_{-1}\mathrm{e}^{-\mathrm{i}\varphi}+c''_0+c''_1\mathrm{e}^{\mathrm{i}\varphi}+c''_2\mathrm{e}^{2\mathrm{i}\varphi}+c''_3\mathrm{e}^{3\mathrm{i}\varphi} \tag{11.12}$$

$$\mathrm{e}^{-\mathrm{i}\theta}=\bar{c}''_{-3}\mathrm{e}^{3\mathrm{i}\varphi}+\bar{c}''_{-2}\mathrm{e}^{2\mathrm{i}\varphi}+\bar{c}''_{-1}\mathrm{e}^{\mathrm{i}\varphi}+\bar{c}''_0+\bar{c}''_1\mathrm{e}^{-\mathrm{i}\varphi}+\bar{c}''_2\mathrm{e}^{-2\mathrm{i}\varphi}+\bar{c}''_3\mathrm{e}^{-3\mathrm{i}\varphi} \tag{11.13}$$

将式(11.12)和式(11.13)代入式(11.11)整理可得

$$H_{-4}\mathrm{e}^{-4\mathrm{i}\varphi}+H_{-3}\mathrm{e}^{-3\mathrm{i}\varphi}+H_{-2}\mathrm{e}^{-2\mathrm{i}\varphi}+H_{-1}\mathrm{e}^{-\mathrm{i}\varphi}+H_0+H_1\mathrm{e}^{\mathrm{i}\varphi}+H_2\mathrm{e}^{2\mathrm{i}\varphi}+H_3\mathrm{e}^{3\mathrm{i}\varphi}+H_4\mathrm{e}^{4\mathrm{i}\varphi}=0 \tag{11.14}$$

式中：

$H_{-4}=h_2c''_{-3}$，　$H_{-3}=h_{-3}\bar{c}''_3+h_2c''_{-2}+h_3c''_{-3}$，　$H_{-2}=h_{-3}\bar{c}''_2+h_{-2}\bar{c}''_3+h_2c''_{-1}+h_3c''_{-2}$

$H_{-1}=h_{-3}\bar{c}''_1+h_{-2}\bar{c}''_2+h_{-1}+h_2c''_0+h_3c''_{-1}$，　$H_0=h_{-3}\bar{c}''_0+h_{-2}\bar{c}''_1+h_0+h_2c''_1+h_3c''_0$

$H_1=h_{-3}\bar{c}''_{-1}+h_{-2}\bar{c}''_0+h_1+h_2c''_2+h_3c''_1$，　$H_2=h_{-3}\bar{c}''_{-2}+h_{-2}\bar{c}''_{-1}+h_2c''_3+h_3c''_2$

$H_3=h_{-3}\bar{c}''_{-3}+h_{-2}\bar{c}''_{-2}+h_3c''_3$，　$H_4=h_{-2}\bar{c}''_{-3}$

由复指数的性质可知，系数表达式中 $H_{-2}, H_{-1}, H_0, H_1, H_2$ 的值应为 0。根据式(11.10)，将表达式中的 $c''_n, \bar{c}''_n (n=-3,\cdots,3)$ 替换为 $c'''_n, \bar{c}'''_n (n=-3,\cdots,3)$，则有

$$h'_{-3}\bar{c}'''_2+h'_{-2}\bar{c}'''_3+h'_2c'''_{-1}+h'_3c'''_{-2}=0 \tag{11.15}$$

$$h'_{-3}\bar{c}'''_1+h'_{-2}\bar{c}'''_2+h'_{-1}+h'_2c'''_0+h'_3c'''_{-1}=0 \tag{11.16}$$

$$h'_{-3}\bar{c}'''_0+h'_{-2}\bar{c}'''_1+h'_0+h'_2c'''_1+h'_3c'''_0=0 \tag{11.17}$$

$$h'_{-3}\bar{c}'''_{-1}+h'_{-2}\bar{c}'''_0+h'''_1+h'_2c'''_2+h'_3c'''_1=0 \tag{11.18}$$

$$h'_{-3}\bar{c}'''_{-2}+h'_{-2}\bar{c}'''_{-1}+h'_2c'''_3+h'_3c'''_2=0 \tag{11.19}$$

式中，$h'_{-3}=-b'\mathrm{e}^{\mathrm{i}\delta'}$，$h'_{-2}=a'b'\mathrm{e}^{\mathrm{i}(\varphi_0'+\delta')}$，$h'_{-1}=-a'\mathrm{e}^{-\mathrm{i}\varphi_0'}$，$h'_0=1+a'^2+b'^2-c'^2$，$h'_1=-a'\mathrm{e}^{\mathrm{i}\varphi_0'}$，$h'_2=a'b'\mathrm{e}^{-\mathrm{i}(\varphi_0'+\delta')}$，$h'_3=-b'\mathrm{e}^{-\mathrm{i}\delta'}$。

令 $a'\mathrm{e}^{\mathrm{i}\varphi_0'}=u$，$a'\mathrm{e}^{-\mathrm{i}\varphi_0'}=v$，$-b'\mathrm{e}^{-\mathrm{i}\delta'}=x$，$-b'\mathrm{e}^{\mathrm{i}\delta'}=y$，$1+a'^2+b'^2-c'^2=w$，则有 $h'_{-3}=y$，$h'_3=x$，$h'_3=x$，$h'_{-2}=-yu$，$h'_2=-xv$，$h'_{-1}=-v$，$h'_1=-u$，$h'_0=w$，将其代入方程组(11.15)～(11.19)可得

$$xc'''_{-2}+y\bar{c}'''_2-xvc'''_{-1}-yu\bar{c}'''_3=0 \tag{11.20}$$

$$xc'''_{-1}+y\bar{c}'''_1-xvc'''_0-yu\bar{c}'''_2-v=0 \tag{11.21}$$

$$xc'''_0+y\bar{c}'''_0-xvc'''_1-yu\bar{c}'''_1+w=0 \tag{11.22}$$

$$xc'''_1+y\bar{c}'''_{-1}-xvc'''_2-yu\bar{c}'''_0-u=0 \tag{11.23}$$

$$xc'''_2+y\bar{c}'''_{-2}-xvc'''_3-yu\bar{c}'''_{-1}=0 \tag{11.24}$$

方程组(11.20)～(11.24)即为带预定时标平面四杆机构刚体导引综合的设计方程，式中 x、y、u、v、w 为含有机构设计参数的未知变量，c'''_n，$\bar{c}'''_n(n=-3,-2,\cdots,2,3)$为刚体导引标线转角函数的傅里叶系数，可通过对给定的刚体导引标线转角函数进行离散傅里叶变换得到。

应用 Sylvester 消元法求解方程组，将式(11.20)、式(11.21)、式(11.23)、式(11.24)分别乘以 y 后与原有方程组成新的方程组，矩阵形式表示如下：

$$\boldsymbol{D}_1\boldsymbol{X}_1=\boldsymbol{0}_{8\times 1} \tag{11.25}$$

式中，$\boldsymbol{X}_1=(1,u,v,y,yu,yv,y^2,y^2u)^{\mathrm{T}}$ 为含有未知量的列向量，$\boldsymbol{D}_1$ 是含有未知量 x 的 8×8 阶系数矩阵：

$$\boldsymbol{D}_1=\begin{pmatrix} xc'''_{-2} & 0 & -xc'''_{-1} & \bar{c}'''_2 & -\bar{c}'''_3 & 0 & 0 & 0 \\ xc'''_{-1} & 0 & -xc'''_0-1 & \bar{c}'''_1 & -\bar{c}'''_2 & 0 & 0 & 0 \\ xc'''_1 & -1 & -xc'''_2 & \bar{c}'''_{-1} & -\bar{c}'''_0 & 0 & 0 & 0 \\ xc'''_2 & 0 & -xc'''_3 & \bar{c}'''_{-2} & -\bar{c}'''_{-1} & 0 & 0 & 0 \\ 0 & 0 & 0 & xc'''_{-2} & 0 & -xc'''_{-1} & \bar{c}'''_2 & -\bar{c}'''_3 \\ 0 & 0 & 0 & xc'''_{-1} & 0 & -xc'''_0-1 & \bar{c}'''_1 & -\bar{c}'''_2 \\ 0 & 0 & 0 & xc'''_1 & -1 & -xc'''_2 & \bar{c}'''_{-1} & -\bar{c}'''_0 \\ 0 & 0 & 0 & xc'''_2 & 0 & -xc'''_3 & \bar{c}'''_{-2} & -\bar{c}'''_{-1} \end{pmatrix}$$

由 Cramer 法则可知，方程组(11.25)存在非零解的条件是其系数行列式等于零，即有

$$\det(\boldsymbol{D}_1)=0 \tag{11.26}$$

将式(11.26)展开可得到一元四次方程：

$$x(k_4x^3+k_3x^2+k_2x+k_1)=0 \tag{11.27}$$

式中，$k_i(i=1,2,3,4)$是由刚体导引标线转角函数傅里叶系数 c'''_n，$\bar{c}'''_n(n=-3,-2,\cdots,2,3)$构成的已知量。

由于 $x=0$ 时，杆长 $b=0$，该解对应的机构退化，因而将式(11.27)的 $x=0$ 解舍去可得

$$k_4x^3+k_3x^2+k_2x+k_1=0 \tag{11.28}$$

求解方程(11.28)可得到 x 的 3 个非零解析解，将所得 x 解代入式(11.26)可得到 y、u、v 的解，再将所得 x、y、u、v 的解代入式(11.22)得到对应 w 解。求解得到 x、y、u、v、w 的解后，可根据下列公式计算得到 a'、b'、c'、φ_0'、δ'的解。

$$a'=\pm\sqrt{uv},\quad b'=\pm\sqrt{xy},\quad c'=\pm\sqrt{1+xy+uv-w},$$

$$\varphi_0'=2\arctan\left(i\,\frac{a'-u}{a'+u}\right),\quad \delta'=2\arctan\left(i\,\frac{x+b'}{x-b'}\right)$$

分析求解过程可知，a'、b'、c'、φ_0'、δ'的解最终可转化为含有 c_n'''，$\bar{c}_n'''(n=-3,\cdots,3)$的计算公式，将其称为带预定时标刚体导引综合基本尺寸参数计算公式。

11.2.2 机构实际尺寸和安装位置参数的确定

平面四杆机构基本尺寸参数确定后，利用式(11.7)计算得到机构连杆转角函数的傅里叶系数 c_n''。应用式(11.2)计算得到刚体导引位置轨迹（P 点轨迹）的傅里叶系数 c_n。根据2.5 节研究，利用刚体导引位置曲线傅里叶系数与连杆转角函数傅里叶系数间的关系，求解得到机构实际尺寸 a、f、α 和安装位置参数 r、μ、β，计算公式如下：

$$a=\sqrt{\frac{(c_{-1}''c_1-c_{-1}c_1'')(\bar{c}_{-1}''\bar{c}_1-\bar{c}_{-1}\bar{c}_1'')}{c_{-1}''\bar{c}_{-1}''}},\quad f=\sqrt{\frac{c_{-1}\bar{c}_{-1}}{c_{-1}''\bar{c}_{-1}''}},\quad \varphi_0=-i\ln\frac{c_{-1}''c_1-c_{-1}c_1''}{ac_{-1}''},$$

$$\beta=-i\ln\frac{c_{-1}''c_1-c_{-1}c_1''}{ac_{-1}''}-\varphi_0',\quad \alpha=-i\ln\frac{c_{-1}}{fc_{-1}''}-\beta,\quad r=\sqrt{\frac{(c_{-1}''c_0-c_{-1}c_0'')(\bar{c}_{-1}''\bar{c}_0-\bar{c}_{-1}\bar{c}_0'')}{c_{-1}''\bar{c}_{-1}''}}$$

机构其余杆的实际尺寸 b、c、d，可根据 a 值按对应比例关系计算得到。

11.2.3 综合设计步骤和误差分析

依据前面的理论分析，可以建立带预定时标平面四杆机构刚体导引综合的代数求解方法，具体步骤如下：

(1) 利用式(11.5)对给定带预定时标刚体导引标线转角函数进行离散傅里叶变换，计算得到其傅里叶系数 c_n'''。

(2) 将所得的 c_n'''代入带预定时标刚体导引综合基本参数计算公式，计算得到 a'、b'、c'、φ_0'、δ'值。

(3) 利用式(11.2)对给定带预定时标刚体导引位置曲线（P 点轨迹）进行离散傅里叶变换，计算得到其傅里叶系数 c_n。

(4) 通过式(11.7)计算得到机构连杆转角函数的傅里叶系数 c_n''。

(5) 将 c_n、c_n''代入机构的实际尺寸和安装位置参数计算公式，得到机构的各设计参数。

为了表示该方法的综合精度，定义机构刚体导引综合的误差为

$$\mathrm{TE}=\sum_{j=1}^{M}((P_{xd}^j-P_x^j)^2+(P_{yd}^j-P_y^j)^2+(E_{xd}^j-E_x^j)^2+(E_{yd}^j-E_y^j)^2)\tag{11.29}$$

式中，$E_{xd}^j=P_{xd}^j+g\cos(\gamma_d^j)$，$E_{yd}^j=P_{yd}^j+g\sin(\gamma_d^j)$，$E_x^j=P_x^j+g\cos(\gamma^j)$，$E_y^j=P_y^j+g\sin(\gamma^j)$，$(P_{xd}^j,P_{yd}^j,\gamma_d^j)$为刚体导引目标位置点坐标和标线转角；$(P_x^j,P_y^j,\gamma^j)$为综合所得刚体导引机构对应生成的位置点坐标和标线转角；g 为刚体导引标线长度。

11.2.4 综合设计实例 1

为装配线设计一个输送工件的四杆机构，使其推送工件沿椭圆轨迹$\left(\text{方程为}\frac{(x-20)^2}{20^2}+\frac{y^2}{35^2}=1\right)$从 A-A 位置运动到 B-B 位置，并在运送过程中将工件旋转 90°，如图 11.3 所示。要实现的刚体导引位置坐标和标线转角如表 11.1 所示。

表 11.1 实例 1 给定带有预定时标刚体导引位置和标线转角

	1	2	3	4	5	6	7	8
$\varphi/(°)$	0	15	30	45	60	75	90	105
P_{xd}	0	−0.1341	−0.5677	−1.3177	−2.3748	−3.7178	−5.3228	−7.1661
P_{yd}	0	4.0470	8.2798	12.4939	16.5420	20.3249	23.7755	26.8436
$\gamma/(°)$	0	0.4	2.4	6	11	17	25	33
	9	10	11	12	13	14	15	16
$\varphi/(°)$	120	135	150	165	180	195	210	225
P_{xd}	−9.2250	−11.4779	−13.9076	−16.5110	−18.2968	−20	−19.8540	−16.4399
P_{yd}	29.4863	31.6636	33.3366	34.4633	34.8729	35	32.9519	27.5664
$\gamma/(°)$	42	52	62	72	82	90	96	91
	17	18	19	20	21	22	23	24
$\varphi/(°)$	240	255	270	285	300	315	330	345
P_{xd}	−10.7784	−6.8029	−4.8048	−3.7179	−2.8430	−1.9712	−1.1529	−0.5173
P_{yd}	17.7075	7.2597	−0.8165	−5.7942	−8.0017	−8.0184	−6.3919	−3.5877
$\gamma/(°)$	74	55	39	26	16	9	4	1.2

依据综合设计步骤，计算给定刚体导引的位置曲线和标线转角函数的傅里叶系数，如表 11.2 所示。将所得 c_n、c'''_n代入相应公式，计算得到机构实际尺寸和安装位置参数，如表 11.3 所示。将综合所得机构代入仿真程序验证发现，机构 1 与机构 3 均能较好实现目标要求，且都是无分支和顺序缺陷的曲柄摇杆机构。综合机构从 A-A 到 B-B 位置生成运动的综合误差如表 11.3 所示。

表 11.2 实例 1 给定刚体导引位置曲线和标线转角函数的傅里叶系数

n	−3	−2	−1	0	1	2	3
c_n	1.0898+0.9073i	−3.0825+1.0471i	−0.8326−8.7982i	−7.4447+15.1637i	9.7459−9.5632i	0.8536+1.9952i	−0.5339−0.2742i
c'''_n	−0.0122+0.0513i	−0.0903−0.0826i	0.2781−0.1883i	0.6793+0.5104i	0.1771−0.3286i	−0.0492+0.0647i	−0.0011−0.0228i

表 11.3　实例 1 机构实际尺寸、安装位置参数和综合误差

设计变量	机构 1	机构 2	机构 3
r	36.9920	36.9920	36.9920
a	15.1508	15.1508	15.1508
b	23.5062	39.5346	26.4822
c	35.0138	16.6288	52.7719
d	31.0575	39.5871	42.8596
f	26.3143	26.3143	26.3143
μ	2.4215	2.4215	2.4215
β	−2.2982	−1.2529	−2.5088
α	0.5402	0.9489	0.3843
δ	1.6102	2.0189	1.4543
ϕ_0	−0.0875	−0.0875	−0.0875
TE	3.1843	—	0.6157

如图 11.3～图 11.8 所示为综合机构 1、机构 3 生成的刚体导引标线、转角和位置与给定目标的比较图。从图中可以发现，利用本章提出的代数法综合所得机构生成的刚体导引位置和标线转角与给定目标的逼近程度很高，满足设计要求。其中机构 3 的误差更小，为最优机构。进一步比较发现，机构 1 和机构 3 尺寸参数间的相差较大，这为下一步优化设计机构其他性能提供了更多选择。

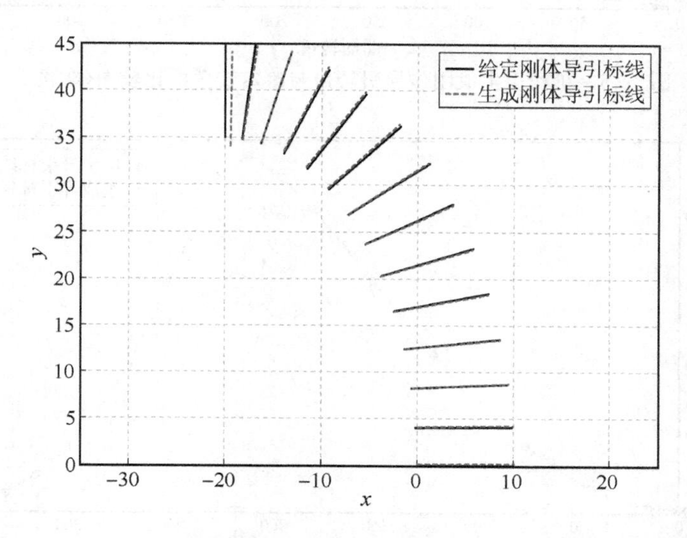

图 11.3　A-A 到 B-B 位置机构 1 生成导引标线与给定标线比较图(实例 1)

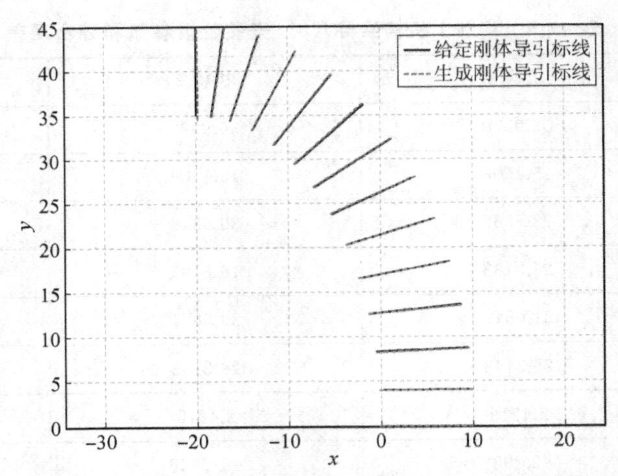

图 11.4 *A-A* 到 *B-B* 位置机构 3 生成导引标线与给定标线比较图(实例 1)

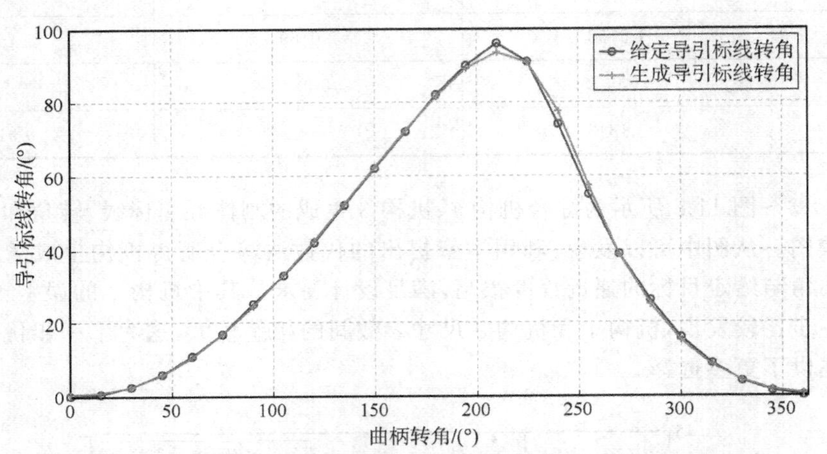

图 11.5 机构 1 生成刚体导引转角与给定转角的比较图(实例 1)

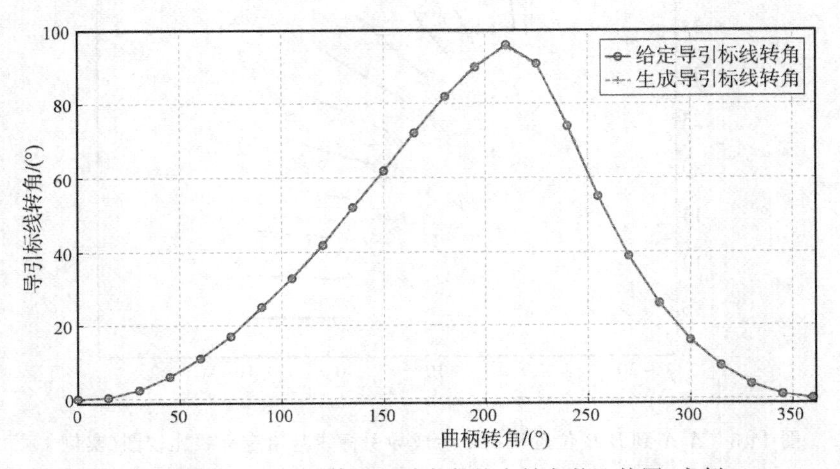

图 11.6 机构 3 生成刚体导引转角与给定转角的比较图(实例 1)

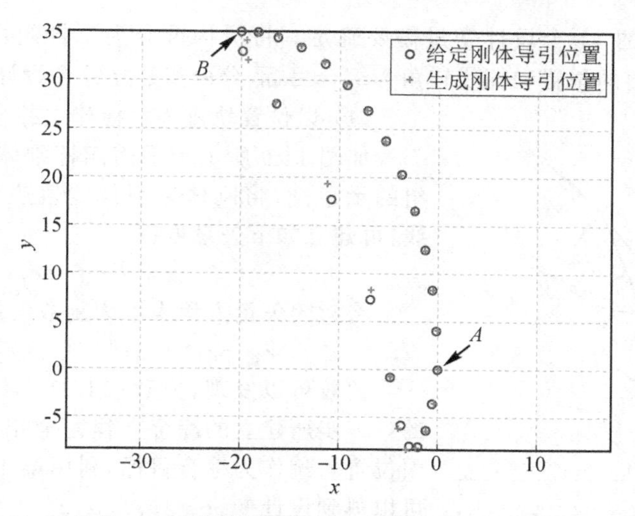

图 11.7　机构 1 生成刚体导引位置与给定位置的比较图(实例 1)

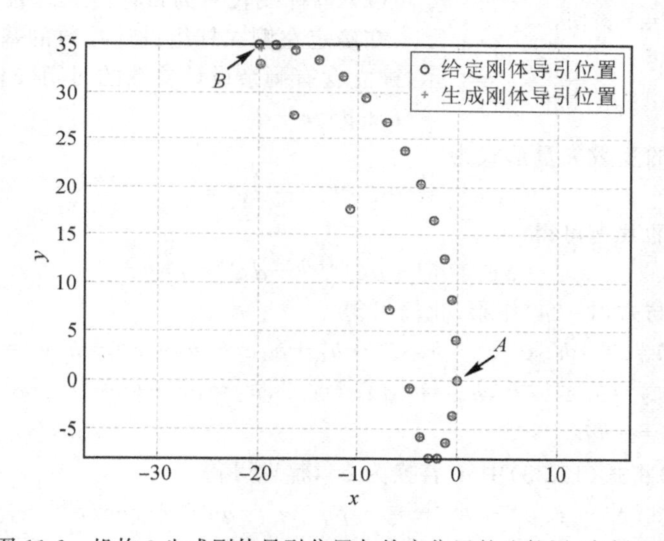

图 11.8　机构 3 生成刚体导引位置与给定位置的比较图(实例 1)

11.3　平面四杆机构刚体导引综合的代数求解

在建立带预定时标平面四杆机构刚体导引综合代数求解方法的基础上,进一步分析刚体导引位置轨迹与机构设计参数间的关系,将刚体导引问题转化为轨迹综合和函数综合问题的组合,分两步建立综合设计方程,建立带预定时标和不带预定时标两类刚体导引综合任务均适用的代数求解方法。

11.3.1　综合设计方程的建立与求解

由图 11.1 可知,平面四杆机构刚体导引综合问题共有包括初始相位角在内 r、a、b、c、

d、f、μ、φ_0、α、δ、β 的 11 个设计变量需要确定。将机构拆分为二杆组，对设计变量进行解耦，分别以刚体导引的位置和标线转角为综合目标，分两步建立综合设计方程。

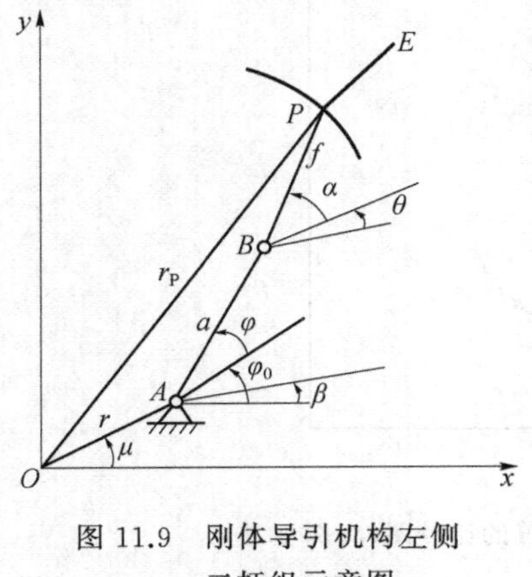

图 11.9　刚体导引机构左侧二杆组示意图

(1) 以位置轨迹为目标建立综合方程

如图 11.9 所示为平面四杆刚体导引机构左侧二杆组的示意图，将刚体导引位置轨迹作为点 P 的连杆曲线，可建立如下矢量方程：

$$\boldsymbol{r}+\boldsymbol{a}+\boldsymbol{f}=\boldsymbol{r}_P \tag{11.30}$$

将封闭矢量方程表示为复数矢量形式为

$$\boldsymbol{r}_P-r\mathrm{e}^{\mathrm{i}\mu}-a\mathrm{e}^{\mathrm{i}(\varphi_0+\varphi)}=f\mathrm{e}^{\mathrm{i}(\alpha+\theta+\beta)} \tag{11.31}$$

比较可以发现，方程(11.31)与 10.1.1 节轨迹综合的第一步所建立的综合方程完全相同。因此，将刚体导引位置轨迹作为综合目标，利用第 10 章所建立的方法，可以得到设计变量 r、a、f、μ、φ_0。

(2) 以标线转角为目标建立综合方程

在确定左侧二杆组设计参数的基础上，如图 11.1 所示，建立含有剩余设计参数的封闭矢量环方程：

$$\boldsymbol{a}+\boldsymbol{b}=\boldsymbol{c}+\boldsymbol{d} \tag{11.32}$$

方程(11.32)的复数矢量形式为

$$a\mathrm{e}^{\mathrm{i}(\varphi+\varphi_0)}+b\mathrm{e}^{\mathrm{i}(\beta+\theta)}-d\mathrm{e}^{\mathrm{i}\beta}=c\mathrm{e}^{\mathrm{i}\psi} \tag{11.33}$$

取式(11.33)的共轭可得

$$a\mathrm{e}^{-\mathrm{i}(\varphi+\varphi_0)}+b\mathrm{e}^{-\mathrm{i}(\beta+\theta)}-d\mathrm{e}^{-\mathrm{i}\beta}=c\mathrm{e}^{-\mathrm{i}\psi} \tag{11.34}$$

将式(11.33)与式(11.34)相乘，化简可得

$$h_{-3}\mathrm{e}^{-\mathrm{i}\theta}+h_{-2}\mathrm{e}^{-\mathrm{i}\theta}\mathrm{e}^{\mathrm{i}\varphi}+h_{-1}\mathrm{e}^{-\mathrm{i}\varphi}+h_0+h_1\mathrm{e}^{\mathrm{i}\varphi}+h_2\mathrm{e}^{\mathrm{i}\theta}\mathrm{e}^{-\mathrm{i}\varphi}+h_3\mathrm{e}^{\mathrm{i}\theta}=0 \tag{11.35}$$

式中，$h_{-3}=-bd$，$h_{-2}=ba\mathrm{e}^{\mathrm{i}(\varphi_0-\beta)}$，$h_{-1}=-da\mathrm{e}^{-\mathrm{i}(\varphi_0-\beta)}$，$h_0=a^2+b^2+d^2-c^2$，$h_1=-da\mathrm{e}^{\mathrm{i}(\varphi_0-\beta)}$，$h_2=ba\mathrm{e}^{-\mathrm{i}(\varphi_0-\beta)}$，$h_3=-bd$。

根据式(11.3)将式(11.35)中 $\mathrm{e}^{\mathrm{i}\theta}$ 替换为 $\mathrm{e}^{\mathrm{i}\gamma}$，整理可得

$$-xp\mathrm{e}^{-\mathrm{i}\gamma}+xu\mathrm{e}^{-\mathrm{i}\gamma}\mathrm{e}^{\mathrm{i}\varphi}-pv\mathrm{e}^{-\mathrm{i}\varphi}+uv+xy+pq-z^2-qu\mathrm{e}^{\mathrm{i}\varphi}+yv\mathrm{e}^{\mathrm{i}\gamma}\mathrm{e}^{-\mathrm{i}\varphi}-yq\mathrm{e}^{\mathrm{i}\gamma}=0 \tag{11.36}$$

式中，$x=b\mathrm{e}^{\mathrm{i}\delta}$，$y=b\mathrm{e}^{-\mathrm{i}\delta}$，$u=a\mathrm{e}^{\mathrm{i}\varphi_0}$，$v=a\mathrm{e}^{-\mathrm{i}\varphi_0}$，$p=d\mathrm{e}^{\mathrm{i}\beta}$，$q=d\mathrm{e}^{-\mathrm{i}\beta}$，$z=c$。取 $n=3$ 到 -3，

根据式(11.4)将刚体标线转角函数 $\mathrm{e}^{\mathrm{i}\gamma}$ 展成傅里叶级数，代入式(11.36)化简可得

$$H'_{-4}\mathrm{e}^{-4\mathrm{i}\varphi}+H'_{-3}\mathrm{e}^{-3\mathrm{i}\varphi}+H'_{-2}\mathrm{e}^{-2\mathrm{i}\varphi}+H'_{-1}\mathrm{e}^{-\mathrm{i}\varphi}+H'_0+H'_1\mathrm{e}^{\mathrm{i}\varphi}+H'_2\mathrm{e}^{2\mathrm{i}\varphi}+H'_3\mathrm{e}^{3\mathrm{i}\varphi}+H'_4\mathrm{e}^{4\mathrm{i}\varphi}=0 \tag{11.37}$$

式中：

$$H'_{-4}=yvc'''_{-3},\quad H'_{-3}=-xp\bar{c}'''_3+yvc'''_{-2}-yqc'''_{-3},\quad H'_{-2}=-xp\bar{c}'''_2+xu\bar{c}'''_3+yvc'''_{-1}-yqc'''_{-2}$$

$$H'_{-1}=-xp\bar{c}'''_1+xu\bar{c}'''_2-pv+yvc'''_0-yqc'''_{-1}$$

$$H'_0=-xp\bar{c}'''_0+xu\bar{c}'''_1+uv+xy+pq-z^2+yvc'''_1-yqc'''_0$$

$$H'_1=-xp\bar{c}'''_{-1}+xu\bar{c}'''_0-qu+yvc'''_2-yqc'''_1,\quad H'_2=-xp\bar{c}'''_{-2}+xu\bar{c}'''_{-1}+yvc'''_3-yqc'''_2$$

$$H'_3=-xp\bar{c}'''_{-3}+xu\bar{c}'''_{-2}-yqc'''_3,\quad H'_4=xu\bar{c}'''_{-3}$$

分析可知，H'_{-2}、H'_{-1}、H'_0，H'_1、H'_2 为完整系数表达式，由复指数的性质可知，其值应为 0，由此可得到如下方程：

$$-xp\bar{c}'''_{2}+xu\bar{c}'''_{3}+yvc'''_{-1}-yqc'''_{-2}=0 \tag{11.38}$$

$$-xp\bar{c}'''_{1}+xu\bar{c}'''_{2}-pv+yvc'''_{0}-yqc'''_{-1}=0 \tag{11.39}$$

$$-xp\bar{c}'''_{0}+xu\bar{c}'''_{1}+uv+xy+pq-z^{2}+yvc'''_{1}-yqc'''_{0}=0 \tag{11.40}$$

$$-xp\bar{c}'''_{-1}+xu\bar{c}'''_{0}-qu+yvc'''_{2}-yqc'''_{1}=0 \tag{11.41}$$

$$-xp\bar{c}'''_{-2}+xu\bar{c}'''_{-1}+yvc'''_{3}-yqc'''_{2}=0 \tag{11.42}$$

方程组(11.38)～(11.42)即为求解设计变量 b、c、d、δ、β 的综合设计方程，其中 x、y、p、q、z 为含有设计参数的未知变量，u、v 为由已求解得到设计变量构成已知变量，$c'''_{n}(n=-3,-2,\cdots,2,3)$为刚体导引标线转角函数的傅里叶系数，可由式(11.7)计算得到。

应用 Sylvester 消元法化简求解方程组，将式(11.38)、式(11.39)、式(11.41)、式(11.42)分别乘以 q 后，与原方程组成多项式方程组，写成矩阵形式为

$$\boldsymbol{D}_{2}\boldsymbol{X}_{2}=\boldsymbol{0}_{8\times 1} \tag{11.43}$$

式中，$\boldsymbol{X}_{2}=(1,p,q,y,yq,pq,q^{2},yq^{2})^{\mathrm{T}}$ 可看作一个含有未知量的列向量，$\boldsymbol{D}_{2}$ 为一个 8×8 阶系数矩阵：

$$\boldsymbol{D}_{2}=\begin{pmatrix}
xu\bar{c}'''_{3} & -x\bar{c}'''_{2} & 0 & vc'''_{-1} & -c'''_{-2} & 0 & 0 & 0\\
xu\bar{c}'''_{2} & -x\bar{c}'''_{1}-v & 0 & vc'''_{0} & -c'''_{-1} & 0 & 0 & 0\\
xu\bar{c}'''_{0} & -x\bar{c}'''_{-1} & -u & vc'''_{2} & -c'''_{1} & 0 & 0 & 0\\
xu\bar{c}'''_{-1} & -x\bar{c}'''_{-2} & 0 & vc'''_{3} & -c'''_{2} & 0 & 0 & 0\\
0 & 0 & xu\bar{c}'''_{3} & 0 & vc'''_{-1} & -x\bar{c}'''_{2} & 0 & -c'''_{-2}\\
0 & 0 & xu\bar{c}'''_{2} & 0 & vc'''_{0} & -x\bar{c}'''_{1}-v & 0 & -c'''_{-1}\\
0 & 0 & xu\bar{c}'''_{0} & 0 & vc'''_{1} & -x\bar{c}'''_{-1} & -u & -c'''_{1}\\
0 & 0 & xu\bar{c}'''_{-1} & 0 & vc'''_{2} & -x\bar{c}'''_{-2} & 0 & -c'''_{2}
\end{pmatrix}$$

由 Cramer 法则可知，方程组(11.43)存在非零解的条件是其系数行列式等于零，即有

$$\det(\boldsymbol{D}_{2})=0 \tag{11.44}$$

将式(11.44)展开可得

$$k'_{4}x^{4}+k'_{3}x^{3}+k'_{2}x^{2}+k'_{1}x=0 \tag{11.45}$$

式中，$k'_{i}(i=1,2,3,4)$是由已知变量 u、v 和刚体导引标线转角函数的傅里叶系数 $c'''_{n}(n=-3,-2,\cdots,2,3)$构成的已知量。

分析式(11.45)可知，当 $x=0$ 时，杆长 $b=0$，机构退化，因此，将方程(11.45)中 $x=0$ 的解除去可得

$$k'_{4}x^{3}+k'_{3}x^{2}+k'_{2}x+k'_{1}=0 \tag{11.46}$$

方程(11.46)的最高次数为 3，方程(11.40)的最高次数为 2，因此，方程组(11.38)～(11.42)有 $3\times 2=6$ 组解。求解得到 x 的三个非零解析解，将所得解代入方程(11.43)可对应得到 y、p、q 的解，将所得 x、y、p、q 的解代入方程(11.40)可求得对应 z 解，当 x、y、p、q、z 的解均得到后，利用下面的公式可计算得到 b、c、d、δ、β 的值。

$$b=\pm\sqrt{xy},\quad c=z,\quad d=\pm\sqrt{pq},\quad \alpha=2\arctan\left(\mathrm{i}\,\frac{b-x}{b+x}\right),\quad \beta=2\arctan\left(\mathrm{i}\,\frac{d-p}{d+p}\right)$$

至此，11 个设计变量中的 10 个变量已通过求解综合方程得到。根据刚体导引位置轨迹与标线转角函数傅里叶系数间关系，取 c_{-1} 和 c'''_{-1} 计算得到 α 的值：

$$\alpha=2\arctan\left(\mathrm{i}\,\frac{fc'''_{-1}-c_{-1}}{fc'''_{-1}+c_{-1}}\right)+\delta$$

分析可以发现，上述设计参数的计算公式最终可表示为只含有 c_n 和 c'''_n 的计算公式，将其称为平面四杆机构刚体导引综合设计参数计算通用公式。利用通用公式可计算得到平面四杆机构刚体导引综合的 8×6＝48 组解，去除杆长为负值的解，有意义的解为 4×3＝12 组解。

11.3.2 综合目标的预处理

分析通用公式的推导过程可以发现，使用该公式进行刚体导引综合的前提是刚体导引目标位置（P^j_{xd}，P^j_{yd}）和标线转角（γ^j_d）的各采样点间所对应的输入转角相同，因此，在使用该公式进行刚体导引综合前，需要对不满足这一条件的综合目标进行预处理。

1. 带预定时标刚体导引综合问题

带预定时标的刚体导引综合问题在给定刚体导引目标位置和标线转角时，同时给定对应输入转角 φ_j，若给定各目标点间所对应的输入转角是均匀的，即

$$\Delta\varphi=\varphi_{j+1}-\varphi_j\quad\left(j=1,2,\cdots,M;M=\frac{2\pi}{\Delta\varphi}\right)$$

则 c_n 和 c'''_n 可根据式(11.2)和式(11.5)直接计算得到。若给定各目标点间所对应的输入转角是非均匀的，可以根据最小二乘拟合原理，利用文献[140]所提出的方法计算 c_n 和 c'''_n：

$$\boldsymbol{C}=(\bar{\boldsymbol{D}}_3^{\mathrm{T}}\boldsymbol{D}_3)^{-1}\bar{\boldsymbol{D}}_3^{\mathrm{T}}\boldsymbol{X}_3 \tag{11.47}$$

$$\boldsymbol{C}'''=(\bar{\boldsymbol{D}}_3^{\mathrm{T}}\boldsymbol{D}_3)^{-1}\bar{\boldsymbol{D}}_3^{\mathrm{T}}\boldsymbol{X}'_3 \tag{11.48}$$

式中：

$$\boldsymbol{C}=(c_0,c_1,c_{-1},\cdots,c_n,c_{-n})^{\mathrm{T}},\quad \boldsymbol{C}'''=(c'''_0,c'''_1,c'''_{-1},\cdots,c'''_n,c'''_{-n})^{\mathrm{T}}$$

$$\boldsymbol{D}_3=\begin{pmatrix}1 & \mathrm{e}^{\mathrm{i}\varphi_1} & \mathrm{e}^{-\mathrm{i}\varphi_1} & \mathrm{e}^{2\mathrm{i}\varphi_1} & \mathrm{e}^{-2\mathrm{i}\varphi_1} & \cdots & \mathrm{e}^{n\mathrm{i}\varphi_1} & \mathrm{e}^{-n\mathrm{i}\varphi_1}\\ 1 & \mathrm{e}^{\mathrm{i}\varphi_2} & \mathrm{e}^{-\mathrm{i}\varphi_2} & \mathrm{e}^{2\mathrm{i}\varphi_2} & \mathrm{e}^{-2\mathrm{i}\varphi_2} & \cdots & \mathrm{e}^{n\mathrm{i}\varphi_2} & \mathrm{e}^{-n\mathrm{i}\varphi_2}\\ \vdots & \vdots & \vdots & \vdots & \vdots & & \vdots & \vdots\\ 1 & \mathrm{e}^{\mathrm{i}\varphi_j} & \mathrm{e}^{-\mathrm{i}\varphi_j} & \mathrm{e}^{2\mathrm{i}\varphi_j} & \mathrm{e}^{-2\mathrm{i}\varphi_j} & \cdots & \mathrm{e}^{n\mathrm{i}\varphi_j} & \mathrm{e}^{-n\mathrm{i}\varphi_j}\end{pmatrix}$$

$$\boldsymbol{X}_3=(P^1_{xd}+\mathrm{i}P^1_{yd},P^2_{xd}+\mathrm{i}P^2_{yd},\cdots,P^j_{xd}+\mathrm{i}P^j_{yd})^{\mathrm{T}},\quad \boldsymbol{X}'_3=(\mathrm{e}^{\mathrm{i}\gamma^1_d},\mathrm{e}^{\mathrm{i}\gamma^2_d},\cdots,\mathrm{e}^{\mathrm{i}\gamma^j_d})^{\mathrm{T}}$$

2. 不带预定时标刚体导引综合问题

不带预定时标的刚体导引综合问题在给定综合目标时，不再给定对应的输入转角 φ_j，可利用二自由度辅助机构建立刚体导引目标与机构输入转角间关系。

如图 11.10 所示为二自由度辅助机构 ABP，图中 AB 为曲柄，BP 为浮动连杆，PP_iP_j 是根据给定刚体导引目标位置点坐标（P^j_{xd}，P^j_{yd}），通过式(11.1)拟合得到封闭曲线。

根据二自由度辅助机构的浮动连杆端点可实现给定封闭轨迹的原理，利用 10.2.2 节所

提出的点点组合方法求出辅助机构的曲柄中心位置坐标(A_x,A_y)及曲柄长度 l_{AB} 和浮动连杆长度 l_{BP}。在此基础上计算在各目标位置浮动连杆 BP 与给定刚体标线 PE 间的夹角 η,由图 11.10 可知:

$$\eta=\pi-\theta_1+\gamma \tag{11.49}$$

式中,γ 为给定刚体标线转角,θ_1 为浮动杆 BP 的转角。建立封闭复矢量方程求解转角 θ_1:

$$\boldsymbol{l}_{AB}+\boldsymbol{l}_{BP}-(\boldsymbol{P}-\boldsymbol{A})=\boldsymbol{0} \tag{11.50}$$

将式(11.50)分别向 x 和 y 轴投影,得到:

$$P_{xd}-A_x-l_{BP}\cos\theta_1=l_{AB}\cos\varphi \tag{11.51}$$

$$P_{yd}-A_y-l_{BP}\sin\theta_1=l_{AB}\sin\varphi \tag{11.52}$$

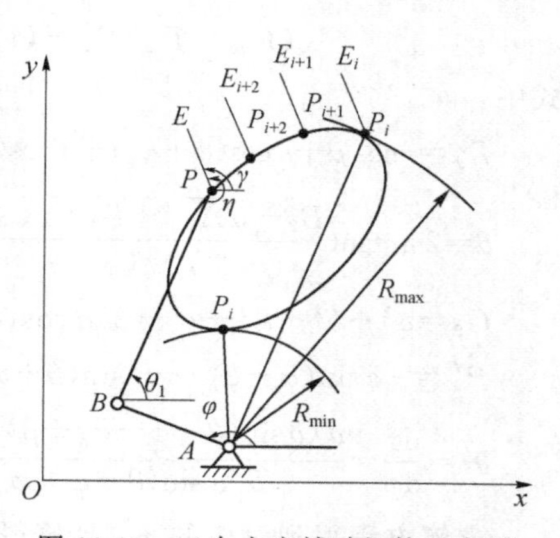

图 11.10 二自由度辅助机构示意图

将方程(11.51)和方程(11.52)左右两端分别平方,并相加消去 φ 可得

$$A_1\cos\theta_1+B_1\sin\theta_1+C_1=0 \tag{11.53}$$

式中,$A_1=2l_{BP}(A_x-P_{xd})$,$B_1=2l_{BP}(A_y-P_{yd})$,$C_1=(A_x-P_{xd})^2+(A_y-P_{yd})^2+l_{BP}^2-l_{AB}^2$。

求解方程(11.53)可得

$$\theta_1=2\arctan\left(\frac{B_1\pm\sqrt{A_1{}^2+B_1{}^2-C_1}}{A_1-C_1}\right) \tag{11.54}$$

利用式(11.49)求得各目标位置所对应的浮动杆 BP 的转角 $\eta_1,\eta_2,\cdots,\eta_j$,理论上各 η 值应该是相同的,但由于辅助机构的曲柄中心位置坐标(A_x,A_y)及曲柄长度 l_{AB} 和浮动连杆长度 l_{BP} 是根据刚体导引位置轨迹的拟合曲线求得的,未涉及刚体导引标线转角 γ,因此,各点处的 η 值可能不相同,令:

$$\Delta\eta_i=|\eta_i-\bar{\eta}|$$

式中,$\bar{\eta}=\dfrac{1}{M}\sum\limits_{j=1}^{M}\eta_j$,若所有的 $\Delta\eta_i$ 均在综合误差允许范围内,即 $\Delta\eta_i\leqslant\varepsilon$,则说明计算所得曲柄中心位置坐标($A_x$,$A_y$)及曲柄长度 l_{AB} 和浮动连杆长度 l_{BP} 满足设计要求。否则,需要重新计算(A_x,A_y)、l_{AB} 和 l_{BP},直至满足设计要求。确定好合适的曲柄中心位置坐标(A_x,A_y)及曲柄长度 l_{AB} 和浮动连杆长度 l_{BP} 后,匀速旋转曲柄 AB,使其依次通过 64 个位置点,对应得到浮动连杆 BP 与刚体导引位置轨迹的拟合曲线 PP_iP_j 的 64 个交点($P^j_{xd'}$,$P^j_{yd'}$)和转角 θ_1^j,将所得交点作为刚体导引新目标位置点;取 $\bar{\eta}$ 作为浮动连杆 BP 与标线间夹角,根据式(11.55)计算与新目标位置点相对应的标线转角 $\gamma^j_{d'}$:

$$\gamma^j_{d'}=\bar{\eta}+\theta_1^j-\pi \tag{11.55}$$

依据新的位置点($P^j_{xd'}$,$P^j_{yd'}$)和标线转角 $\gamma^j_{d'}$,利用式(11.2)和式(11.5)计算得到谐波参数 c_n 和 c'''_n。

11.3.3 综合误差分析

确定不带预定时标的刚体导引的综合误差,首先需要确定与各目标位置点($P^j_{xd'}$,$P^j_{yd'}$)和刚体导引标线转角(γ^j_d)误差最小时曲柄的输入转角 φ_j,对式(11.29)求导可得

$$(P_{xd}-P_x)P'_x+(P_{yd}-P_y)P'_y+(\gamma_d-(\beta+\theta+\delta))\theta'=0 \tag{11.56}$$

式中：

$P_x=r\cos\mu+a\cos(\varphi+\varphi_0)+f\cos(\beta+\theta+\alpha)$，$P_y=r\sin\mu+a\sin(\varphi+\varphi_0)+f\sin(\beta+\theta+\alpha)$

$\theta=2\arctan\left(\dfrac{B_2-\sqrt{A_2{}^2+B_2{}^2-C_2}}{A_2-C_2}\right)$，$A_2=2ab\sin(\varphi+\varphi_0-\beta)$，$B_2=2ab\cos(\varphi+\varphi_0-\beta)-2bd$

$C_2=a^2+b^2+d^2-c^2-2ad\cos(\varphi+\varphi_0-\beta)$

$P'_x=-a\sin(\varphi+\varphi_0)-f\sin(\beta+\theta+\alpha)\theta'$，$P'_y=a\cos(\varphi+\varphi_0)+f\cos(\beta+\theta+\alpha)\theta'$

$$\theta'=\frac{\mathrm{d}\theta}{\mathrm{d}\varphi}=\frac{a(b\sin(\theta-\varphi-\varphi_0+\beta)+d\sin(\varphi+\varphi_0-\beta))}{b(a\sin(\theta-\varphi-\varphi_0+\beta)-d\sin\theta)}$$

求解方程得到对应的 φ_j，计算得到与综合目标误差最小的刚体导引位置点和标线转角 (P_x^j,P_y^j,γ^j)，将其代入式(11.29)可求解得到机构刚体导引综合误差。

11.3.4 综合设计步骤

依据前面的理论分析，可以总结出使用基于傅里叶级数的代数法进行刚体导引综合的具体步骤：

(1) 若综合任务为不带预定时标的刚体导引综合问题，对综合目标进行预处理，得到新的位置点和标线转角。

(2) 依据刚体导引综合问题的具体情况，使用对应公式计算得到目标位置曲线和标线转角函数的傅里叶系数 c_n 和 c'''_n。

(3) 将计算得到的 c_n 和 c'''_n 代入平面四杆机构刚体导引综合设计参数计算通用公式，计算得到机构的设计参数。

(4) 通过运动仿真检验综合所得机构是否满足曲柄存在条件，是否存在分支和逆序问题，综合误差是否合理，最终得到满足设计要求的综合机构。

11.3.5 综合设计实例 2

综合一曲柄摇杆机构，使其连杆上标线实现如图 11.11 所示 24 个位置。表 11.4 为要实现的刚体导引位置坐标和标线转角。

表 11.4 综合实例 2 给定带有预定时标刚体导引位置和标线转角

	1	2	3	4	5	6	7	8
$\varphi/(°)$	0	10	20	35	45	65	80	95
P_{xd}	5.1803	5.2809	5.2885	5.1450	4.9828	4.5873	4.2627	3.9290
P_{yd}	−0.0253	−0.1871	−0.3542	−0.5145	−0.5356	−0.4203	−0.2690	−0.1185
$\gamma/(°)$	77.7207	70.1866	62.1819	51.3645	45.7015	38.2616	35.4371	34.3443

续 表

	9	10	11	12	13	14	15	16
$\varphi/(°)$	110	125	140	165	175	195	215	235
P_{xd}	3.5976	3.2826	3.0004	2.7030	2.5569	2.4817	2.54740	2.7420
P_{yd}	-0.0006	0.0672	0.0788	0.0131	-0.0824	-0.2397	-0.3890	-0.4868
$\gamma/(°)$	34.5774	35.8681	38.0417	42.1148	45.9407	51.9248	58.7298	66.0908
	17	18	19	20	21	22	23	24
$\varphi/(°)$	255	270	285	295	305	315	330	345
P_{xd}	3.0394	3.3097	3.6054	3.8115	4.0228	4.2389	4.5720	4.9045
P_{yd}	-0.4998	-0.4445	-0.3362	-0.2410	-0.1355	-0.0307	0.0916	0.1114
$\gamma/(°)$	73.6406	79.1159	84.0829	86.8929	89.0915	90.4388	90.1868	86.1610

该实例设计任务为带预定时标的刚体导引综合问题，其给定各目标点间所对应的输入转角是非均匀的，依据综合设计步骤，利用式(11.47)和式(11.48)计算刚体导引的位置曲线和标线转角函数的傅里叶系数，如表 11.5 所示。将所得傅里叶系数 c_n 和 c'''_n 代入通用公式，计算得到机构的设计参数。

表 11.5 综合实例 2 给定刚体导引位置曲线和标线转角函数的傅里叶系数

n	-3	-2	-1	0	1	2	3
c_n	0.0564+0.0438i	0.1739+0.0933i	0.6048+0.1914i	3.7495-0.2117i	0.6778-0.2053i	-0.0865+0.0188i	-0.0163+0.0056i
c'''_n	-0.0093+0.0231i	-0.0147+0.0672i	-0.0065+0.2212i	0.4819+0.8084i	-0.2097-0.1214i	-0.0146-0.0272i	-0.0035-0.0049i

利用运动仿真程序对综合所得机构进行验证，发现综合所得 12 个机构中有两个机构能够较好实现综合目标，且不存在分支和顺序缺陷，其设计参数和综合误差如表 11.6 所示。如图 11.11～图 11.16 所示为综合机构生成的刚体导引标线、位置和转角与给定目标的比较图。从图中可以发现，综合所得机构生成的刚体导引位置和标线转角与给定目标十分接近，满足设计要求。这说明本章提出的代数方法可以有效完成输入转角非均匀时带预定时标刚体导引综合，且具有较高的综合精度。从表 11.6 中可知，机构 1 的误差更小，为最优机构。同时可以发现，综合所得两机构的设计参数间存在较大差距，这为下游设计优化机构其他性能提供了更多选择。

表 11.6 综合实例 2 综合所得机构设计参数和综合误差

设计变量	机构 1	机构 2	设计变量	机构 1	机构 2
r	1.2389	1.2389	μ	0.3991	0.3991
a	1.3637	1.3637	β	-0.4097	-0.7008
b	4.5080	6.9909	α	-1.1368	-1.3946
c	4.7587	8.7143	δ	0.1566	-0.1011
d	3.1249	3.7608	ϕ_0	-0.5287	-0.5287
f	2.8670	2.8670	TE	7.6141×10^{-5}	0.010

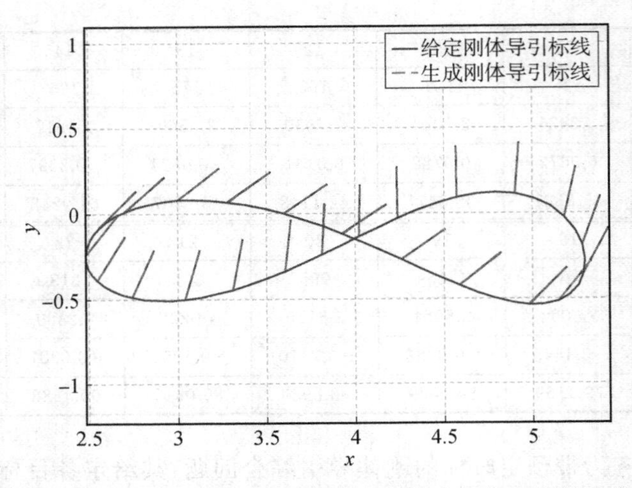

图 11.11　综合机构 1 生成刚体导引标线与给定标线比较图(实例 2)

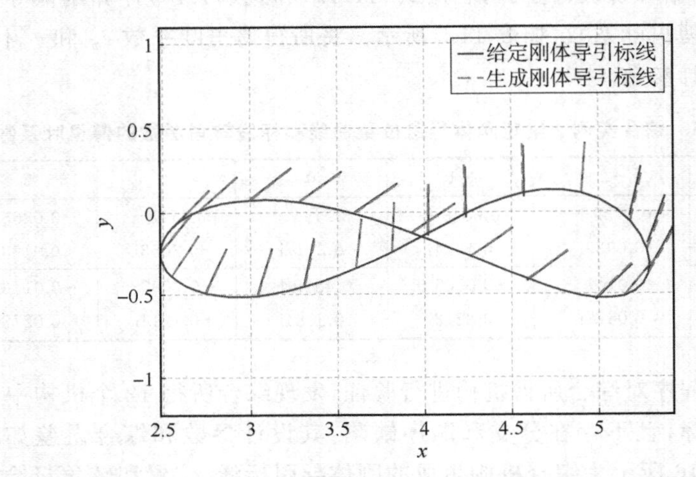

图 11.12　综合机构 2 生成刚体导引标线与给定标线比较图(实例 2)

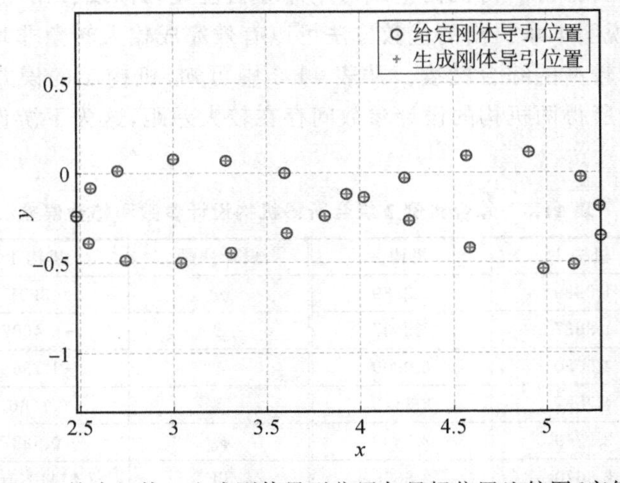

图 11.13　综合机构 1 生成刚体导引位置与目标位置比较图(实例 2)

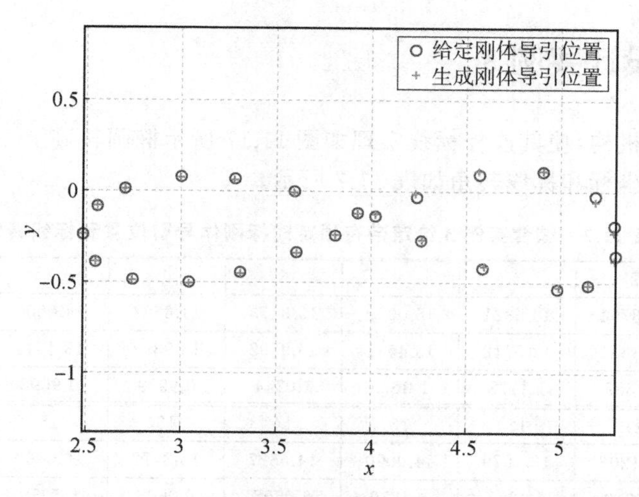

图 11.14 综合机构 2 生成刚体导引位置与目标位置比较图(实例 2)

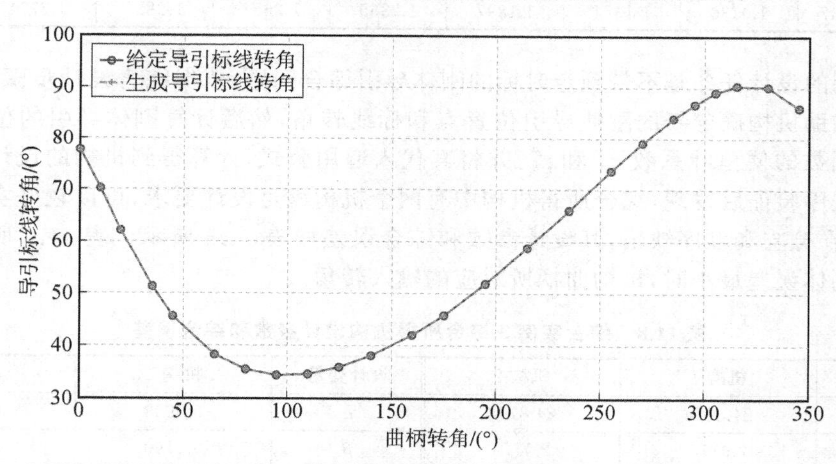

图 11.15 综合机构 1 生成刚体导引标线转角与目标转角比较图(实例 2)

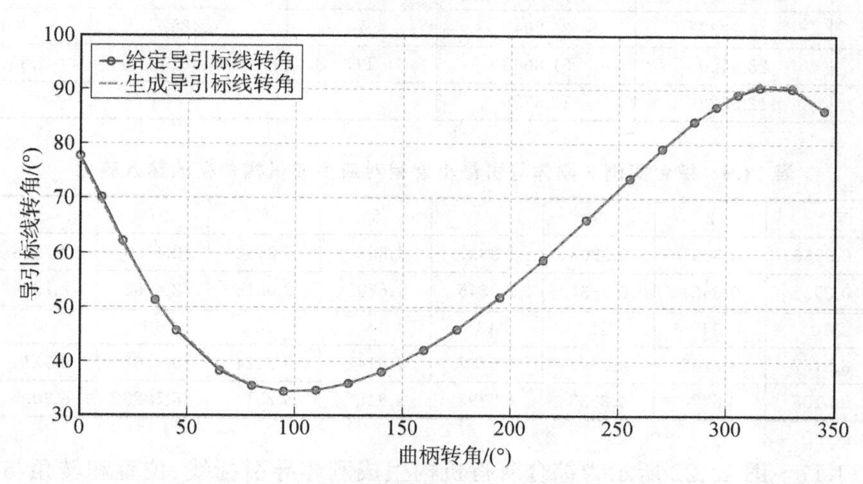

图 11.16 综合机构 2 生成刚体导引标线转角与目标转角比较图(实例 2)

11.3.6 综合设计实例 3

综合平面四杆机构,使其连杆标线实现如图 11.17 所示椭圆轨迹上 18 个导引位置,要实现的刚体导引位置坐标和标线转角如表 11.7 所示。

表 11.7 综合实例 3 给定带有预定时标刚体导引位置和标线转角

	1	2	3	4	5	6	7	8	9
P_{xd}	17.00	16.8794	16.5321	16.0000	15.3473	14.6527	14.0000	13.4679	13.1206
P_{yd}	10.00	11.3681	12.5712	13.4641	13.9392	13.9392	13.4641	12.5712	11.3681
$\gamma/(°)$	1.2161	1.1689	1.1178	1.0679	1.0244	0.9909	0.9698	0.9663	0.9834
	10	11	12	13	14	15	16	17	18
P_{xd}	13.00	13.1206	13.4679	14.0000	14.6527	15.3473	16.0000	16.5321	16.8794
P_{yd}	10.00	8.6319	7.4288	6.5359	6.0608	6.0608	6.5359	7.4288	8.6319
$\gamma/(°)$	1.0207	1.0730	1.1324	1.1897	1.2365	1.2682	1.2826	1.2774	1.2539

该实例的设计任务是不带预定时标的刚体导引综合问题,依据综合设计步骤,首先利用二自由度辅助机构确定新的刚体导引位置点和标线转角,然后计算刚体导引的位置轨迹和标线转角函数的傅里叶系数 c_n 和 c_n''',并将其代入通用公式,计算得到机构的设计参数。经运动仿真程序验证后发现,综合所得机构中有两个机构满足设计要求,可以较好实现综合目标,且不存在分支和顺序缺陷,其设计参数和综合误差如表 11.8 所示。表 11.9 所示为与各目标导引刚体误差最小时,机构曲柄所对应的输入转角。

表 11.8 综合实例 3 综合所得机构设计参数和综合误差

设计变量	机构 1	机构 2	设计变量	机构 1	机构 2
r	24.8774	24.8774	μ	0.0963	0.0963
a	2.9175	2.9175	β	0.1190	2.2042
b	19.8122	24.0724	α	1.8448	0.7889
c	15.2937	33.2943	δ	0.4887	−0.5673
d	28.8100	51.8068	TE	0.0024	9.8660×10^{-4}
f	12.5328	12.5328			

表 11.9 综合实例 3 刚体导引最小误差对应生成机构曲柄的输入转角

	1	2	3	4	5	6	7	8	9
机构 1	0.2963	0.6351	0.9808	1.3337	1.6882	2.0430	2.4109	2.7838	3.1531
机构 2	0.2932	0.6361	0.9837	1.3345	1.6891	2.0516	2.4168	2.7818	3.1478
	10	11	12	13	14	15	16	17	18
机构 1	3.5167	3.8752	4.2293	4.5777	4.9147	5.2424	5.5762	5.9114	6.2449
机构 2	3.5138	3.8770	4.2333	4.5793	4.9157	5.2514	5.5825	5.9095	6.2398

如图 11.17～图 11.22 所示为综合所得机构生成刚体导引标线、位置和转角与给定刚体导引标线、位置和转角的比较图。从图中可以发现,综合所得机构可以很好完成目标要求的

刚体导引任务，说明应用文中代数方法进行不带预定时标的刚体导引综合也能够取得较好的效果。从表 11.8 的可以发现，综合所得两机构中机构 2 的误差更小，为最优机构，它们的设计参数间存在较大差别，这为进一步优化机构其他性能提供更大的选择空间。

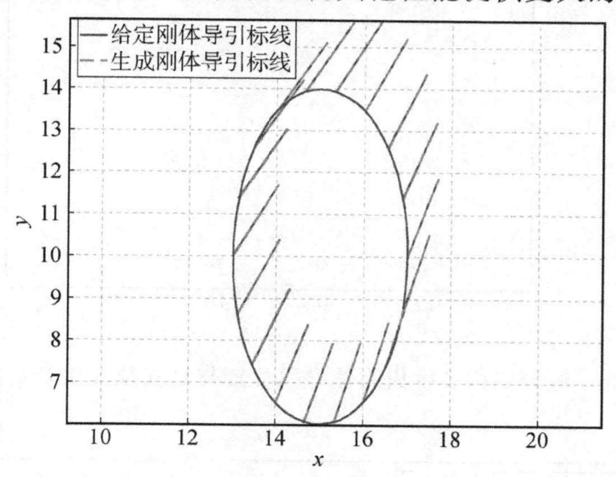

图 11.17　综合机构 1 生成刚体导引标线与给定标线比较图(实例 3)

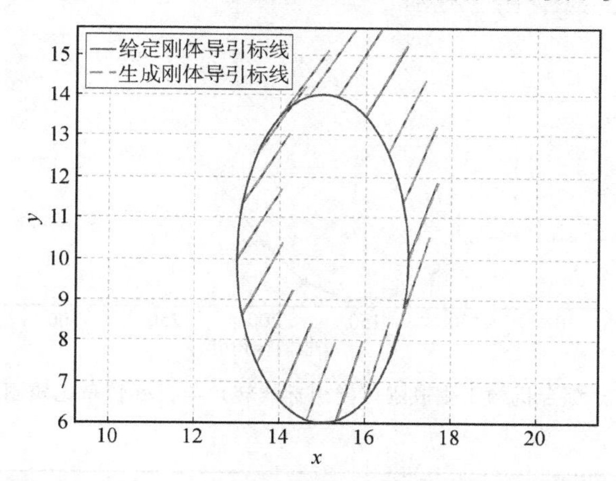

图 11.18　综合机构 2 生成刚体导引标线与给定标线比较图(实例 3)

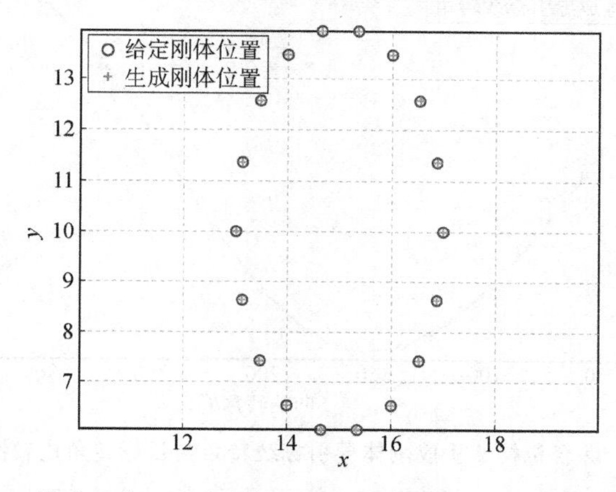

图 11.19　综合机构 1 生成刚体导引位置与目标位置比较图(实例 3)

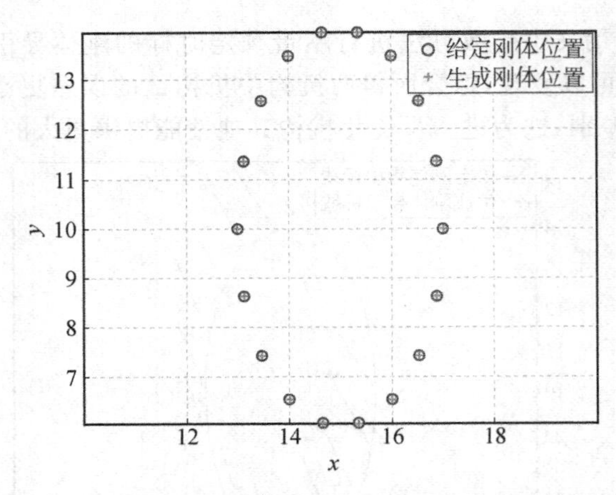

图 11.20　综合机构 2 生成刚体导引位置与目标位置比较图(实例 3)

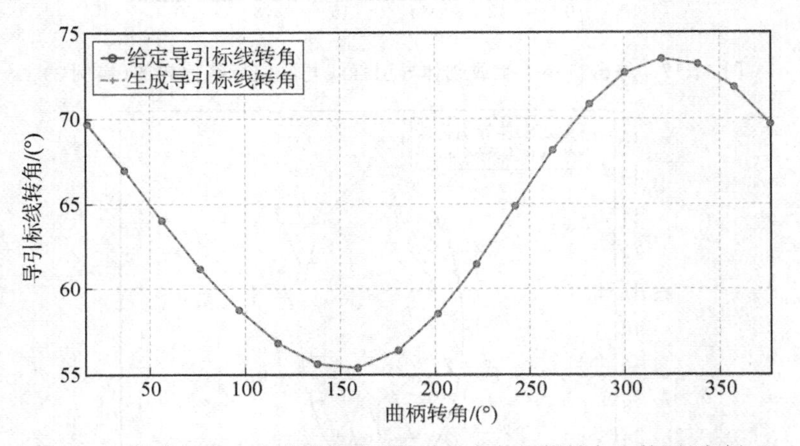

图 11.21　综合机构 1 生成刚体导引标线转角与目标转角比较图(实例 3)

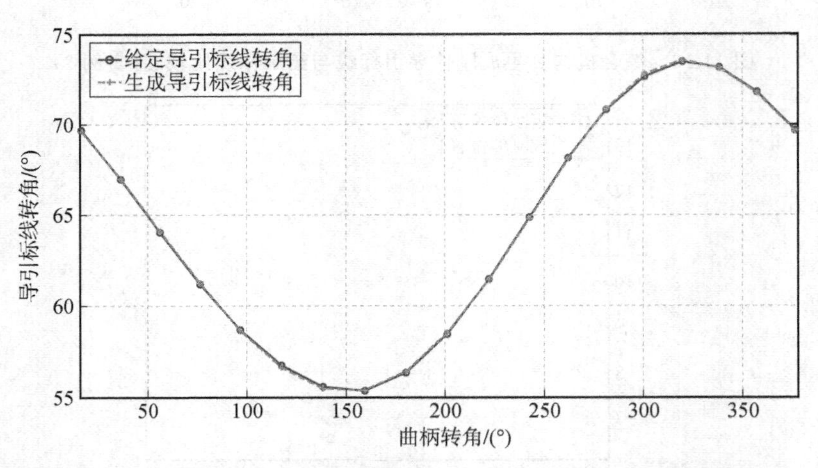

图 11.22　综合机构 2 生成刚体导引标线转角与目标转角比较图(实例 3)

参考文献

[1] 高峰.机构学研究现状与发展趋势的思考[J].机械工程学报,2005,41(8):3-17.

[2] Tsai L W.Robot analysis:the mechanics of serial and parallel manipulators[M].John Wiley & Sons,1999.

[3] Kong X, Gosselin C. Type synthesis of parallel mechanisms [M]. Springer Berlin Heidelberg,2007.

[4] Hervé J M.The Lie group of rigid body displacements, a fundamental tool for mechanism design[J].Mechanism and Machine Theory,1999,34(5):719-730.

[5] Huang Z, Li Q, Ding H. Theory of parallel mechanisms [M]. Springer Science & Business Media,2012.

[6] Fang Y, Tsai L W. Structure synthesis of a class of 4-DoF and 5-DoF parallel manipulators with identical limb structures[J].The International Journal of Robotics Research,2002,21(9):799-810.

[7] Fang Y,Tsai L W.Enumeration of a class of over-constrained mechanisms using the theory of reciprocal screws [J]. Mechanism and Machine Theory, 2004, 39 (11): 1175-1187.

[8] 杨廷力,刘安心,罗玉峰,等.机器人机构拓扑结构设计[M].北京:科学出版社,2012.

[9] 高峰,杨家伦,葛巧德.并联机器人型综合的GF集理论[M].北京:科学出版社,2011.

[10] Liu X, Wang J. Parallel kinematics [M]. Springer Tracts in Mechanical Engineering,2014.

[11] 于靖军,裴旭,宗光华.机械装置的图谱化创新设计[M].北京:科学出版社,2014.

[12] Freudenstein F,Dobrjanskyj L.On a theory for the type synthesis of mechanisms [M]:Springer Berlin Heidelberg,1966.

[13] Tsai L W. Mechanism design: enumeration of kinematic structures according to function[M].CRC press,2000.

[14] Yan H. Creative design of mechanical devices [M]. Springer Science & Business Media,1998.

[15] Ding H, Yang W, Kecskeméthy A. Automatic structural synthesis and creative design of mechanisms[M].Springer,2022.

[16] Dobrovolsky V V. Basic principles of rational classification of mechanisms [M]. Moscow:Publishing House of Academy of Sciences of USSR,1939.

[17] Baranov G G. Classification, structure, kinematics and kinetostatics of plane mechanisms with pairs of the first kind[J].Akad.nauk Sssr.trudy Sem.teorii Main I Mehanizmov,1952,2(46):15-39.

[18] Manolescu N, Erdelean T. La determination des fermés Baranov avec e=9 elements en utilisant la méthode de graphisation inverse [C]//Proceedings of the 3rd IFToMM World Congress on the Theory of Machines and Mechanisms, September, Kupari, Yugoslavia. 1971, 500: 177-188.

[19] Tartakovsky I I. Indecomposable statically determinate trusses and groups of stratifying of mechanisms[J]. Applied Mechanics, 1983, 19(11): 105-110.

[20] 杨廷力.机械系统基本理论[M].北京:机械工业出版社,1996.

[21] Tuttle E R. Generation of planar kinematic chains [J]. Mechanism and Machine Theory, 1996, 31(6): 729-748.

[22] Peisakh E E. An algorithmic description of the structural synthesis of planar Assur groups[J]. Journal of Machinery Manufacture & Reliability, 2007, 36(6): 505-514.

[23] Peisach E. On Assur groups, Baranov trusses, Grübler chains, planar linkages and on their structural (number) synthesis [C]//The 22th Working Meeting of the IFToMM Permanent Commission for Standardization of Terminology. 2008: 33-41.

[24] Huang P, Ding H. Structural synthesis of Baranov trusses with up to 13 links[J]. Journal of Mechanical Design, 2019, 141(7): 072301.

[25] Huang P, Ding H. Structural synthesis of Assur groups with up to 12 links and creation of their classified databases[J]. Mechanism and Machine Theory, 2020, 145 (3): 103668.

[26] Radcliffe C W, Zlokolica M, Cvetićanin L J. Kinematic analysis of Assur groups of the third class by numerical solution of constraint equations [C]//TTM Seventh World Congress, Sevilla. 1987: 169-171.

[27] Li S, Matthew G. Closed form kinematic analysis of planar Assur II groups[C]// Proceedings of the 7th IFToMM World Congress on the Theory of Machines and Mechanisms, September, Sevilla, Spain. 1987, 1: 141-145.

[28] 廖启征,梁崇高.平面三机杆组及四级杆组的代数求解[C]//第五届全国机构学术讨论会论文.1987,9.

[29] Innocenti C. Position analysis in analytical form of the 7-link Assur kinematic chain featuring one ternary link connected to ternary links only [J]. Mechanism and Machine Theory, 1997, 32(4): 501-509.

[30] Innocenti C. Analytical form position analysis of the 7-link Assur kinematic chain with four serially connected ternary links[J]. Journal of Mechanical Design, 1994, 116(2): 622-628.

[31] Innocenti C. Polynomial solution to the position analysis of the 7-link Assur kinematic chain with one quaternary link[J]. Mechanism and Machine Theory, 1995, 30(8): 1295-1303.

[32] 韩林.机构运动学若干问题的研究[D].北京:北京航空航天大学,1997.

[33] Nielsen J, Roth B. Solving the input/output problem for planar mechanisms[C]//

International Design Engineering Technical Conferences and Computers and Information in Engineering Conference. American Society of Mechanical Engineers, 1998, 80319: V01BT01A059.

[34] Wampler C W. Solving the kinematics of planar mechanisms [J]. Journal of Mechanical Design, 1999, 121(3): 387-391.

[35] Wampler C W. Solving the kinematics of planar mechanisms by Dixon determinant and a complex plane formulation[J]. Journal of Mechanical Design, 2001, 123(3): 382-387.

[36] 王品.平面和空间机构运动学分析中若干问题的研究[D].北京:北京邮电大学,2006.

[37] Zhang Y, Shao Y, Wei S, et al. CGA-Based Displacement Analysis of the Three Seven-Link Baranov Trusses [C]//International Conference on Mechanism and Machine Science. Singapore: Springer Nature Singapore, 2022: 1465-1486.

[38] 刘安心.机构运动综合与位置分析的理论及实用方法研究[D].南京:东南大学,1994.

[39] 杭鲁滨.机器人机构运动学研究—含非线性代数方程组消元法探讨[D].南京:东南大学,2001.

[40] Wei S, Zhou X, Liao Q. Closed-form displacement analysis of one kind of nine-link Baranov trusses [C]//Proceedings of the 11th IFToMM World Congress in Mechanism and Machine Science, April. 2004: 1-4.

[41] 魏世民,周晓光,廖启征.一种 9 杆巴氏桁架的装配形态研究[J].机械科学与技术,2004,8(23):962-965.

[42] 庄育锋.机器人机构学若干问题的研究[D].北京邮电大学,2009.

[43] Rojas N, Thomas F. Distance-based position analysis of the three seven-link Assur kinematic chains[J]. Mechanism and Machine Theory, 2011, 46(2): 112-126.

[44] Rojas N, Thomas F. On closed-form solutions to the position analysis of Baranov trusses[J]. Mechanism and Machine Theory, 2012, 50(2): 179-196.

[45] 刘东裕.基于几何代数的并联机构构型综合与巴氏桁架位置分析[D].北京:北方工业大学,2021.

[46] 邵英奇.基于共形几何代数的机器人机构运动学分析研究[D].北京:北京邮电大学,2022.

[47] 阿尔托包列夫斯基.平面机构综合[M].孙可宗,译.北京:人民教育出版社,1980.

[48] 韩建友,杨通,尹来容,等.连杆机构现代综合理论与方法——解析理论、解域方法及软件系统[M].北京:高等教育出版社,2013.

[49] 王德伦、汪伟.机构运动微分几何学分析与综合[M].北京:机械工业出版社,2015.

[50] Liang Z. Computer-aided graphical design of spatial mechanisms[J]. Mechanism and Machine Theory, 1995, 30(2): 299-312.

[51] Shih A J, Yan H S. Synthesis of a single-loop, over constrained six revolute joint spatial mechanism for two-position cylindrical rigid body guidance[J]. Mechanism and Machine Theory, 2002, 37(1): 61-73.

[52] Freudenstein F.Structural error analysis in plane kinematic synthesis[J].Journal of Engineering for Industry,1959,81(1):15-21.
[53] Freudenstein F.Approximate synthesis of four-bar linkages[J].Resonance,2010,15(8):740-767.
[54] 傅则绍.机构设计学[M].成都:成都科技大学出版社,1988.
[55] Hunt K H .Kinematic geometry of mechanisms.[M].London:Clarendon Press,1978.
[56] Freudenstein F.An analytical approach to the design of four-link mechanisms[J].Transactions of the American Society of Mechanical Engineers,1954,76(3):483-489.
[57] Freudenstein F,Sandor G N.Synthesis of path-generating mechanisms by means of a programmed digital computer[J].Journal of Engineering for Industry,1959,81(2):159-167.
[58] Erdman A G,Sandor G N.Mechanism design:analysis and synthesis[M].New Jersey:Prentice Hall,2001.
[59] 梁崇高,陈海宗.平面连杆机构的计算设计[M].广州:广东教育出版社.1993.
[60] Roth B,Freudenstein F.Synthesis of path-generating mechanisms by numerical methods[J].Journal of Engineering for Industry,1963,85(3):298-304.
[61] Mclarnan C W.Synthesis of six-link plane mechanisms by numerical analysis[J].Journal of Engineering for Industry,1963,85(1):5-11.
[62] Denavit J,Hartenberg R S.A kinematic notation for lower pair mechanisms based on matrices[J].ASME Journal of Applied Mechanics,1955,77(6):215-221.
[63] Suh C H,Radcliffe C W.Synthesis of plane linkages with use of the displacement matrix[J].Journal of Engineering for Industry,1967,89(2):215-221.
[64] Chi.Yeh H.A general method for the optimum design of mechanisms[J].Journal of Mechanisms,1966,1(3-4):301-313.
[65] Matekar S B,Gogate G R.Optimum synthesis of path generating four-bar mechanisms using differential evolution and a modified error function[J].Mechanism and machine theory,2012,52(6):158-179.
[66] Fox R L,Willmert K D.Optimum design of curve-generating linkages with inequality constraints[J].Journal of Engineering for Industry,1967,89(1):144-151.
[67] ZhouH ,Cheung E H M .Optimal synthesis of crank-rocker linkages for path generation using the orientation structural error of the fixed link[J].Chinese Journal of Mechanical Engineering,2001,36(8):973-982.
[68] Kafash S H,Nahvi A.Optimal synthesis of four-bar path generator linkages using Circular Proximity Function[J].Mechanism and Machine Theory,2017,115(1):18-34.
[69] Kafash S H,Nahvi A.Optimal synthesis of four-bar motion generator linkages using circular proximity function[J].Proceedings of the Institution of Mechanical Engineers,Part C:Journal of Mechanical Engineering Science,2017,231(5):892-908.

[70] 李涛,王德伦.平面四杆机构函数综合新方法[J].大连理工大学学报,2000,40(6):721-724.

[71] 李团结,蒋尔进,陈建军.基于结构误差的平面连杆机构函数优化综合方法[J].机电工程技术,2003,32(4):39-40.

[72] 李团结,文群燕,曹惟庆.基于遗传算法和结构误差的平面四杆机构轨迹优化综合[J].机械科学与技术,2002,21(1):76-78+82.

[73] 周洪,邹慧君.双曲柄连续轨迹生成机构的优化综合[J].机械设计与研究,1999,4(10):39-41+12.

[74] UllahI ,Kota S.Optimal synthesis of mechanisms for path generation using Fourier descriptors and global search methods [J].Journal of Mechanical Design,1997,119(4):504-510.

[75] Li X,Wu J,Ge Q J .A Fourier descriptor-based approach to design space decomposition for planar motion approximation[J].Journal of Mechanisms and Robotics,2016,8(6):064501.

[76] Smaili A,Diab N.A new approach to shape optimization for closed path synthesis of planar mechanisms[J].Journal of Mechanical Design,2007,129(9):941.

[77] Watanabe K.Application of natural equations to the synthesis of curve generating mechanisms[J].Mechanism and Machine Theory,1992,27(3):261-273.

[78] Bus'kiewicz J,Starosta R,Walczak T .On the application of the curve curvature in path synthesis[J].Mechanism and Machine Theory,2009,44(6):1223-1239.

[79] Fernandez B I, Aguirrebeitia J, Aviles R, et al. Kinematical synthesis of 1. dof mechanisms using finite elements and genetic algorithms[J]. Finite Elements in Analysis and Design,2005,41(15):1441-1463.

[80] Kim B S,Yoo H H.Unified synthesis of a planar four-bar mechanism for function generation using a spring-connected arbitrarily sized block model [J]. Mechanism and Machine Theory,2012,49(3):141-156.

[81] Kim B S,Yoo H H.Body guidance syntheses of four-bar linkage systems employing a spring-connected block model[J].Mechanism and Machine Theory,2015,85(3):147-160.

[82] Kim S I, Kim Y Y. Topology optimization of planar linkage mechanisms[J]. International Journal for Numerical Methods in Engineering,2014,98(4):265-286.

[83] Kang S W,Kim S I,Kim Y Y. Topology optimization of planar linkage systems involving general joint types[J]. Mechanism and Machine Theory, 2016(104):130-160.

[84] Bakthavachalam N,Kimbrell J T. Optimum synthesis of path-generating four-bar mechanisms[J].Journal of Engineering for Industry,1975,97(1):314.

[85] Paradis M J,Willmert K D.Optimal mechanism design using the Gauss constrained method[J].Journal of Mechanisms Transmissions and Automation in Design,1983,105(2):187.

[86] Shariati M, Norouzi M. Optimal synthesis of function generator of four-bar linkages based on distribution of precision points[J]. Meccanica, 2011, 46(5): 1007-1021.

[87] Sancibrian R, Viadero F, Garcia A P, et al. Gradient-based optimization of path synthesis problems in planar mechanisms[J]. Mechanism and Machine Theory, 2004, 39(8): 839-856.

[88] Sancibrian R. Improved GRG method for the optimal synthesis of linkages in function generation problems[J]. Mechanism and Machine Theory, 2011, 46(10): 1350-1375.

[89] Sancibrian R, García P, Viadero F, et al. A general procedure based on exact gradient determination in dimensional synthesis of planar mechanisms[J]. Mechanism and Machine Theory, 2006, 41(2): 212-229.

[90] Cabrera J A, Simon A S, Prado M. Optimal synthesis of mechanism with genetic algorithms[J]. Mechanism and Machine Theory, 2002, 37(10): 1165-1177.

[91] 林军,黄茂林,杜力,等.基于遗传算法的平面连杆机构综合方法[J].重庆大学学报,2002,25(2):33-36.

[92] Cabrera J A, Nadal F, MunOz J P, et al. Multiobjective constrained optimal synthesis of planar mechanisms using a new evolutionary algorithm[J]. Mechanism and Machine Theory, 2007, 42(7): 791-806.

[93] OrtizA, Cabrera J A, Nadal F, et al. Dimensional synthesis of mechanisms using differential evolution with auto-adaptive control parameters[J]. Mechanism and Machine Theory, 2013, 64(6): 210-229.

[94] Lin W Y, Hsiao K M. A new differential evolution algorithm with a combined mutation strategy for optimum synthesis of path-generating four-bar mechanisms[J]. Proceedings of the Institution of Mechanical Engineers, Part C: Journal of Mechanical Engineering Science, 2017, 231(14): 2690-2705.

[95] Diab N, Smaili A. An elitist ants-search based method for optimum synthesis of rigid linkage mechanisms[C]//Proceedings of the ASME 2015 International Mechanical Engineering Congress and Exposition, November 13.19, 2015, Houston, Texas, USA.

[96] Navid E, Hossein A A, Ramin V. Optimal synthesis of a four-bar linkage for path generation using adaptive PSO[J]. Journal of the Brazilian Society of Mechanical Sciences and Engineering, 2018, 40(9): 469-477.

[97] Bulatovic R R, Miodragovic G, BosKovis M S. Modified Krill Herd (MKH) algorithm and its application in dimensional synthesis of a four-bar linkage[J]. Mechanism and Machine Theory, 2016, 95(1): 1-21.

[98] Efrén M, Edgar A.P, Betania H. Optimum synthesis of a four-bar mechanism using the modified bacterial foraging algorithm[J]. International Journal of Systems Science, 2014, 45(4-6): 1080-1100.

[99] Horacio M.Four-bar mechanism synthesis for n desired path points using simulated annealing[M].Advances in metaheuristics for hard optimization.Berlin，Heidelberg：Springer Berlin Heidelberg，2008：23-37.

[100] Laribi M A ，Mlika A ，Romdhane L，et al.A combined genetic algorithm-fuzzy logic method（GA-FL）in mechanisms synthesis[J].Mechanism and Machine Theory，2004，39(7)：717-735.

[101] Smaili A A，Diab N A，Atallah N A.Optimum synthesis of mechanisms using tabu-gradient search algorithm[J].Journal of Mechanical Design，2005，127(5)：917-923.

[102] Smaili A，Diab N.Optimum synthesis of hybrid task mechanisms using ant gradient search method[J].Mechanism and Machine Theory，2007，42(1)：115-130.

[103] Lin W. A GA-DE hybrid evolutionary algorithm for path synthesis of four-bar linkage[J].Mechanism and Machine Theory，2010，45(8)：1096-1107.

[104] Javash M S，Ettefagh M M，Hamidi Y E. Optimum design method for four-bar function generator using AIS and genetic algorithms[C]//2013 IEEE INISTA. 2013：1-6.

[105] 刘勇.平面机构轨迹综合及其计算机辅助创新设计方法研究[D].武汉：华中科技大学，2005.

[106] 李学荣，应瑞森，傅俊庆，等.连杆曲线图谱[M].重庆：重庆出版社，1993.

[107] 刘葆旗，黄荣.四杆直线导向机构的设计与轨迹图谱[M].北京：北京理工大学出版社，1992.

[108] 刘葆旗，黄荣.多杆直线导向机构的设计方法与轨迹图谱[M].北京：机械工业出版社，1994.

[109] 李剑锋，袁守军.球面四杆机构性能图谱的绘制及图谱应用[J].农业机械学报，1995，26(4)：73-78.

[110] 高洪，赵韩.RRSS 机构空间连杆曲线图谱的自动生成[J].机械传动，2006，30(1)：35-36+51+87.

[111] 窦万锋，齐维浩，杨先海.平面连杆曲线特征参数提取的自相关变换法[J].机械科学与技术，1995，(5)：31-35.

[112] 窦万锋，齐维浩.平面连杆机构轨迹综合的自相关法[J].机械科学与技术，1996，15(2)：195-197+210.

[113] 吴群波，王知行，李建生.利用连杆转角曲线进行平面连杆机构刚体导引的研究[J].哈尔滨工业大学学报，1999，31(5)：1-4.

[114] 王知行，吴群波，李建生，等.用连杆转角曲线法实现四杆机构轨迹综合及其多解评价的研究——平面连杆机构综合可视化方法之二[J].机械设计，1997，(11)：6-9+48-49.

[115] 王知行，褚悦.用数值比较法实现平面四杆机构的函数综合——平面四杆机构综合可视化方法之一[J].机械设计，1997，(10)：8-10+50-51.

[116] 孔凡国，邹慧君，陈安适.一种新的轨迹机构综合方法[J].上海交通大学学报，1996，30(12)：7-12.

[117] Meyercapellen W Z. Harmonische analyse bei der Kurbelschleife[J]. ZAMM . Journal of Applied Mathematics and Mechanics/Zeitschrift für Angewandte Mathematik und Mechanik,1956,36(3-4):151-152.

[118] McGarva J, Mullineux G. Harmonic representation of closed curves[J]. Applied Mathematical Modelling,1993,17(4):213-218.

[119] Mcgarva J R. Rapid search and selection of path generating mechanisms from a library[J].Mechanism and Machine Theory,1994,29(2):223-235.

[120] 吴鑫,褚金奎,吴琛,等.带有预定时标平面四杆机构连杆轨迹的尺度综合[J].机械科学与技术,1998,17(6):29-32.

[121] 吴鑫,褚金奎,曹惟庆.带有预定时标平面四杆刚体导引机构尺度综合的研究[J].机械工程学报,1999,35(5):106-110.

[122] 吴琛,褚金奎.用谐波理论和快速傅立叶变换进行五杆机构的轨迹综合[J].机械科学与技术,1999,18(3):8-11.

[123] 褚金奎,孙建伟.连杆机构尺度综合的谐波特征参数法[M].北京:科学出版社,2010.

[124] 聂雪华.基于傅里叶描述子的四杆机构连杆曲线复演研究[D].广州:华南理工大学,2015.

[125] 孙建伟.基于谐波特征参数的空间连杆机构尺度综合研究[D].大连:大连理工大学,2010.

[126] 吴鑫,褚金奎,曹惟庆.基于小波变换的平面四杆机构函数尺度综合研究[J].机械科学与技术,1998,17(5):20-22.

[127] 王成志,纪跃波,孙道恒.小波分析在平面四杆机构轨迹综合中的应用研究[J].机械工程学报,2004,40(8):34-39.

[128] 刘文瑞.基于输出小波特征参数的连杆机构尺度综合研究[D].长春:长春工业大学,2019.

[129] 孙建伟,王鹏,刘文瑞,等.平面四杆机构刚体导引综合的小波特征参数法[J].中国机械工程,2018,29(6):688-695.

[130] Sun J, Liu W, Chu J.Synthesis of spherical four-bar linkage for open path generation using wavelet feature parameters[J].Mechanism and Machine Theory,2018,128(10):33-46.

[131] 李学刚.基于傅里叶级数和代数法的连杆机构综合[D].北京:北京邮电大学,2020.

[132] 张英.机器人机构运动学[M].北京:北京邮电大学出版社,2020.

[133] 蒋长锦,蒋勇.快速傅里叶变换及其C程序[M].合肥:中国科学技术大学出版社,2004.

[134] 赵世忠,符红光.Dixon结式的三类多余因子[J].中国科学(A辑:数学),2008,38(8):949-960.

[135] Buchberger B. A theoretical basis for the reduction of polynomials to canonical forms[J].ACM SIGSAM Bulletin,1976,39(8):19-29.

[136] Buchberger B. Some properties of Gröbner-bases for polynomial ideals[J]. ACM

SIGSAM Bulletin,1976,10(4):19-24.

[137] 黄昔光,廖启征,魏世民,等.基于代数法的平面四杆机构五精确点轨迹综合[J].北京邮电大学学报,2008,31(2):1-4.

[138] 魏锋.机构分析与综合中若干问题及其几何代数方法研究[D].北京:北京邮电大学,2017.

[139] Hartenberg R,Denavit S.Kinematic synthesis of linkages[M].McGraw Hill,1964.

[140] 丁健生,刘文瑞,孙建伟.平面四杆机构少位置设计要求特征提取方法[J].机械传动,2018,42(12):65-69.

[141] Kunjur A,Krishnamurty S.Genetic algorithms in mechanism synthesis[J].Journal of Applied Mechanisms and Robotics,1997,4(2):18-24.

[142] Cabrera J A,Ortiz A,Nadal F,et al.An evolutionary algorithm for path synthesis of mechanisms[J].Mechanism and Machine Theory,2011,46(2):127-141.

[143] Smaili A,Diab N.Optimum synthesis of hybrid-task mechanisms using ant-gradient search method[J].Mechanism and Machine Theory,2007,42(1):115-130.

[144] Acharyya S K,Mandal M.Performance of EAs for four-bar linkage synthesis[J].Mechanism and Machine Theory,2009,44(9):1784-1794.

[145] Sleesongsom S,Bureerat S.Four-bar linkage path generation through self-adaptive population size teaching-learning based optimization[J].Knowledge Based Systems,2017,135(1):180-191.

SKF [illegible] Bulletin, 20[illegible] (4): 1-4.

[137] [illegible] [J]. [illegible], 2006 (12): 1-4.

[138] [illegible]

[139] [illegible] Mechanism and Machine Theory, [illegible]

[140] [illegible]

[141] [illegible] Robotics and Autonomous Systems, [illegible]

[142] [illegible] Mechanism and Machine Theory, 2011, [illegible]

[143] [illegible] Mechanism and Machine Theory, 2006, [illegible]

[144] [illegible] Performance analysis [illegible] Mechanism and Machine Theory, 2006, [illegible]

[145] [illegible] Knowledge-Based Systems, [illegible]